高等职业教育酿酒技术专业系列教材

酿酒微生物

（第二版）

张敬慧　郭云霞　主编

中国轻工业出版社

图书在版编目（CIP）数据

酿酒微生物/张敬慧，郭云霞主编 . —2 版 . —北京：
中国轻工业出版社，2024.9

ISBN 978-7-5184-3216-5

Ⅰ.①酿… Ⅱ.①张… ②郭… Ⅲ.①酿酒微生物–
高等职业教育–教材 Ⅳ.①TS261.1

中国版本图书馆 CIP 数据核字（2020）第 189046 号

责任编辑：江 娟 贺 娜

策划编辑：江 娟 责任终审：张乃柬 封面设计：锋尚设计
版式设计：砚祥志远 责任校对：吴大朋 责任监印：张 可

出版发行：中国轻工业出版社（北京鲁谷东街 5 号，邮编：100040）
印 刷：三河市万龙印装有限公司
经 销：各地新华书店
版 次：2024 年 9 月第 2 版第 5 次印刷
开 本：720×1000 1/16 印张：24.5
字 数：469 千字
书 号：ISBN 978-7-5184-3216-5 定价：50.00 元
邮购电话：010-85119873
发行电话：010-85119832 010-85119912
网 址：http://www.chlip.com.cn
Email：club@ chlip.com.cn
版权所有 侵权必究
如发现图书残缺请与我社邮购联系调换
241686J2C205ZBQ

高等职业教育酿酒技术专业（白酒类）系列教材

编委会

主　任　周黎军

副主任　李大和　赵　东　李国红

委　员　王　赛　卢　琳　辜义洪

　　　　梁宗余　张敬慧　郭云霞

本书编委会

主　　编

张敬慧（宜宾职业技术学院）
郭云霞（宜宾职业技术学院）

副　主　编

袁松林（宜宾金喜来大观园酒业有限公司）
李秀萍（宜宾职业技术学院）
王　琪（宜宾职业技术学院）

参编人员

陈雪玲（宜宾职业技术学院）
陈　卓（宜宾职业技术学院）
辜义洪（宜宾职业技术学院）
刘琨毅（宜宾职业技术学院）
兰小艳（宜宾职业技术学院）
陆　兵（宜宾职业技术学院）
江　鹏（宜宾职业技术学院）
彭春芳（宜宾职业技术学院）
孙传泽（宜宾叙府酒业）

第二版前言

中国白酒是我国独特的发酵食品，"师法自然"，均以自然接种、自然发酵的菌群酿造为主，参与的微生物多达百种以上，微生物种类丰富程度是世界酿造体系之最，其独特的多种微生物固态发酵酿酒形成了上千种风味物质，也形成了我国白酒独特的风格。我国白酒酿造体系中含有大量可培养的、复杂多样的微生物群落，形成了各种酿造工艺和白酒珍品，但微生物种类、微生物来源以及微生物的相互作用一直鲜为人知。

本教材主要针对没有微生物学基础的中、高职学生进行编写，属于中高职衔接教材，同时也适合作为相关企业员工培训教材。编写时力求体现由浅入深、从基础到专业，以项目化、任务驱动、案例分析等方式编写，同时体现"在做中学，在学中做"的学习特点，避免学习者学习时涉及太多微生物探索研究的高深理论知识和过于系统的专业知识体系，体现实用、适用，真正体现了中高职衔接教材的特色。同时本教材还注重通过拓展知识等内容紧扣学科发展前沿，关注行业发展动态，留有一定的拓展知识及拓展技能训练项目。

本教材由宜宾职业技术学院张敬慧和郭云霞共同担任主编，副主编由宜宾金喜来大观园酒业有限公司袁松林、宜宾职业技术学院李秀萍、宜宾职业技术学院王琪担任；参编人员有宜宾职业技术学院刘琨毅、陆兵、江鹏、辜义洪、陈雪玲、兰小艳、陈卓、彭春芳。具体编写分工如下：项目一任务一由张敬慧编写，任务二由陈雪玲编写，任务三由李秀萍、陆兵编写；项目二任务一、任务二由王琪、刘琨毅编写，任务三由陈卓编写，任务四由江鹏编写；项目三任务一由李秀萍、陆兵编写，任务二由江鹏编写，任务三由郭云霞、孙传泽编写，任务四由张敬慧、辜义洪编写，任务五由彭春芳、袁松林编写；项目四任务一由彭春芳、袁松林编写，任务二由李秀萍、陆兵、郭云霞编写；项目五由李秀萍、陆兵编写；项目六由郭云霞、李秀萍编写。全书由张敬慧统稿。

同时，特别感谢四川省宜宾市五粮液集团有限公司、四川省宜宾市叙府酒业有限公司、宜宾金喜来大观园酒业有限公司、宜宾市产品质量监督检验所、宜宾市商务局酒管所等单位的支持与帮助。

由于作者水平和时间所限，书中难免存在不妥之处，恳请专家和读者批评指正。

《酿酒微生物》（第二版） 编写组

2020 年 7 月于四川省宜宾市

第一版前言

白酒生产技术是我国劳动人民和科技工作者对世界酿酒工业的独特贡献。其独特的多种微生物固态发酵酿酒形成了白酒的各种风格。目前白酒生产一般采用多种微生物混合、相互交叉进行发酵，对于微生物的利用世界上没有一个酒种可以比拟。但是白酒生产机理，微生物在酿造过程中的繁荣和衰减的相互作用尚未破解。酿酒微生物特别是功能性微生物的研究，让更多的人真正认识到酿酒的机理和更好地调控酿酒质量迫在眉睫。

本教材编写时力求体现"在做中学，在学中做"的学习特点，可避免学习时涉及太多微生物探索研究的高深理论知识和较系统的专业知识体系，体现实用、适用，从而有别于大学本科教材，真正体现了高职教材的特色。同时本教材还注重紧扣学科发展前沿，关注行业发展动态，给学生留有一定的拓展知识及拓展技能训练项目。

本教材分别由多所高等院校具有丰富教学经验的专业教师以及企业生产一线具备多年生产经验的工程技术人员参与编写。宜宾职业技术学院张敬慧副教授担任主编，参编人员有四川省宜宾五粮液集团有限公司高级工程师王戎、四川省宜宾市叙府酒业有限公司生产部长孙传泽、四川省宜宾吉鑫酒业有限公司生产部长袁松林、齐鲁工业大学张志国教授、成都工商职业技术学院吴霞、泸州职业技术学院吴冬梅、贵州畜牧兽医学校刘龙勇副教授、宜宾职业技术学院刘琨毅、郭云霞、王琪、张书猛、刘艳、唐思均老师。其中，模块一由张敬慧和张书猛编写；模块二、课题一由孙传泽和张敬慧编写，课题二、课题四由王戎和刘艳编写，课题三由袁松林和刘龙勇编写；模块三课题一由刘琨毅和王琪编写，模块三课题二由张志国和唐思均编写，模块三课题三由吴霞和吴冬梅编写，模块三课题四由吴冬梅编写，模块三课题五由郭云霞编写。全书由张敬慧统稿，由我国著名酿酒专家、全国评酒专家组成员、酿酒高级品酒师、国家职业技能鉴定高级考评员、中国白酒酿造大师赵东主审。同时特别感谢四川省宜宾五粮液集团有限公司、四川省宜宾市叙府酒业有限公司、四川省宜宾吉鑫酒业有限公司、宜宾市产品质量监督检验所、宜宾市商务局酒管所等单位的支持与帮助。

　　由于作者水平和时间所限，书中难免存在不妥之处，敬请专家和读者不吝赐教。

《酿酒微生物》 编委会
2014 年 7 月于四川省宜宾市

目　录

中职篇

项目一　认识微生物

任务一　微生物的生物学特性 ·································· 1

任务二　无菌操作技术 ······································· 30

技能训练一　无菌操作技术 ·································· 36

任务三　显微镜技术 ··· 43

技能训练二　显微镜操作 ···································· 47

技能训练三　酵母菌的形态观察 ······························ 54

技能训练四　霉菌形态的观察 ································ 55

技能训练五　细菌的简单染色 ································ 57

技能训练六　细菌的革兰染色 ································ 60

项目二　微生物的培养

任务一　培养基的制备技术 ··································· 78

技能训练七　高压蒸汽灭菌锅的使用 ·························· 89

技能训练八　培养基的制备 ·································· 91

任务二　微生物的培养 ······································ 103

技能训练九　恒温培养箱的使用 ······························ 122

技能训练十　酵母菌的培养 ·································· 123

技能训练十一　细菌的培养 ·································· 126

技能训练十二　霉菌的培养 ·································· 129

任务三　微生物的保藏 ·················· 135

技能训练十三　菌种的实验室保藏 ·················· 142

任务四　微生物在自然界中的分布 ·················· 148

高职篇

项目三　酿酒微生物

任务一　白酒酿造体系的基本特征 ·················· 163

任务二　酿酒微生态区系 ·················· 177

技能训练十四　绘制酿酒微生物分布 ·················· 186

任务三　大曲微生物 ·················· 193

技能训练十五　绘制大曲中微生物的分布图 ·················· 208

技能训练十六　酒曲中霉菌的形态观察和种类鉴别 ·················· 209

技能训练十七　大曲中酵母菌的鉴别 ·················· 211

技能训练十八　大曲中细菌的鉴别 ·················· 213

任务四　窖泥微生物 ·················· 218

技能训练十九　丁酸菌的培养 ·················· 230

技能训练二十　硫酸盐还原菌的培养方法 ·················· 232

技能训练二十一　硝酸盐还原菌的鉴定方法 ·················· 235

任务五　小曲及麸曲微生物 ·················· 239

技能训练二十二　米曲霉培养及蛋白酶的分析 ·················· 253

项目四　酿酒微生物技术

任务一　酿酒微生物的分离纯化技术 ·················· 258

技能训练二十三　大曲中微生物的分离纯化 ·················· 280

技能训练二十四　窖泥中微生物的分离纯化 ·················· 282

技能训练二十五　酿酒环境中微生物的分离纯化 ·················· 286

技能训练二十六　高产乙醇酵母的筛选 ·················· 288

技能训练二十七　高产酯霉菌的筛选 ·················· 289

技能训练二十八　产淀粉酶芽孢杆菌的筛选 ·················· 291

技能训练二十九　窖泥中厌氧丁酸菌与己酸菌的分离 ·················· 292

任务二　酿酒微生物检测技术 ·················· 295

技能训练三十　菌落总数测定 ·················· 308

技能训练三十一　霉菌和酵母菌计数 ··· 312
技能训练三十二　平板涂布法菌落计数法测大曲中微生物数量 ··············· 319
技能训练三十三　平板浇注菌落计数法检测窖泥中微生物数量 ··············· 323
技能训练三十四　微生物蛋白酶活力测定 ··· 327
技能训练三十五　酯化酶活力测定 ·· 329
技能训练三十六　酿酒微生物淀粉酶活力测定 ··································· 330
技能训练三十七　酿酒微生物糖化酶活力测定 ··································· 331
技能训练三十八　酵母发酵力的测定 ··· 332
技能训练三十九　微生物挥发性代谢产物的测定 ································· 334

项目五　酿酒生产环境中微生物检测

技能训练四十　平板菌落法测定酿酒用水中细菌总数 ···························· 343
技能训练四十一　大肠菌群 MPN 计数法 ·· 345
技能训练四十二　平板菌落法测定酿酒环境中微生物总数 ····················· 348

项目六　酿酒微生物技术综合应用

技能训练四十三　小曲的制作 ·· 358
技能训练四十四　强化大曲的制作 ·· 359
技能训练四十五　人工窖泥的制作和窖池养护 ··································· 361

附录

附录一　几种常见培养基的配制 ·· 365
附录二　其他培养基的配制 ·· 367
附录三　染色液的配制 ··· 369
附录四　试剂和溶液的配制 ·· 371

参考文献 ··· 374

中 职 篇

项目一 认识微生物

知识及能力目标

通过本项目学习，知道微生物的基本概念，熟悉常见微生物的基本特征；理解无菌的基本含义，能进行无菌操作。认识显微镜基本结构及功能，会使用显微镜进行观察。

任务一 微生物的生物学特性

教学重难点

理解微生物的特点，掌握微生物常用分类方法，了解微生物的命名。

一、微生物的生物学特性

1. 微生物的定义和主要特点

微生物是一类个体微小、肉眼看不见或看不清的、需要借助显微镜才能观察到的单细胞或结构简单的多细胞，甚至无细胞结构的低等微小生物的统称。它们与其他生物一样，具有形态结构、生长繁殖、新陈代谢、遗传变异等生物学特性，它们是地球上最早的居民，打个比方，从地球诞生到现在浓缩成24h

的话，地球上生物的产生顺序见表1-1。

表1-1　地球生物产生顺序表

时间	0点	7点	13点	22点	24点
事件	地球诞生	厌氧性异养细菌诞生	好氧性异养细菌诞生	鱼和陆生植物诞生	人类出现

　　微生物是一把锋利的"双刃剑"。微生物虽然属于微观世界（图1-1），但它与人类生活生产息息相关，在给人类带来巨大利益的同时也会带来破坏。它不仅带给人类利益，还涉及人类的生存，有了它们才会使地球上的物质进行循环。微生物对人类的生产生活有不可替代的积极作用，比如酿酒、奶酪、面包、酸奶、抗生素、维生素、酶等的生产以及污染处理、环境保护等，但它们也常常使工业器材受到腐蚀，使食品及原料腐败和变质，甚至以食物作媒介引起人体中毒、染病、致癌或死亡。

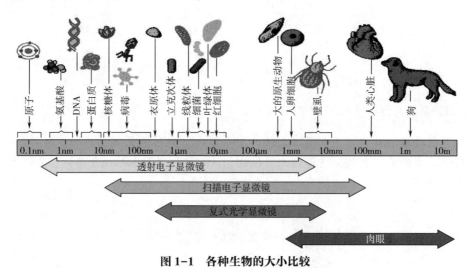

图1-1　各种生物的大小比较

　　从微生物的概念我们可以看出，微生物的主要特点集中在以下5个方面。

微生物
- 小(个体微小)
  - 微米级：光学显微镜下可见（细胞）
  - 纳米级：电子显微镜下可见（细胞器、病毒）
- 简（结构简单）
  - 单细胞
  - 简单多细胞
  - 非细胞（分子生物）
- 低（进化地位低）
  - 原核类
  - 真核类
  - 非细胞类

（1）繁殖快，易培养 微生物单个细胞的生命周期很有限，很快就会发展成为一个种群。以细菌为例，一般细菌在最适合的条件下，每隔 $20\sim30min$ 就会以 2^n 速度繁殖一次，一昼夜可达几十代，而且每个子细胞都具有同样的繁殖能力。理想状态下，一个细胞经过24h可繁殖4000亿个（约4722t），48h就可以繁殖 2.2×10^{43} 个。事实上，由于客观条件的限制，细菌指数分裂速度只能维持几个小时，在液体培养中，细菌只能达 $10^8\sim10^9$ 个/mL。

微生物巨大的繁殖能力为利用微生物进行科学研究和工业化生产提供了有利条件，如用微生物生产等量的蛋白质比植物快 500 倍，比动物快 2000 倍。有数据表明，生产酵母蛋白，在适当条件下，每12h可收获1次；在利用酵母生产酒精时，用1kg酵母菌可在24h内发酵几千克糖生成酒精。但是对于危害人、畜和植物的病原微生物或对于使物品发霉的霉腐微生物来说，它们的这个特性会给人类带来极大的麻烦，甚至产生严重的危害。

（2）个体小，结构简单 微生物的大小一般用微米（μm）、纳米（nm）或埃（Å）表示（注：$1m=10^6\mu m=10^9 nm=10^{10}Å$）。一个球菌的直径只有 $0.1\sim1.0\mu m$，最小的病毒是只有 359 个核苷酸组成的 RNA 分子。大约 10 亿个细菌总重量才有 1mg，所以微生物有着非常大的比表面积，可以与外界环境进行物质、能量和信息的交换。因为个体小，所以微生物多为有细胞结构的单细胞、多细胞或没有细胞结构，如病毒就是由核酸或蛋白质组成的，没有细胞结构。

（3）分布广，食谱杂，种类多 微生物无处不在，凡是有高等生物生存的地方，都会有微生物存在，地面上，除了火山中心区域外，上到几万米的高空，下到几千米的深海，无论是土壤、水、空气、河流、海洋、湖泊、平原、高山、盐湖、沙漠、冰川，还是动、植物的体内外，甚至90℃以上的温泉、-80℃的极地等极端环境条件下，虽然没有其他生物生存，但仍有微生物存在。微生物分布并不均匀，在有机质丰富的地方，微生物种类和数量都很多，营养缺乏、条件恶劣的地方，只有一些极端性的微生物存在，种类和数量都极少。微生物的这种分布形式体现了自然界中微生物物种的多样性和不均衡性，也反映了微生物对物质利用的多种多样性。

微生物广泛分布体现出它们食谱的多样性，对营养的要求不高，凡是动、植物能利用的物质，如蛋白质、糖、脂和无机盐都能被微生物利用，甚至高等生物不能利用的纤维素、塑料、氰化物、酸、聚氰联苯、农副产品、工厂下脚料等都可以用来培养微生物。这样既解决了培养微生物的原料问题，同时也为"三废"处理找到了出路，做到了综合利用。另外，大多数微生物反应条件温和，一般在常温、常压下进行新陈代谢、生长繁殖和各种活动，使微生物的代谢类型多、代谢产物多，且微生物培养不受季节、气候影响，可以长年累月地进行工业化生产。

微生物种类非常多，目前统计有多达 10 万种以上，仅真菌每年都以约 1500 个新种的速度不断递增。

（4）遗传稳定性差，易变异　微生物对外界适应能力很强，善于随机应变，随着外界环境的变化会形成具有自我保护功能的休眠细胞，或是形成细胞荚膜保护自己，或是变异成新的菌种从而适应新的环境条件。但微生物个体微小，对外界环境很敏感，抗逆性差，很容易受到各种不良外界环境的影响，又因为结构简单，缺乏免疫监控系统，所以很容易发生遗传性变异，在自然条件下，微生物的自发突变率在 10^{-6} 左右。微生物的稳定性差给微生物菌种保藏和生产稳定性带来很多不利因素，但只要尽量减少转接代数，不断检测菌种的纯度和活性，适时复壮，就能保证生产正常进行。另一方面，因为微生物的遗传稳定性差，其遗传的保守性就低，使得微生物菌种的培育相对容易，有可能通过育种大幅度提高菌种的生产性能，使其产量大大提高。

（5）观察研究手段特殊　因为微生物的个体小、繁殖快、遗传稳定性差，所以在进行观察和研究时常以群体为对象，而且必须从众多复杂的混合菌中分离培养出来才能进行工作。常用的技术有无菌操作技术、显微镜技术、分离纯化技术等微生物研究基本技术。

2. 微生物的分类与命名

在生物发展史上，生物界最早被分为动物界和植物界两界，1866 年德国生物学家赫克尔提出将生物界划分为动物界、植物界和原生生物界（包括细菌、真菌、藻类、原生生物等）；1969 年魏塔克提出五界学说，即将生物分为动物界、植物界、真菌界、原核生物界和原生生物界，其中，微生物属于后三界，而病毒属于非细胞结构，分类未定。

微生物的主要分类单位与动、植物界一样，依次分为界、门、纲、目、科、属、种、亚种、菌株等。微生物不是分类学的一个自然类群，因为小，所以人们称之为微生物。微生物分类实际上是在对大量单个微生物进行观察、分析和描述的基础上，以它们的形态特征、生理生化特征、血清学反应、对噬菌体的敏感性和遗传性等异同为依据，根据生物进化的规律和应用的方便，将微生物分门别类地排列成一个系统。

微生物种类繁多，为了避免造成微生物名称上的混乱，需要有一个统一的、国际上通用的命名法则，以便做到每一种微生物都能有一个大家所公认的科学名称即学名。微生物的命名和其他生物一样，采用林标创立的"双名制"（病毒除外），双名制规定如下。

（1）学名必须由两个拉丁文或希腊文或拉丁化的其他文字组成。

（2）学名必须由属名加种名组成　第一个词是属名，首字母要大写，并要用名词；第二个词是种名，应小写。如 *Aspergillus niger*：*Aspergillus* 属名是

"曲霉"的意思，*niger* 是种名，表示黑色，连起来就是黑曲霉。

（3）在部分学名中，种名后还附有命名者的姓名或发现年份，以避免发生同物异名或同名异物之类的误解。例如：*Saccharomyces cerevisiae* Hensen，第一个词是"酵母菌属"的名字，第二个词是种名啤酒的意思，第三个词是命名者的姓亨森，这三个词构成了汉姆逊啤酒酵母的学名。又如葡萄球菌的学名为 *Staphylococcus aureus* Rosenbach 1884；枯草芽孢杆菌的学名为 *Bacillus subtilis* (Ehrenberg) Cohn 1872。

3. 微生物基本形态结构

微生物包含了相当多样化的类群，按照现代生物学的观点，通常情况下根据微生物有没有具有完整的细胞结构分为两大类：一类称为细胞型微生物，包括原核微生物及真核微生物；另一类为非细胞型微生物，主要包括病毒、亚病毒等。原核微生物是指细胞核分化程度低，无核膜与核仁，细胞器不完善的一群微生物。这类微生物种类众多，有细菌、螺旋体和放线菌等。真核微生物的细胞核分化程度较高，有核膜、核仁和染色体；胞质内有完整的细胞器（如内质网、核糖体及线粒体等），主要包括酵母菌、霉菌和蕈。非细胞型微生物是指那些没有典型的细胞结构，没有产生能量的酶系统，只能寄生于活细胞体内生长繁殖，病毒属于此类型微生物。原核微生物与真核微生物的区别见表1-2。

表1-2 原核微生物与真核微生物的区别

比较项目	原核微生物	真核微生物
实例	细菌、蓝藻、放线菌、衣原体、支原体（支原体最小，无细胞壁）	酵母菌、霉菌等真菌，衣藻
细胞大小	较小（1~10μm）	较大（10~100μm）
细胞结构	细胞壁不含纤维素，主要成分是肽聚糖；细胞器只有一种，即核糖体；细胞核没有核膜（这是最主要的特点）、没有核仁、没有染色质（体），但有核物质，称为拟核	细胞壁的主要成分是纤维素和果胶；有核糖体、线粒体、内质网、高尔基体等多种细胞器；细胞核有核膜、核仁、染色质（体）
主要细胞增殖方式	二分裂	有丝分裂、无丝分裂
代谢类型	同化作用多为异养型、少数为自养型（包括光合作用和化能合成作用自养型），异化作用多为厌氧型、少数为需氧型。光合作用的部位不是叶绿体而是光合片层上；有氧呼吸的主要部位不是在线粒体而是在细胞膜上	同化作用有的是异养型、有的是自养型，异化作用有的为厌氧型、有的为需氧型。光合作用的部位是叶绿体；有氧呼吸的主要部位是线粒体
生殖方式	无性生殖（多为分裂生殖）	有性生殖、无性生殖

续表

比较项目		原核微生物	真核微生物
遗传方面	遗传物质	DNA	DNA
	DNA分布	拟核（控制主要性状）；质粒（控制抗药性、固氮、抗生素生成等性状）	细胞核（控制细胞核遗传）；线粒体和叶绿体（控制细胞质遗传）
	基因结构	编码区是连续的，无内含子和外显子	编码区是不连续的、间隔的，有内含子和外显子
	基因表达	转录产生的信使RNA不需要加工；转录和翻译通常在同一时间同一地点进行（在转录未完成之前翻译便开始进行）	转录产生的信使RNA需要加工（将内含子转录出的部分切掉，将外显子转录出的部分拼接起来）；转录和翻译不在同一时间同一地点（转录在翻译之前，转录在细胞核内、翻译在细胞质的核糖体）
	遵循遗传规律	不遵循基因分离定律和自由组合定律	细胞核遗传遵循基因分离定律和自由组合定律，细胞质遗传不遵循基因分离定律和自由组合定律
可遗传变异的来源		基因突变	基因突变、基因重组、染色体变异
进化水平		低	高
生态系统的成分		生产者、消费者、分解者	生产者、消费者、分解者

二、常见微生物特性

（一）细菌

细菌是一类形状微小、结构简单、以二分分裂方式进行繁殖的原核微生物，是在自然界中分布最广、个体数量最多的一类微生物。细菌适应性很强，特别喜欢在温暖、潮湿和富有有机物质的地方生长，常散发出难闻的酸败味或臭味等。

1. 细菌的基本特性

细菌按形态可分为球型、杆菌、螺旋菌三大类。其中球菌按细胞排列方式分为单球菌、双球菌、四联球菌、八叠球菌及链球菌。细菌的形态与环境条件（温度、培养时间、培养基的成分与浓度等）有关，各种细菌在幼龄阶段和适宜的环境条件下表现出正常形态，但培养条件改变或菌体衰老引起细菌形态的变化，称为异常形态。但若恢复培养条件，又能重新恢复原来的形态。

球菌的直径为 $0.2 \sim 1.5 \mu m$，大型杆菌的宽×长为 $(1.0 \sim 1.5) \mu m \times (3 \sim 8) \mu m$，中型杆菌的宽×长为 $(0.5 \sim 1.0) \mu m \times (2 \sim 3) \mu m$，短型杆菌的宽×

长为 $(0.2\sim0.4)$ μm× $(0.7\sim1.5)$ μm（图1-2）。

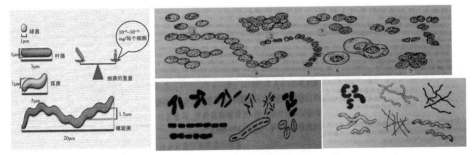

(1)细菌大小测量与重量　　　　　　　　　　(2)细菌形态

图1-2　细菌的形态和大小

1—微球菌　2—葡萄球菌　3—双球菌　4—链球菌　5—含有双球菌的链球菌
6—具有荚膜的球菌八球菌

2. 细菌的细胞结构

细菌的细胞结构可分为一般结构和特殊结构。一般结构是细菌都具有的结构，主要包括细胞壁、细胞膜、细胞质、间体、核糖体、内含物颗粒和核区等（图1-3）。

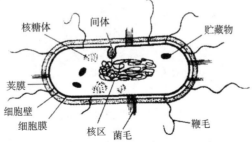

图1-3　细菌细胞的基本结构

（1）细菌的一般结构

① 细胞壁：位于细胞表面的一层坚韧而略带弹性的结构，利用质壁分离或适当的染色方法，可以在光学显微镜下看到细胞壁，用电子显微镜观察超薄切片等方法，可清晰地证明细胞壁的存在。细胞壁的功能主要是维持细胞外形并提高机械强度，使其免受渗透压等外力的损伤；为细胞的生长、分裂和鞭毛运动所必须；能阻挡大分子有害物质进入细胞；赋予细菌特定的抗原性、致病性和对抗生素及噬菌体的敏感性。

细菌细胞壁的化学成分主要是由蛋白质、类脂质和多糖复合物（典型的是肽聚糖）等。根据革兰染色发现，不同种类的细菌细胞壁会有明显的区别，见表1-3和图1-4。

表 1-3　革兰阳性细菌（G⁺）与革兰阴性细菌（G⁻）细胞壁的比较

细胞壁	革兰阳性菌（G⁺）	革兰阴性菌（G⁻）
强度	坚韧	较疏松
厚度/nm	20~80	10~15
肽聚糖层数	15~50	1~3
肽聚糖含量	占细胞壁干重 50%~80%	占细胞壁干重 10%~20%
糖类含量	约 45%	15%~20%
脂类含量	1%~4%	11%~22%
磷壁酸	+	−
外膜	−	+
脂蛋白	−	+
脂多糖	−	+
结构形态	立体网状结构	平面网状结构

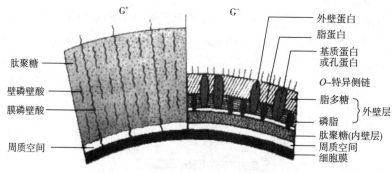

图 1-4　G⁺菌和 G⁻菌细胞壁结构示意图

② 细胞膜：又称质膜，紧贴细胞壁的一层围绕细胞质外面的磷脂，有分子层膜结构。细胞膜是一个选择透过性的屏障，可调控物质的出入，维持细胞内正常渗透压，可避免重要的细胞组分因渗漏而损失，是呼吸作用和磷酸化作用等多种代谢过程的场所，是细胞的产能基础，是鞭毛基体的着生部位，是合成细胞壁和荚膜有关成分的重要场所（图 1-5）。

③ 细胞质：一种位于细胞膜与拟核之间的无色透明黏稠状胶体，是细胞膜内除拟核以外的一切物质，是细菌细胞的基础物质。其主要成分是水、蛋白质、核酸和脂类，还有少量的糖和无机盐类。细胞质具有一系列酶系统，是新陈代谢的主要场所，依靠酶的作用将营养物质进行合成和分解，不断更新细胞内部的结构和成分，维持菌体代谢活动，从而使细胞不断进行新陈代谢以更新细胞的结构和成分。

④ 核质体：细菌的核结构不完善，没有核膜包裹，也没有核仁，只有一个核质体或称染色质体，一般呈球状、棒状或哑铃状。其主要成分是 DNA，用于记录和传递遗传信息，称为核质体或拟核、核区，而不称为细胞核。

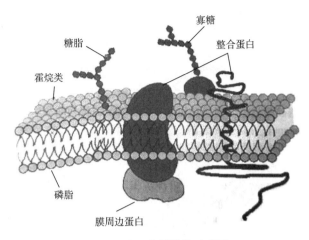

图 1-5　细胞膜结构示意图

⑤ 内含物：细菌的细胞质内含有各种各样的物质，是细菌生命活动的产物，总称为内含物。内含物的种类和数量因不同的菌种而有差异，即使相同的菌种也不会完全相同。主要有异染颗粒、核糖体、质粒、肝糖粒、淀粉粒、液泡等。

（2）细菌细胞的特殊结构　除具有一般结构外，还具有鞭毛、芽孢、荚膜、纤毛等特殊结构。

① 芽孢：指某些细菌生长发育到一定阶段，在特定环境条件下（当水分缺乏或营养物质不足、温度不适宜等），由浆质浓缩脱水后在细胞内形成的一个圆形或椭圆形、厚壁、含水量极低、抗逆性极强、折光性强、通透性低的坚实休眠小体（图 1-6）。

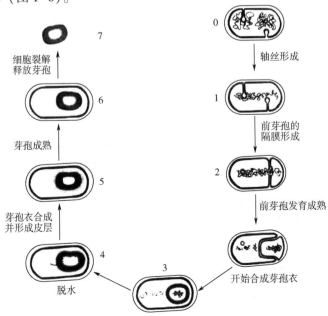

图 1-6　芽孢的形成

芽孢的构造模式见图1-7。

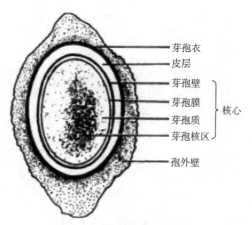

图1-7　芽孢的构造模式

芽孢不具有繁殖功能，与其他营养细胞相比具有以下特点：芽孢的含水率低，38%～40%。芽孢壁厚而致密，分三层：外层是芽孢外壳，为蛋白质性质；中层为皮层，由肽聚糖构成，含大量2，6-吡啶二羧酸；内层为孢子壁，由肽聚糖构成，包围芽孢细胞质和核质。芽孢萌发后孢子壁变为营养细胞的细胞壁（图1-7，图1-8）。芽孢中的2，6-吡啶二羧酸（DPA）含量高，为芽孢干重的5%～15%。吡啶二羧酸，以钙盐的形式存在，钙含量高。在营养细胞和不产芽孢的细菌体内未发现2，6-吡啶二羧酸。芽孢形成过程中，2，6-吡啶二羧酸随即合成，使芽孢具有耐热性，芽孢萌发形成营养细胞时，2，6-吡啶二羧酸就消失，耐热性就丧失。芽孢含有耐热性酶。

芽孢由于有以上几个特点，使芽孢对不良环境如高温、低温、干燥、光线和化学药物有很强的抵抗力。细菌的营养细胞在70～80℃时10min就死亡，而芽孢在120～140℃还能生存几小时，营养细胞在5%苯酚溶液中很快就死亡，芽孢却能存活15d，芽孢的大多数酶处于不活动状态，代谢活性极低。所以，芽孢是抵抗外界不良环境的休眠体，当进行消毒灭菌时以芽孢是否被杀死作为判断灭菌效果的指标。杀灭芽孢最有效的方法是高压蒸汽灭菌法。

芽孢杆菌属中有些种如苏云金芽孢杆菌、杀螟杆菌等在形成芽孢的同时，在细胞内产生一种多肽类晶状内含物，称为伴孢晶体，一个细菌一般只产生一个伴孢晶体，它呈斜方形、方形或不规

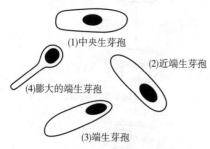

(1)中央生芽孢
(2)近端生芽孢
(4)膨大的端生芽孢
(3)端生芽孢

图1-8　芽孢的形态及位置

则形。伴孢晶体是一种毒性晶体，对很多昆虫主要是鳞翅目类有毒害作用，对人畜毒性很低，是一种较为理想的杀虫剂。芽孢不易着色，但可用孔雀绿染色。

在现实生产、生活及科研中有其特殊的作用：a. 分类鉴定：不同细菌的芽孢具有不同的特点，从形状、大小、表面特征，到与菌体的关系等都有不同的表现，因此可以作为分类鉴定的依据或参考。b. 科研材料：由于芽孢独特的产生方式，成为研究形态发生和遗传控制的好材料。c. 保存菌种：芽孢对不良环境有很强的抵抗力，可以保持生命力达数十年之久，在自然界可使细菌度过恶劣的环境，在实验室是保存菌种的好材料。d. 分离菌种：芽孢的耐热性有助于芽孢细菌的分离。将含菌悬浮液进行热处理，杀死所有营养细胞，可以筛选出形成芽孢的细菌种类。e. 生物杀虫：有些芽孢细菌在产生芽孢的同时，可以产生伴孢晶体，伴孢晶体的毒性是有高度专一性的，对其他动物与植物完全没有毒性。因此，它们便成为一种理想的生物杀虫剂，这种杀虫剂的生产，并不需将蛋白质分离出来，只需培养大量细菌，在其形成芽孢并产生晶体时收获、干燥，做成粉剂即可。

② 荚膜：细菌在生长繁殖过程中，在一定营养条件下，向细胞壁表面分泌的一层松散透明的、包围整个菌体的一种黏液状或胶质状物质称为荚膜，也称为糖被。荚膜的化学组成主要是水，其余为多糖类、多肽类。根据荚膜有无固定的层次以及层次的厚薄可细分为荚膜（或大荚膜）、微荚膜、黏液层和菌胶团等（图1-9）。

$$
\text{糖}\begin{cases}\text{包裹在单个细胞上}\begin{cases}\text{在壁上固定层}\begin{cases}\text{层次厚：大荚膜}\\\text{层次薄：微荚膜}\end{cases}\\\text{松散、未固定在壁上：黏液层}\end{cases}\\\text{包裹在细胞群上：菌胶团壁上：黏液层}\end{cases}
$$

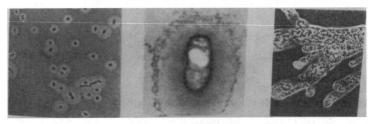

图 1-9 细菌的荚膜

荚膜的主要功能体现在：a. 保护作用：可保护细菌免于干燥，防止化学药物危害，能保护菌体免受噬菌体和其他物质的侵害，能抵御吞噬细胞的吞噬。b. 贮藏养料：当营养缺乏时，可被细菌用作碳源和能源。c. 堆积某些代谢废物。d. 有害功能：荚膜为主要表面抗原，是有些病原菌的毒性因子；荚膜也是某些病原菌必需的黏附因子。细菌常使糖厂的糖液以及酒类、牛乳等饮料和面包等食品发黏变质，给制糖工业和食品工业等带来一定损失。

③ 鞭毛：鞭毛被认为是细菌的运动器官，是细菌由胞浆中的基础颗粒生长出来，穿过胞浆膜、细胞壁向外伸出，长 $15\sim20\mu m$，直径仅 $10\sim20\mu m$，呈现波状弯曲的丝状物，主要成分是蛋白质。具有鞭毛的杆菌和螺旋菌比较多。按其鞭毛的数目和位置可将具有鞭毛的细菌分为以下几类（图1-10）。单毛菌和丛毛菌多做直线运动，运动速度极快，有时也轻微摆动；周毛菌运动速度缓慢，多做翻转运动，且运动还有化学趋向性，常朝向有高浓度营养物质的方向移动，而避开对其有害的环境。在不良环境下或衰老期，鞭毛会脱落。因此观察时常选幼龄菌。实验室中常用悬滴法检查细菌中是否有鞭毛，或将菌种穿刺接种于半固体培养基，经培养后凡能运动的细菌均向穿刺线周围扩散生长，无运动力的细菌只局限于穿刺线上生长。

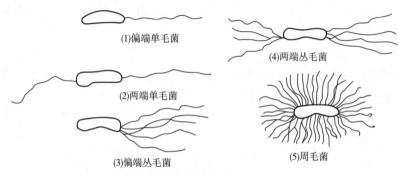

(1)偏端单毛菌
(2)两端单毛菌
(3)偏端丛毛菌
(4)两端丛毛菌
(5)周毛菌

图1-10　细菌鞭毛的类型

④ 纤毛：纤毛又称菌毛，与鞭毛相比是许多革兰阴性菌在菌体外着生的，是比鞭毛细、短、直、硬、多的丝状蛋白附属器。其化学成分为菌毛蛋白，与运动无关。纤毛多为空心蛋白管，可分为普通纤毛和性纤毛。普通纤毛细、短且数量多，能使细菌相互粘着或附着在物体上；性纤毛较粗、长，是细菌的交配器官，传递遗传物质。

（3）细菌的繁殖　微生物的繁殖方式分为有性繁殖和无性繁殖两种，细菌的繁殖方式主要是无性繁殖，主要由细胞横向分裂繁殖，称为裂殖。在适宜的培养条件下，细胞壁的中部向内凹入，在凹入处生长出新细胞壁，把细胞分成两个（图1-11）。细菌的裂殖速度极快，$20\sim30min$ 就能分裂 1 次，在最适宜的条件下，可继续分裂若干次，如若条件无限满足，它会不停分裂，形成天文数字的后代，但实际上，因为客观条件限制，所以在一定时候会停止分裂或死亡。

（4）细菌的群体特征

① 菌落特征：单个或多个纯种细胞在固体培养基表面或内部形成肉眼可

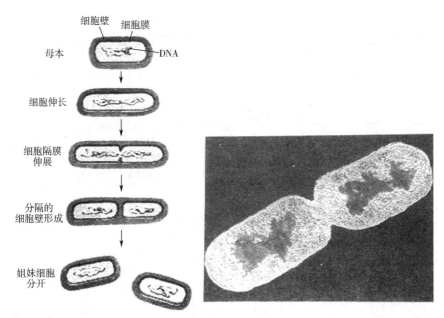

图 1-11 细菌的裂殖

见的具有一定形态特征的微生物群落称为菌落。细菌的菌落小且薄，一般直径为 1~2cm，常表现为湿润、黏稠、光滑、较透明、易挑取、质地均匀以及菌落正反面或边缘与中央部位颜色一致等。细胞形态是菌落形态的基础，菌落形态是细胞形态在群体集聚时的反映。细菌是原核生物，形成的菌落也小。细菌个体之间充满水分，因此菌落显得湿润，易被接种环挑起。球菌常形成隆起的菌落；有鞭毛细菌常形成表面干燥褶皱、边缘不规则的菌落；有荚膜的细菌形成的菌落表面透明、边缘光滑整齐；产芽孢的细菌菌落表面粗糙、多褶、不透明、外形及边缘不规则；能产色素的细菌菌落还显出各种颜色（图 1-12）。细菌的菌落特征因种而异，是鉴别细菌种类的重要标志。但在观察菌落时应选择菌落分布较稀疏或孤立的菌落。当菌体在固体培养基表面密集生长，且多个菌落相互连接成一片的称为菌苔。

② 液体培养特征：将细菌接种于液体培养基中进行培养，多数表现为浑浊、沉淀、气泡、分泌色素，一些好氧性细菌则在液面大量生长形成菌膜或菌环等现象（图 1-13）。

③ 半固体培养基内的培养特征：细菌菌体接种于半固体培养基中或液体培养基中，是不能形成菌落的。在半固体培养基中，接种的无鞭毛的细菌只沿着穿刺线生长，而有鞭毛的细菌可在穿刺线的周围扩散生长。好氧菌在培养基的表面及穿刺线的上部生长，兼性厌氧菌或兼性好氧菌沿着穿刺线自上而下生长，厌氧菌只在穿刺线的下部生长。这些特征可用于菌种鉴定和纯培养识别的标志（图 1-14）。

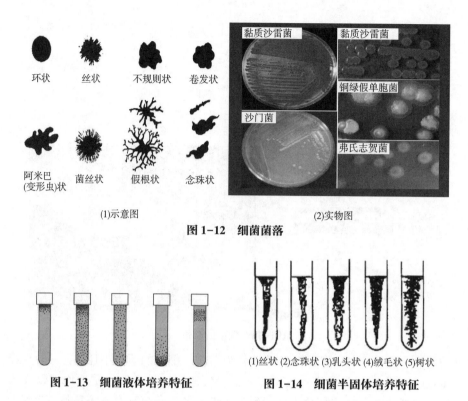

环状　　丝状　　不规则状　卷发状

阿米巴　　菌丝状　　假根状　　念珠状
(变形虫)状

(1)示意图　　　　　　　　　　(2)实物图

黏质沙雷菌　　　　　黏质沙雷菌

铜绿假单胞菌

沙门菌

弗氏志贺菌

图 1-12　细菌菌落

图 1-13　细菌液体培养特征

(1)丝状 (2)念珠状 (3)乳头状 (4)绒毛状 (5)树状

图 1-14　细菌半固体培养特征

常见细菌菌落特征见表 1-4。

表 1-4　常见菌落特征

细菌类型	菌落特点
球菌	小、圆、隆起、边缘整齐
杆菌	较大、较圆
鞭毛菌	大、扁平、形态不规则或边缘多缺口
芽孢菌	不透明、粗糙、多褶皱、边缘不规则
荚膜菌	光滑、黏稠、湿润、透明蛋清状

（二）放线菌

　　放线菌是介于细菌和真菌之间呈丝状生长，以孢子繁殖为主的一类 G+ 原核单细胞微生物，因菌落呈放射状而得名。放线菌在自然界分布广，在较干燥、弱碱性、含有机质多的土壤或空气、水中都有。泥土所特有的泥腥味主要是由放线菌产生的土腥味素引起的。放线菌最大的经济价值在于产生抗生素，目前万余种抗生素中有 70% 由放线菌产生，其中以链霉菌属居首位。放线菌可产生各种酶，广泛应用于石油脱蜡、烃类发酵及污水处理等方面，但部分放线菌也会引起人和动植物病害及食品变质。

（1）放线菌的形态特征 放线菌属原核微生物，细胞为丝状，称为菌丝，无横隔，是单细胞，多核质体，原核。平常看到的不断分枝的菌丝形成具有一定空间结构特征的菌丝聚集体称为菌丝体。个别种类的放线菌也具有细菌鞭毛样的丝状体，但一般不形成荚膜、菌毛等特殊结构。

放线菌菌丝有两种类型：一类为基内菌丝，也称营养菌丝，在培养基内部或紧贴培养基表面，并纠缠在一起而形成密集的菌落，有时用接种针将整个菌落自培养基挑起而不破裂，主要功能是吸收营养物和排泄代谢产物。基内菌丝大部分呈黄、橙、红、紫、蓝、绿、灰、褐甚至黑色，也有无色的，这些色素有水溶性的，有脂溶性的。另一类是气生菌丝，是基内菌丝发育到一定阶段后，向空间长出的菌丝体，一般颜色较深，且比基内菌丝粗，可盖满整个菌落表面，呈绒毛状、粉状或颗粒状（图1-15）。有的能产生色素，可传递营养物质并能进一步分化繁殖。

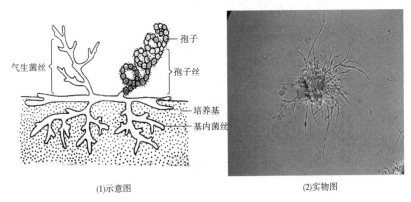

(1)示意图   (2)实物图

图 1-15 放线菌形态结构

气生菌丝发育到一定阶段，在其上分化出可能形成分生孢子的菌丝称为孢子丝。孢子丝上可形成成串的孢子，主要功能是繁殖。孢子丝的形态多样，可作为分类鉴定的依据，如图 1-16 所示。孢子丝成熟后便会分化形成许多孢子。由于放线菌的种类不同，孢子也具有不同特征，有球形、杆状、圆柱状、瓜子状、梭状或半月形等，常将其作为菌种鉴定的依据。

（2）放线菌的群体（菌落）特征 放线菌菌落干燥、不透明，表面呈紧密的丝绒状，上有一层色彩鲜艳的干粉；菌落和培养基的连接紧密，难以挑取；菌落的正反面颜色不一致，菌落培养基的平面有变形现象等（图1-17）。

（3）放线菌的繁殖 放线菌主要以无性孢子或菌丝断裂片等无性方式进行繁殖，无性孢子是最主要的繁殖方式，主要有分生孢子和孢囊孢子。大多数放线菌孢子丝生长到一定阶段，细胞膜内陷并收缩，形成完整的横隔，将孢子丝分割成许多分生孢子。孢囊孢子是放线菌在气生菌丝或基内菌丝上形成孢子

(1)直形　　(2)波曲形　　(3)簇生形　　(4)单轮生，　　(5)开环形，
　　　　　　　　　　　　　　　　无螺旋　　　简单螺旋，
　　　　　　　　　　　　　　　　　　　　　　钩形

(6)开放螺旋形　(7)封闭螺旋形　(8)单轮生螺旋　(9)双轮生，无螺旋　(10)双轮生，有螺旋

图1-16　放线菌不同类

囊，囊内产生孢囊孢子，成熟后大量释放。

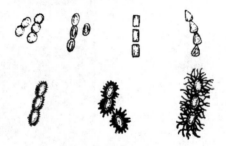

图1-17　放线菌的孢子形态

（三）酵母

酵母菌是一类以出芽繁殖为主的单细胞真核微生物的统称，是第一个被"家养"的微生物，种类有好几百种，主要应用于馒头、面包发酵和酿酒工业，也可用于石油脱蜡，生产有机酸、甘油、甘露醇，提取多种酶、维生素以及生产菌体蛋白等。它也可使高水分粮食和粮油食品以及果酱、蜜饯、酒类、肉类等食品变质。

（1）酵母菌的形态、大小特征　酵母菌由单细胞组成，不能运动。一般酵母菌的细胞大小不一，为（8～10）μm×（1～5）μm，酵母细胞的大小形状随酵母种属的遗传性、生活环境和培养时间等条件的不同而有差异。在一定的条件下，酵母细胞有一定的形态。酵母菌的基本形态有球形、卵圆形、腊肠形、柠檬形或藕节形等（图1-18）。若酵母菌细胞及其子代细胞连接成链状，与霉菌菌丝相似，称为假菌丝（图1-19）。

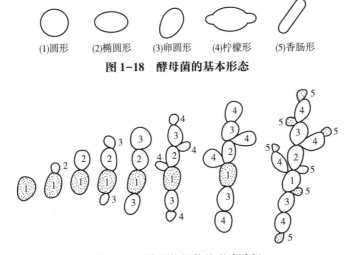

(1)圆形
(2)椭圆形
(3)卵圆形
(4)柠檬形
(5)香肠形

图 1-18　酵母菌的基本形态

图 1-19　酵母菌假菌丝形成过程

注：图中编号表示形成顺序。

（2）酵母菌的菌落特征　表现为圆形、表面隆起、光滑湿润、黏性、菌落大而厚、颜色单调、易挑起、质地均匀，正反面和边缘、中央部位的颜色都很均一，常见乳白色、土黄色、红色，个别为黑色。假菌丝酵母菌落扁平，表面和边缘光滑，有酒香味。

在液体培养中好氧性生长的酵母在液体表面形成菌膜或菌醭，有的酵母菌会沉淀在培养基底部；有的酵母菌在培养基中均匀生长，使培养基呈浑浊状态；或在器壁上出现"酵母环"，也称菌环。

（3）酵母菌的细胞结构　酵母菌的结构相对细菌复杂，包括细胞壁、细胞膜、细胞核、液泡、线粒体、内质网、微体、微丝及内含物等，有的菌体还有出芽痕、诞生痕（图 1-20）。

细胞壁
细胞膜
核
液泡
液泡粒
贮藏粒
母细胞
芽痕
诞生痕
芽细胞

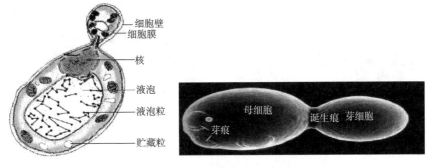

图 1-20　酵母菌的基本结构

（4）酵母菌的繁殖方式　酵母菌的繁殖一般以芽殖为主，也有裂殖和孢子生殖等形式（图1-20），酿酒工业上常用的酵母一般是芽殖（图1-21）。

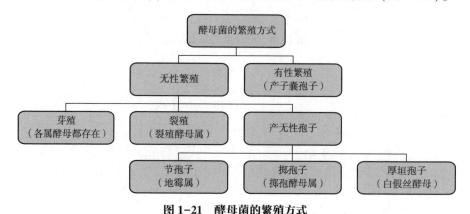

图1-21　酵母菌的繁殖方式

酿酒酵母的芽殖方式一般有一端芽殖、两端芽殖、三边芽殖及多边芽殖（图1-22）。如果酵母菌生长旺盛，在芽体尚未自母细胞脱落前，即可在芽体上又长出新的芽体，最后形成假菌丝状（图1-23）。

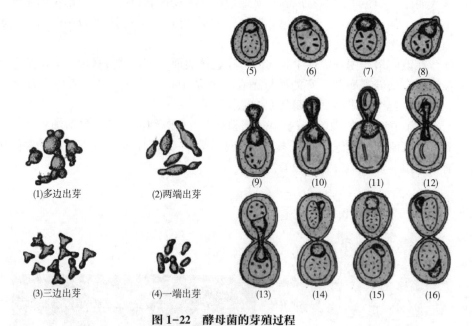

图1-22　酵母菌的芽殖过程

（5）～（8）—母细胞形成小突起　（9）～（11）—核裂　（12），（13）—原生质分配
（14），（15）—新膜形成　（16）—形成新细胞壁

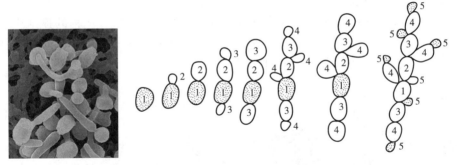

图 1-23　假丝酵母菌及其形成过程

注：图中编号由小到大为出芽顺序。

（5）酵母菌的分类　酵母菌属于真菌门的子囊纲和不完全菌纲，其分类较复杂，常见的是用简单分类法进行分类，即通过观察菌落及用显微镜观察细胞进行分类（图 1-24）。

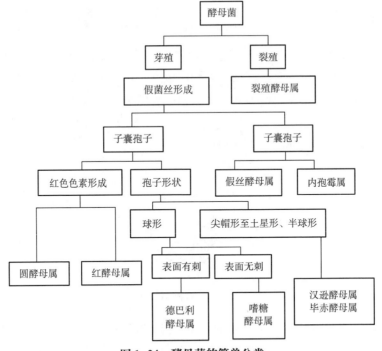

图 1-24　酵母菌的简单分类

（四）霉菌

霉菌是多细胞真菌的代表，霉菌的孢子在适宜的条件下，吸水膨大再开始萌发，即由孢子表面露出一个或多个芽管，芽管迅速增长，并长出分枝，分枝上再生分枝，使培养基或基质表面上布满结成网状的菌丝体，在显微镜下可看到一个菌丝的分枝和另一个菌丝相结合而使菌丝产生梯形或网梗的连结现象（图1-25），当菌体达到一定大小时，才开始生出孢子囊梗或分生孢子梗等特化的菌丝，再生出孢子形成子实体（图1-26）。

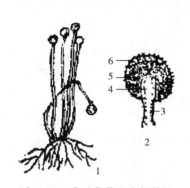 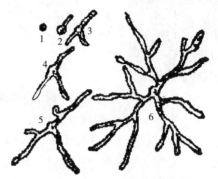

图1-25　孢子发芽及生长菌丝　　　**图1-26　高大毛霉的菌丛及孢子囊**

1—孢子　2—膨胀萌发　3—生出芽管　　　　1—菌丝　2—孢子囊　3—孢子囊柄
4—芽管伸长　5—长出分枝　6—菌丝体　　　　4—囊轴　5—孢子　6—膜

（1）霉菌生长特征　当霉菌在培养基上或自然基质上开始生长时，选用一个肉眼看不见菌落的时间，接着见到白斑点，用低倍镜观察，可见到丝状的物体，称为霉菌的菌丝，而把混在一起的许多菌丝称为菌丝体（图1-27）。

(1)单核有隔菌丝　　　　　　　　(2)多核有隔菌丝

(3)培养基特征

图1-27　霉菌菌丝体

霉菌最初生长时是白色或浅色的，随后由于各种霉菌孢子等子实体都有一定的形状和颜色，所以菌丝体最后形成黄、绿、青、橙、褐、黑等不同色泽孢子的菌落（图1-28）。菌落是指在固体培养基表面或内部，由一个或一群纯种微生物细胞形成的肉眼可见的有一定形态结构的微生物群体。霉菌菌落是由霉菌的一个孢子或一个孢子囊孢子在固体培养基上发芽、生长及繁殖后，形成一定的菌丝。

一些生长较快的霉菌，越接近菌落中央处的菌丝的生理年龄越大，常会较早形成子实体，呈色较深，而边缘处则最年轻，使菌落的周围有淡色圈的形成，随着菌落的不断扩大而形成一系列的同心圈。有些霉菌只在菌落中间部分产生分生孢子头，边缘菌丝发育不完全，颜色逐渐变浅或逐渐消失，形成了显著的边缘区。霉菌的菌落比较大，不同霉菌在一定的培养基上能形成特殊的肉眼容易分辨的菌落，这不仅是鉴别霉菌时的重要依据之一，也是在生产实践中通过对霉菌群体的形态观察来控制它们的生长发育，防止杂菌污染的途径之一。由于霉菌的结构和形态独特，因而在大曲中呈不同颜色，大曲的质量是由其颜色判定的。

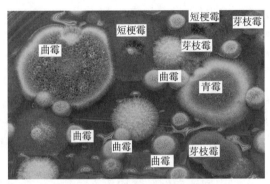

图1-28　各种霉菌的菌落

（2）霉菌的繁殖方式　霉菌有着极强的繁殖能力，而且繁殖方式也是多种多样的。虽然霉菌菌丝体上任一片段在适宜条件下都能发展成新个体，但在自然界中，霉菌主要依靠产生形形色色的无性或有性孢子进行繁殖。孢子有点像植物的种子，不过数量特别多，体积特别小（图1-29）。

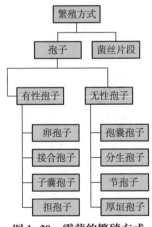

图1-29　霉菌的繁殖方式

霉菌的无性孢子直接由生殖菌丝的分化而形成，常见的有节孢子、厚垣孢子、孢子囊孢子和分生孢子。

孢子囊孢子：生在孢子囊内的孢子，是一种内生孢子。无隔菌丝的霉菌

（如毛霉、根霉）主要形成孢子囊孢子。

分生孢子：由菌丝顶端或分生孢子梗特化而成，是一种外生孢子。有隔菌丝的霉菌（如青霉、曲霉）主要形成分生孢子。

节孢子：由菌丝断裂而成（如白地霉）。

厚垣孢子：通常菌丝中间细胞变大，原生质浓缩，壁变厚而成（如总状毛霉）。

霉菌的有性繁殖过程包括质配、核配、减数分裂三个过程，常见的有性孢子为卵孢子、接合孢子、子囊孢子、担孢子。

质配：是指两个性别不同的单倍体性细胞或菌丝经接触、结合后，细胞质发生融合。

核配：即核融合，产生二倍体的结合子核。

减数分裂：核配后经减数分裂，核中染色体数又由二倍体恢复到单倍体。

接合孢子：两个配子囊经结合，然后经质配、核配后发育形成接合孢子。接合孢子的形成分为两种类型：① 异宗配合：由两种不同性菌系的菌丝结合而成。② 同宗配合：可由同一菌丝结合而成。结合孢子萌发时壁破裂，长出芽管，其上形成芽孢子囊。接合孢子的减数分裂过程发生在萌发之前或更多发生在萌发过程。

子囊孢子：在同一菌丝或相邻两菌丝上两个不同性别细胞结合，形成造囊丝。经质配、核配和减数分裂形成子囊，内生 2~8 个子孢子囊。许多聚集在一起的子囊被周围菌丝包裹成子囊果，子囊果有三种类型：① 完全封闭称为闭囊。② 中间有孔称为子囊壳。③ 成盘状称为子囊盘。

卵孢子：由两个大小不同的配子囊结合而成。小配子囊称为精子器，大配子囊称为藏卵器。当结合时，精子器中的原生质和核进入藏卵器，并与藏卵器中的卵球配合，以后卵球生出外壁，发育成为卵孢子。

霉菌的孢子具有小、轻、干、多，以及形态色泽各异、休眠期长和抗逆性强等特点，每个个体所产生的孢子数，经常是成千上万的，有时竟达几百亿、几千亿甚至更多。这些特点有助于霉菌在自然界中随处散播和繁殖。对人类的实践来说，孢子的这些特点有利于接种、扩大培养、菌种选育、保藏和鉴定等工作，对人类的不利之处则是易于造成污染、霉变和易于传播的动、植物霉菌病害。

（五）病毒

病毒（Virus）是一类超显微的非细胞生物，每一种病毒只含有一种核酸（RNA 或 DNA），它们只能在活细胞内专性寄生，在离体条件下，它们以无生命的化学大分子状态存在。一般情况下病毒由一个核酸分子（DNA 或 RNA）

与蛋白质构成非细胞形态，靠寄生生活，是介于生命体及非生命体之间的有机物种，它既不是生物，也不是非生物，目前不把它归于五界（原核生物、原生生物、真菌、植物和动物）之中。它是由一个保护性外壳包裹的一段 DNA 或者 RNA，借由感染的机制，这些简单的有机体可以利用宿主的细胞系统进行自我复制，但无法独立生长和复制。病毒可以感染几乎所有具有细胞结构的生命体。第一个已知的病毒是烟草花叶病毒，由马丁乌斯·贝杰林克（Martinus Beijerinck）于 1899 年发现并命名，迄今已有超过 5000 种类型的病毒得到鉴定。研究病毒的科学称为病毒学，是微生物学的一个分支。

病毒由两到三个成分组成：病毒都含有遗传物质（RNA 或 DNA，只由蛋白质组成的朊毒体并不属于病毒）；所有的病毒也都有由蛋白质形成的衣壳，用来包裹和保护其中的遗传物质；此外，部分病毒在到达细胞表面时能够形成脂质包膜环绕在外。病毒的形态各异，从简单的螺旋型和正二十面体型到复合型结构。病毒颗粒大约是细菌大小的百分之一。病毒的起源目前尚不清楚，不同的病毒可能起源于不同的机制：部分病毒可能起源于质粒（一种环状的 DNA，可以在细胞内复制并在细胞间进行转移），而其他一些则可能起源于细菌。

1. 特征

病毒是颗粒很小、以纳米为测量单位、结构简单、寄生性严格，以复制进行繁殖的一类非细胞型微生物。病毒是比细菌还小，没有细胞结构，只能在细胞中增殖的微生物，由蛋白质和核酸组成，大部分要用电子显微镜才能观察到。

"Virus" 一词源于拉丁文，原指一种动物来源的毒素。病毒能增殖、遗传和演化，因而具有生命最基本的特征，至今对它还没有公认的定义。其主要特点如下所示。

（1）形体极其微小：一般都能通过细菌滤器，因此病毒原称为 "滤过性病毒"，必须在电子显微镜下才能观察。形态多样，有球状、杆状、砖形、冠状、丝状、轮状、有包膜的球状、具有球状头部的病毒，封于包含体内的昆虫病毒，见图 1-30。

（2）没有细胞构造，其主要成分仅为核酸和蛋白质，故又称为 "分子生物"。

（3）每一种病毒只含一种核酸，不是 DNA 就是 RNA。

（4）既无产能酶系，也无蛋白质和核酸合成酶系，只能利用宿主活细胞内现成代谢系统合成自身的核酸和蛋白质成分。

（5）以核酸和蛋白质等 "元件" 的装配实现其大量繁殖。

（6）在离体条件下，能以无生命的生物大分子状态存在，并长期保持其侵染活力。

（7）对一般抗生素不敏感，但对干扰素敏感。

（8）有些病毒的核酸还能整合到宿主的基因组中，并诱发潜伏性感染。

（9）还有些病毒是没有 DNA 或 RNA 的，例如朊病毒。朊病毒又称为蛋白质侵染因子或感染性蛋白质和毒朊，它是一类能够侵染动物并且在宿主细胞内复制的小分子，无免疫性，疏水。朊病毒没有 DNA 或者 RNA，并且它不能进行自我复制，所以严格意义上来讲，它并不是病毒，而是一类不含核酸，仅由蛋白质构成的，可以自我复制的感染性的因子。朊是蛋白质的旧称，所以称为朊病毒，它是一类能引起哺乳动物和人的中枢神经系统病变的传染性的病变因子。

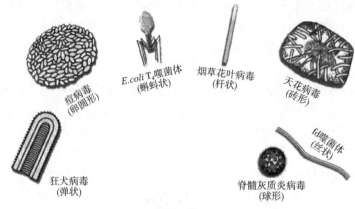

图 1-30　病毒形态

2. 病毒的分类

非细胞生物（病毒）
- 真病毒：含有核酸和蛋白质两种组分
- 亚病毒
  - 类病毒：独立侵染性 RNA
  - 拟病毒：裸露的 RNA 或者 DNA 缺陷的病毒
  - 朊病毒：不含核酸的传染性蛋白质分子

3. 病毒的基本构成

基本构成如图 1-31 所示。

（1）病毒的基本结构　有核心和衣壳，二者形成核衣壳。核心位于病毒体的中心，为核酸，为病毒的复制、遗传和变异提供遗传信息；衣壳是包围在核酸外面的蛋白质外壳。

（2）衣壳的功能　①具有抗原性；②保护核酸；③介导病毒与宿主细胞结合。

（3）病毒的辅助结构　有些病毒核衣壳外还有一层脂蛋白双层膜状结构，是病毒以出芽方式释放，穿过宿主细胞膜或核膜时获得的，称之为包膜。在包膜表面有病毒编码的糖蛋白，镶嵌成钉状突起，称为刺突。有包膜病毒对有机溶剂敏感。

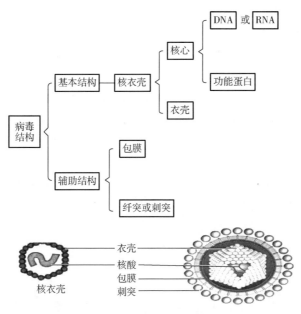

图 1-31 病毒的基本构成

（4）包膜功能 ①保护核衣壳；②促进病毒与宿主细胞的吸附；③具有抗原性。

4. 病毒的作用价值

病毒也并非一无是处，它在人类生存和进化的过程当中，扮演了不同寻常的角色，人和脊椎动物直接从病毒那里获得了 100 多种基因，而且人类自身复制 DNA 的酶系统，也可能来自于病毒。

（1）噬菌体可以作为防治某些疾病的特效药，例如烧伤病人在患处涂抹绿脓杆菌噬菌体稀释液以缓解伤情。

（2）在细胞工程中，某些病毒可以作为细胞融合的助融剂，例如仙台病毒。

（3）在基因工程中，病毒可以作为目的基因的载体，使之被拼接在目标细胞的染色体上。

（4）在专一的细菌培养基中添加的病毒可以除杂。

（5）病毒可以作为精确制导药物的载体。

（6）病毒可以作为特效杀虫剂。

（7）病毒还在生物圈的物质循环和能量交流中起到关键作用。

（8）病毒还可以用来治疗疾病，比如癌症。

病毒疫苗对人类预防病毒有好处——促进了人类的进化，人类的很多基因都是从病毒中得到的。

5. 病毒的繁殖（以噬菌体为例）

噬菌体是病毒中的一种，一般把侵染细菌、放线菌的病毒称为噬菌体（把侵染真菌的病毒称为噬真菌体）。噬菌体的繁殖称作复制（图1-32）。

根据噬菌体与宿主的关系分为以下几种。

烈性噬菌体：指感染宿主细胞后，能够使宿主细胞裂解的噬菌体。

温和噬菌体（或溶原性噬菌体）：噬菌体感染细胞后，将其核酸整合（附着）到宿主的核DNA上，并且可以随宿主DNA的复制而进行同步复制，在一般情况下，不引起寄主细胞裂解的噬菌体。

原噬菌体（或前噬菌体）：即整合在宿主核DNA上的噬菌体的核酸。

溶原性细菌：指在核染色体上整合有原噬菌体的细菌，可进行正常生长繁殖，而不被裂解。

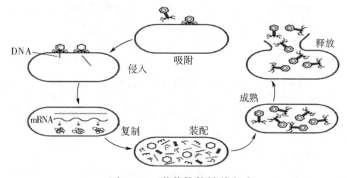

图1-32　噬菌体的繁殖方式

（1）吸附　噬菌体和宿主细胞上的特异性吸附部位进行特异性结合，噬菌体以尾丝牢固吸附在受体上后，靠刺突"钉"在细胞表面上。

（2）侵入　核酸注入细胞的过程。噬菌体尾部所含酶类物质可使细胞壁产生一些小孔，然后尾鞘收缩，尾髓刺入细胞壁，并将核酸注入细胞内，蛋白质外壳留在细胞外。

（3）复制　包括核酸的复制和蛋白质合成。噬菌体核酸进入宿主细胞后，会控制宿主细胞的合成系统，然后以噬菌体核酸中的指令合成噬菌体所需的核酸和蛋白质。

（4）装配　DNA分子的缩合——通过衣壳包裹DNA而形成头部——尾丝及尾部的其他部件独立装配完成——头部与尾部相结合——最后装上尾丝，至此，一个个形状成熟、大小相同的噬菌体装配完成。

（5）释放　①裂解：多以裂解细胞的方式释放。②分泌：噬菌体穿出细胞，细胞并不裂解。通常情况下，一个噬菌体通过上述5个过程能合成100～300个噬菌体。烈性噬菌体的这种生长繁殖方式也称为一步生长。

知识拓展

病毒对人类的重要性

在地球上，病毒的数量大得惊人，把一个普通玻璃杯中装满海水，你大约就握着上百亿个病毒，而整个大海里面病毒的数量更是达到了 10^{30}。不过我们并不用担心，在这个病毒的"海洋"里，能对人类造成危害的仅占极小一部分。

病毒在特定条件下具有一定的生命特征，但自己却无法完成任何生命过程，它们不能代谢养料，不能产生能量，也不能作为其他生物的食物。对于病毒本身来说，它们存在的唯一目的就是感染宿主，然后利用宿主细胞的资源不断地扩增自己的数量，彻头彻尾就是一群"懒惰的"寄生物。不过，我们却绝对不能忽视它们的存在。因为对于大自然来说，这群"懒惰的"寄生物扮演着极为重要的角色，它们是生命进化的推动者，同时也是整个生态系统正常运转的支撑者。

在病毒的"海洋"中，人类能够保持健康要归功于我们拥有一个完善的防卫系统，它不断监视和清除来袭的病毒等病原体，如果这个系统出现问题，人体就会变得弱不禁风，这个防卫系统就是免疫系统。人类免疫缺陷病毒（HIV）感染人体后会破坏免疫系统，在免疫系统崩溃后，任何一个普通的感染对人体来说都是致命的。所以，艾滋病的危险性不在于 HIV 本身，而是感染 HIV 后的各种机会性感染所带来的并发症。在生命起源的初期免疫系统还没有完善地建立起来，免疫系统的进化是整个生命系统进化的重要基础，而免疫系统的进化则是在病毒等各种病原体的刺激下完成的。

在现代测序技术的发展下，人类基因组已经得到破译，科学家惊奇地发现，在人类的基因组中竟然有高达 10 万条片段来自病毒，这些病毒基因片段占据了人类基因组的 8%，而编码人类细胞所有蛋白质的序列仅占据了基因组的 1.2%～1.5%。如此大量的病毒基因片段在人类基因组中可能也发挥了重要的作用，虽然这其中还有大量未知的东西需要我们去挖掘，不过毋庸置疑的是，没有这些病毒基因片段，人类细胞将无法正常工作。

病毒在生态系统的平衡中也起着举足轻重的作用。在海洋里，每秒钟大约会发生 10^{23} 次病毒感染，这些感染是导致海洋生物死亡的主要原因之一，无论是小虾还是鲸鱼，都难逃病毒的攻击，它们在死后所释放出的内容物会成为其他生物的养料。除了动植物，细菌也是病毒感染的重要目标。据估计，病毒每天会杀死海洋中几乎半数的细菌，释放出数十亿吨碳供其他生命体使用，这个过程也是大自然碳循环重要的组成部分。所以，如果海洋中没有病毒，物质循环中就缺失了一个重要的链条，许多生命将难以得到生长繁衍的机会。

另外，海洋中还生活着大量的聚球藻，它们承担了地球上约 1/4 的光合作用，为地球制造大量的氧气。科学家发现在这种藻类里，编码进行光合作用蛋白质的基因中有一些来自于病毒。而据科学家估计，地球上 10% 的光合作用都有病毒基因编码的蛋白质参与。除此之外，地球上的藻类和细菌在维持地球大气中氧气和二氧化碳等气体的平衡上起到重要的作用，通过控制它们的数量，病毒也在间接地影响着气候。

对于我们自身来说，病毒所发挥的作用同样不可小觑。在我们的肠道里大约栖居着超过 10 万亿个细菌，它们构成了人们常说的肠道菌群。这些细菌对人体的健康非常重要，它们不但帮助人体消化食物，参与能量代谢，还影响着人体免疫系统的功能。而有研究表明，人类肠道里病毒的数量比细菌还要多，它们除了帮助人类控制肠道菌群的平衡，可能也具有直接的益生作用。比如，最近就有研究发现小鼠肠道内的诺如病毒能帮助小鼠修复受损的肠道黏膜和维持肠道黏膜正常的免疫功能。另外，一些温和的病毒，比如鼻病毒，还能够锻炼我们的免疫系统不对轻微的刺激产生反应，从而减少过敏反应。

我们时时刻刻和病毒生活在一起，它们在带来疾病的同时也在协助生命的维系，随着研究的深入，相信我们对病毒会有更为深刻的认识。

2019 新型冠状病毒

冠状病毒是一个大型病毒家族，已知可引起感冒以及中东呼吸综合征（MERS）和严重急性呼吸综合征（SARS）等较严重的疾病。冠状病毒很容易变异，这次的新型冠状病毒是以前从未在人体中发现的冠状病毒新毒株。感染病毒后呈现发热、咳嗽、气促、呼吸困难，严重时可导致肺炎、严重急性呼吸综合征、肾衰竭，甚至死亡。

2019 新型冠状病毒病（Corona Virus Disease 2019，COVID-19），因 2019年在武汉发现病毒性肺炎病例，2020 年 1 月 12 日被世界卫生组织暂命名为"2019-nCoV"。2 月 11 日在日内瓦，世界卫生组织总干事谭德塞在记者会上宣布，将新型冠状病毒（2019-nCoV）引发的疾病正式命名为：2019 冠状病毒病（Corona Virus Disease 2019，COVID-19）。2019 年 12 月以来，湖北省武汉市持续开展流感及相关疾病监测，发现多起病毒性肺炎病例，均诊断为病毒性肺炎/肺部感染。新型肺炎存在人传人现象。国家卫生健康委决定将新型冠状病毒感染的肺炎纳入法定传染病乙类管理，采取甲类传染病的预防、控制措施。截至 2020 年 1 月 7 日 21 时，实验室检出一种新型冠状病毒。1 月 20 日，中共中央对新型冠状病毒感染的肺炎疫情做出重要指示，强调要把人民群众的生命安全和身体健康放在第一位，坚决遏制疫情蔓延势头。2020 年 1 月 30 日，世界卫生组织发布新型冠状病毒感染肺炎疫情为国际关注的突发公共卫生事件，强调不建议实施旅行和贸易限制，并再次高度肯定中方的防控举措。3 月 11 日，世界卫生组织总干事谭德塞宣布，新型冠状病毒已构成全球大流行。

新型冠状病毒主要的传播途径是气溶胶传播。通过流行病学调查显示，病例大多可以追踪到与确诊的病例有过近距离密切接触的情况。

直接传播：指患者喷嚏、咳嗽、说话的飞沫，呼出的气体近距离直接吸入导致的感染；气溶胶传播：指飞沫混合在空气中，形成气溶胶，吸入后导致感染；接触传播：指飞沫沉积在物品表面，接触污染的手后，再接触口腔、鼻腔、眼睛等黏膜，导致感染。各年龄段的人都可能被感染，被感染的主要是成年人，其中老年人和体弱多病的人更容易被感染。近期发现动物也会被感染。儿童和孕产妇是新型冠状病毒的易感染人群。

应该如何预防感染冠状病毒，北京市疾控中心建议要加强个人防护，避免接触野生禽畜，杜绝带病上班、聚会。从疫情高发地旅行归来，如出现发热、咳嗽等呼吸道感染症状，应根据病情就近选择医院发热门诊就医，并戴上口罩就诊，同时告知医生类似患者或动物接触史、旅行史等。

具体建议如下：

1. 加强个人防护

（1）避免前往人群密集的公共场所。避免接触发热和呼吸道感染患者，如需接触时要佩戴口罩。

（2）勤洗手　尤其在手被呼吸道分泌物污染时、触摸过公共设施后、照顾发热呼吸道感染或呕吐腹泻患者后、探访医院后、处理被污染的物品以及接触动物、动物饲料或动物粪便后。

（3）不要随地吐痰　打喷嚏或咳嗽时用纸巾或袖肘遮住口、鼻。

（4）加强锻炼，规律作息，保持室内空气流通。

2. 避免接触野生禽畜

（1）避免接触禽畜、野生动物及其排泄物和分泌物，避免购买活禽和野生动物。

（2）避免前往动物农场和屠宰场、活禽动物交易市场或摊位、野生动物栖息地等场所。必须前往时要做好防护，尤其是职业暴露人群。

（3）避免食用野生动物　不要食用已经患病的动物及其制品；要从正规渠道购买冰鲜禽肉，食用禽肉蛋奶时要充分煮熟，处理生鲜制品时，器具要生熟分开并及时清洗，避免交叉污染。

3. 杜绝带病上班、聚会

如有发烧、咳嗽等呼吸道感染的症状，居家休息，减少外出和旅行，天气良好时居室多通风，接触他人请佩戴口罩。要避免带病上班、上课及聚会。

4. 及时就医

从疫情高发地处旅行归来，如出现发热、咳嗽等呼吸道感染症状，应根据病情就近选择医院发热门诊就医，并戴上口罩就诊，同时告知医生类似患者或动物接触史、旅行史等。

病毒性肺炎多见于冬春季，可散发或暴发流行，临床主要表现为发热、浑身酸痛、少部分有呼吸困难，肺部浸润影。病毒性肺炎与病毒的毒力、感染途径以及宿主的年龄、免疫状态有关。引起病毒性肺炎的病毒以流行性感冒病毒为常见，其他为副流感病毒、巨细胞病毒、腺病毒、鼻病毒、冠状病毒等。确诊则依赖于病原学检查，包括病毒分离、血清学检查以及病毒抗原及核酸检测。该病可防可控，预防上保持室内空气流通，避免到封闭、空气不流通的公众场合和人多集中地方，外出可佩戴口罩。临床以对症治疗为主，需卧床休息。如有上述症状，特别是持续发热不退，要及时到医疗机构就诊。

任务二　无菌操作技术

教学重难点

掌握无菌操作的基本概念及作用，会进行无菌操作。

一、无菌操作基本概念

微生物个体微小，肉眼无法看到却充斥着我们的环境，如空气中、水中、手上、衣服上、桌面上、实验器皿、器械表面等。在微生物研究及应用中，需要通过分离纯化技术从混杂的天然微生物群中分离出特定的微生物，必须随时注意保持微生物纯培养物的"纯洁"，防止其他微生物的侵入，所操作的微生物培养物也不应对环境造成污染。

无菌操作技术是指在分离、转接及培养纯培养物时防止被其他微生物污染，其自身也不污染操作环境的技术。无菌操作技术是一项最基本的微生物操作技术，是保证微生物学研究正常进行的关键。

二、无菌操作的要点

在进行无菌操作时，为了达到无菌要求，一般要注意以下几点：① 杀死规定作业系统中的一切微生物，使作业系统变成无菌。在进行器皿和器械的准备时，应当用报纸、牛皮纸等包扎器皿和器械，并进行湿热或者干热灭菌；在进行微生物的接种、取样之前，要把接种环放在火焰上灼烧（图1-33）。② 在作业系统与外界的联系之间隔绝一切微生物穿过。常用棉塞封住试管管口或三角瓶瓶口，要在酒精灯火焰上方打开试管口、三角瓶瓶口或者培养皿盖等，打开的同时注意不要将试管塞随意放置（图1-34、图1-35）。③ 在无菌室、超净操作台或空气流动较小的清洁环境中，进行接种或其他不可避免的敞开作业时，应防止不需要的微生物侵入作业系统（图1-36）。④ 要避免操作系统内的微生物进入环境，造成不必要的污染。实验结束时，应当把一些使用完毕的菌种、培养物等放置在高压蒸汽灭菌锅内进行彻底灭菌（图1-37）。

图1-33　灼烧接种环

图1-34　塞有棉塞的试管在火焰上方打开

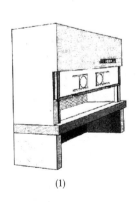

(1)

(2)

图1-35　棉塞的正确拿法　　**图1-36　超净工作台（1）及其操作（2）**

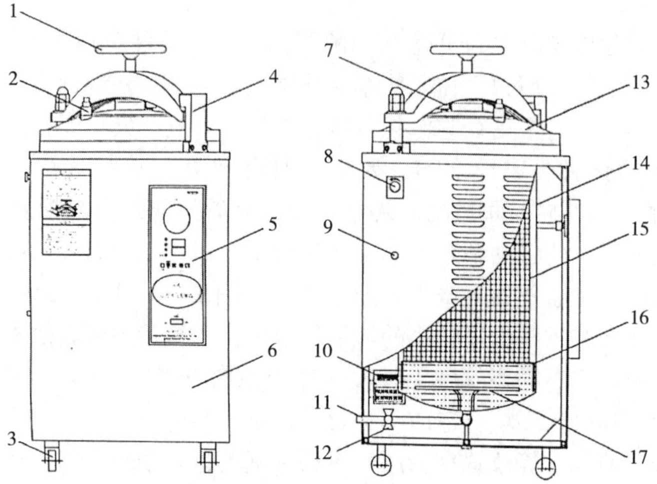

图1-37 高压蒸汽灭菌锅

1—手轮 2—安全阀 3—脚轮 4—锁紧机构 5—控制面板 6—箱体 7—自锁装置 8—手动放汽阀 9—排汽接口 10—电路控制系统 11—排水接口 12—放水阀 13—容器盖 14—容器筒 15—灭菌网篮 16—挡水板 17—电加热器

三、无菌操作的基本要求

无菌操作是指在微生物实验工作过程中，能控制或防止各类微生物的污染及其干扰的一系列操作方法和有关措施，其中包括无菌环境设施（其中无菌环境设施主要指无菌室或是超净工作台）、无菌实验器材及无菌操作方法等。无菌操作确保检验项目微生物不污染环境和防止环境微生物污染或感染。

1. 无菌室或超净工作台

微生物无菌室是进行微生物无菌操作的工作场所，实验样品的接种、分离、鉴定等操作都要在此完成。无菌室应有缓冲间和无菌操作间。无菌室一般用玻璃和板材建造，矮小、平整、面积4~5m²，高2.5m左右。室内采光面积大，从室外应能看到室内情况。无菌室内部装修应平整、光滑，四壁及屋顶应不透水，不得使用易燃材料装修。无菌室与缓冲间进出口设拉门，门与窗平齐，门缝要封紧，两门应错开，以免空气对流造成污染（图1-38，图1-39）。

无菌操作间和缓冲间必须密闭，要安装符合要求的空调及空气过滤设备，所有进入无菌室的空气都要经过过滤处理，无菌操作间洁净度达10000级（超净工作台洁净度达到100级）。室内温度保持在20~24℃，湿度保持在45%~60%。无菌操作间和缓冲间均设有日光灯及消毒空气用的紫外灯，杀菌紫外灯离工作台以1m为宜，照明灯、紫光灯、空气过滤设备和空调开关都要安装在室外。

图 1-38 无菌室平面布局图 （单位： mm ）

图 1-39 无菌室结构图

在无菌室内，必须存放有酒精灯、酒精棉、火柴、镊子、接种针、记号笔等。严禁存放杂物，以防污染。无菌室应定期用适宜的消毒液灭菌清洁，常用消毒液为 5% 的甲酚溶液，75% 的酒精，0.1% 的新洁尔灭溶液。操作人员进入无菌室前要用肥皂或消毒液洗手，在缓冲间更换专用工作衣帽。

无菌室使用前，放入除待检物以外的其他器具，打开紫外灯灭菌 30min 以上，使用时关闭紫外灯，打开超净工作台吹风，严格按无菌操作要求进行操作。操作完后清理，打开紫外灯灭菌 20min。

无菌室每月检查菌落数，超净工作台平板杂菌菌落数平均不得超过 1 个菌落，无菌室平均不得超过 3 个菌落。

2. 微生物无菌技术常用设备及器材

在进行无菌操作时，必须要配备相应的设备及器材才能保证无菌操作的顺利进行，在微生物实验中，常用的设备、器材及用途见表1-5，图1-40、图1-41、图1-42、图1-43，图1-44。

表1-5　微生物实验常用设备及器材

常用设备及器材	用途	常用器皿	用途
恒温箱	培养微生物	试管	盛装试剂或培养基，做斜面
显微镜	观察微生物	德汉小管	糖发酵试验用
冰箱	贮存制备好的培养基、菌种、菌液、药品、血清及标本	小塑料离心管	离心用
离心机	分离菌体	吸管	移液
超净工作台	无菌操作装置	培养皿	微生物培养、分离纯化、菌落计数、菌落形态观察、遗传突变株筛选等
厌氧培养箱	培养厌氧微生物	三角烧瓶与烧杯	盛装试剂
pH 计	测量培养基或培养环境的酸碱度	注射器	取微量样品
CO_2 培养箱	培养离体细胞	载玻片与盖玻片	微生物涂片、染色用
电热干燥箱	烘干和干热灭菌玻璃器皿	接种工具	接种用
加样器	添加少量或微量试剂		

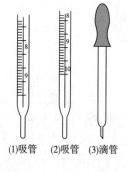

(1)吸管　(2)吸管　(3)滴管

图1-40　常用设备

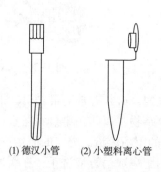

(1) 德汉小管　(2) 小塑料离心管

图1-41　常用器皿

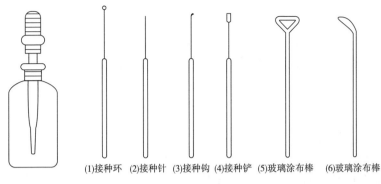

图 1-42 滴瓶

(1)接种环 (2)接种针 (3)接种钩 (4)接种铲 (5)玻璃涂布棒 (6)玻璃涂布棒

图 1-43 常用工具

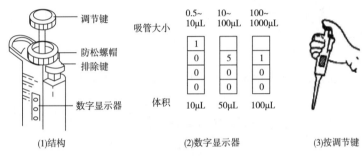

(1)结构

(2)数字显示器

(3)按调节键

图 1-44 微量吸管

四、无菌接种操作

接种是指在无菌条件下，用接种工具挑取微生物由一个培养器皿转接到另一个培养器皿中进行培养，这是微生物学研究中最常用的基本操作。用以挑取和转接微生物材料的工具为接种环及接种针（图1-45），而一般移取液体培养物时可采用无菌吸管或移液枪。

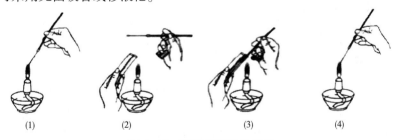

(1)   (2)   (3)   (4)

图 1-45 接种操作基本程序

1—接种环在火焰上灼烧灭菌 2—烧红的接种环在空气中冷却，同时打开装有培养物的试管 3—用接种环蘸取一环培养物转移到一装有无菌培养基的试管中，并将试管重新盖好 4—接种环在火焰上灼烧，杀死残留的培养物

技能训练一　无菌操作技术

一、训练器材

1. 菌种

大肠杆菌营养斜面、大肠杆菌液体试管培养物。

2. 培养基

肉汤营养琼脂斜面、肉汤营养液体培养基（试管）。

3. 溶液和试剂

无菌水。

4. 仪器和其他用品

接种环、酒精灯、试管架、记号笔、无菌玻璃吸管等。

> **本实验为什么用大肠杆菌？**
>
> 　　大肠杆菌是实验室常用的一种 G⁻细菌，生长繁殖快，易培养、易观察，并且一般无毒性。因此利用该菌的斜面培养物和液体培养物进行无菌操作训练，可获得明确的结果，符合本实验的要求。

二、训练目的要求

1. 理解从固体培养物和液体培养物中转接微生物的无菌操作技术。
2. 体会无菌操作的重要性。
3. 熟练掌握无菌操作技术。

三、基本原理

无菌操作一般在火焰旁进行，并用火焰直接灼烧接种工具，以达到灭菌目的，因为高温可以使微生物致死，但一定要保证接种环冷却后方可进行转接，以免烫死微生物。如果是转接液体培养物，就用预先已灭菌的玻璃吸管或吸嘴；如果只取少量而且无须定量则可用接种环，视实验目的而定。

⊘ **安全警示**

　　无菌操作需要在火焰旁进行，在操作时要注意安全；禁止用嘴吸取菌液。

四、操作步骤

1. 用接种环转接菌种

（1）用记号笔分别标记3支肉汤营养琼脂斜面为1（接菌）、2（接无菌水）、3（非无菌操作）和3支液体培养基为4（接菌）、5（接无菌水）、6（不接种）。

（2）左手按无菌操作要求持大肠杆菌斜面培养物，右手持接种环（图1）灼烧灭菌（烧至发红），然后在火焰旁打开斜面培养物的试管帽（管帽不能放在桌子上），并将管口在火焰上烧一下。

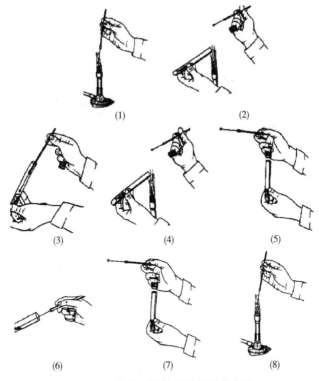

图1　用接种环转接菌种的操作程序

　　（1）在火焰上灼烧接种环　　（2）取下斜面培养物的试管帽，烧一下试管口　　（3）将已灼烧灭菌的接种环插入斜面试管中，冷却5~6s后挑取少量菌苔　　（4）烧一下斜面试管口　　（5）盖上试管帽并放回试管架　　（6）迅速将沾有少量菌苔的接种环插入，试管斜面的底部划线接种　　（7）盖上试管帽并放回试管架　　（8）灼烧接种环，放回原处

（3）用左手从试管架上取出1管，在火焰旁取下管帽，管口在火焰上烧一下，将沾有少量菌苔的接种环迅速放进1管斜面（注意：接种环不要碰到试管口边）从底部开始向上作蛇形划线接种。完毕后，同样灼烧一下试管口，盖上管帽，将接种环灼烧后放回原处。如果是向盛有液体培养基的试管和三角瓶中接种，则应将挑有菌苔的接种环首先在液体表面的管内壁上轻轻摩擦，使菌体分散从环上脱开，进入液体培养基中。

（4）按上述方法取一环无菌水于2管中，同上划线接种。

（5）以非无菌操作为对照：在无酒精灯或煤气灯的条件下，用未经灭菌的接种环从另一盛无菌水的试管中取一环水划线接种到3管中。

上述无菌操作技术按图2的方式，将待接和被接的2支试管同时拿在左手上进行。

2. 用吸管转接菌液

（1）轻轻摇动盛菌液的试管（图3，注意：不要溅到管口或管帽上），暂放回试管架上。

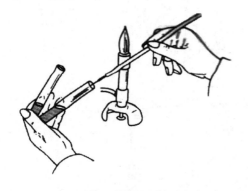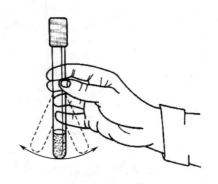

图2　手持2支试管的接种方式　　　　　图3　轻摇试管

（2）从已灭菌的吸管筒中取出一支吸管［图4（1）］，将其插入吸气器下端［图4（2）］，然后按无菌操作要求，将吸管插入已摇匀的菌液中，吸取0.5 mL菌液并迅速转移至4管中。

（3）取下吸气器，将用过的吸管放入废物桶中［图4（3）］。桶底必须垫有泡沫塑料等软垫，以防吸管嘴破损。

（4）换另一支无菌吸管，按上述方法从盛无菌水的试管中吸取0.5mL无菌水转移至5管中。

在使用吸管操作过程中，手指不要接触其下端。

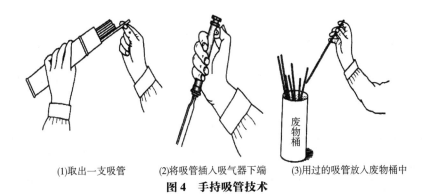

(1)取出一支吸管　(2)将吸管插入吸气器下端　(3)用过的吸管放入废物桶中

图4　手持吸管技术

3. 培养

将标有1、2、3的3支试管于37℃静置培养，将标有4、5、6的试管于37℃振荡培养。经过夜培养后，观察各管生长情况。

获得本实验成功的关键

牢固树立无菌概念，认真、细心体会无菌操作的要领。

五、实验评价方法

（一）实验报告

1. 结果

将观察结果填入表1中。

表1　观察结果

试管	1	2	3	4	5	6
生长状况						
简要说明						

2. 思考题（摘自《微生物学实验》沈萍、陈向东主编）

（1）说明本实验中除了1管和4管接菌以外，其他各管起什么作用？从中又体会到什么？

（2）从理论上分析，1、2、3、4、5、6各管经培养后，其正确结果应该是怎样的？实验结果与此相符吗？请做相应的解释和体会。

（3）为什么接种完毕后，接种环还必须灼烧后再放回原处，吸管也必须放进废物桶中？

（二）过程考核

根据学生在实验过程中操作的规范程度及熟练程度进行当场评价打分，见表2。

表2　评分表

评价项目	器具的识别（3分）	无菌操作（5分）	学习态度（2分）
得分			

◌◌◌ 知识拓展

微生物发展简史

一、近代微生物学发展简史

1. 史前时期人类对微生物的认识与利用

17世纪下半叶，在荷兰学者列文虎克（Antony van Leeuwenhoek）用自制的简易显微镜亲眼观察到细菌个体之前，微生物学科尚未形成，这个时期称为微生物学史前时期。在这个时期，实际上人们在生产与日常生活中积累了不少关于微生物作用的经验规律，并且应用这些规律创造财富，减少和消灭病害。如民间早已广泛应用的酿酒、制醋、发面、腌制酸菜及泡菜、盐渍、蜜饯等。古埃及人也早已掌握了制作面包和酿制果酒技术。这些都是人类在食品工艺中控制和应用微生物活动规律的典型例子。积肥、沤粪、翻土压青、豆类作物与其他作物的间作轮作，是人类在农业生产实践中控制和应用微生物生命活动规律的生产技术。种痘预防天花是人类控制和应用微生物生命活动规律在预防疾病、保护健康方面的宝贵实践。尽管这些还没有上升为微生物学理论，但都是控制和应用微生物生命活动规律的实践活动。

2. 微生物形态学发展阶段

17世纪80年代，列文虎克用他自己制造的，可放大160倍的显微镜观察牙垢、雨水、井水以及各种有机质的浸出液，发现了许多可以活动的"活的小动物"，并发表了这一"自然界的秘密"。这是首次对微生物形态和个体的观察和记载。随后，其他研究者凭借显微镜对其他微生物类群进行观察和记载，充实和扩大了人类对微生物类群形态的视野。但是在其后相当长的时间内，对于微生物作用的规律仍一无所知，这个时期也称为微生物学的创始时期。

3. 微生物生理学发展阶段

在 19 世纪 60 年代初，法国巴斯德（Louis Pasteur）和德国柯赫（Robert Koch）等一批杰出的科学家建立了一套独特的微生物研究方法，对微生物的生命活动及其对人类实践和自然界的作用做了初步研究，同时还建立起许多微生物学分支学科，尤其是建立了解决当时实际问题的几门重要的微生物应用学科，如医用细菌学、植物病理学、酿造学、土壤微生物学等。在这个时期，巴斯德研究了酒变酸的微生物原理，探索了蚕病、牛羊炭疽病、鸡霍乱和人狂犬病等传染病的病因、有机质腐败和酿酒失败的起因，否定了生命起源的"自然发生说"，建立了巴氏消毒法等一系列微生物学实验技术。柯赫在继巴斯德之后，改进了固体培养基的配方，发明了倾皿法进行纯种分离，建立了细菌细胞的染色技术、显微摄影技术和悬滴培养法，寻找并确证了炭疽病、结核病和霍乱等一系列严重传染疾病的病原体等。这些成就奠定了微生物学成为一门科学的基础，他们是微生物学的奠基人。在这一时期，英国学者布赫纳（E. Büchner）在 1897 年研究了磨碎酵母菌的发酵作用，把酵母菌的生命活动和酶化学相联系起来，推动了微生物生理学的发展。同时，其他学者例如俄国学者伊万诺夫斯基（Iwanowski）首先发现了烟草花叶病毒（Tobacco mosaic virus，TMV），扩大了微生物的类群范围。

4. 微生物分子生物学发展阶段

在上一时期的基础上，20 世纪初至 40 年代末微生物学开始进入了酶学和生物化学研究时期，许多酶、辅酶、抗生素以及许多反应的生物化学和生物遗传学都是在这一时期发现和创立的，并在 40 年代末形成了一门研究微生物基本生命活动规律的综合学科——普通微生物学。50 年代初，随着电镜技术和其他高分辨技术的出现，对微生物的研究进入分子生物学的水平。1953 沃斯顿（J. D. Watson）和克里克（F. H. Crick）发现了细菌基因中脱氧核糖核酸长链的双螺旋构造。1961 年加古勃（F. Jacab）和莫诺德（J. Monod）提出了操纵子学说，指出了基因表达的调节机制和其局部变化与基因突变之间的关系，阐明了遗传信息的传递与表达的关系。1977 年，C. Weose 等在分析原核生物 16S rRNA 和真核生物 18S rRNA 序列的基础上，提出了可将自然界的生命分为细菌、古菌和真核生物三域（Domain），揭示了各生物之间的系统发育关系，使微生物学进入成熟时期。在这个成熟时期，从基础研究来讲，从三大方面深入分子水平来研究微生物的生命活动规律：① 研究微生物大分子的结构和功能，即研究核酸、蛋白质、生物合成、信息传递、膜结构与功能等。② 在基因和分子水平上研究不同生理类型微生物的各种代谢途径和调控、能量产生和转换，以及严格厌氧和其他极端条件下的代谢活动等。③ 分子水平上研究微生物的形态构建和分化，病毒的装配以及微生物的进化、分类和鉴定等，在基因和分子水平上揭示微生物的系统发育关系。尤其是近年来，应用现代分子生物技术手段，将具有某种特殊功能的基因做出了组成序列图谱，以大肠杆菌等细菌细胞为工具和对象进行了各种各样的基因转移、克隆等开拓性研究。在应用方面，开发菌种资源、发酵原料和代谢产物，利用代谢调控机制和固定化细胞、固定化酶发展发酵生产和提高发酵经济效益，应用遗传工程组建具有特殊功能的"工程菌"，把研究微生物的各种方法和手段应用于动、植物和人类研究的某些领域，这些研究使微生物学研究进入一个崭新的时期。

5. 我国微生物学的发展与贡献

我国是认识和利用微生物历史最为悠久、在应用成果获得上最为优秀的国家之一。酒、酱油、醋等微生物饮料和调味品的制作，豆科植物与非豆科植物的轮作间作，种痘预防天花等方面都有卓越的实践与记载。现在我国的微生物学事业得到了长足发展。现代化的发酵工业、抗生素工业、生物农药和菌肥的研究和应用以及微生物学基础研究逐步形成一定规模。应用现代微生物学分子生物学手段在基因水平、分子水平和后基因组水平上的研究已广泛展开。在世界上有影响的研究成果正不断出现，在某些领域进入了国际先进水平。我国微生物学的发展进入了一个新的时期，然而差距仍十分明显。

二、21 世纪微生物学发展的趋势

1. 微生物基因组学研究将全面展开

所谓"基因组学"是 1986 年由 Thomas Roderick 首创，至今已发展为专门的学科领域，包括全基因组的序列分析、功能分析和比较分析，是结构、功能和进化基因组学交织的学科。随着基因组作图测序方法的不断进步与完善，基因组研究将成为一种常规的研究方法，从本质上认识微生物自身以及利用和改造微生物产生了质的飞跃，也带动了分子微生物学等基础研究学科的发展。

2. 与环境密切相关的微生物学研究将获得长足发展

以了解微生物之间、微生物与其他生物、微生物与环境的相互作用为研究内容的微生物生态学、环境微生物学、细胞微生物学等，将在基因组信息的基础上获得长足发展，为人类的生存和健康发挥积极的作用。

3. 微生物生命现象的特性和共性将更加受到重视

微生物生命现象的特性和共性可概括为：微生物具有其他生物不具备的生物学特性；微生物具有其他生物共有的基本生物学特性：生长、繁殖、代谢、共用一套遗传密码等，甚至其基因组上含有与高等生物同源的基因，充分反映了生物高度的统一性。易操作性：微生物具有个体小、结构简单、生长周期短、易大量培养、易变异、重复性强等优势，十分易于操作。微生物具备生命现象的特性和共性，将是 21 世纪进一步解决生物学重大理论问题，如生命起源与进化，物质运动的基本规律等，和实际应用问题，如新微生物资源的开发利用，能源、粮食等的最理想材料开发等。

4. 与其他学科实现更广泛的交叉，获得新的发展

20世纪微生物学、生物化学和遗传学的交叉形成了分子生物学；21世纪的微生物基因组学则是数、理、化、信息、计算机等多种学科交叉的结果；随着各学科的迅速发展和人类社会的实际需要，各学科之间的交叉和渗透将是必然的发展趋势。21世纪的微生物学将进一步向地质、海洋、大气、太空渗透，使更多的边缘学科得到发展，微生物学的研究技术和方法也将会在吸收其他学科先进技术的基础上，向自动化、定向化和定量化发展。

5. 微生物产业将呈现全新的局面

微生物自20世纪中期后，在短短300年间，形成了继动、植物两大生物产业后的第三大产业。这是以微生物的代谢产物和菌体本身为生产对象的生物产业，所用的微生物主要是从自然界筛选或选育的自然菌种。

🖊 思考练习

1. 酿酒微生物是微生物中的一大类，请分析酿酒微生物与普通微生物的不同之处。

2. 分析在微生物实验中为什么要进行无菌操作？实际操作时怎么样才能达到无菌状态？

任务三　显微镜技术

教学重难点

懂得显微镜的工作原理，能熟练使用显微镜观察各种微生物。

一、显微镜的工作原理

显微镜是一种可以将微小物体高倍放大的仪器设备，用于微生物的观察。显微镜按标准不同分成不同种类（图1-46），种类较多（图1-47），而酿酒微生物实验室常备的显微镜是光学显微镜，所谓光学显微镜就是利用可见光作为光源的显微镜，其价格便宜，结构和操作方式比较简单。显微镜的成像原理是利用两个凸透镜组合适当调节达到放大的目的，通过物镜的放大作用得到物体倒立的实像，然后通过目镜将物镜所得的像进一步放大，肉眼看到的像为倒立的虚像，所以通过显微镜所得的像为倒立放大的虚像（图1-48）。

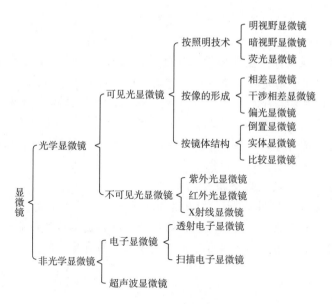

图 1-46　显微镜的分类

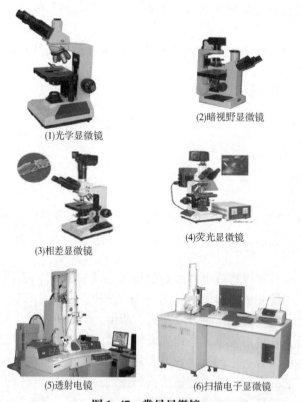

(1)光学显微镜

(2)暗视野显微镜

(3)相差显微镜

(4)荧光显微镜

(5)透射电镜

(6)扫描电子显微镜

图 1-47　常见显微镜

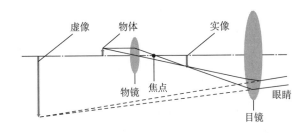

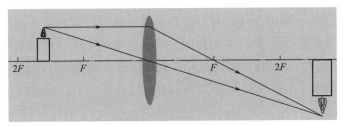

图 1-48 显微镜的成像原理

二、显微镜的结构

图 1-49 所示为光学显微镜的基本结构，光学显微镜的主体部分一般由几大部分构成：照明系统包括光源和聚光器；光学放大系统包括目镜、物镜、调节螺旋等；机械装置一般用于固定材料和观察方便，由镜座、镜柱、镜臂、镜筒、物镜转换器、载物台、推动器和调节器等组成，各组成结构如下。

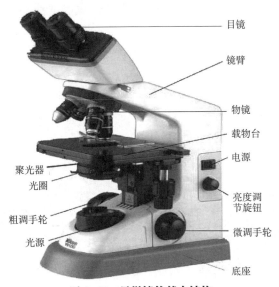

图 1-49 显微镜的基本结构

（1）镜座　显微镜的底座，用以支持整个镜体。

（2）镜柱　镜座上面直立的部分，用以连接镜座和镜臂。

（3）镜臂　一端连于镜柱，一端连于镜筒，是取放显微镜时手握的部位。

（4）镜筒　连在镜臂的前上方，镜筒上端装有目镜，下端装有物镜转换器。

（5）物镜转换器（旋转器）　接于棱镜壳的下方，可自由转动，盘上有3~4个圆孔，是安装物镜的部位，转动转换器，可以调换不同倍数的物镜，当听到碰叩声时，方可进行观察，此时物镜光轴恰好对准通光孔中心，光路接通。转换物镜后，不允许使用粗调节器，只能用细调节器，使像清晰。

（6）载物台　显微镜其镜台上装有玻片标本，推进器下有推进器调节轮，可使玻片标本做左右、前后方向的移动。

（7）调节器　装在镜柱上的大小两种螺旋，调节时使镜台做上下方向的移动。

① 粗调节器：粗螺旋物镜和标本之间的距离使物像呈现于视野中，通常在使用低倍镜时，先用粗调节器迅速找到物像。

② 细调节器：调节细准焦螺旋从而得到更清晰的物像，并借以观察标本的不同层次和不同深度的结构。

（8）光学放大系统

① 反光镜：装在镜座上面，可向任意方向转动，它有平、凹两面，其作用是将光源光线反射到聚光器上，再经通光孔照明标本，凹面镜聚光作用强，适合光线较弱的时候使用，平面镜聚光作用弱，适合光线较强时使用。

② 聚光器：聚光器在载物台下面，它是由聚光透镜、虹彩光圈和升降螺旋组成的，在聚光镜下方，由十几张金属薄片组成，其外侧伸出一柄，推动它可调节其开孔的大小，以调节光亮。

③ 目镜：装在镜筒的上端，通常一般装的是10×。

④ 物镜：装在镜筒下端的旋转器上，一般较长，刻有"40×"，有一圈不同颜色的线，如物镜为10×（图1-50）。

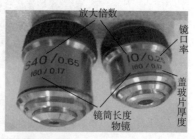

图1-50　目镜与物镜区别

目镜与物镜的区别见表 1-6。

表 1-6　目镜与物镜的区别

镜头	透镜大小	镜头长短	视野亮度	物像大小	细胞大小	细胞数
目镜	低倍	大	长	亮	小小	多
	高倍	小	短	暗	大	少
物镜	低倍	大	短	亮	小	多
	高倍	小	长	暗	大	少

技能训练二　显微镜操作

一、训练目的

理解显微镜成像的基本原理，熟练掌握显微镜的调节过程，通过显微镜对几种微生物进行不同放大倍数的观察并进行记录。

二、实验原理

显微镜所成的像为倒立的虚像，利用显微镜进行观察时应注意：放大倍数为目镜与物镜的乘积。但应注意显微镜进行放大时是对微生物的长度或宽度进行放大，但视野面积并未增加，因此放大倍数变大时视野中细胞的数目会变少（图1）。

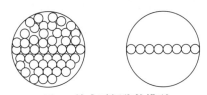

图 1　放大后细胞的排列

显微镜成像为倒立的虚像，将所成的像旋转 180° 即可得物体放大后的像（图 2）。

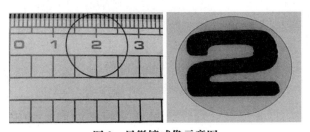

图 2　显微镜成像示意图

三、实验器材

光学显微镜、香柏油、二甲苯、擦镜纸、制好的玻片（金黄色葡萄球菌、枯草芽孢杆菌、链霉菌、酿酒酵母、青霉菌）。

为什么选用制好的玻片？

复习显微镜的相关知识，并通过显微镜观察了解微生物细胞的基本形态，重点学习油镜的使用。实验选用以上微生物标本玻片是因为它们代表了典型的微生物基本形态，同时锻炼使用者既使用普通放大倍数观察微生物，也学习油镜下观察微生物。

四、实验方法及步骤

1. 准备

（1）取镜和安放　显微镜的取放一定要注意安全，避免显微镜尤其是镜头部分的磕碰。所以取放显微镜时应当用一只手握紧显微镜的镜臂，另一只手托住显微镜的底座，让显微镜保持平稳和直立的状态，切不可单手提拎。为了便于左眼观察，显微镜一般放置在试验台前方偏左位置（图3）。由于人们大多数习惯用右手执笔，所以用显微镜进行观察时一般是用左眼进行观察，右眼用于辅助图像的绘制。在用显微镜进行观察时一定要双眼同时睁开，这样可以减少用眼疲劳也便于观察时随时绘图记录，提高工作效率。把显微镜放在实验台的前方稍偏左，便于用左眼观察物像，用右眼看着画图（无论是单筒还是双筒显微镜均应两眼同时睁开观察，以减少眼疲劳，也便于观察时绘图或记录。如今已经有大部分显微镜通过摄像头将视野内的图片直接在电脑上显示，为我们的工作提供了方便）。放置好后，镜臂应该面向自己，将目镜和物镜安装好，待用。

图3　取镜和放镜

（2）调节光源　如果完全采用自然光，主要是通过调节反光镜来调节光源的亮度，反光镜由凸面镜和凹面镜组成，如果光线较暗可以通过使用凹面镜来达到聚光的作用，反之则采用凸面镜。当放大倍数由低倍镜转换成高倍镜时需要增大光源的亮度。总之通过适当调节反光镜的镜面和角度调节视野内的光线，使其亮度适宜观察。现在大部分显微镜采用自带光源，打开电源开关，安装在镜座内的光源灯就会亮起来，可以通过调节电压按钮来调节光源的强度从而获得合适的视野亮度（图4）。

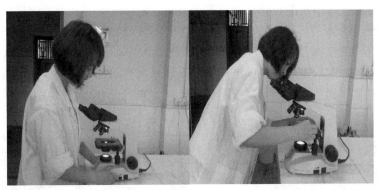

图4　调节光源

小窍门

（1）关闭显微镜电源前，请将显微镜灯光调至最暗。

（2）关闭显微镜电源后，请等灯箱完全冷却后（约15min后），再罩上显微镜防尘罩。

（3）开启显微镜电源后，若暂时不使用，可以将显微镜灯光调至最暗，而无顺频繁开关显微镜电源。

（3）调节目镜间距离　不同的观察者，双眼之间的距离会有差异，而且两眼的视力差异也会造成观察距离的改变。在使用双筒显微镜进行观察时，应该根据个人需要调节显微镜目镜之间的距离。曲度调节环一般置于左目镜上，可以用于两眼视力差异者进行调节。

（4）聚光器数值孔径调节　因为容易出现调节失误，所以聚光器的数值孔径一旦确定，一般都不会再对虹光光圈进行调节。当光照强度需要进行调节时，应通过聚光器的升降和改变光源的亮度来实现。如果确实需要通过调节虹光光圈来得到好的观察效果也可以由专业人士根据具体情况进行调节。

2. 观察

在用显微镜进行观察时，一般是转化物镜进行放大倍数的改变。放大倍数改变时分辨率和放大率都发生了改变。如果直接用高倍镜观察很难准确定位。所以对于初学者在进行显微镜观察时都是从低倍镜到高倍镜，最后是油镜的顺序，在用低倍镜进行观察时，因为视野较大，容易找到观察目标准确定位，然后换高倍镜进行观察，提高工作效率。

（1）低倍镜观察　将制备好并染色的微生物标本玻片用标本夹夹住置于载物台上，移动推进器将所要观察的对象移至物镜的正下方。下降10×物镜，首先从侧面小心地观察调节粗准焦螺旋，使其与标本接近，然后一边观察目镜内的视野，一边用粗准焦螺旋慢慢升起镜筒，使标本逐步在视野中聚焦，然后使用细准焦螺旋调节使图像清晰（注意调节粗准焦螺旋时不可离开物镜而去观察目镜，以免操作失误造成镜头损坏或者玻片被压碎）。一边在目镜中观察，一边上下左右慢慢移动推进器，认真观察标本的各个部分，此时可以适当调节细准焦螺旋，使看到的物像更清晰，寻找合适部分认真观察并做记录（图5）。

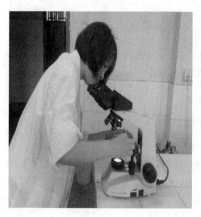

图5　低倍镜观察

（2）高倍镜观察　在低倍镜观察时找到合适的观察目标后，将该目标移动到视野中心，轻轻移动物镜转换器将高倍物镜移动至目标上方。放大倍数增大后视野会变暗，应通过聚光器光圈对视野的亮度进行适当调节然后调节细准焦螺旋得到清晰的物像，利用推进器观察标本各个部分，认真观察并记录。

在一般情况下，在一个物镜视野中所成的像已经清晰后，转换其他物镜进行观察时，将物镜置于目标上方，物像基本保持聚焦状态，这种现象称为同焦。利用显微镜的这种特性，在使用高倍镜或者油镜进行观察时，可以只调节细准焦螺旋就可以得到清晰的物像，而不需调节粗准焦螺旋，以免造成操作失误（图6）。

图 6　高倍镜观察

观察时的注意事项

（1）玻片的移动与物像的移动　由于是倒立的像，玻片的移动方向与物像的移动方向相反。

（2）视野中污点的判断　转动目镜，污点移动的则污点在目镜上，不动的不在目镜上。移动玻片，污点移动的则污点在玻片上，不动的不在玻片上。不在目镜、玻片上则在物镜上。

（3）物镜和玻片的距离与放大倍数的关系　放大倍数较小时，由于其焦点位置远离玻片，所以物镜离玻片的位置较远；当放大倍数增大时，其焦点越来越靠近玻片，则离玻片位置越近。当采用油镜观察时，物镜几乎贴在载玻片上。

3. 显微镜的整理

显微镜用完后应该取下载玻片，关闭电源开关，用擦镜纸对物镜进行擦拭，并用粗准焦螺旋调节物镜至最低，将推进器归位。如果使用油镜需用镜头纸蘸取少量二甲苯将香柏油擦去，然后用干净的擦镜纸将镜头擦干净。整理好后将显微镜放回原处（图 7）。

4. 显微镜的保养和维护

显微镜的光学元件对于光学显微镜成像质量极其重要，所以在显微镜整理和日常保养中，一定要注意保持显微镜光学元件的清洁。显微镜用完后一定要用防尘罩罩住。当光学元件表面有灰尘或者污垢时，应当先用吹气球吹去灰尘

图7　显微镜的整理

或用软毛刷刷去污垢，然后再进行擦拭。当对显微镜的外壳进行清洗时，可以用乙醇或者肥皂水来清洗，但要避免这些清洗液渗入显微镜内部，否则易造成显微镜内部电子元件短路甚至烧坏。在使用时发现光学元件表面有雾状霉斑等不良情况时应当立即联系专业人士对显微镜进行维护保养。

🚫 **安全警示**

（1）显微镜是精密仪器，在取放时要轻拿轻放，一手托住底座，一手握住镜臂，使显微镜保持直立、平稳，不得单手拎提。

（2）在使用显微镜时，要双眼同时睁开观察，以减少眼睛疲劳，也便于边观察边绘图或记录。

（3）在观察时，尽量不要戴眼镜操作，如若戴眼镜要避免与镜片接触，防止出现划痕。

（4）载玻片或盖玻片很薄也易碎，在使用时避免划伤，在取放标本时，不要触摸到样品部位，以免影响观察结果。

（5）二甲苯等清洁剂会对镜头造成损伤，不要使用过量的清洁剂或让其在镜头上停留太长时间，也切忌用手或其他纸探试镜头。

五、实验结果与讨论

1. 实验报告单书写

绘示意图：换高倍物镜和油镜进行观察，画出不同放大倍数下的显微形态。

观察对象名称

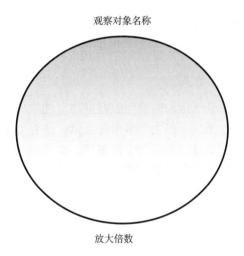

放大倍数

2. 讨论

（1）在使用油镜时，在载玻片和镜头之间添加香柏油有什么作用？

（2）为什么在使用高倍镜及油镜时应特别注意避免粗调节器的误操作？

（3）影响显微镜分辨率的因素有哪些？

（4）根据实验体会，说说应如何根据所观察微生物的大小选择不同的物镜进行有效的观察。

六、实验评价方法

1. 结果评价

绘制示意图及实验报告书写。

2. 过程评价

过程评价见下表。

表　过程评价表

评价项目	显微镜取放 （2分）	显微镜正确使用 （2分）	油镜的使用 （3分）	标本正确取放 （1分）	学习态度 （2分）
分值					

技能训练三　酵母菌的形态观察

一、训练目的

1. 观察酵母菌的细胞形态及出芽生殖方式。
2. 学习掌握区分酵母菌死、活细胞的染色方法。

二、实验原理

酵母菌是形态多样且不运动的单细胞微生物，细胞核与细胞质已有明显的分化，菌体比细菌大。无性繁殖主要是出芽生殖，只有裂殖酵母属才是以分裂方式繁殖；有性繁殖是通过接合产生子囊孢子。本技能训练通过水–碘制成水浸片，来观察活的酵母形态和出芽生殖方式。

三、实验器材

1. 酿酒酵母或卡尔酵母。
2. 生理盐水、革兰染色用的碘液。
3. 显微镜、载玻片、盖玻片等。

四、实验方法与步骤

1. 加一滴生理盐水或碘液在载玻片中央，注意量不能过多也不能过少，以免盖上盖玻片时，溢出或留有气泡。然后按无菌操作法取在豆芽汁琼脂斜面上培养48h的酿酒酵母少许，放在生理盐水或碘液中，涂布使菌体与染液均匀混合。

2. 用镊子夹取盖玻片一块，小心地盖在液滴上。盖片时应注意，不能将盖玻片平放下去，应先将盖玻片的一边与液滴接触，然后将整个盖玻片慢慢放下，这样可以避免产生气泡。

3. 将制好的水–碘浸片放置3min后镜检。先用低倍镜观察，然后换用高倍镜观察酿酒酵母的形态和出芽情况。

五、实验结果与讨论

1. 绘图说明所观察到的酵母菌的形态特征。
2. 说明观察到的水浸片和碘浸片酵母菌形态的不同之处。

六、实验评价方法

1. 结果评价
实验报告质量。
2. 过程评价
过程评价见下表。

表　过程评价

考核项目	显微镜的使用 （40分）	酵母菌制片 （20分）	无菌操作 （10分）	酵母菌观察结果 （10分）	实验态度 （10分）
评分（100分）					

技能训练四　霉菌形态的观察

一、训练目的

1. 掌握用染色法或水浸法观察霉菌形态的基本方法。
2. 根据观察其典型形态特征对霉菌的种类进行初步鉴别。
3. 巩固显微镜操作技术及无菌操作技术。

二、实验原理

制作霉菌标本时常用乳酸-石炭酸棉蓝染色液，因为霉菌菌丝粗大，细胞易收缩变形，孢子很容易飞散。通过染色液制成的霉菌标本片具备以下特点：①细胞不变形。②具有杀菌防腐作用，且不易干燥，能保持较长时间。③溶液本身呈蓝色，有一定染色效果。

如若观察霉菌自然生长状态下的形态，常用载玻片观察，就是将霉菌孢子接种于载玻片上的适宜培养基上，培养后用显微镜观察。如果想要得到清晰、完整、保持自然状态的霉菌形态也可利用玻璃纸透析培养法进行观察。此法是利用玻璃纸的半透膜特性及透光性，让霉菌生长在覆盖于琼脂培养基表面的玻璃纸上，然后将长菌的玻璃纸剪取一小片，贴放在载玻片上用显微镜观察。

三、实验器材

1. 曲霉、青霉、根霉、毛霉。

2. 乳酸-石炭酸棉蓝染色液、察氏培养基平板、生理盐水、马铃薯培养基、载玻片、盖玻片、解剖针等。

本实验为什么选用上述菌株？

　　曲霉、青霉、根霉和毛霉是四大类典型霉菌，有最典型的形态，在大曲中曲霉和根霉为有益霉菌，青霉和毛霉是有害霉菌，可以让学生通过观察其形态包括菌落特征初步识别大曲中的有益和有害霉菌（图1）。

(1)根霉　　　(2)毛霉　　　(3)曲霉　　　(4)青霉

图1　四大类霉菌的示意图

四、方法及步骤

1. 滴一滴乳酸-石炭酸棉蓝染色液或生理盐水于洁净载玻片上。

2. 用接种钩从霉菌菌落的边缘处取少量带有孢子的菌丝置染色液或盐水中，再用解剖针细心地将菌丝挑散开。

3. 盖上盖玻片，注意不要产生气泡。

4. 将盖上盖玻片的标本置于显微镜下，先用低倍镜观察，再换高倍镜进行霉菌形态观察。

5. 当看到清晰图像时，移动视野寻找霉菌典型形态特征，并根据这些典型特征进行霉菌种类鉴别，并绘示意图。

🚫 **安全警示**

　　（1）拿取载玻片时要用夹子，以免烫伤，同时不要将载玻片在火焰上烧烤时间太久，以免载玻片破裂。

（2）使用染色液时注意避免沾到衣物上。

（3）进行霉菌制片时减少空气流动，避免吸入孢子。

（4）实验完毕后洗手，防止感染。

本实验获得成功的关键

（1）在直接制片观察时，取菌要小心，尽量减少菌丝断裂及形态被破坏。

（2）用接种环将菌体与染液混合时不要剧烈涂抹，以免破坏细胞。

（3）滴加染液要适中，否则盖玻片覆盖时，染液会溢出，同时产生大量气泡。

（4）盖玻片时要缓慢倾斜覆盖，以免产生气泡。

五、实验结果与讨论

1. 绘制示意图展示所观察到的霉菌形态特征。

2. 根据示意图说明所观察到的霉菌种类。

六、实验评价方法

1. 结果评价

实验报告书写质量。

2. 过程评价

过程评价见下表。

表　过程评价

评价项目	显微镜的使用 （30分）	制片 （20分）	观察结果 （30分）	学习态度 （20分）
评分				

技能训练五　细菌的简单染色

一、训练目的

1. 学习微生物涂片、染色的基本技术，掌握细菌的单染色方法及无菌操作技术。

2. 巩固显微镜的使用方法。

二、实验原理

所谓单染色法是利用单一染料对细菌进行染色的一种方法。此法操作简便，适用于菌体一般形态的观察。细菌体积小，较透明，如未经染色常不易识别，而经着色后，与背景形成鲜明的对比，很容易在显微镜下进行观察。

细菌细胞在中性、碱性或弱酸性溶液中带负电荷，所以常用碱性染料进行染色。碱性染料是一种盐，电离时染料离子带正电，易与带负电荷的细菌结合而使细菌着色。如果是带正电荷的染料离子可使细菌细胞染成蓝色。常用的碱性染料有美蓝、结晶紫、碱性复红、番红（又称沙黄）等。

三、实验器材

1. 显微镜、酒精灯、载玻片、接种环、双层瓶、擦镜纸、生理盐水、嗜碱性美蓝染色液、石炭酸复红染色液。

2. 金黄色葡萄球菌、枯草芽孢杆菌。

> **本实验为什么采用上述菌株**
>
> 枯草芽孢杆菌和金黄色葡萄球菌分别为典型的杆状和球状细菌，学生通过观察可以熟悉细菌的两种基本形态，同时还可以看到金黄色葡萄球菌细胞聚集形成葡萄串状的群体特征。

四、实验方法及步骤

1. 涂片

取两块干净的载玻片，各滴一小滴生理盐水于载玻片中央，无菌操作，分别挑取金黄色葡萄球菌和枯草芽孢杆菌于载玻片的水滴中（每一种菌制一片），调匀并涂成薄膜。注意滴生理盐水时不宜过多，涂片必须均匀。

2. 干燥

于室温中自然干燥或在火焰上来回过火让其干燥，但注意玻片不能烫手。

3. 固定

固定是为了使细胞质凝固，从而固定细菌的形态，并使其不易脱落。将涂片面向上，于火焰上通过 2~3 次，但不能在火焰上烤，以玻片不烫手为准，否则细菌形态将毁坏。

4. 染色

将染色液滴加于菌斑上并覆盖菌斑，染色时间长短随不同染色液而定。吕氏碱性美蓝染色液染 2~3min，石炭酸复红染色液染 1~2min。

5. 水洗

染色结束后，用蒸馏水或自来水漫过菌斑，注意冲洗水流不宜过急，过大，水由玻片上端流下，避免直接冲在涂片处，直至流下的水无色为止。水洗后将标本晾干或用吹风机吹干，待完全干燥后才可置油镜下观察。

6. 镜检

按技能训练二进行显微镜观察。

本次实验的关键

（1）加热固定时要使用载玻片夹子，以免烫伤，不要将载玻片在火焰上烤时间过长，以免载玻片破裂，菌体变形。

（2）使用染料时注意避免沾到衣物上。

（3）实验完毕后洗手，金黄色葡萄球菌为条件致病菌，二甲苯为有毒物质。

五、实验结果与讨论

1. 绘出两种细菌形态图的示意图。
2. 根据实验体会，制备染色标本时，应注意哪些事项？
3. 制片为什么要完全干燥后才能用油镜观察？

六、实验评价方法

1. 结果评价

实验报告及示意图。

2. 过程评价

过程评价见下表。

表　过程评价

评价项目	制片 （30分）	无菌操作 （20分）	油镜的使用 （30分）	学习态度 （20分）
评分				

技能训练六　细菌的革兰染色

一、训练目的

1. 了解革兰染色的原理，学习并掌握革兰染色的方法。
2. 巩固显微镜油镜的使用方法。

二、实验原理

实验原理见表 1。

表 1　革兰阳性菌和革兰阴性菌细胞壁结构

特征	革兰阳性菌	革兰阴性菌
强度	较坚韧	较疏松
厚度	厚，20~80nm	薄，5~10nm
肽聚糖层数	多，可达 50 层	少，1~3 层
肽聚糖含量	多，可占胞壁干重的 50%~80%	少，可占胞壁干重的 10%~20%
磷壁酸	有	无
外膜	无	有（脂多糖、磷脂和脂蛋白）
结构	三维空间（立体结构）	二维空间（平面结构）

　　革兰染色是 1884 年由丹麦医师 Gram 创立的，是细菌分类和鉴定的重要手段之一。革兰染色法不仅能观察到细菌的形态，而且还可将所有细菌区分为 G⁺ 和 G⁻ 两大类。染色反应呈蓝紫色的称为革兰阳性细菌，用 G^+ 表示；染色反应呈红色（复染颜色）的称为革兰阴性细菌，用 G^- 表示。这是因为细菌细胞壁的成分和结构不同而形成的。革兰阳性细菌的细胞壁主要是由肽聚糖形成的立体网状结构组成，在染色过程中，当用乙醇处理时，由于脱水而引起网状结构中的孔径变小，通透性降低，使结晶紫-碘复合物被保留在细胞内而不易脱色，因此呈现蓝紫色；革兰阴性细菌的细胞壁中脂类物质，特别是脂多糖含量高，当用乙醇处理时，脂类物质溶解，细胞壁的通透性增加，使结晶紫-碘复合物易被乙醇洗出而脱色，然后又被染上了复染液（番红）的颜色，因此呈现红色。革兰染色基本程序如表 2 所示。

表 2　革兰染色基本程序

步骤	方法	结果	
		阳性（G⁺）	阴性（G⁻）
初染	结晶紫 1~2min	紫色	紫色
媒染剂	碘液 30s~1min	仍为紫色	仍为紫色
脱色	95% 乙醇 20~30s	保持紫色	脱去无色
复染	番红或复红 2~3min	紫色	红色

在染色时碱性染料初染液的作用是使细菌染色，一般用结晶紫染色。媒染剂的作用是增加染料和细胞之间的亲和性或附着力，即以某种方式帮助染料固定在细胞上，使不易脱落，碘是常用的媒染剂。脱色剂是将被染色的细胞进行脱色，不同类型的细胞脱色反应不同，有的能被脱色，有的则不能，脱色剂常用 95% 的酒精。常用的复染液是番红，复染的目的是使被脱色的细胞染上不同于初染液的颜色，而未被脱色的细胞仍然保持初染的颜色，从而将细胞区分成 G⁺ 和 G⁻ 两大类群。

三、实验器材

1. 大肠杆菌、金黄色葡萄球菌、乳酸菌。
2. 革兰染色液、载玻片、显微镜等。

本实验为什么采用上述微生物

大肠杆菌是革兰阴性杆状细菌，金黄色葡萄球菌是革兰阳性球状细菌，经过革兰染色两者为不同颜色，在显微镜下便于区别，同时，由于两者具有不同的个体形态，在对它们的混合涂片进行革兰染色后，根据菌体颜色和形态差异，可以判断染色是否成功。

四、实验方法及步骤

🚫 **安全警示**

（1）加热时使用载玻片夹子及试管夹，以免烫伤。

（2）使用染料时注意避免沾到衣物上。

（3）使用乙醇脱色时忽靠近火焰。

（4）实验后洗手。

1. 制片

用培养 14~16h 的枯草芽孢杆菌和培养 24h 的大肠杆菌分别作涂片（注意涂片不可过于浓厚），干燥、固定。固定时通过火焰 1~2 次即可，不可过热，以载玻片不烫手为宜。

2. 初染

加草酸铵结晶紫 1 滴，覆盖住菌体染色 1~2min，再进行水洗。

3. 媒染

用碘液冲去残留的水液，再滴加碘液并覆盖菌斑 1~2min，再进行水洗。

4. 脱色

在衬以白背景的情况下，用 95% 酒精漫洗至流出酒精无色时为止，20~30s，不能超过 30s 并立即用水冲净酒精。

5. 复染

用番红液洗去残留水，再滴加番红覆盖菌斑染 2~3min，水洗。

6. 镜检

用吸水纸吸去残留水，等干燥后，置油镜下观察。革兰阴性菌呈现以红色调为主的颜色或红色，革兰阳性菌呈现以紫色调为主的颜色或紫色，但要注意以分散开的细菌的革兰染色反应为准，过于密集的细菌，常常呈假阳性。

同法在另一载玻片上以大肠杆菌和枯草芽孢杆菌混合制片，作革兰染色对比。

革兰染色过程见图 1。

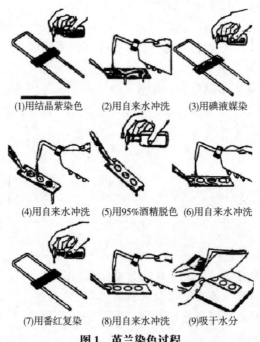

(1)用结晶紫染色　(2)用自来水冲洗　(3)用碘液媒染

(4)用自来水冲洗　(5)用95%酒精脱色　(6)用自来水冲洗

(7)用番红复染　(8)用自来水冲洗　(9)吸干水分

图 1　革兰染色过程

获得本实验成功的关键

（1）选用生长期菌种染色，老龄的革兰阳性细菌会被染成红色而造成假阴性。

（2）涂片不宜过厚，以免脱色不完全造成假阳性。

（3）脱色是革兰染色是否成功的关键，脱色不够造成假阳性，脱色过度造成假阴性。

五、实验结果与讨论

1. 所制作的革兰染色制片中，大肠杆菌和枯草芽孢杆菌各染成何色？它们是革兰阴性菌还是革兰阳性菌？

2. 制作革兰染色涂片为什么不能过于浓厚？其染色成败的关键一步是什么？

当对一株未知菌进行革兰染色时，怎样能确证染色技术操作正确，结果无误。

六、实验评价方法

1. 结果评价

绘出油镜下观察的混合区菌体图像并填表（表3）。

表3 染色结果记录表

菌名	菌体颜色	细菌形态	结果（G⁺ \ G⁻）	
大肠杆菌				
金黄色葡萄球菌				

2. 过程评价

过程评价见表4。

表4 过程评价

评价项目	制片 （10分）	无菌操作 （20分）	染色操作 （40分）	油镜使用 （20分）	学习态度 （10分）
得分					

🌀 知识拓展

显微镜前沿研究成果

信息时代的到来，把人类带到了一个崭新的生活方式；显微镜的出现，把一个全新的世界展现在人类的视野里。如今，随着显微镜技术越来越成熟，其细分领域和种类越来越清晰，在众多显微镜类别中，光学显微镜和电子显微镜便是其中两类。光学显微镜的种类很多，主要有明视野显微镜（普通光学显微镜）、暗视野显微镜、荧光显微镜、相差显微镜、激光扫描共聚焦显微镜、偏光显微镜、微分干涉差显微镜、倒置显微镜等；电子显微镜包括扫描电镜、分析电镜、超高压电镜等，它们均在生物、医疗等领域发挥着重要作用。

前沿研究成果1：中科院实验室成功研制激光扫描实时立体显微镜。

当代生命科学研究对光学显微技术提出了越来越高的要求——更高的空间分辨率、更大的成像深度、更快的成像速度。特别是对于生物活体显微成像来说，生物组织对光的散射使得噪声大大增强，严重影响了空间分辨率和成像深度。中国科学院西安光学精密机械研究所瞬态光学与光子技术国家重点实验室超分辨成像团队研制成功了双光子激发激光扫描实时立体显微镜，首次把基于双目视觉的立体显微方法和高分辨率双光子激发激光扫描荧光显微技术结合在一起，实现了对三维荧光样品的高速立体成像。

前沿研究成果2：澳专家研制出使用条形码激光扫描技术的新型显微镜。

澳大利亚国立大学研究人员制造出一台新型显微镜，能够使用条形码激光扫描技术拍摄活体动物血管内的血细胞和脑神经元的动态影像。通过在激光显微镜中安置条形码扫描仪所使用的多面镜，照明激光经过速度可变的可转动多面镜的反射，可以对生物样本进行快速扫描。新技术将以往常用的10面镜增加到36面镜，同时增加激光强度，实现激光射线扫描速度加倍，时间缩短到数千分之一秒。

前沿研究成果3：给细胞内做"直播"？科学家研制出新型量子显微镜。

通过钻石打造的探头，量子显微镜可以协助科研人员研究纳米尺度微观世界的奥秘，诸如DNA如何在细胞内折叠、药物如何作用、细菌如何代谢金属等。至关重要的是，量子显微镜可以给溶液中的离子单独成像，揭示正在发生的生物化学反应，而不干涉反应过程。研究这种系统的一个团队在ArXiv服务器上发布预印本阐述了他们的研究成果。能够提供铜离子的量子磁共振影像，揭示正在发生的生物化学反应，而不干涉反应过程，这在科研创新领域又有了新的突破，今后将更广泛地应用于生物学领域。

前沿研究成果 4："超级显微镜"研发成功，仪器研制国产化率超过 96%。

散裂中子源产生强脉冲中子，通过测量中子束流在样品的散射反应过程，探测样品原子核的位置和运动状况，为材料科学技术、生命科学、物理、化学化工、资源环境、新能源等诸多领域的研究和工业应用提供先进的研究平台。中国散裂中子源是我国"十二五"期间建设的规模最大的科学装置，将成为世界上第四台脉冲式散裂中子源。CSNS 的建设涉及大量先进技术，项目从 2006 年起开展了一系列关键技术的预制研究工作，攻克了众多技术难题。加速器、靶站和谱仪工艺设备的批量生产在全国近百家合作单位完成，许多设备的研制达到国内外先进水平，设备国产化率达到 96% 以上。

前沿研究成果 5：新一代高速高分辨微型化双光子荧光显微镜成功研制。

如何打破尺度壁垒，整合微观神经元和神经突触活动与大脑整体的活动和个体行为信息，是领域内亟待解决的一个关键挑战。自然杂志子刊 *Nature Methods* 发布了来自于中国在这方面的研究进展，该论文主要展示了"超高时空分辨微型化双光子在体显微成像系统"的研究成果——新一代高速高分辨微型化双光子荧光显微镜成功研制，并获取了小鼠在自由行为过程中大脑神经元和神经突触活动的清晰、稳定图像。

前沿研究成果 6：扫描透射电子显微镜首次观测金原子内部电场分布情况

电子显微镜是物理化学、材料科学、生命科学等研究领域不可缺少的检测仪器之一，可对微生物、小分子等进行观测，从而得出重要的研究成果。目前最先进的扫描透射电子显微镜（STEM）和多分区检测器，首次成功观测到金原子内部电场的分布情况——该电场分布在原子核与电子云之间不到 0.1nm 的区域内。最新成果对观察原子内部精密结构极为重要，使未来直接观察原子间如何结合成为可能。该成果发表于近日出版的《自然·通讯》网络版上。

前沿研究成果 7：美研发显微镜技术寻外星生命，可对外太阳系微生物识别。

据消息称，美国科学家团队正在研发一种全新的显微镜技术，并将利用它来确定外星生命是否真的存在。该设备是一种数字全息显微镜，可有效地对外太阳系微生物进行采样和识别。研究人员将通过分析目标运动，确定目标对象是否是生物体或是非生物体。研究人员表示，目前提供的证据表明，使用激光记录 3D 图像的数字全息显微镜技术，可能是人类发现太空微生物的最佳选择。

前沿研究成果 8：日本科研团队开发出新型全息显微镜。

日本熊本大学近日发布消息称，该大学与多家日本大学和研究机构组成的联合团队利用包含各类波长中子射线的"白色"中子束（所谓"白色"的比喻，是因为白色可见光是由各种不同波长的光波所构成）开发出新型全息显微镜，可用于在原子水平对半导体、传感器等高性能材料中添加的微量轻元素进行精密结构分析。其中子束来自位于茨城县东海村的"大强度质子加速器"（J-PARC）。在研发过程中，团队成功地对萤石结晶中掺入稀土元素铕（Eu）的情况进行了验证，通过超精密成像，对稀土元素周边的特殊结构成功地进行了解析。

作为一种精密的光学仪器，显微镜已有300多年的发展史。自从有了显微镜，人们对生物体的生命活动规律有了更进一步的认识。如今，全球制造技术快速发展，显微镜的应用范围变得越来越广，显微镜行业迎来新一轮发展机遇。由此，从事光学显微镜和电镜的生产商应牢牢抓住时机，借势而为，研制更加精密的仪器设备，占据市场高点。

注：资料来源于中国化工仪器网。

知识拓展

全世界酵母都起源于中国？

一组来自法国的科学家准备对1000种酵母基因组测序，他们考察了来自各个地方的酵母菌株，其中一些来自啤酒、面包、葡萄酒。还有一些来自污水、白蚁丘、树皮、一个4岁澳大利亚女孩受感染的脚趾甲、带有油污的沥青、来自朝鲜的发酵橡子粉、马粪、果蝇、人的血液、海水、腐烂的香蕉。

5年来，两位遗传学家——分别是来自法国蔚蓝海岸大学的吉安尼·利蒂（Gianni Liti），以及来自斯特拉斯堡大学的约瑟夫·沙赫雷尔（Joseph Schacherer），会向他们遇到的几乎所有人索要酵母菌株样本，对象可能是在法国法属圭亚那收集人类粪便的医生，也有可能是墨西哥的龙舌兰酒酿造师。

"采集1000种葡萄酒酵母菌株很简单。"沙赫雷尔说，"但那不是我们想要进行的方式。"他们想要的是，采集生活在世界各地不同环境中鲜为人知的野生酵母菌株。沙赫雷尔和利蒂想要得到这些样本，以观察它们是否可以证实自己对于酵母起源的猜想。他们的分析结果显示，全世界的酵母都起源于中国，这一结果发表在《自然》杂志上。

最有说服力的线索是，中国及周边地区酵母的遗传多样性比世界其他任何地方都要高。利蒂之前就有过这样的猜想，他曾在偏远地区原始森林中跟采集酵母菌株的中国研究人员进行过合作。不过，这次大规模基因组测序证实了东亚地区酵母的独特性：在台湾岛和海南岛这两个中国沿海热带岛屿之间，酵母菌株的遗传差异比远隔大西洋的美国和欧洲两地还要大。

酵母的中国起源说和人类的非洲起源说并没有太大的不同。

在全世界范围内，非洲地区智人的遗传多样性是最高的。世界其他地方的人类都是走出非洲的智人种群的后裔；世界其他地方的酵母也都源于扩散到东亚地区以外的酵母菌株。在野生酵母菌株"走出亚洲"之后，人类可能对它们进行了多次驯化，以制造我们如今所熟知的发酵食物：啤酒、面包、葡萄酒。

酵母菌株彼此的差异同样令人感到意外。衡量遗传差异的一种标准做法是：从两组不同的酵母菌株中选取同一个基因，然后对比它们之间的遗传编码发生了多少变化（就像是随着时间推移而累积起来的拼写错误）。但利蒂和沙赫雷尔发现，一种特定基因在基因组中重复的次数（这种现象称为拷贝数变异）事实上导致了两种菌株（比如用来酿造美味啤酒的菌株和寄生在野外昆虫身上的菌株）之间的差异。换句话说，重要的不仅仅是基因的序列，还包括酵母基因的拷贝数。

莱斯特大学（University of Leicester）的酵母遗传学家艾德·路易斯（Ed Louis）表示，这种情况也可能存在于其他物种身上，甚至可能包括人类。然而，研究人类的拷贝数变异并没有那么容易，因为人类的基因组数量是酵母的200多倍。所以，举例来说，寻找跟心脏病有关基因的研究通常是对基因组进行抽样检查，以此寻找单点突变。这项关于酵母的研究表明，或许人类遗传学家也应该更仔细地研究一下拷贝数变异。

把源自微小的单细胞酵母的洞见应用在巨大的多细胞人类身上，这其实没有那么牵强。人类和酵母有很多细胞机制是一样的——在很多情况下，可以把酵母的一个基因替换成相应的人类版本，之后酵母的机能仍然正常。由于酵母菌株可以在实验室中迅速繁殖和生长，长久以来科学家一直利用它们来进行遗传学研究。

美国加利福尼亚大学洛杉矶分校（UCLA）的遗传学家利奥尼德·克鲁格利亚克（Leonid Kruglyak）把这项新研究称为"信息宝库"，他已经在筹划基于该研究的一些数据开展实验。比利时荷语天主教鲁汶大学（KU Leuven）的遗传学家凯文·韦斯特里彭（Kevin Verstrepen）曾对用于酿造啤酒的多种驯化酵母菌株进行基因测序，他同样对这项新研究充满了兴趣，称："酵母学界的每个人都感到非常兴奋。"

注：来源于百度百家号。

知识拓展

霉菌危害与预防

一、霉菌危害

霉菌毒素对人和畜禽主要毒性表现在导致神经和内分泌紊乱、免疫抑制、致癌致畸、肝肾损伤、繁殖障碍等。鸡天生对霉菌毒素敏感，饲料中较低的毒素含量就会造成鸡群大量死亡。霉菌毒素对蛋鸡的影响集中表现在：卵巢和输卵管萎缩、产蛋量下降、产畸形蛋；采食量减少、生产性能下降、饲料报酬降低；种蛋的孵化率降低。不同霉菌毒素对蛋鸡造成的危害有所区别。在已知的霉菌毒素中对蛋鸡影响及毒害作用较大的有麦角毒素、单端孢霉毒素、腐马毒素、玉米赤霉烯酮、黄曲霉毒素、赭曲霉毒素等。

1. 麦角毒素

麦角毒素是由谷物中的麦角属真菌分泌，化学本质是菌核内的众多生物碱组成的化学基团。在这些化学基团中，有的生物碱侵害神经系统，引起痉挛和感觉神经紊乱；有的侵害血管系统，引起血管收缩和肢体坏疽；有的侵害内分泌系统，影响垂体前叶神经内分泌的调控。因此，麦角中毒以血管、神经和内分泌紊乱为特征，产蛋鸡麦角毒素中毒表现为饲料采食量减少，产蛋率下降，排稀粪等。

2. 单端孢霉毒素

包括镰刀菌属在内的多属霉菌均可产生各种单端孢霉毒素，研究表明，在发现的100多种单端孢霉毒素中约一半是由镰刀菌属产生。作用机理是破坏结构性脂质，抑制蛋白质和DNA合成。蛋鸡采食该类毒素污染的饲料后几天内，产蛋量迅速下降，蛋壳变薄，病鸡口腔黏膜溃烂形成黄色疥癣，剖检可见肝呈棕黄色，易碎，肾脏肿胀，输卵管内尿酸盐沉积，嗉囊有局部溃疡，胃肌壁增厚。

3. 腐马毒素

由串珠镰刀菌分泌，中毒的机理是破坏鞘脂类的合成。蛋鸡的中毒症状表现为拉稀、排黑色黏性粪便、采食减少、体重减轻、肢体残废、死亡率增加。体外实验证明，腐马毒素对巨噬细胞和淋巴细胞有毒性作用，降低免疫细胞的杀菌活性。

4. 玉米赤霉烯酮

玉米赤霉烯酮主要由禾谷镰刀菌产生，粉红镰刀菌、三线镰刀菌等多种镰刀菌也能产生这种毒素。玉米赤霉烯酮是一种有取代基的2, 4-二羟基苯甲酸内酯，包括玉米赤霉醇在内的7种衍生物，是一种对鸡毒性很强的植物性雌激素。蛋鸡中毒的临床表现为鸡冠肿大、卵巢萎缩、产蛋率下降，有的出现腹水症。

5. 黄曲霉毒素

黄曲霉毒素是高毒性和高致癌性毒素，由黄曲霉菌、寄生曲霉和软毛青霉产生。黄曲霉毒素是由两个不等的二氢呋喃妥因环组成的化合物。它与细胞核和线粒体DNA结合，造成蛋白质合成受损，干扰肝肾功能，抑制免疫系统。

蛋鸡临床表现为食欲不振、产蛋率下降、死亡率提高。剖检可见肝肾肿大苍白、皮下出血、心包积水、胆囊扩张、卡他性肠炎；镜检可见肝脏脂肪变性、胆管增生。

6. 赭曲霉毒素

赭曲霉毒素是由赭曲霉和纯绿青霉产生的一种肾毒素，是对家禽最毒的霉菌毒素。赭曲霉毒素中毒可以引起原发性肾病，也可影响肝脏、免疫器官和造血功能。剖检可见肝脏、胰脏、肾脏苍白，肾脏肿胀，输尿管有白色尿酸盐沉积。污染赭曲霉毒素的饲料适口性差，蛋鸡会因厌食而体重下降，产蛋量和品质下降。赭曲霉毒素中毒会造成种蛋畸形胚增加。

二、霉菌预防

霉菌在我们的生活中无处不在，其比较青睐于温暖潮湿的环境，一有合适的环境就会大量繁殖，必须采取措施来阻止霉菌的繁殖或切断其传播途径，就可以摆脱霉菌的感染。

1. 人体预防

（1）注意身体某部位霉菌的孳生，比如指甲，有时霉菌会侵入指甲造成灰指甲，所以指甲不要留长，经常清理。多汗的皮肤褶皱里，特别是肥胖患者皮肤褶皱比较多，如果是夏季出汗多，有可能在褶皱处孳生霉菌。还有就是脚部也是霉菌孳生的有利环境，有足癣的人就更应该注意，防止引起其他部位感染。

（2）内裤要单独洗　特别是家人或自己有足癣或灰指甲时更应该注意，为了防止交叉感染都应该分开洗。

（3）不要滥用抗生素　大量吃抗生素可能会将有益人体健康的菌群抑制，破坏人体的天然防御屏障，造成霉菌的大量繁殖。

（4）警惕洗衣机中隐藏霉菌　洗衣机用得久了肯定会孳生霉菌，最简单的方法就是用60℃左右的水来彻底清洗。同时洗完的衣物一定要在太阳下晾晒，阳光中的紫外线可以杀死残存的霉菌。

（5）在公共场所最好不要用公用的或者别人用过的洗具。同时选用适宜的个人清洁护理产品。

（6）正确地避孕　避孕药中的雌激素有促进霉菌侵袭的作用。如果反复发生霉菌性阴道炎，就尽量不要使用药物避孕。

（7）内裤最好选择棉质的　紧身化纤内裤会使阴道局部的温度及湿度增高，有利于霉菌生长。

（8）如果患有霉菌性阴道炎，自己治疗的同时，男方也应同时接受治疗，避免交叉感染。

（9）控制血糖　用碱性产品清洗外阴，女性糖尿病患者阴道糖原含量和酸度偏高，易于被霉菌侵害。所以，在控制血糖的同时，还要注意清洗外阴，选用 pH 弱碱性产品。

2. 食物预防

（1）土法防霉　在 100kg 的大米中放 1kg 海带，可有效杀灭害虫，抑制霉菌。虽然防霉变的方法很多，但消除霉菌毒素的危害是有限的，因此对一些已霉变的食品，不要吝惜，一定要及时丢掉，千万不要持侥幸心理食用，否则会引起食物中毒。

（2）低氧保藏防霉　霉菌多属于需氧微生物，生长繁殖需要氧气，所以瓶（罐）装食品在灭菌后，充以氮气或二氧化碳，加入脱氧剂或将食物夯实，进行脱气处理或加入油封等，都可以造成缺氧环境，防止大多数霉菌繁殖。例如以下几种：

①酱油：在装酱油的瓶子里滴一层熟豆油或麻油，让酱油与空气隔绝，可防止霉菌繁殖生长。

②香肠、肉类腌制食品：用棉签蘸上少许菜油或香油，均匀地涂抹在其表面，可防霉变。

③醋：醋瓶内加入少许芝麻油或熟花生油，使醋与空气隔绝，防止长白膜。

④干香菇、木耳、笋干、虾米等干货置密封的容器内保存。

（3）食物放置在通风、干燥的环境中较好。

（4）低温防霉　肉类食品，在 0℃ 的低温下，可以保存 20d 不变质；年糕完全浸泡在装有水的瓷缸内，水温保持在 10℃ 以下，即可防霉变。

（5）加热杀菌法　对于大多数霉菌，加热至 80℃，持续 20min 即可杀灭；霉菌抗射线能力较弱，可用放射性同位素放出的射线杀灭霉菌，但黄曲霉毒素耐高温，巴氏消毒（80℃）都不能破坏其毒性。

（6）收割后的粮食要及时晾晒、烘干，贮存在通风、干燥的环境中。在农村地区，如发现贮藏的粮食中只有少量霉变，可以采取下面的方法：发霉的玉米、花生等大粒谷物，可用人工方法把发霉的玉米粒、花生粒挑掉；发霉的麦子、大米等小粒谷物可用漂洗的方法将霉粒漂洗掉。

注：来源于中国论文网。

知识拓展

微生物的颜色

早在远古时期，人类就开始使用天然染料对织物进行染色。19 世纪开始，价格便宜且制取方便、色谱广的合成染料逐步占领市场。但是，有些合成染料因合成前体或者产物对人体有致癌、致敏的作用而被禁用。

随着人们生活水平的提高，健康、环保的生活理念开始备受推崇。细菌、真菌等微生物可通过发酵培养的方法稳定地产生天然色素，色素产量高，被认为是目前可能替代合成染料的主要天然染料来源之一。近年来，其在纺织品染色中的应用逐步得到关注。

此外，微生物产生的天然染料的发色基团还能够进一步经化学修饰，得到更为广泛的光谱；一些蒽醌类的微生物染料除色彩明亮外，还具有一定的抗菌作用，在织物的功能性整理上同样具有潜在的应用价值。

（一）微生物染色之细菌的颜色

1. 紫色杆菌（蓝色和紫色）

自然界中产蓝紫色色素的微生物比较少，因此，天然的蓝色色素比较罕见。1997 年日本报道了一种能够产生蓝色杆菌素和紫色杆菌素的细菌，这种细菌来源于污染的蚕丝：蚕丝在润湿状态下放置几个月，有一部分变色为蓝紫色，从蚕丝上分离出了该菌株，随后利用有机溶剂四氢呋喃从菌体中萃取色素。利用该色素对不同织物进行染色实验，发现该色素性能稳定，色泽良好，适用于蚕丝、羊毛、棉等天然纤维的染色。

2. 弧菌（红色）

有研究者从海洋沉淀物中分离出一种能够产生鲜艳红色染料的菌株——弧菌，并采用其产生的灵菌红素实现了对羊毛、锦纶、蚕丝等织物的染色。细菌培养过程：首先将基础的海水培养基（SBRM）琼脂平板上的单菌落接种到含有 SBRM 的液体培养基锥形瓶中，在 30℃、转速为 200r/min 的摇床上培养 12h，随后进行扩大培养，通过过滤、浓缩、洗脱等步骤进行提纯即可获得灵菌红素。

（二）微生物染色之真菌的颜色

1. 黑曲霉孢子粉（色泽可调节）

黑曲霉是广泛分布在谷物、空气和土壤中的曲霉属真菌，作为食品着色剂可应用于酱油、醋等副食品上。有研究者创造性地采用马铃薯葡萄糖作为液体培养基，将一定量的混合稀土加入黑曲霉孢子粉的扩大培养液中作为染色液，后加入灭菌的蚕丝织物进行染色。不仅得到了匀染性好的织物，染后织物的皂洗牢度和摩擦牢度可达到 4 级或 4~5 级，日晒牢度达到 3 级，而且可通过控制加入孢子粉的质量来改变织物的色泽深浅。

2. 红曲霉菌（红、紫、橙、黄）

红曲霉菌能产生大量的天然红曲色素，红曲色素中主要含有 6 种醇溶性的色素和4种水溶性的色素，主要有红色素、紫色素和橙色素、黄色素等。有研究者直接采用红曲霉菌对蚕丝织物进行染色，具体方法为：将培养好的红曲霉菌接种到培养液中，在28~30℃培养作为扩大培养液，后加入稀土作为媒染剂，对灭菌后的蚕丝织物进行低温染色，染色织物的各项牢度均能达到基本服装使用要求。

3. 尖孢镰刀菌（粉紫色）

有研究者从感染根腐病的柑橘树根中分离出了5种尖孢镰刀菌，从中筛选了一种能够产生粉紫色蒽醌染料的菌株，并将其应用于羊毛织物的染色。发现织物不仅可获得亮丽的色泽，并且色牢度较高，水洗牢度、摩擦牢度和耐汗渍牢度、日晒牢度均可达到纺织品服装性能要求。

4. 冬虫夏草菌（6种红色物质）

冬虫夏草BCC1869是一种昆虫病原真菌，可制造出6种红色萘醌类物质，这些萘醌类物质的化学结构类似于商用红色颜料紫草素和紫朱草素。研究表明，由冬虫夏草菌产生的萘醌类物质具有极高的热稳定性和较强的耐酸碱性、抗菌性，因此，冬虫夏草BCC1869作为红色染料对纺织品进行染色后整理具有巨大的商业应用价值，但是利用其进行染色的相关报道目前还未出现。

注：来源于搜狐网。

知识拓展

革兰阳性菌和革兰阴性菌

革兰阳性菌和革兰阴性菌是利用革兰染色法来鉴别的两大类细菌。革兰阳性菌在反应后的脱色溶液中将呈现龙胆紫的颜色，而革兰阴性菌泛指革兰染色反应呈红色的细菌。大多数化脓性球菌都属于革兰阳性菌，它们能产生外毒素使人致病，而大多数肠道菌多属于革兰阴性菌，它们产生内毒素，靠内毒素使人致病。

关于革兰阳性菌和阴性菌在生理特性方面的比较。两者的不同从本质上来说，还是主要由细胞结构的不同所决定的，见表1。

表1 革兰阳性菌和革兰阴性菌的区别

项目	革兰阳性菌	革兰阴性菌
对机械力的抗性	强	弱
细胞壁抗溶菌酶	弱（敏感）	强（不敏感）
对青霉素、磺胺	敏感	不敏感

续表

项目	革兰阳性菌	革兰阴性菌
对链霉素、氯霉素、四环素	不敏感	敏感
碱性染料的抑菌作用	强	弱
对阴离子去污剂	敏感	不敏感
对叠氮化钠	敏感	不敏感
对干燥	抗性强	抗性弱

常见的革兰阳性菌有：葡萄球菌、链球菌、肺炎双球菌、炭疽杆菌、白喉杆菌、破伤风杆菌等；常见的革兰阴性菌有痢疾杆菌、伤寒杆菌、变形杆菌、霍乱弧菌等。在治疗上，大多数革兰阳性菌都对青霉素敏感（结核杆菌对青霉素不敏感）；而革兰阴性菌则对青霉素不敏感（但奈瑟菌中的流行性脑膜炎双球菌和淋病双球菌对青霉素敏感），而对链霉素、氯霉素等敏感。所以首先区分病原菌是革兰阳性菌还是阴性菌，在选择抗生素方面意义重大。

革兰阴性菌，以大肠杆菌为代表。大肠杆菌为兼气性菌种，一般生存于肠道中及厌氧的环境中。革兰阴性菌细胞壁的特征为有一层外膜。截至2011年对大肠杆菌的研究很多，除了它是食物是否被污染的一般指标外，很多分子生物学方面的研究皆需要使用到大肠杆菌当作实验宿主。除了大肠杆菌外，变形杆菌、痢疾杆菌、肺炎杆菌、布氏杆菌、流感（嗜血）杆菌、副流感（嗜血）杆菌、卡他（摩拉）菌、不动杆菌属、耶尔森菌属、嗜肺军团菌、百日咳杆菌、副百日咳杆菌、志贺菌属、巴斯德菌属、霍乱弧菌、副溶血性杆菌、类志贺邻单胞菌（PS）等也是革兰阴性菌。

关于革兰染色原理的3个学说：等电点学说、化学学说和渗透学说。

等电点学说：革兰阳性菌的等电点在 pH2~3，比阴性菌（pH4~5）低，加之碘为弱氧化剂，可降低革兰阳性菌的等电点，致使两类菌的等电点差异扩大，因此阳性菌和碱性染料的结合力比阴性菌更强。

化学学说：碘液在菌体内与结晶紫结合后又和菌体内核糖核酸镁盐-蛋白质复合物结合，此结合物不易被丙酮酒精洗脱掉，呈革兰染色阳性。因革兰阴性菌缺乏核糖核酸镁盐，故对碘与结晶紫结合物摄取少，且不牢固，易被丙酮酒精脱色而呈革兰染色阴性。

渗透学说：乙醇使阳性菌所含黏肽多糖脱水而致细胞壁间隙缩小，通透性降低，在菌体内保留了染料-碘复合物，呈紫色。阴性菌含黏肽少，细胞壁变化不大，通透性不受影响，菌体内的染料-碘复合物较易透出，失去紫色，被复染成为红色。

注：来源于百度文库多篇文章组合。

🔗 知识拓展

显微镜的发展史

一、放大镜

相信很多同学都有这样的经历，用一个镜片观察蚂蚁、蜜蜂或者其他的小动物，可以看清这些小动物的嘴巴或者触角，有的同学在强烈的阳光下用镜片的焦点对准火柴头将其点燃，这就是放大镜，是显微镜的前身。放大镜的放大原理与显微镜的物镜放大原理相同，得到的是正立放大的虚像。那么放大镜是如何得来的呢？

第一个放大镜如何发明、是谁发明、何时发明都已无法考证，但是放大镜的发明时间最晚不会晚于13世纪末。在伊拉克的尼尼书遗址中发现的水晶石的透镜是最早的透镜，它的直径为1.5英寸（1英寸为2.54cm），焦距为4.5英寸。虽然由此可以证明古巴比伦人和古亚洲人应该发现了透明宝石的放大作用，但是还不清楚如何使用眼镜。早期因为玻璃还没有发明，放大镜的材料主要是一些透明的水晶或宝石，通过这些透镜可以得到放大的像。眼镜在13世纪末同时出现在了中国和欧洲，关于眼镜的发明有3种传闻：一是由中国民间的一名并不知名的工匠所发明，二是由中世纪意大利多斯加尼的一位名为尚·亚历山大·史毕那（Alessandro di Spina）发明的，另一种说法则是由英国学者——罗杰·贝肯（Roger Bacon）于13世纪发明的。马可波罗在游记中曾记载在中国有位老人在看字时戴着眼镜，其镜片是由水晶、石英、黄玉或者紫晶等磨制而成的，形状是大椭圆形，镶嵌在龟壳制作成的镜框内，眼镜通过使用铜质的眼镜脚卡住鬓角或用细绳子拴在耳朵上或直接固定在帽子上来得到将眼镜固定的目的。造价非常高，是身份和地位的象征，普通人根本无法享受，据记载曾经有一名乡绅为了得到一副眼镜不得不用一匹马作为筹码去交换。而在欧洲，意大利于13世纪末发明了眼镜，与其说是眼镜不如说是放大镜，只有使用时才拿在手上。当时的威尼斯和纽伦堡制造的高透镜片质量上乘，闻名全欧洲。

二、显微镜

众所周知，显微镜是由列文虎克（图1）发明的（图2），而虎克发明显微镜的灵感就来自放大镜。相传虎克早年丧父，由母亲抚养成人，虎克长大后继续求学，此时母亲已无力承担，于是他在16岁时来到荷兰首都阿姆斯特丹的一家杂货铺当学徒。在杂货铺里天天晚睡早起，干的是脏活累活，但是经历贫困的他却没有太多的怨言。工作一段时间后，他有幸结识了杂货铺对面一位和善的老人，这位老人家里有非常多的藏书，并且本身也非常有知识，他给虎克讲了非常多的富有传奇色彩的故事，使他了解了许多大自然的奥秘，对他影响很大。所以他充分利用空暇时间向老人求教，借阅老人家的藏书，老人也非常喜欢这个爱读书爱提问的孩子，给他提供了许多帮助。一天深夜他正在伏案读书，听到隔壁的眼镜店里传出了"沙沙沙"的响声，他被这声音所吸引，怀着好奇心悄悄来到眼镜店，原来是工人师傅磨制镜片的声音。突然一个想法涌上他的心头：如果可以磨制出一块特殊的镜片，可以看清很多肉眼看不到的东西该多好。为了达到自己的愿望，他拜一位老工匠为师，虚心向他求教。

图1 列文虎克

图2 列文虎克设计的显微镜

有一天这位老师傅对他讲了一件小事引起了他的兴趣，原来老师傅的孙子有一天偶尔将两块磨好的透镜叠在一起看一张废纸上的字，奇怪的事情发生了，这些字比原来大了好多，老师傅马上拿过这两块镜片看孙子的头发，发现头发像铁丝一样粗。虎克想如果使用更加精制的镜片叠放在一起就可以得到更大的放大倍数。为了达到目的，他昼夜不停地磨制镜片，手也磨破了，腿都跪麻了，但他从不放弃，功夫不负有心人，他磨成了两块精巧的透镜。他用这两块透镜叠起来观察鸡毛，发现鸡毛上的绒毛在透镜的放大作用下像树枝一样排列，他还发现当改变这两块镜片的距离时，随着镜片间距离的变化会直接影响观察效果。为将两个镜片固定起来便于观察，虎克一连几天冥思苦想也没有结果。一天在他干完杂货铺的工作走在路上的时候，他被铁匠铺叮叮当当的打铁声所吸引，看到打铁师傅打出来的一件件铁器时，突然意识到如果可以让铁匠师傅打一个支架和一个镜筒就可以解决这个问题。于是他跟铁匠师傅说了他的想法之后，没过几天虎克所设计的支架就做成了，将镜片安装好之后，世界上首台显微镜就问世了。

三、现代显微镜分类

如今显微镜经过几百年的发展，显微镜的放大能力得到了稳定提高，新型显微镜层出不穷。现在显微镜根据不同的分类标准可以分为以下几类。

1. 按使用目镜的数目

按使用目镜的数目可分为单目、双目和三目显微镜（图3）。

图3　双目显微镜和三目显微镜

单目显微镜是比较早的显微镜，虽然价格比较便宜，但因为观察时不方便已经逐渐被双目显微镜所代替，一般多为初学爱好者使用。目前的显微镜多为双目显微镜，观察的时候两眼可以同时观察，既方便又舒适。所谓三目显微镜，多出来的一目作用主要是连接数码相机或电脑用，可以留下照片等以便科研使用。

2. 根据其用途以及应用范围

根据其用途以及应用范围可分为生物显微镜、体视显微镜、金相显微镜等。

生物显微镜是在许多实验室中经常见到的一种显微镜，主要是用来观察生物切片、细胞及一些活体的组织和细菌等，还可以观察一些透明或者半透明的粉尘或颗粒，生物显微镜多为倒置显微镜。体视显微镜又称为实体显微镜、解剖显微镜，观察时与普通显微镜所成的倒立的像不同，具有正像立体感，应用非常广泛。金相显微镜主要用来观察材料显微组织和表征晶体结构，是研究金属和复合新型材料的显微镜。

按光学原理可分为暗视野显微镜、偏光显微镜、位相显微镜、微差干涉对比显微镜和荧光显微镜等。

注：来源于百度文库多篇文章组合。

思考练习

1. 请思考显微镜工作原理，说出显微镜的结构名称，描述显微镜的操作程序。

2. 请利用显微镜对酵母菌、霉菌、细菌的形态进行观察。

3. 练习细菌的简单染色法和革兰染色法。

4. 对细菌进行革兰染色，如何鉴别该菌为革兰阳性菌还是革兰阴性菌，鉴定的依据是什么？

5. 如何进行不同霉菌的鉴别？

项目二　微　生　物　的　培　养

通过本项目的学习，掌握微生物所需营养成分及典型营养类型，并能根据微生物特点制作培养基。

任务一　培养基的制备技术

掌握微生物细胞的组成、营养类型、物质进入细胞的方式及培养基的配制。

微生物同其他生物一样，为了生存必须从环境中吸收营养物质，通过新陈代谢将其转化成自身的细胞物质或代谢物，并从中获取生命活动所需要的能量，同时将代谢活动产生的废物排出体外。那些能够满足机体生长、繁殖和完成各种生理活动所需要的物质称为营养物质。微生物获得和利用营养物质的过程称为培养。营养物质是微生物生存的物质基础，而营养是微生物维持和延续其生命形式的一种生理过程。

一、微生物的营养要求

1. 化学元素（Chemical Element）

构成微生物细胞的物质基础是各种化学元素。根据微生物对各类化学元素需要量的大小，可将它们分为主要元素和微量元素，主要元素包括碳、氢、氧、氮、磷、硫、钾、镁、钙、铁等，碳、氢、氧、氮、磷、硫这6种主要元素可占细菌细胞干重的97%。微量元素包括锌、锰、氯、钼、硒、钴、铜、钨、镍、硼等。

组成微生物细胞的各类化学元素的比例常因微生物种类的不同而各异，见表 2-1。不仅如此，微生物细胞的化学元素组成也常随菌龄及培养条件的不同而在一定范围内发生变化，幼龄微生物比老龄微生物含氮量高，在氮源丰富的培养基生长的细胞比在氮源相对贫乏的培养基上生长的细胞含氮量高。微生物生长所需要的元素主要以相应的有机物与无机物的形式提供，也有小部分可以由分子态的气体物质提供，能直接或在胞外被水解成小分子物质通过细胞膜进入细胞，进入细胞后在胞内的酶体系作用下直接或经化学变化后构成细胞的原生质和细胞结构物质，还为细胞生命活动提供能量。

表 2-1　微生物细胞中主要元素的含量　　单位:% （干重）

元素	细菌	酵母菌	霉菌
碳	50	49.8	47.9
氮	15	12.4	5.2
氢	9	6.7	6.7
氧	22	31.1	40.2
硫	3	—	—
磷	1	—	—

2. 化学成分及其分析

各种化学元素主要以有机物、无机物和水的形式存在于细胞中。有机物主要包括蛋白质、糖、脂、核酸、维生素以及它们的降解产物和一些代谢产物等物质，见表 2-2。

表 2-2　微生物细胞各化学成分组成

主要成分		细菌	酵母菌	霉菌
水分/% （占细胞鲜重）		75~85	70~80	85~90
% （占细胞干重）	蛋白质	50~80	32~75	14~15
	碳水化合物	12~18	27~63	7~40
	脂肪	5~20	2~15	4~40
	核酸	10~20	6~8	1
	无机盐	2~30	3.8~7	6~12

营养物质按照其在机体中的生理作用不同，分为碳源、氮源、能源、生长因子、无机盐和水。

（1）**碳源**　在微生物生长过程中能为微生物提供碳素来源的物质称为碳

源。碳源物质在细胞内经过一系列复杂的化学变化后成为微生物自身的细胞物质（如糖类、脂类、蛋白质等）和代谢产物，碳可占一般细菌细胞干重的一半。同时绝大部分碳源物质在细胞内生化反应过程中还能为机体提供维持生命活动所需的能源，因此碳源物质通常也是能源物质，但有些以 CO_2 作为唯一或主要碳源的微生物生长所需的能源则并非来自碳源物质。

微生物利用碳源物质具有选择性，糖类是一般微生物较容易利用的良好碳源和能源物质，但不同微生物对不同糖类物质的利用也有差别，例如在以葡萄糖和半乳糖为碳源的培养基中，大肠杆菌首先利用葡萄糖，然后利用半乳糖，前者称为大肠杆菌的速效碳源，后者称为迟效碳源。目前在微生物工业发酵中所利用的碳源物质主要是单糖、糖蜜、淀粉、麸皮、米糠等。为了节约粮食，人们已经开展了代粮发酵的科学研究，以自然界中广泛存在的纤维素作为碳源和能源物质来培养微生物。

不同种类微生物利用碳源物质的能力也有差别。微生物利用的碳源物质主要有糖类、有机酸、醇、脂类、烃、CO_2 及碳酸盐等。

对于为数众多的化能异养微生物来说，碳源是兼有能源功能的营养物。

（2）氮源　凡是能被用来构成菌体物质中或代谢产物中氮素来源的营养物质称为氮源。氮对微生物的生长发育有重要作用，它们主要用来合成细胞中的含氮物质，一般不作为能量。只有少数细菌如硝化细菌能利用铵盐、硝酸盐作为氮源和能源。能被微生物利用的氮源物质包括蛋白质及其不同程度的降解产物（胨、肽、氨基酸等）、铵盐、硝酸盐、分子氮、嘌呤、嘧啶、脲、胺、酰胺、氰化物等。

常用的蛋白质类氮源包括蛋白胨、鱼粉、蚕蛹、黄豆饼粉、玉米浆、牛肉浸膏、酵母浸膏等，微生物对这类氮源的利用具有选择性，例如，土霉素产生菌利用玉米浆比利用黄豆饼粉和花生饼粉的速度快，这是因为玉米浆中的氮源物质主要是较易吸收的蛋白质降解产物，而降解产物特别是氨基酸可能通过转氨作用直接被机体利用，而黄豆饼粉和花生饼粉中的氮主要以大分子蛋白质形式存在，需进一步降解成小分子的肽和氨基酸后才能被微生物吸收利用，因而对其利用的速度较慢。因此玉米浆为速效氮源有利于菌体生长，而黄豆饼粉和花生饼粉为迟效氮源，有利于代谢产物形成，在发酵生产土霉素的过程中，往往将两者按一定比例制成混合氮源，以控制菌体生长时期和代谢产物形成时期的协调，达到提高土霉素产量的目的。

微生物吸收利用铵盐和硝酸盐的能力较强，NH_4^+ 被细胞吸收后可直接利用，因而 $(NH_4)_2SO_4$ 等铵盐一般被称速效氮源，它是微生物最常用的氮源，而 NO_3^- 被吸收后进一步还原成 NH_4^+ 后再被利用。能够利用铵盐或硝酸盐作为氮源的微生物很多，如大肠杆菌、产气肠杆菌、枯草芽孢杆菌、铜绿假单胞菌，放线菌可以利用硝酸钾作为氮源，霉菌可以利用硝酸钠作为氮源。以$(NH_4)_2SO_4$等为氮源培养微生物时，由于NH_4^+被吸收后，会导致培养基 pH 下降，因而将其称为生理酸性盐；以硝酸盐为氮源培养微生物时，由于NO_3^-被吸收，会导致 pH 升高，因而称为生理碱性盐。为避免培养基 pH 变化对微生物生长造成影响，需要在培养基中加入缓冲物质。

（3）能源　能为微生物的生命活动提供最初能量来源的营养物质或辐射能。化能异养微生物的能源就是碳源，葡萄糖便是常见的一种兼有碳源与能源功能的双功能营养物。所有真菌、放线菌和大部分细菌是化能异养型微生物。化能自养型微生物的能源主要是无机物，这些微生物都是细菌、硝化细菌、硫细菌、氢细菌等。光能自养和异养微生物的能源主要是太阳能，如蓝细菌、紫色非硫细菌等。

（4）生长因子　通常指那些微生物生长所必需而且需要量很小，但微生物自身不能合成或合成量不足以满足机体生长需要的有机化合物。

自养微生物和某些异养微生物如大肠杆菌不需要外源生长因子也能生长。不仅如此，同种微生物对生长因子的需求也会随着环境条件的变化而改变，如鲁氏毛霉（*Mucor rouxii*）在厌氧条件下生长时需要维生素 B_1 和生物素（维生素 H），而在有氧条件时自身能合成这两种物质，不需外加这两种生长因子。有时对某些微生物生长所需生长因子的本质还不了解，通常在培养时培养基中要加入酵母浸膏、牛肉浸膏及动物组织液等天然物质以满足需要。根据生长因子的化学结构与它们在机体内的生理功能不同，可以将生长因子分为维生素、氨基酸及嘌呤和嘧啶碱基三大类。维生素是首先发现的生长因子，它的主要作用是酶的辅基或辅酶参与新陈代谢，如维生素 B_1 就是脱氧酶的辅酶。氨基酸也是许多微生物所需要的生长因子，这与它们缺乏合成氨基酸的能力有关，因此，必须在它们的生长培养基里补充这些氨基酸或者含有这些氨基酸的小肽物质，如肠膜明串珠菌（*Leuconostoc mesenteroides*）需要 17 种氨基酸才能生长。嘌呤（或）嘧啶作为生长因子在微生物机体内的作用主要是酶的辅酶或辅基，以及用来合成核酸和辅酶。

（5）无机盐　矿物质元素也是微生物生长所不可缺少的营养物质，它们具有以下作用：① 参加微生物中氨基酸和酶的组成。② 调节微生物的原生质胶体状态，维持细胞的渗透与平衡。③ 酶的激活剂。根据微生物对矿物元素需要量大小可以分成大量元素和微量元素。大量元素：Na、K、Mg、Ca、S、P 等。微量元素是指那些在微生物生长过程中起重要作用，而机体对这些元素的需要量极其微小的元素，通常需要量在 $10^{-8} \sim 10^{-6}$ mol/L，如锌、锰、氯、钼、硒、钴、铜、钨、镍、硼等。

（6）水：微生物生长所必不可少的，水在细胞中的生理功能主要有①起到溶剂与运输介质的作用，营养物质的吸收与代谢产物的分泌必须以水为介质才能完成。②参与细胞内一系列化学反应。③维持蛋白质、核酸等生物大分子稳定的天然构象。④因为水的比热高，是热的良好导体，能有效吸收代谢过程中产生的热并及时将热迅速散发到体外，有效地控制细胞内温度的变化。⑤通过水合作用与脱水作用控制由多亚基组成的结构，如微管、鞭毛的组装与解离。

微生物和动物、植物营养要素的比较总结见表 2-3。

表 2-3　微生物和动物、植物营养要素的比较

类型要素	动物	微生物		绿色植物
	异养	异养	自养	自养
碳源	糖类、脂肪	糖、醇、有机酸等	二氧化碳、碳酸盐等	二氧化碳、碳酸盐
氮源	蛋白质或其降解物	蛋白质或其降解物，有机或无机氮化物、氮	无机氮化物、氮	无机氮化物
能源	与碳同	与碳同	氧化无机物或利用光能	利用光能
生长因子	维生素	一部分需要维生素等	不需要	不需要
无机元素	无机盐	无机盐	无机盐	无机盐
水分	水	水	水	水

二、微生物的营养类型

由于各种微生物的生活环境和对不同营养物质利用能力的不同，其营养需要和代谢方式也不尽相同。根据微生物所要求的碳源不同（无机碳化合物或有机碳化合物）。可以将它们分为自养微生物和异养微生物两大类。自养微生物以 CO_2 为唯一的碳源，能够在完全无机的环境中生长，而异养微生物的生长则需要有一种有机物存在，不能以 CO_2 作为唯一碳源。

根据微生物所利用能源的不同，又可以将微生物分为两种能量代谢类型。一种是吸收光能来维持其生命活动，称为光能微生物。另一类是利用吸收的营养物质降解产生的化学能，称为化能微生物。将以上两种分类方法结合起来，可以把微生物的营养类型归纳为光能自养型、化能自养型、光能异养型和化能异养型 4 大类型，见表 2-4。

表 2-4　微生物常见营养类型

营养类型	能源	氢供体	基本碳源	实例
光能无机营养型（光能自养型）	光	无机物	CO_2	蓝细菌，紫硫细菌，绿硫细菌，藻类
光能有机营养型（光能异养型）	光	有机物	CO_2 及简单有机物	红螺菌科的细菌（紫色无硫细菌）
化能无机营养型（化能自养型）	无机物	无机物	CO_2	硝化细菌，硫化细菌，铁细菌，氢细菌，硫磺细菌等
化能有机营养型（化能异养型）	有机物	有机物	有机物	绝大多数细菌和全部真核微生物

1. 光能自养型微生物

这类微生物利用光作为生长所需要的能源，以 CO_2 作为碳源。光能自养型微生物都含有光合色素，能够进行光合作用，但是必须注意，光合细菌的光合作用与高等绿色植物的光合作用有所区别。在高等绿色植物的光合作用中，水是同化 CO_2 时的还原剂，同时释放出氧，而光合细菌中，则是以 H_2S、$Na_2S_2O_3$ 等无机化合物作为供氢体来还原 CO_2，从而合成细胞有机物。例如绿硫细菌以 H_2S 为供氢体，它们的光合作用可以概括如下。

$$CO_2 + 2H_2S \xrightarrow[\text{细胞叶绿素}]{\text{光能}} [CH_2O] + 2S + H_2O$$

2. 化能自养型微生物

这类微生物的能源来自无机物氧化所产生的化学能。碳源是 CO_2 或碳酸盐。常见的化学能自养型微生物有硫化细菌、硝化细菌、氢细菌、铁细菌、一氧化碳细菌和甲烷氧化细菌等。它们分别以硫、还原态硫化物、氨、亚硝酸、氢、二价铁、一氧化碳和甲烷作为能源。硝化细菌在自然界的氮素循环中起着重要作用，它们使自然界中的氨转换为亚硝酸、硝酸，提高了土壤的肥力。硝化细菌可用来处理矿石，浸出一些金属矿物，这样的处理方法称为湿法冶金。在农业上，硝化细菌则被用来改造碱性土壤。化能自养型微生物一般需消耗 ATP，促使电子沿电子传递链逆向传递，以取得固定 CO_2 时所必需的 NADH+H^+，因此这类菌的生长较为缓慢。

3. 光能异养型微生物

这类微生物利用光作为能源，不能在完全无机化合物的环境中生长，需利用有机化合物作为供氢体来还原 CO_2，合成细胞有机物质。例如，红螺细菌利用异丙醇作为供氢体，进行光合作用，并积累丙酮酸。

4. 化能异养型微生物

这类微生物所需的能源来自有机物氧化所产生的化学能，它们只能利用有机化合物，如淀粉、糖类、纤维素、有机酸等。因此有机碳化合物对这类微生物来说既是碳源也是能源。它们的氮素营养可以是有机物（如蛋白质），也可以是无机物（如硝酸铵等）。化能异养型微生物又可分为腐生或兼性寄生。化能异养型微生物的种类和数量很多，包括绝大多数细菌、放线菌和几乎全部真菌。因此，它们与人类的关系异常密切，对它们的研究和应用也最多。

以上 4 大营养类型的划分在自然界中并不是绝对的，还存在着许多过渡类型，因此，在实践中要全面分析。

三、微生物对营养的吸收方式

微生物没有专门摄取营养物质的器官，它们摄取营养是依靠整个细胞表面进行的。营养物质能否进入细胞取决于 3 个方面的因素：① 营养物质本身的性质（相对分子质量、溶解性、电负性等）。② 微生物所处的环境（温度、pH 等）。③ 微生物细胞的透过屏障（原生质膜、细胞壁、荚膜等）。

根据物质运输过程的特点，可将物质的运输方式分为自由扩散、促进扩散、主动运输、基团转移。

1. 自由扩散

自由扩散（图 2–1）也称单纯扩散。原生质膜是一种半透性膜，营养物质通过原生质膜上的小孔，由高浓度的胞外环境向低浓度的胞内进行扩散。自由扩散是非特异性的，但原生质膜上的含水小孔的大小和形状对参与扩散的营养物质分子有一定的选择性，其有以下特点：① 物质在扩散过程中没有发生任何反应。② 不消耗能量，不能逆浓度运输。③ 运输速率与膜内外物质的浓度差成正

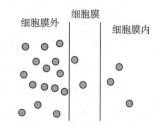

图 2–1　单纯扩散示意图

比。自由扩散不是微生物细胞吸收营养物质的主要方式，水是唯一可以通过扩散自由通过原生质膜的分子，脂肪酸、乙醇、甘油、一些气体（O_2、CO_2）及某些氨基酸在一定程度上也可通过自由扩散进出细胞。

2. 促进扩散

与自由扩散一样，促进扩散也是一种被动的物质跨膜运输方式，在这个过程中：① 不消耗能量。② 参与运输的物质本身的分子结构不发生变化。③ 不能进行逆浓度运输。④ 运输速率与膜内外物质的浓度差成正比。⑤ 需要载体参与。通过促进扩散进入细胞的营养物质主要有氨基酸、单糖、维生素及无机盐等。一般微生物通过专一的载体蛋白运输相应的物质，但也有微生物对同一

物质的运输由一种以上的载体蛋白来完成（图2-2）。

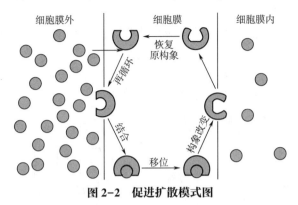

图2-2　促进扩散模式图

3. 主动运输

主动运输是广泛存在于微生物中的一种主要的物质运输方式。与上面两种运输相比其一个重要特点是物质运输过程中需要消耗能量，而且可以进行逆浓度运输。在主动运输过程中，运输物质所需要的能量来源因微生物不同而不同，好氧型微生物与兼性厌氧微生物直接利用呼吸能，厌氧微生物利用化学能，光合微生物利用光能。主动运输与促进扩散类似之处在于物质运输过程中同样需要载体蛋白，载体蛋白通过构象变化，与被运输物质之间的亲和力大小发生变化，使两者之间发生可逆性结合与分离，从而完成相应物质的跨膜运输，区别在于主动运输过程中的载体蛋白构象变化需要消耗能量（图2-3）。

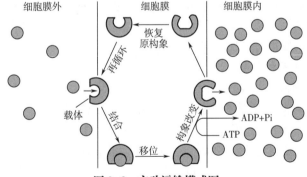

图2-3　主动运输模式图

4. 基团移位

在微生物对营养物质的吸收过程中，还有一种特殊的运输方式称为基团转位。这种方式除了具有主动运输的特点外，被运输的物质改变了本身的性质，有些化学基团被转移到被运输的营养物质上。如许多的糖及糖的衍生物在运输中由细菌的磷酸酶系统催化，使其磷酸化，这样磷酸基团被转移到糖分子上，以磷酸糖的形式进入细胞。

基团转位可转运葡萄糖、甘露糖、果糖和 β-半乳糖以及嘌呤、嘧啶、乙酸等，但不能运输氨基酸。这个运输系统主要存在于兼性厌氧菌和厌氧菌中，也有研究表明，某些好氧菌，如枯草芽孢杆菌和巨大芽孢杆菌也利用磷酸转移酶系统将葡萄糖运输到细胞内（图 2-4）。

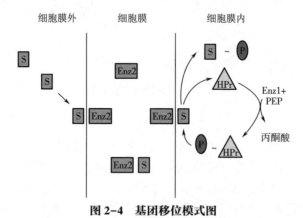

图 2-4　基团移位模式图

S—糖　Enz1—碳酸烯醇式丙酮酸-己糖磷酸转移酶系统 1　Enz2—磷酸烯醇式丙酮酸-己糖磷酸转移酶系统 2　HPr—热稳定载体蛋白　PEP—磷酸烯醇式丙酮酸　P—磷酸盐

四、培养基制备技术

培养基是人工配制的，适合微生物生长繁殖或产生、积累代谢产物（培养、分离、鉴定、研究和保存微生物）的营养基质。无论是以微生物为材料的研究，还是利用微生物生产生物制品，都必须进行培养基配制，它是微生物学研究和微生物发酵生产的基础。

1. 配制培养基的原则

（1）目的明确　根据不同微生物的营养要求配制针对性强的培养基。

（2）营养协调　注意各种营养物质的浓度与配比。

碳氮比是指培养基中碳元素与氮元素的物质的量比值，有时也指培养基中还原糖与粗蛋白质量之比。例如，在利用微生物发酵生产谷氨酸的过程中，培养基碳氮比为 4∶1 时，菌体大量繁殖，谷氨酸积累少；当培养基碳氮比为 3∶1 时，菌体繁殖受到抑制，谷氨酸产量则大量增加。如在抗生素发酵生产过程中，可以通过控制培养基中速效氮（或碳）源与迟效氮（或碳）源之间的比例来协调菌体生长与抗生素的合成。

（3）理化条件适宜　培养基的 pH 必须控制在一定的范围内，以满足不同类型微生物的生长繁殖或产生代谢产物。各类微生物生长繁殖或产生代谢产物的最适 pH 条件各不相同，一般来讲，细胞生长的最适 pH7.0~8.0，放线菌在 7.5~8.5，酵母菌在 3.8~6.0，而霉菌则在 4.0~5.8。

（4）经济节约 在配制培养基时应尽量利用廉价且易于获得的原料为培养基成分，特别是在发酵工业中，培养基用量很大，利用低成本的原料更体现出其经济价值。如在微生物单细胞蛋白质的工业生产中，常常利用糖蜜、豆制品工业废液等作为培养基的原料，另外大量的农副产品如麸皮、米糠、玉米浆、酵母浸膏、酒糟、豆饼、花生饼等都是常用的发酵工业原料。经济节约原则大致有：以粗代精、以野代家、以废代好、以简代繁、以烃代粮、以纤代糖、以氮代朊和以国（产）代进（口）等。

2. 培养基的类型及应用

培养基种类繁多，根据其成分、物理状态和用途可将培养基分成多种类型。

（1）按成分不同划分

① 天然培养基：含用化学成分还不清楚或化学成分不恒定的天然有机物。牛肉膏蛋白胨培养基和麦芽汁培养基就属于此类。常用的天然有机营养物质包括牛肉膏、蛋白胨、酵母浸膏、豆芽汁、玉米粉、牛奶等。天然培养基成本较低，除在实验室经常使用外，也适于用来进行工业大规模的微生物发酵生产。

② 合成培养基：化学成分完全了解的物质配制而成的培养基。高氏 1 号培养基和察氏培养基就属于此种类型。配制合成培养基时重复性强，但与天然培养基相比其成本较高，微生物在其中生长速度较慢，一般适用于实验室用来进行有关微生物营养需求、代谢、分类鉴定、生物量测定、菌种选育及遗传分析等方面的研究工作。

（2）根据物理状态划分

① 固体培养基：在液体培养基中加入一定量凝固剂，使其成为固体状态即为固体培养基。培养基中的琼脂含量一般为 1.5% ~2.0%。

理想的凝固剂应具有下列条件：a. 不被所培养的微生物分解利用。b. 在微生物生长的温度范围内保持固体状态。c. 凝固剂凝固温度不能太低，否则不利于微生物的生长。d. 凝固剂对所培养的微生物无毒害作用。e. 凝固剂在灭菌过程中不会被破坏。f. 透明度好，黏着力强。常用的凝固剂有琼脂、明胶和硅胶等。对绝大多数微生物而言，琼脂是最理想的凝固剂，琼脂是藻类（石花菜）中提取的一种高度分支的复杂多糖。

除在液体培养基中加入凝固剂制备的固体培养基外，一些由天然固体基质制成的培养基也属于固体培养基，如马铃薯块、胡萝卜条、米糠等制成的固体状态的培养基就属于此类，又如生产酒的酒曲，生产食用菌的棉籽壳培养基。

在实验室中，固体培养基一般加入平皿或试管中，制成培养微生物的平板或斜面。固体培养基为微生物提供一个营养表面，单个微生物细胞在这个营养表面进行生长繁殖，可以形成单个菌落。固体培养基常用来进行微生物的分离、鉴定、活菌计数及菌种保藏。

② 半固体培养基：半固体培养基中凝固剂的含量比固体培养基少，培养基中琼脂含量一般为 0.2%~0.7%。半固体培养基常用来观察微生物的运动特征、分类鉴定及噬菌体效价滴定等。

③ 液体培养基：液体培养基中未加任何凝固剂，在用液体培养基培养微生物时，通过振荡或搅拌可以增加培养基的通气量，同时使营养物质分布均匀。液体培养基常用于大规模工业生产及在实验室进行微生物的基础理论和应用方面的研究。

（3）按用途划分

① 基础培养基：尽管不同微生物的营养需求不同，但大多数微生物所需的基本营养物质是相同的。基础培养基是含有一般微生物生长繁殖所需的基本营养物质的培养基。牛肉膏蛋白胨培养基是最常用的基础培养基。

② 加富培养基：也称为营养培养基，即在基础培养基中加入某些特殊营养物质制成的一类营养丰富的培养基。这些特殊营养物质包括血液、血清、酵母浸膏、动植物组织液等。加富培养基一般用来培养营养要求比较苛刻的异养微生物，如培养百日咳鲍特菌需要含有血液的加富培养基。加富培养基还用来富集和分离某种微生物，这是因为加富培养基含有某种微生物所需的特殊营养物质，该种微生物在这种培养基中较其他微生物生长速度快，并逐渐富集而占优势，逐步淘汰其他微生物，从而容易达到分离该种微生物的目的。

③ 鉴别培养基：用于鉴别不同类型微生物的培养基。在培养基加入某种特殊化学物质，某种微生物在培养基中生长后能产生某种代谢产物，而这种代谢产物可以与培养基中的特殊化学物质发生特定的化学反应，产生明显的特征变化，根据这种特征性变化，可将该种微生物与其他微生物区别开来。鉴别培养基主要用于微生物的快速分类鉴定，以及分离和筛选产生某种代谢产物的微生物菌种。

④ 选择培养基：用来将某种或某类微生物从混杂的微生物群体中分离出来的培养基。根据不同种类微生物的特殊营养需求或对某种化学物质的敏感性不同，在培养基中加入相应的特殊营养物质或化学物质，抑制不需要的微生物生长，有利于所需微生物的生长。

一种类型的选择培养基是依据某些微生物的特殊营养需求设计的，例如，利用以纤维素或石蜡作为唯一碳源的选择培养基，可以从混杂的微生物群体中分离出分解纤维素或石蜡油的微生物；缺乏氮源的选择培养基可用来分离固氮微生物。另一类选择培养基是在培养基中加入某种化学物质，这种化学物质没有营养作用，对所需分离的微生物无害，但可以抑制或杀死其他微生物，例如分离真菌的马丁选择培养基：葡萄糖 10g，蛋白胨 5g，K_2HPO_4 1g，$MgSO_4 \cdot 7H_2O$ 0.5g，琼脂 20g，H_2O 1000mL，另外加有抑制细菌生长的孟加拉红（3000mL 培养基添加 1mL 孟加拉红），链霉素（30 单位/mL）和金霉素（2 单位/mL）。

现代基因克隆技术中也常用选择培养基，在筛选含重组质粒的基因工程株过程中，利用质粒上具有的对某种抗生素的抗性选择标记，在培养基中加入相应抗生素，就能比较方便地淘汰非重组菌株，以减少筛选目标菌株的工作量。

在实际应用中，有时需要配制既有选择作用又有鉴别作用的培养基，如当分离金黄色葡萄球菌时，在培养基中加入 7.5% NaCl、甘露糖醇和酸碱指示剂，金黄色葡萄球菌可耐高浓度 NaCl，且能利用甘露糖醇产酸。因此能在上述培养基中生长，而且菌落周围颜色发生变化，则该菌落有可能是金黄色葡萄球菌，再通过进一步鉴定加以确定。

（4）培养基制作时需满足的基本条件

① 满足微生物的营养需求。② 各营养物的浓度和比例协调。③ 适宜的环境条件。④ 良好的物理性状。⑤ 用于纯培养的培养基必须通过灭菌达到无菌要求。

技能训练七　高压蒸汽灭菌锅的使用

一、实验目的

1. 了解高压蒸汽灭菌锅的原理及结构。
2. 学习和掌握高压蒸汽灭菌锅的使用与维护。

二、基本原理

高压蒸汽灭菌锅用途广，适用于医疗卫生事业、科研、农业等单位。对医疗器械、敷料、玻璃器皿、溶液培养基等进行消毒灭菌，也用于高原地区蒸餐设备和企事业单位制取高质量饮用水，也可作为制取高温蒸汽源的设备，是微生物学实验中最常用的灭菌方法。

这种灭菌方法是基于水的沸点随着蒸汽压力的升高而升高的原理设计的。基于水在煮沸时所形成的蒸汽不能扩散到外面去，而聚集在密封的容器中，在密闭的情况下，随着水的煮沸，蒸汽压力升高，温度也相应增高。高压灭菌锅的结构见图 1。

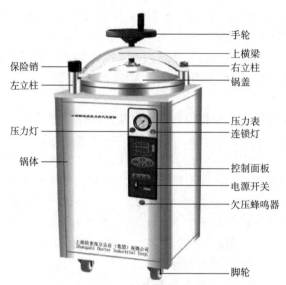

图 1 高压灭菌锅的结构

三、操作方法

1. 开盖

向右转动手轮数圈，直至转到顶，使盖充分提起，拉起左立柱上的保险销，推开横梁移开锅盖。

2. 通电

接通电源，将控制面板上的电源开关按至 ON 处，此时欠压蜂鸣器响，显示本机的锅内无压力（当锅内压力升至 0.03MPa 时，蜂鸣器自动关闭），控制面板上缺水位和低水位均亮。

3. 加水

将纯水直接注入锅内约 8L，观察控制面板上的高水位灯，亮时方可停止加水，当水过多应开启下排水阀放去多余水。

4. 放需灭菌的物品

把装有需灭菌的物品放在灭菌筐内，应留有一定间隙，这样有利于蒸汽穿透，提高灭菌效果。

5. 盖上锅盖

将手轮向左旋转数圈，使锅盖向下压紧锅体，以确保密封开关处于接通状态。当连锁灯亮时，显示容器密封到位。

6. 设定温度和时间

按一下确认键，按动增加键，将温度设定在 121℃，再按动一下确认键，按增加键，根据被灭菌物品设定时间为 20~30min，最后再按确认键，温度和时间设定完毕。

7. 灭菌

第六步结束后，进入自动灭菌程序，当锅内压力达到约 0.03MPa 时，欠压蜂鸣器停止蜂鸣，压力灯亮，随温度升温，当灭菌室内到达所设定温度，加热灯灭，自动控制系统开始进行灭菌倒计时，并在控制面板上的设定窗内显示所需灭菌时间。

8. 灭菌结束

关电源，将排汽排水阀向左旋转，排出蒸汽，当压力表上压力指示针指到 0 时，方可启盖取出灭菌物品。

四、维护与保养

1. 堆放灭菌物品时，严禁堵塞安全阀和放气阀，必须留出空位保证其空气畅通，否则易造成容器爆裂。

2. 液体灭菌时，盛液不超过容器的 3/4。

3. 针对不同灭菌指标的物品，不能一起灭菌。

4. 灭菌终了时，若压力表指示针已经回复零位，而锅盖不易开启时，可将放气阀塞子置于放气位置，使外界空气进入锅内，真空消除后，方可开盖。

5. 压力表长时间使用后，压力指示灯不正确或不能回复零位，应及时予以检修。

6. 经常保持设备的清洁与干燥，可以延长其使用寿命，橡胶密封圈使用日久会老化，应定期更换。

7. 应定期检查安全阀的可靠性，工作压力超过 0.165MPa 时不起跳，需更换合格安全阀。

技能训练八　培养基的制备

一、训练目的

1. 掌握培养基的配制原理及方法。
2. 通过对基础培养基的配制，掌握配制培养基的一般步骤和方法。

二、实验原理

培养基是采用人工的方法将微生物生长和繁殖所需的营养物质，混合配制成一种营养基质，是用来分离、培养、增殖、鉴定、保存进而研究微生物的最基本物质。自然界中微生物种类繁多，营养类型很多，加上实验和研究目的不同，所以培养基的种类也很多，但是不同种类的培养基都必须包括的主要营养要素为碳源、氮源、能源、生长因子、无机盐和水分，且各成分比例应当合适。

为了满足不同种类微生物的生长繁殖或积累代谢产物的要求，还必须控制好培养基的pH。大多数细菌最适宜的pH为6.8~7.4，但一般有较大的容忍度，在4~9也可存活和生长，少数细菌也能在极端pH范围内生长。真菌适于pH3~6的微酸性环境，但在pH2~10也可生长。若配制pH偏酸的琼脂培养基（霉菌和酵母菌的培养基pH偏酸），为防止琼脂因水解而不能凝固，应先调好pH再高压灭菌，因此，在培养基配制时会将培养基的其他成分和琼脂分开灭菌后再混合，或在中性条件下先灭菌，再调整培养基的pH。

培养基配制好后，应将配制好的培养基立即灭菌，原因是由于容器和配制培养基的各类营养物质都有可能携带微生物，防止其中微生物的生长繁殖消耗营养物质、改变培养基的酸碱度和污染所需培养的微生物。

常用培养基：牛肉膏蛋白胨培养基广泛用于细菌的培养，高氏一号合成培养基用于培养放线菌，麦芽汁培养基用于培养酵母菌和霉菌，察氏培养基用于培养霉菌。

三、实验器材

1. 药品

牛肉膏、蛋白胨、氯化钠、琼脂、1mol/L NaOH、1mol/L HCl 等。

2. 仪器及其他

天平、牛角匙、电炉、pH试纸、量筒、漏斗、漏斗架、玻璃棒、三角瓶、带棉塞的无菌试管、无棉塞的空试管、培养皿、吸管、各种包装纸、绳索、棉花、标签、灭菌锅、超净工作台、酒精灯等。

四、实验方法与步骤

培养基的制备流程如下所示。

确定目的菌 → 培养基选择 → 称量 → 溶解（→加琼脂熔化）→ 调节 pH → 分装 →
加塞 → 包扎 → 灭菌 → 摆放斜面或倒平板

1. 称量

确定好目的菌后，选择适宜的培养基配方，根据培养基配方，计算出培养基所需药品和营养物的量，然后分别准确称取或称量各种物质。例如，牛肉浸膏常用玻璃棒挑取，放在干净的小烧杯或表面皿中称量，先用热水将其溶解后再倒入大烧杯中。若是速溶性培养基应根据要求直接用称量纸称量，将牛肉浸膏连同称量纸放入水中，将其加热，牛肉浸膏即从称量纸上脱落，然后立即用玻璃棒取出称量纸（切记不可用药勺直接刮下牛肉膏，会导致牛肉膏有部分粘在称量纸上）。例如蛋白胨很易吸湿，在称取时动作要快，称量完成后应立即盖好瓶盖，瓶盖不可盖错。称量药品时，严防药品混杂，一把牛角勺用于一种药品，或者称取一种药品后，应立即洗净擦干，再称取另一种药品，以防污染药品。

2. 溶解

配制液体培养基时，首先用量筒量取一部分的蒸馏水（约占总量的1/2）加入容器中，然后将所需原料依次加入水中，放在电磁炉上小火加热，并用玻璃棒不断搅拌使之溶解。待全部原料都放入容器中，并充分溶解，停止加热并补足需要的全部水分后定容，即成液体培养基。注意：有些不易溶解的原料，如蛋白胨、牛肉膏等，可以先将其在小容器内加热溶解后再倒入大容器中。有些原料用量很少，不易称量，则可先配制其高浓度的溶液，然后按比例换算后取适量加入容器中。另外，在配制含化学药品较多的培养基时，有些药品混合后容易产生结块、沉淀，如钙盐、磷酸盐、镁盐等，故应按配方依次加入并溶解。

配制固体培养基或半固体培养基时，应加入一定量的凝固剂，凝固剂主要为琼脂，也有明胶等物质。琼脂通常在96℃熔化，在40℃时凝固，通常不被微生物分解利用。固体培养基琼脂添加量通常为1.5%~2.5%，半固体培养基中琼脂的添加量为0.5%~0.8%。

在配制固体或半固体培养基时，应先将琼脂称好（粉末状的琼脂可直接加入，条型琼脂可用剪刀将其剪成小段，以便溶解），然后将已经配制好的液体培养基煮沸，再将琼脂加入继续加热，直至琼脂完全熔化。

注意：① 在加热过程中应不断搅拌，防止出现琼脂分布不均，琼脂沉淀在锅底等现象，导致部分斜面不凝固或过软，部分斜面则琼脂过多。② 应控制火力防止培养基暴沸而溢出容器。③ 琼脂一般在调好 pH 后加入，琼脂的加入不会影响培养基的 pH。④ 由于加热过程中水分蒸发而使培养基体积减少，因此待琼脂完全熔化后，应补充水分至所需量。

配制培养基时，不可用铜或铁容器加热熔化，以免离子进入培养基中，影响微生物的生长。

3. 调节 pH

根据培养基 pH 的不同要求，培养基配制好之后，应调节 pH 至所需范围。常用一定浓度的 HCl 或 NaOH 溶液进行调节。

调节培养基 pH 的方法：在未调 pH 时，边搅拌边用玻璃棒蘸少量培养基，点在精密试纸上测定培养基的原始 pH。若培养基 pH 偏酸，则用胶头滴管逐滴加入 1mol/L NaOH，边加边搅拌，并随时用精密 pH 试纸测定其 pH，直至 pH 达到要求。若偏碱则加 1mol/L HCl 溶液进行调节。pH 不要调过头，避免回调而影响培养基内离子的浓度。

注意：此方法简单快速，但难以精准。要准确调节培养基的 pH 可用酸度计进行。

液体培养基和固体或半固体培养基调节基本按照上述方法。不同的是，固体或半固体培养基，在调节时应注意将培养基温度保持在 80℃ 以上，防止琼脂因温度太低凝固而影响操作。

4. 过滤分装

培养基配制好之后，按照实验要求，趁热过滤并分装到试管内或锥形瓶中。

（1）过滤　液体培养基可用滤纸过滤，固体培养基可用多层纱布过滤，但是作为一般使用的培养基，可将此步省略。

（2）分装　培养基过滤后应立即分装，培养基分装方法见图 1。在分装培养基时，可先制作一个简易的分装装置。制作方法：取一个玻璃漏斗，装在铁架台上，漏斗下端连接一根橡皮管，橡皮管中间夹一个弹簧夹，橡皮管的下端连接一个玻璃嘴。

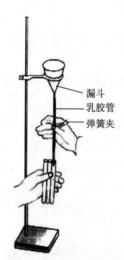

漏斗
乳胶管
弹簧夹

图 1　培养基分装示意

分装装置制作好之后，用左手拿住空试管中部或三角瓶，并将橡皮管下的玻璃管嘴插入试管或三角瓶内，用右手拇指及食指打开弹簧夹，中指及无名指夹住玻璃管嘴，使培养基直接流入试管或三角瓶内。

培养基的类型不同，其在试管或三角瓶中的分装量也不同。

① 液体培养基分装

a. 试管：分装高度以试管高度的 1/4 左右为宜。

b. 三角瓶：一般不超过三角瓶总容积的 1/2，若用于振荡培养，则根据通气量的要求可酌情减少。

② 固体培养基分装

a. 试管：分装试管其装量不超过管高的 1/5，灭菌后制成斜面。

b. 三角瓶：分装三角瓶的量不超过三角瓶容积的 1/2。

③ 半固体培养基分装

a. 试管：一般以试管高度的 1/3 为宜，灭菌后垂直待凝。

b. 注意：分装过程中，不要使培养基沾在试管或三角瓶口上，以免沾污棉塞。

5. 加棉塞

培养基分装完毕后，试管口或三角瓶口塞上棉塞。做棉塞的棉花要选纤维较长的普通棉花，一般不用脱脂棉做棉塞，因为它容易吸水变湿，造成污染，而且价格昂贵。正确的棉塞要求形状、大小、松紧与试管口（或三角瓶口）完全合适，过紧则阻碍空气流通，操作不便，过松则达不到滤菌的目的。加塞时，要使棉塞总长约为 1/3 在试管口外，2/3 在试管口内，以防棉塞脱落（图 2）。

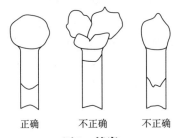

正确　　　　不正确　　　　不正确

图 2　棉塞

棉塞的作用：① 防止杂菌污染。② 保证良好的通气性。棉塞制作过程见图 3。

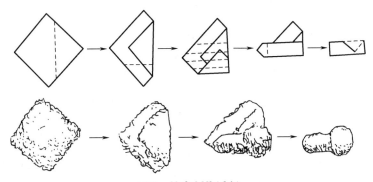

图 3　棉塞制作过程

此外，实验室还会用通气塞，原因是有些微生物需要更好地通气。通气塞是用 8 层纱布制作而成，或是在两层纱布间均匀铺一层棉花而成。这种通气塞常用在装有液体培养基的三角瓶口上，经接种后，放在摇床上进行振荡培养，以获得良好通气促使菌体的生长或发酵，通气塞的形状见图4。除此之外，还会用试管帽或塑料塞代替棉塞。

(1)配制时纱布塞法   (2)灭菌时包牛皮纸   (3)灭菌时包纱布

图4 通气塞形状

6. 包扎标记

加塞后，将试管用麻绳捆好（通常7支试管为一组），再在棉塞外包一层牛皮纸，以防止灭菌时冷凝水润湿棉塞，包好后再用一道线绳扎紧，并标记注明培养基的名称、组别、配制日期等信息（图5）。三角瓶加塞后，可用牛皮纸包好，用麻绳以活结形式扎好，以便使用时容易解开，同样标记注明培养基的名称、组别、配制日期等信息（图6）。如果实验室有条件，可以用铝箔纸代替牛皮纸，省去扎绳，而且效果还好。

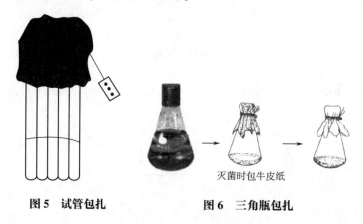

灭菌时包牛皮纸

图5 试管包扎   **图6 三角瓶包扎**

7. 灭菌

培养基的灭菌时间和温度，应按照各种培养基的规定进行，以保证灭菌效果和不损害培养基的必要成分。培养基制备完毕后应立即进行灭菌，如延误时间，会因杂菌繁殖生长，导致培养基变质而不能使用。特别是在气温高时，如不及时进行灭菌，几小时培养基就可能变质。若确实不能立即灭菌，可将培养基暂时放于4℃冰箱或冰柜中，但时间也不宜过久。不同成分的培养基要采用不同的灭菌条件，如普通培养基为121℃20min，含糖量高的培养基则为121℃

15min，带菌器械为121℃30min，脱脂牛乳的杀菌采用0.055MPa 20min，因为过高的温度会使牛乳变色。

8. 摆放斜面或倒平板

将已经灭菌的固体培养基要趁热制作斜面试管和固体平板。

（1）斜面培养基制作法　需要倒斜面的试管，斜面的斜度适当，使斜面的长度不超过试管长度的1/2。摆斜面时，不可将培养基接触棉塞，凝固过程中不可移动试管，制得斜面以稍有凝结水析出为最佳。斜面完全凝固后收存（图7）。制作半固体或固体深层培养基时，灭菌后，可垂直放置至冷凝状态。

图7　摆斜面

（2）平板培养基制作法　将已经灭菌的培养基（装在三角瓶或试管中）待冷却至50℃左右（手接触不烫）倒入无菌培养皿中（注意：若温度过高时，容易在培养皿盖上形成冷凝水；低于40℃时，培养基容易凝固，会影响操作）。操作时，最好在超净工作台内的酒精灯火焰旁进行，左手拿培养皿，右手拿装有培养基的三角瓶底部或试管，同时左手用小指和手掌将棉塞打开，使三角瓶瓶口迅速通过酒精灯外焰，再用左手拇指和食指将培养皿盖打开一条稍大于瓶口的缝隙（瓶口刚好伸入）倒入培养基12～15mL，左手立即盖上培养皿的皿盖，放平凝固后备用（一般平板培养基的高度约3mm左右）。待平板凝固后倒置，皿盖朝下，皿底朝上（图8）。

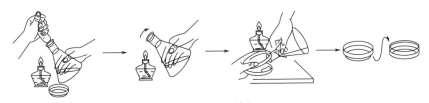

图8　倒平板

9. 无菌检查

制备好的培养基，需要进行无菌检查。操作方法：从制备好的培养基中取出1~2瓶（管），放于30~37℃恒温培养箱中培养1~2d，若发现杂菌，应再次灭菌，以保证使用时的培养基处于绝对无菌。

五、实验报告

1. 结果

说明配制培养基过程中的情况。

2. 思考题

（1）培养基配制时应注意什么问题？为什么？

（2）分装培养基时为什么要使用弹簧夹？

（3）培养基配好后，为什么要立即灭菌？

🔗 知识拓展

微生物营养的调节

一、不同碳源的利用速度

不同菌种能够利用的碳源往往是不同的，同一个菌种对不同碳源的利用速度也是不同的。例如，霉菌和放线菌可以利用各种碳源，包括葡萄糖、麦芽糖、乳糖、糊精、淀粉、酯类、乳酸盐、醋酸盐等，但利用的速度不同。青霉素产生菌利用葡萄糖的速度比乳糖要快，如果以乳糖为碳源发酵，乳糖在 6d 消耗完，青霉素产量在 6~7d 达到高峰。而使用葡萄糖，发酵 30~40h 后即用完，青霉素产量在 50h 达到顶点。表面上看，葡萄糖利用快，菌体生长快，可以提前积累青霉素，其实不然，这是因为葡萄糖迅速利用，首先会产生大量的有机酸，使 pH 不能上升，而过低的 pH 不利于青霉素的产生，其次碳源迅速消耗，会引起菌体过早自溶。一般单糖的利用速度要比双糖和多糖快，但有的单糖如甘露糖的利用速度更慢，其原因是多方面的。我们将能够被微生物快速利用的碳源称为速效碳源，反之称为迟效碳源。一般葡萄糖的利用速度快，乳酸次之，乳糖利用速度比前两者都慢。

二、氮源利用及碳源利用的关系

不同氮源利用速度也是不同的，例如某些无机氮源和硝基氮相比，氨氮比硝基氮更容易利用。另外，氮的浓度过高或过低，对产物（如青霉素）的形成都有不良的影响，特别是过高时会造成减产。

葡萄糖的利用速度快，氮的利用速度也随之加快，乳糖的代谢慢，氮的利用也推迟，这是因为糖代谢的许多中间产物都是氨基酸合成的前体，乙醛酸是甘氨酸的前体。糖代谢快，中间产物积累多，也就是氨基酸合成的前体多，氨基酸的合成速度加快，消耗氮源的速度就快。某些微生物还有优先利用蛋白质为碳源的特点，因此往往引起发酵前期发酵液 pH 上升。

三、碳氮比例的调节

除了碳氮源利用之间有密切关系外，碳源和氮源的比也能够直接影响微生物的生长和发酵产物的积累。例如谷氨酸发酵时，C∶N 为 4∶1（2% 葡萄糖，0.5% 尿素）时，菌体大量繁殖，而谷氨酸积累却非常少。当 C∶N 为 3∶1 时，产生大量谷氨酸，菌体繁殖却受到抑制。一般酵母细胞的碳氮比为 100∶（15~21），否则会只长菌体，几乎不产生谷氨酸。发酵产物是菌体在代谢过程中产生的，产物量在一定条件下与细胞量成正比，因此为了积累产物，必须首先繁殖细胞。在生产上多采用控制碳氮比满足菌体的大量繁殖，同时又能大量形成产物。

四、前体的控制

有许多因素会影响前体的利用或渗入产物分子，如加入同一前体，对某些菌种的产量影响很小，但对另一些菌种则可以数倍提高产量。青霉素发酵中，加入 0.1% 的苯乙酸使原始菌种的青霉素产量提高很少，提高 0.5~1 倍，但能使杂交菌种提高产量 3~7 倍以上。高产菌株可以将 60%~70% 的前体用于氨基酸合成，前体多，氨基酸多合成青霉素，而低产菌只能将 2%~4% 的前体用于合成产物，其余都作为一般碳源氧化了。

不同的前体具有不用的效果。如在合成培养基中加入 0.1% 青霉素的前体苯乙酸，产量增加 2~4 倍。某些前体虽然加入量少，但作用显著，称为强前体；另一些即使加入量大，但作用仍很小，称为弱前体。有两种前体同时存在时，其效果并不是两种前体效果的加和，而是两种前体之间发生竞争，较强的前体排斥较弱的前体进入产物分子。

某些菌种有好几种前体可以使其增加产量，但是除了前体本身的性质引起的效果差异外，前体的使用方式不同，也会收到不同的效果。如一般情况下，苯乙酰胺一次加入的效果较苯乙酸要好，不仅使青霉素的总产量增高，而且青霉素含量的比例也增高。

一般培养基中前体的浓度越大，增产越多，但是大多数前体对菌种是有毒的，所以只能少量加入。如苯乙酰胺的浓度超过 0.1% 就有毒性，所以通常用量不大于 0.1%。

前面讲到过的前体可以被菌体作为一般碳源而氧化，所以要保证合成产物对前体物质的需要，必须在发酵过程中不断加入，一般是每隔 12h 加入 0.05%~0.1%，又由于某些前体如苯乙酸在酸性环境中，对菌体是有毒的，所以必须在 pH 稍微升高后再开始加入。

五、补料

目前生产上多采用丰富培养基来提高产量，随着丰富培养基的运用，又带来新的问题，过于丰富的碳、氮源会使菌体大量繁殖，营养物质都消耗在菌体生长上，到了产物合成阶段，一则由于营养消耗，二则由于菌体过早衰老自溶，反而使产量降低，并且基础料的浓度过高，会使培养基过于黏滞，致使搅拌动力消耗增加，消沫困难，溶解氧下降，以致不利于细胞的生长，如何解决这个矛盾呢？发明了中间补料的方法来解决这个问题。如抗生素生产中，中间补料的量为基础料的 1~3 倍，四环素发酵中，基础料为 16.7%，中间补料为 27.5%，补料是根据还原糖的变化中途补加葡萄糖，以延长四环素合成的旺盛阶段，使单位发酵提高了 50%~80%。

发酵中途补料起到了重要的作用，如丰富了培养基，避免了菌体过早衰老，使产物合成的旺盛期延长，控制了 pH 和代谢方向，改善了通气效果，避免了菌体生长可能受到抑制，发酵过程中因通气和蒸发，使发酵液体积减小，因此补料还能补足发酵液的体积。补料的物质包括碳、氧、水及其他物质，碳源有葡萄糖、蔗糖、糊精、淀粉，作为消沫剂的油脂等。例如四环素发酵补给的是淀粉和糊精，补料的氮源有 NH_4OH、$NaNO_3$、蛋白胨花生饼粉、黄豆饼粉、玉米浆、尿素等，其他如硫酸盐，前体等。

补料需要正确的方法，关键在于控制补料的时间、速率和配比，其目的是保持菌体生长繁殖不能过快，仅仅维持呼吸并处于半饥饿状态，但是仍能合成产物。如在红霉素发酵中，以玉米浆黄豆饼粉蔗糖为培养基，红霉素的合成是在菌体生长达到最高峰时开始的，如果在培养基中蔗糖消耗完时补加蔗糖，红霉素的合成重新开始，但是蔗糖与黄豆饼粉和其他氮源同时加入时，则对红霉素的合成没有促进作用。

思考练习

1. 制备固体培养基时所用凝固物质不包括（　　）。

A. 琼脂　　　B. 明胶　　　C. 卵清蛋白　　　D. 血清　　　E. 淀粉

2. 细菌生长繁殖中所需营养物质，其中葡萄糖、淀粉、甘露醇等属于（　　）。

A. 碳源　　　B. 氮源　　　C. 无机盐类　　　D. 维生素类　　E. 生长因子类

3. 在培养基中加入某种化学成分或抗生素以抑制某些细菌的生长，而有助于需要的细菌生长，此培养基称为 （　　　）。

　　A. 基础培养基　　　　　B. 营养培养基　　　　　C. 选择培养基

　　D. 鉴别培养基　　　　　E. 厌氧培养基

4. 一般不用作培养基抑制剂的是 （　　　）。

　　A. 胆盐　　　B. 煌绿　　　C. 亚硫酸钠　　　D. 氯化钠　　　E. 染料

5. 可以鉴定非发酵菌的培养基是 （　　　）。

A. TCBS 琼脂　　　　　　B. 血平板　　　　　C. S-S 平板

　　D. 麦康凯平板　　　　　E. 碱性琼脂

6. 分别在加入和未加入该抗菌蛋白的培养基中接种等量菌液。培养一定时间后，比较两种培养基中菌落的_____，确定该蛋白质的抗菌效果。

7. 细菌培养常用的接种方法有_____和_____。实验结束后，对使用过的培养基应进行_____处理。

8. 某同学在做微生物实验时，不小心把圆褐固氮菌和酵母菌混在一起。该同学设计下面的实验，分离得到纯度较高的圆褐固氮菌和酵母菌。

（1）实验原理　圆褐固氮菌是自生固氮菌，能在无氮培养条件下生长繁殖而酵母菌则不能；青霉素不影响酵母菌的生长繁殖，而会抑制圆褐固氮菌的生长繁殖。

（2）材料用具　（略）。

（3）主要步骤

① 制备两种培养基，一种是_____培养基，另一种是_____
_____培养基，将两种培养基各自分成两份，依次标上 A、a 和 B、b。

② 分别向 A、B 培养基中接种混合菌，适宜条件培养 3~4d。

③ 分别从 A、B 培养基的菌落中挑取生长良好的菌落并分别接种到 a、b 培养基中，适宜条件下培养 3~4d。

（4）请回答

① 将题中的空处填充完整：_____培养基和_____培养基。

② 本实验中，根据上述原理配制的培养基类型属于_____培养基。

③ 根据所需目的配制上述培养基时除营养要协调外还应注意_____
_____。

④ 实验步骤中第③步的目的是_____。

⑤ 圆褐固氮菌与酵母菌在结构上的主要差异为_____。

⑥ 青霉素抑制圆褐固氮菌的生长繁殖，其作用机理是破坏或抑制其细胞壁的形成。请据此推测不影响酵母菌等真菌生长繁殖的原因是＿＿＿＿＿＿＿＿＿

＿＿＿＿＿＿＿＿＿＿＿＿＿＿＿＿＿＿＿＿＿＿＿＿＿＿＿＿＿＿＿。

9. 为了研究细菌对青霉素抗药性形成的机理，有人设计了如下实验方案。

步骤 1：取培养皿 A 若干（A_1、A_2、A_3……），加入普通细菌培养基；取培养皿 B 若干（B_1、B_2、B_3……），加入含青霉素的细菌培养基。

步骤 2：将适量细菌培养液涂抹在培养皿 A_1 的培养基表面，放在适宜的条件下培养一段时间，培养基的表面会出现一些细菌菌落。

步骤 3：用灭菌后的丝绒包上棉花制成的一枚"印章"，在 A_1 上轻轻盖一下，再在 B_1 上轻轻盖一下，这样 A_1 中的细胞就按一定的位置准确"复制"到了 B_1 中。将 B_1 培养一段时间后，B_1 中一定部位出现了少量菌落，见图1。

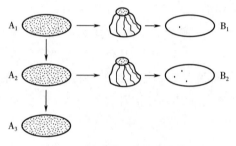

图1　"复制"菌落示意图

步骤 4：根据 B_1 中菌落出现的方位，将 A_1 中对应位置的菌落取出，均匀涂抹在 A_2 表面，培养一段时间后，培养基表面又会出现许多菌落。反复重复步骤3、4，在 B_2、B_3……中保留下来的菌落越来越多。直到最后，所有"复制"到 B 中的菌落全都保留下来，都具有对青霉素的抗药性。

(1) 普通培养基中的营养物质要素有＿＿＿＿＿＿＿＿。根据培养基的用途，加入青霉素的培养基属于＿＿＿＿＿＿＿＿。实验过程中为了缩短时间，最好在细菌生长的＿＿＿＿＿＿＿＿时期接种。

(2) 细菌抗药性的产生是细胞出现＿＿＿＿＿＿＿＿的结果。根据现代进化理论，青霉素在细菌抗药性形成过程中起＿＿＿＿＿＿＿＿的作用。实验中所用细菌的代谢类型属于＿＿＿＿＿＿＿＿。

(3) 如果 B_1 中没有菌落保留下来，实验就无法进行下去。若要使实验进行下去，可以采用的方法有＿＿＿＿＿＿＿＿。

10. 表1是某培养液成分含量表，请回答：

(1) 若用于培养微生物，该培养液中有＿＿＿＿＿＿＿＿类营养物质，可培养的微生物同化作用类型是_____。

（2）此营养液若用来培养固氮微生物，则应除去的成分是_____，应加入的物质是_____。

表1 某培养液成分含量表

编号	成分	含量
①	$(NH_4)HCO_3$	0.5g
②	KH_2PO_4	3.0 g
③	$CaSO_4$	0.5g
④	$FeCl_2$	0.5g
⑤	维生素	少许
⑥	水	1000mL

（3）若用该培养液培养大肠杆菌，应加入的物质是_____，为检测大肠杆菌的存在与否还应加入_____和_____，将呈现_____反应。

（4）此培养液若用于培养金黄色葡萄球菌并观察菌落形态，除有机物外还应加入_____，为使其正常生长繁殖，同时又抑制其他杂菌，还应加入_____。

（5）此培养液若用于植物组织培养，还应加入_____和_____。

（6）各种成分在溶解后分装前必须进行_____，接种前要进行_____。

任务二 微生物的培养

教学重难点

掌握影响微生物生长繁殖的环境因素，掌握微生物群体的生长规律及其应用。

相关知识

微生物在适宜的条件下，不断从周围环境中吸收营养物质，并按自身的代谢方式进行新陈代谢。新陈代谢包括合成代谢（同化作用）和分解代谢（异化作用）。当同化作用的速度超过了异化作用，使个体细胞质量和体积增加，称为生长。如单细胞微生物细菌的生长，往往伴随着细胞数目的增加。当细胞增长到一定程度时就以二分裂的方式形成两个大小相似的子细胞，子细胞又重复上述过程，使细胞数目增加，称为繁殖。单细胞微生物的生长实际上是以群体细胞数目的增加为标志的。霉菌和放线菌等丝状微生物的生长主要表现为菌丝的伸长和分枝，其细胞数目并不伴随着个体数目的增多而增加，因此，其生长通常以菌丝的长度、体积及质量的增加来衡量，只有通过形成无性孢子或有性孢子使其个体数目增加才称为繁殖。生长与繁殖的关系是：

个体生长→个体繁殖→群体生长

群体生长＝个体生长＋个体繁殖

除了特定目的，在微生物的研究和应用中只有群体的生长才有实际意义，因此，在微生物学中提到的"生长"均指群体生长。这一点与研究高等生物时有所不同。

微生物生长繁殖是内外各种环境因素相互作用下的综合反映，生长繁殖情况可以作为研究各种生理生化和遗传等问题的重要指标；同时，微生物在生产实践上的各种应用或对致病微生物、霉腐微生物引起食品腐败变质的微生物控制，也都与微生物生长繁殖和控制紧密相关。下面对微生物的生长环境、生长规律及其控制进行较详细的介绍。

一、环境因素对微生物生长的影响

影响微生物生长的外界因素很多，如营养物质，物理、化学因素。当环境条件改变时，在一定限度内，可引起微生物形态、生理、生长、繁殖等特征的改变；当环境条件的变化超过一定极限时，则导致微生物死亡。研究环境条件与微生物之间的相互关系，有助于了解微生物在自然界的分布与作用，也可以指导人们在食品加工中有效地控制微生物的生命活动，保证食品的安全性，延长食品的货架期。

（一）相关术语

1. 防腐（Antisepsis）

防腐是一种抑菌措施，利用一些理化因素使物体内外的微生物暂时处于不生长繁殖但又未死亡的状态。食品工业中常利用防腐剂防止食品变质，如面包、蛋糕和月饼的防霉剂，酸性食品用苯甲酸钠、山梨酸钾、山梨酸钠防腐或利用低温、干燥、盐腌和糖渍、高酸度等。

2. 消毒（Disinfection）

消毒是指杀死所有病原微生物的措施，可达到防止传染病的目的。例如将物体在100℃煮沸10min或60～70℃加热30min，就能杀死病原菌的营养体，但杀不死芽孢。食品加工厂的厂房和加工工具都要进行定期消毒，严格情况下操作人员的手也要进行消毒。具有消毒作用的物质称为消毒剂。

3. 灭菌 (Sterilization)

灭菌是指用物理或化学因子,使存在于物体中的所有活微生物永久性地丧失其生活力,包括耐热的细菌芽孢,这是一种彻底的杀菌方法。

4. 商业灭菌 (Commercial Sterilization)

商业灭菌是从商品角度对某些食品所提出的灭菌方法,就是指食品经过杀菌处理后,按照所规定的微生物检验方法,在所检食品中无活的微生物检出,或者仅能检出极少数的非病原微生物,并且它们在食品保藏过程中,是不可能进行生长繁殖的,这种灭菌方法,称为商业灭菌。

在食品工业中,常用"杀菌"这个名词,它包括上述所称的灭菌和消毒,如牛奶的杀菌是指消毒,罐藏食品的杀菌是指商业灭菌。

5. 无菌 (Asepsis)

无菌即没有活的微生物存在的意思。例如,发酵工业中菌种制备的无菌操作技术、食品加工中的无菌罐装技术等。

6. 死亡 (Dead)

死亡是指微生物不可逆地丧失了生长繁殖的能力,即使再放到合适的环境中也不再繁殖。

由于不同微生物的生物学特性不同,因此,对各种理化因子的敏感性不同,同一因素不同剂量对微生物的效应也不同,或者起灭菌作用,或者起防腐作用。在了解和应用任何一种理化因素对微生物的抑制或致死作用时,还应考虑多种因素的综合效应。

(二) 温度

温度是影响微生物生长繁殖最重要的因素之一。在一定温度范围内,机体的代谢活动与生长繁殖随着温度的上升而增加,当温度上升到一定程度,开始对机体产生不利的影响,如再继续升高,则细胞功能急剧下降以致死亡。与其他生物一样,任何微生物的生长温度尽管有高有低,但总有最低生长温度、最适生长温度和最高生长温度这3个重要指标,这就是生长温度的3个基点。如果将微生物视为一个整体,它的温度3个基点是极其宽的,由以下可看出。

生长温度3个基点 ⎰ 最低生长温度(一般为-5~10℃,极端为-30℃)
⎱ 最适生长温度 ⎰ 嗜冷菌(-15~20℃)
⎱ 中温菌(20~40℃)
嗜热菌(40~65℃)
最高生长温度(一般为80~95℃,极端为105~300℃)

就总体而言,微生物生长的温度范围较广,已知的微生物在-12~100℃均可生长，而每一种微生物只能在一定的温度范围内生长。

1. 最低生长温度

最低生长温度是指微生物能进行繁殖的最低温度界限。处于这种温度条件下的微生物生长速率很低，如果低于此温度则生长完全停止。不同微生物的最低生长温度不一样，这与它们的原生质物理状态和化学组成有关系，也可随环境条件而变化。

2. 最适生长温度

最适生长温度是指菌分裂一代时最短或生长速率最高时的培养温度。但是同一微生物，不同的生理生化过程有着不同的最适温度，也就是说，最适生长温度并不等于生长量最高时的培养温度，也不等于发酵速度最高时的培养温度或累积代谢产物量最高时的培养温度，更不等于累积某一代谢产物量最高时的培养温度。因此，生产上要根据微生物不同生理代谢过程温度的特点，采用分段式变温培养或发酵。例如，嗜热链球菌的最适生长温度为37℃，最适发酵温度为47℃，累积产物的最适温度为37℃。

3. 最高生长温度

最高生长温度是指微生物生长繁殖的最高温度界限，在此温度下，微生物细胞易于衰老和死亡。微生物所能适应的最高生长温度与其细胞内酶的性质有关。例如，细胞色素氧化酶以及各种脱氢酶的最低破坏温度常与该菌的最高生长温度有关，见表2-5。

表2-5　细胞色素氧化酶以及各种脱氢酶的最低破坏温度与该菌最高生长温度关系

细菌	最高生长温度/℃	最低破坏温度/℃		
		细胞色素氧化酶	过氧化氢酶	琥珀酸脱氢酶
蕈状芽孢杆菌	40	41	41	40
单纯芽孢杆菌	43	55	52	40
蜡状芽孢杆菌	45	48	46	50
巨大芽孢杆菌	46	48	50	47
枯草芽孢杆菌	54	60	56	51
嗜热芽孢杆菌	67	65	67	59

4. 致死温度

最高生长温度如进一步升高，便可杀死微生物，这种致死微生物的最低温度为致死温度。致死温度与处理时间有关，在一定的温度下处理时间越长，死亡率越高。严格地说，一般应以10min为标准时间。细菌在10min被完全杀死的最低温度称为致死温度。测定微生物的致死温度一般在生理盐水中进行，以减少有机物质的干扰。微生物按其生长温度范围可分为低温微生物、中温微生物和高温微生物3类（表2-6）。

表2-6　不同温型微生物的生长温度范围

微生物类型		生长温度范围/℃			主要分布
		最低	最适	最高	
低温型	专性嗜冷	-12	5~15	15~20	两极地区
	兼性嗜冷	-5~0	10~20	25~30	海水及冷藏食品上
中温型	室温	10~20	20~35	40~45	腐生菌
	体温		35~40		寄生菌
高温型		25~45	50~60	70~95	温泉、堆肥、土壤表层等

5. 低温型微生物

低温型微生物又称嗜冷微生物，可在较低的温度下生长。它们常分布在地球两极地区的水域和土壤中，即使在此处微小的液态水间隙中也有微生物的存在。常见的有产碱杆菌属、假单胞菌属、黄杆菌属、微球菌属等常使冷藏食品腐败变质。有些肉类上的霉菌在-10℃仍能生长，如芽枝霉；荧光极毛菌可在-4℃生长，并造成冷冻食品变质腐败。

低温也能抑制微生物生长，在0℃以下，菌体内的水分冻结，生化反应无法进行而停止生长。有些微生物在冰点下就会死亡，主要原因是细胞内水分变成了冰晶，造成细胞脱水或细胞膜的物理损伤。因此，生产上常用低温保藏食品，各种食品的保藏温度不同，分为寒冷温度、冷藏温度和冻藏温度。

6. 中温型微生物

绝大多数微生物属于中温型微生物，最适生长温度在20~40℃，最低生长温度10~20℃，最高生长温度40~45℃，它们又可分为嗜室温和嗜体温性微生物。嗜体温微生物多为人及温血动物的病原菌，它们生长的极限温度在10~45℃，最适生长温度与其宿主体温相近，在35~40℃，人体寄生菌为37℃左右。引起人和动物疾病的病原微生物、发酵工业应用的微生物菌种以及导致食品原料和成品腐败变质的微生物，都属于这一类群的微生物。因此，它与食品工业的关系密切。

7. 高温型微生物

高温型微生物适于在45~50℃的温度中生长，在自然界中的分布仅局限于某些地区，如温泉、日照充足的土壤表层、堆肥、发酵饲料等腐烂有机物中，如堆肥中温度可达60~70℃。能在55~70℃生长的微生物有芽孢杆菌属（*Bacillus*）、梭状芽孢杆菌（*Clostridium*）、嗜热脂肪芽孢杆菌（*Bac. stearothermophilus*）、高温放线菌属（*Thermoactinomycetes*）、甲烷杆菌属（*Methanobacterium*）等，以及温泉中的细菌；其次是链球菌属和乳杆菌属。有的可在近于100℃的高温中生长。这类高温型的微生物，给罐头工业、发酵工业等带来了一定困难。高温型的微生物耐热机理可能是菌体内的蛋白质和酶比中温型的微生物更能抗热，尤其蛋白质对热更稳定，同时高温型微生物的蛋白质合成机构——核糖体和其他成分对高温抗性也较大。细胞膜中饱和脂肪酸含量高，它比不饱和脂肪酸可以形成更强的疏水键，因此可保持在高温下的稳定性并具有正常功能。

8. 热对微生物的致死作用

如果超过了最高生长温度则导致微生物死亡。高温致死的机理是微生物蛋白质和核酸不可逆变性，或者破坏了细胞的其他成分，如细胞膜被热融形成极小的孔，使细胞内含物泄漏引起死亡。高温致死微生物的作用，广泛用于医药卫生、食品工业及日常生活中。在食品工业中微生物耐热性常用以下几个数值表示。

（1）热（力致）死时间（Thermal Death Time，TDT）　指在特定的条件和特定的温度下，杀死一定数量微生物所需要的时间。

（2）D 值（DecimaL Reduction Time）　在一定温度下加热，活菌数减少一个对数周期（即90%的活菌被杀死）时，所需要的时间（min），即为 D 值。测定 D 值时的加热温度，在 D 的右下角表明。例如：含菌数为 10^5 个/mL 的菌悬液，在 100℃ 的水浴温度中，活菌数降低至 10^4/mL 时，所需时间为 10min，该菌的 D 值即为 10 分，即 $D_{100} = 10$ 分。如果加热的温度为 121.1℃，其 D 值常用 D_r 表示。

（3）Z 值　如果在加热致死曲线中，时间降低一个对数周期（即缩短90%的加热时间）所需要升高的温度数（℃），即为 Z 值。

（4）F 值　在一定的基质中，温度为 121.1℃，加热杀死一定数量微生物所需要的时间（min），即为 F 值。

9. 影响微生物对热抵抗力的因素

（1）菌种　不同微生物由于细胞结构和生物学特性不同，对热的抵抗力也不同。一般的规律是嗜热菌的抗热性大于嗜温菌和嗜冷菌，芽孢大于非芽孢，球菌大于非芽孢杆菌，革兰阳性菌大于革兰阴性菌，霉菌大于酵母菌，霉菌和酵母菌的孢子大于其菌丝体。细菌的芽孢和霉菌的菌核抗热性特别大。

（2）菌龄　同样的条件下，对数生长期的菌体抗热性较差，而稳定期的老龄细胞较好，老龄细菌芽孢较幼龄细菌的芽孢抗热性强。

（3）菌体数量　菌数越多，抗热性越强，因加热杀死最后一个微生物所需的时间也长；另外，微生物群集在一起时，受热致死不是同一时间而是有先有后，同时菌体能分泌一些有保护作用的蛋白质，菌体越多分泌的保护物质也越多，抗热性也就越强。

（4）基质的因素　微生物的抗热性随含水量减少而增大，同一种微生物在干热环境中比在湿热环境中抗热性大；基质中的脂肪、糖、蛋白质等物质对微生物有保护作用，微生物的抗热性随这类物质的增多而增大；微生物在pH7左右，抗热力最强，pH升高或下降都可以减少微生物的抗热性，特别是酸性环境微生物的抗热性减弱更明显。

加热的温度和时间：加热的温度越高，微生物的抗热性越弱，越容易死亡，加热的时间越长，热致死作用越大。在一定高温范围内，温度越高杀死菌体所需时间越短。另外，其他因素如盐类等，在基质中有降低水分活性的作用，从而增强抗热性；而另一类盐类如钙盐、镁盐可减弱微生物对热的抵抗性。

（三）干燥

水分对维持微生物的正常生命活动是必不可少的。干燥会造成微生物失水，代谢停止以至死亡。不同的微生物对干燥的抵抗力是不一样的，以细菌的芽孢抵抗力最强，霉菌和酵母菌的孢子也具有较强的抵抗力，依次为革兰阳性球菌、酵母的营养细胞、霉菌的菌丝。影响微生物对干燥抵抗力的因素较多，干燥时温度升高，微生物容易死亡，微生物在低温下干燥时，抵抗力强，所以干燥后存活的微生物若处于低温下，可用于菌种保藏；干燥的速度快，微生物抵抗力强，缓慢干燥时，微生物死亡多；微生物在真空干燥时，加保护剂（血清、血浆、肉汤、蛋白胨、脱脂牛乳）于菌悬液中，分装在安瓿内，低温下可保持长达数年甚至10年的生命力，食品工业中常用干燥的方法保藏食品。

（四）渗透压

大多数微生物适于在等渗的环境生长，若置于高渗溶液（如20% NaCl）中，水将通过细胞膜进入细胞周围的溶液中，造成细胞脱水而引起质壁分离，使细胞不能生长甚至死亡；若将微生物置于低渗溶液（如0.01% NaCl）或水中，外环境中的水从溶液进入细胞内引起细胞膨胀，甚至破裂致死。

一般微生物不能耐受高渗透压，因此，食品工业中利用高浓度的盐或糖保存食品，如腌渍蔬菜、肉类及果脯蜜饯等，糖的浓度通常在50%~70%，盐的浓度为5%~15%，由于盐的分子质量小，并能电离，在二者浓度相等的情况下，盐的保存效果优于糖。

有些微生物耐高渗透压的能力较强，如发酵工业中鲁氏酵母，另外嗜盐微生物（如生活在含盐量高的海水中的微生物）可在15%~30%的盐溶液中生长。

（五）辐射

电磁辐射包括可见光、红外线、紫外线、X射线和γ射线等均具有杀菌作用。在辐射能中无线电波最长，对生物效应最弱；红外辐射波长在 800 ~ 1000nm，可被光合细菌作为能源；可见光部分的波长为 380~760nm，是蓝细菌等藻类进行光合作用的主要能源；紫外辐射的波长为 136~400nm，有杀菌作用。可见光、红外辐射和紫外辐射的最强来源是太阳，由于大气层的吸收，紫外辐射与红外辐射不能全部到达地面，而波长更短的 X 射线、γ 射线、β 射线和 α 射线（由放射性物质产生），往往引起水与其他物质的电离，对微生物起有害作用，故被作为一种灭菌措施。

紫外线波长以 265~266nm 的杀菌力最强，其杀菌机理是复杂的，细胞原生质中的核酸及其碱基对紫外线吸收能力强，吸收峰为 260nm，而蛋白质的吸收峰为 280nm，当这些辐射能作用于核酸时，便能引起核酸的变化，破坏分子结构，主要是对 DNA 作用，最明显的是形成胸腺嘧啶二聚体，妨碍蛋白质和酶的合成，引起细胞死亡。

紫外线的杀菌效果因菌种及生理状态而异，照射时间、距离和剂量的大小也有影响，由于紫外线的穿透能力差，不易透过不透明的物质，即使一层薄层玻璃也会滤掉大部分，在食品工业中适于厂房内空气及物体表面消毒，也有用于饮用水消毒的。

适量的紫外线照射，可引起微生物的核酸物质结构发生变化，培育新性状的菌种。因此，紫外线常常作为诱变剂用于育种工作中。

（六）pH

微生物生长的 pH 范围极广，一般在 pH2~8，有少数种类还可超出这一范围，事实上，绝大多数种类都生长在 pH5~9。

不同的微生物都有其最适生长 pH 和一定的 pH 范围，即最高、最适与最低 3 个数值，在最适 pH 范围内微生物生长繁殖速度快，在最低或最高 pH 的环境中，微生物虽然能生存和生长，但生长非常缓慢而且容易死亡。一般霉菌能适应的 pH 范围最大，酵母菌适应的范围较小，细菌最小。霉菌和酵母菌生长最适 pH 都在 5~6，而细菌的生长最适 pH 在 7 左右。一些最适生长 pH 偏于碱性范围的微生物称为嗜碱性微生物（Basophile），如硝化菌、尿素分解菌、根瘤菌和放线菌等；有的不一定要在碱性条件下生活，但能耐较碱的条件，称为耐碱微生物（Basotolerant Microorganism），如链霉菌等。生长 pH 偏酸性范围内的微生物也有两类：一类是嗜酸微生物（Acidophile），如硫杆菌属等，另一类是耐酸微生物（Acidotolerant Microorganism），如乳酸杆菌、醋酸杆菌、许多肠杆菌和假单胞菌等，见表 2-7。

表 2-7 不同微生物生长的 pH

微生物	pH		
	最低	最适	最高
乳杆菌	4.8	6.2	7.0
嗜酸乳杆菌	4.0~4.6	5.8~6.6	6.8
金黄色葡萄球菌	4.2	7.0~7.5	9.3
大肠杆菌	4.3	6.0~8.0	9.5
伤寒沙门菌	4.0	6.8~7.2	9.6
放线菌	5.0	7.0~8.0	1.0
一般酵母菌	3.0	5.0~6.0	8.0
黑曲霉	1.5	5.0~6.0	9.0
大豆根瘤菌	4.2	6.8~7.0	11.0

不同的微生物有其最适的生长 pH 范围，同一微生物在其不同的生长阶段和不同的生理、生化过程中，也要求不同的最适 pH，这对发酵工业中用 pH 控制、积累代谢产物特别重要。例如，黑曲霉最适生长 pH 为 5.0~6.0，在 pH2.0~2.5 有利于产柠檬酸，在 pH7.0 左右时，则以合成草酸为主。又如丙酮丁醇梭菌的最适生长繁殖 pH 为 5.5~7.0，在 pH4.3~5.3 发酵生产丙酮丁醇，抗生素生产菌也是最适生长的 pH 与最适发酵的 pH 不一致。

微生物在其代谢过程中，细胞内的 pH 相当稳定，一般都接近中性，保护了酶的活性和核酸不被破坏，但微生物会改变环境的酸碱度，使培养基的原始 pH 变化，发生的原因如下。

（1）糖类和脂肪代谢产酸。

（2）蛋白质代谢产碱，以及其他物质代谢产生酸碱

一般随着培养时间的延长，培养基会变得酸性较高。碳氮比例高的培养基，如培养真菌的培养基，经培养后其 pH 常会明显下降，而碳氮比例低的培养基，如培养一般细菌的培养基，经培养后，其 pH 常会明显上升。

在发酵工业中，及时调整发酵液的 pH，有利于积累代谢产物，是生产中的一项重要措施，方法如下。

pH 调节措施 {
"治本" {
过酸时 {
加适当氮源：尿素、硝酸钠、NH4OH 或蛋白质
降低通气
}
过碱时 {
加适当碳源：糖、乳酸、油脂等
降低通气
}
}
"治标" {
过酸时：加氢氧化钠、碳酸钠等碱中和
过碱时：加硫酸、盐酸等酸中和
}
}

强酸强碱都具有杀菌力：① 强酸如硫酸、盐酸杀菌力强，但腐蚀性大，因此，生产上不宜用于消毒剂。食品中应用的酸类防腐剂常常是有机酸或有机酸盐类，要求对人体无毒，并且不影响食品应有的风味，加入的量应严格按国标执行。② 强碱浓度越高杀菌力越强，食品工业中常用石灰水、氢氧化钠、碳酸钠等作为环境、加工设备、冷藏库以及包装材料如啤酒玻璃瓶等的灭菌。

食品工业中常用的酸类防腐剂有苯甲酸或苯甲酸钠、山梨酸或山梨酸钾盐（山梨酸钠盐）、丙酸及其钙盐或钠盐、脱氢醋酸及其钠盐和乳酸等。

（七）氧气

氧气对微生物的生命活动有着重要影响。按照微生物与氧气的关系，可把它们分成好氧菌（Aerobe）和厌氧菌（Anaerobe）两大类。好氧菌又分为专性好氧菌、兼性厌氧菌和微好氧菌；厌氧菌分为耐氧型厌氧菌、专性厌氧菌。

1. 专性好氧菌（Strict Aerobe）

要求必须在有分子氧的条件下才能生长，有完整的呼吸链，以分子氧作为最终氢受体，细胞有超氧化物歧化酶（Superoxide Dismutase，SOD）和过氧化氢酶，绝大多数真菌和许多细菌都是专性好氧菌，如米曲霉、醋酸杆菌、荧光假单胞菌、枯草芽孢杆菌和蕈状芽孢杆菌等。

2. 兼性厌氧菌（Facultative Aerobe）

在有氧或无氧条件下都能生长，但有氧的情况下生长更好；有氧时进行呼吸产能，无氧时进行发酵或无氧呼吸产能；细胞含 SOD 和过氧化氢酶。许多酵母和细菌都是兼性厌氧菌，例如酿酒酵母、大肠杆菌和普通变形杆菌等。

3. 微好氧菌（Microaerophilic Bacteria）

只能在较低的氧分压下才能正常生长的微生物，也通过呼吸链以氧为最终氢受体而产能。例如霍乱弧菌、一些氢单胞菌、拟杆菌属和发酵单胞菌属。

4. 耐氧型厌氧菌（Aerotolerant Anaerobe）

一类可在分子氧存在时进行厌氧呼吸的厌氧菌，即它们的生长不需要氧，但分子氧存在对它们也无毒害。它们不具有呼吸链，仅依靠专性发酵获得能量。细胞内存在 SOD 和过氧化物酶，但没有过氧化氢酶。一般乳酸菌多数是耐氧菌，如乳链球菌、乳酸乳杆菌、肠膜明串珠菌和粪链球菌等，乳酸菌以外的耐氧型厌氧菌如雷氏丁酸杆菌。

5. 专性厌氧菌（Anaerobe）

分子氧的存在对它们是有毒的，即使是短期接触空气，也会抑制其生长甚至死亡。在空气或含 $10\% CO_2$ 的空气中，它们在固体或半固体培养基的表面不能生长，只能在深层无氧或低氧化还原势的环境下才能生长，其生命活动所需能量是通过发酵、无氧呼吸、循环光合磷酸化或甲烷发酵等提供，细胞内缺乏

SOD 和细胞色素氧化酶，大多数还缺乏过氧化氢酶。常见的厌氧菌有罐头工业的腐败菌，如肉毒梭状芽孢杆菌、嗜热梭状芽孢杆菌、拟杆菌属、双歧杆菌属以及各种光合细菌和产甲烷菌等。

　　一般绝大多数微生物都是好氧菌或兼性厌氧菌。厌氧菌的种类相对较少，但近年来已发现越来越多的厌氧菌。

　　曾有人提出厌氧菌的氧毒害机理，直到 1971 年在提出 SOD 学说后，才对其有了进一步认识，认为厌氧菌缺乏 SOD，因此易被生物体内产生的超氧化物阴离子自由基毒害致死。

（八）超声波

　　超声波（频率在 20000Hz 以上）具有强烈的生物学作用。超声波使微生物致死的机理是引起微生物细胞破裂，内含物溢出而导致死亡。超声波作用的效果与频率、处理时间、微生物种类、细胞大小、形状及数量等有关系，一般频率高比频率低杀菌效果好，病毒和细菌芽孢对其具有较强的抗性，特别是芽孢。

（九）化学消毒剂

1. 重金属盐类

　　重金属盐类对微生物都有毒害作用，其机理是金属离子容易和微生物的蛋白质结合而发生变性或沉淀。汞、银、砷的离子对微生物的亲和力较大，能与微生物酶蛋白的—SH 结合，影响其正常代谢。汞化合物是常用的杀菌剂，杀菌效果好，用于医药业中。重金属盐类虽然杀菌效果好，但对人有毒害作用，所以严禁用于食品工业中防腐或消毒。

2. 有机化合物

　　对微生物有杀菌作用的有机化合物种类很多，其中酚、醇、醛等能使蛋白质变性，是常用的杀菌剂。

　　（1）酚及其衍生物　酚又称石炭酸，杀菌作用是使微生物蛋白质变性，并具有表面活性剂作用，破坏细胞膜的通透性，使细胞内含物外溢致死。酚浓度低时有抑菌作用，浓度高时有杀菌作用，2%～5% 酚溶液能在短时间内杀死细菌的繁殖体，杀死芽孢则需要数小时或更长时间。许多病毒和真菌孢子对酚有抵抗力。其适用于医院的环境消毒，不适用于食品加工用具以及食品生产场所的消毒。

　　（2）醇类　醇类是脱水剂、蛋白质变性剂，也是脂溶剂，可使蛋白质脱水、变性，损害细胞膜而具杀菌能力。70% 的乙醇杀菌效果最好，超过 70% 浓度的乙醇杀菌效果较差，其原因是高浓度的乙醇与菌体接触后迅速脱水，表面蛋白质凝固，形成了保护膜，阻止了乙醇分子进一步渗入。乙醇常常用于皮肤表面消毒，实验室用于玻璃棒、玻片等用具的消毒。醇类物质的杀菌力是随着分子质量的增大而增强，但分子质量大的醇类水溶性比乙醇差，因此，常常用乙醇作消毒剂。

（3）甲醛　甲醛是一种常用的杀细菌与杀真菌剂，杀菌机理是与蛋白质的氨基结合而使蛋白质变性致死。市售的福尔马林溶液就是 37%～40% 的甲醛水溶液。0.1%～0.2% 的甲醛溶液可杀死细菌的繁殖体，5% 的浓度可杀死细菌的芽孢。甲醛溶液可作为熏蒸消毒剂，对空气和物体表面有消毒效果，但不适于食品生产场所的消毒。

3. 氧化剂

氧化剂杀菌的效果与作用时间和浓度为正比关系，杀菌的机理是氧化剂放出游离氧作用于微生物蛋白质的活性基团（氨基、羟基和其他基团），造成代谢障碍而死亡。

（1）臭氧（O_3）　"三氧灭菌技术"近年在纯净水生产中应用较广，灭菌的效果与浓度有一定的关系，但浓度大会使水产生异味。

（2）氯　氯具有较强的杀菌作用，其机理是使蛋白质变性。氯在水中能产生新生态的氧，如下式。

$$Cl_2 + H_2O \rightarrow HCl + HOCl \rightarrow 2HCl + [O]$$

氯气常常用于城市生活用水的消毒，饮料工业中用于水处理工艺中的杀菌。

（3）漂白粉 $[Ca(ClO)_2]$　漂白粉中有效氯为 28%～35%，当浓度为 0.5%～1% 时，5min 可杀死大多数细菌，5% 的浓度在 1h 可杀死细菌芽孢。漂白粉常用于饮用水消毒，也可用于蔬菜和水果的消毒。

（4）过氧乙酸（CH_3COOOH）　一种高效广谱杀菌剂，它能快速杀死细菌、酵母、霉菌和病毒。据报道，0.001% 的过氧乙酸水溶液能在 10min 内杀死大肠杆菌，0.005% 的过氧乙酸水溶液只需 5min。0.001% 过氧乙酸杀死金黄色葡萄球菌需要 60min，但提高浓度为 0.01% 只需 2min，0.5% 浓度的过氧乙酸可在 1min 内杀死枯草芽孢杆菌，0.04% 浓度的过氧乙酸水溶液，在 1min 内杀死 99.99% 的蜡样芽孢杆菌。能够杀死细菌繁殖体的过氧乙酸浓度，足以杀死霉菌和酵母菌；过氧乙酸对病毒效果也很好，是高效、广谱和速效杀菌剂，并且几乎无毒，使用后即使不去除，也无残余毒性，其分解产物是醋酸、过氧化氢、水和氧。适用于一些食品包装材料（如超高温灭菌乳、饮料的利乐包等）的灭菌。也适于食品表面的消毒（如水果、蔬菜和鸡蛋），食品加工厂工人的手、地面和墙壁的消毒以及各种塑料、玻璃制品和棉布的消毒。用于手消毒时，只能用低浓度 0.5% 以下的溶液，才不会使皮肤有刺激性和腐蚀性。

二、微生物生长规律

根据对某些单细胞微生物在封闭式容器中进行分批（纯）培养的研究，发现在适宜条件下，不同微生物细胞的生长繁殖有严格的规律性。单细胞微生物，如细菌、酵母菌在液体培养基中，可以均匀分布，每个细胞接触的环境条件相同，都有充分的营养物质，故每个细胞都迅速生长繁殖。霉菌多数是多细胞微生物，菌体呈丝状，在液体培养基中生长繁殖的情况与单细胞微生物不一样。如果采取摇床培养，则霉菌在液体培养基中的生长繁殖情况近似于单细胞微生物，因液体被搅动，菌丝处于分布比较均匀的状态，而且菌丝在生长繁殖过程中不会像在固体培养基上生长那样有分化现象，孢子产生也较少。

将少量同步生长的单细胞微生物纯菌种接种到恒定容积的新鲜液体培养基中，在最适条件下培养，培养过程中定时测定细胞数量，以细胞数目的对数为纵坐标，时间为横坐标，可以画出一条有规律的曲线，这就是微生物的生长曲线。生长曲线严格来说应该称为群体生长繁殖曲线，因为其是体现单细胞微生物（如细菌），在新的适宜环境中生长繁殖至衰老死亡的动态变化规律。根据细菌生长繁殖速度的不同可将其分为 4 个时期，见图 2-5。

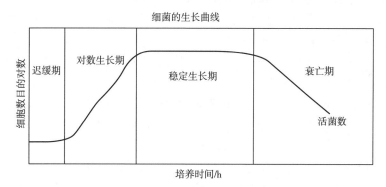

图 2-5　细菌的群体生长曲线

微生物生长曲线的出现是需要前提条件的，其条件为：① 只能用同一种细菌的子细胞群体的变化规律表达微生物的生长，若接种多种细菌则会发生种间竞争而不能测定一种微生物的生长规律。② 用液体培养基才能更方便地通过样品推测细菌总数。③ 培养基的容积恒定才能反映出微生物生长规律与环境的关系。④ 在接种时要保证一定的接种量，才能缩短调整期。

根据微生物群体生长曲线可以看出微生物群体生长经历 4 个不同阶段，每个阶段具体特点如下。

1. 迟缓期（适应期、延滞期）

迟缓期是指微生物接种到新的培养基中，几乎不繁殖，生长速率常数为零，需要经一段时间自身调整，诱导合成必要的酶、辅酶或合成某些中间代谢物的时期。此时细胞质量增加，体积增大，不分裂繁殖，细胞长轴伸长（如巨大芽孢杆菌的长度由 $3.4\mu m$ 增长到 $9.1\sim19.8\mu m$），细胞质均匀，DNA 含量高。细胞内 RNA 尤其是 rRNA 含量增高，原生质体嗜碱性。对外界不良条件的反应敏感。

（1）影响迟缓期长短的因素

① 菌种：繁殖速度较快的菌种迟缓期一般较短。

② 接种物菌龄：用对数生长期的菌种接种时，其迟缓期较短，甚至检查不到迟缓期。

③ 接种量：一般来说，接种量增大可缩短甚至消除迟缓期（发酵工业上一般采用 1/10 的接种量）。

④ 培养基成分：在营养成分丰富的天然培养基上生长的迟缓期比在合成培养基上时间短。

⑤ 接种后培养基成分有较大变化时，会使迟缓期加长，所以发酵工业上尽量使发酵培养基的成分与种子培养基接近。

（2）在发酵工业中，为提高生产效率，除选择合适的菌种外，常要采取措施缩短迟缓期，其主要方法有：

① 以对数期的种子接种：因为对数期的菌种生长代谢旺盛，繁殖力强，则子代培养期的迟缓期缩短。

② 适当增加接种量：生产上接种量的多少是影响迟缓期的一个重要因素。接种量大，迟缓期短，反之则长。一般采用 3%～8%，根据不同的微生物及生产具体情况而定接种量，一般不超过 1/10 接种量。

③ 培养基成分：在发酵生产中，常采用发酵培养基的成分与种子培养基的成分相近。因为微生物生长在营养丰富的天然培养基中要比生长在营养单调的合成培养基中迟缓期短。

迟缓期出现的原因可能是菌种刚被接种到新鲜培养基中，一时还缺乏分解或催化有关底物的酶，或是缺乏充足的中间代谢物，为产生诱导酶合成有关的中间代谢物，就需要有一适应过程，于是就出现了生长的延滞。

2. 对数生长期（指数生长期）

对数生长期是指在生长曲线中，紧接着迟缓期后的一段时间。此时的菌体对新的环境适应后，细胞代谢活性最强，生长旺盛，分裂速度按几何级别增长，群体形态与生理特征最一致，抵抗不良环境的能力最强。其生长曲线表现为一条上升的直线。

在对数生长期，每一种微生物的世代时间（细胞每分裂一次所需要的时间）是一定的，这是微生物菌种的一种重要特征。以分裂繁殖时间 t 除以分裂增殖代数（n），即可求出每增一代所需的时间（G），见下式。

$$G = \frac{t_2 - t_1}{3.322 \ (\lg x_2 - \lg x_1)}$$

设对数期开始时间为 t_1，活菌数为 x_1，经培养时间 t_2 后，活菌数为 x_2，则 $x_2 = 2^n x_1$，两边取对数得：

$$\lg x_2 = \lg x_1 + n \lg 2$$
$$\lg 2 = 0.3010$$

由于处于指数期的微生物，个体形态、化学组成和生理特性等都比较一致，且菌种比较健壮，是研究微生物的良好材料，也是发酵业的优良菌种，是生产上用于接种的最佳菌龄；也是生理代谢及遗传研究或进行染色、形态观察等的良好材料。在指数期进行接种，不仅迟缓期可以缩短，并可以在短时间内获得大量微生物菌体，以缩短发酵周期，有利于提高生产效率。发酵工业上通过添加营养成分的方式尽量延长该时期，以达到较高的菌体密度。

影响指数期微生物增代时间的因素：菌种、营养成分、培养温度等。

（1）菌株　不同微生物代时差别大，即使是同一菌种，由于培养成分和物理条件（如培养温度、培养基 pH 和营养物质的性质）的不同，其对数期的代时也不同。但是，在一定的条件下，各菌种的代时是相对稳定的，多数为 20~30min，有的长达 33h，快的只有 9.8min 左右。

（2）营养成分　同种微生物，在营养丰富的培养基中生长，其代时就短，反之则长。

（3）培养温度　温度是影响微生物生长速率的重要因素。在微生物最适生长温度范围内，代时就短。

3. 稳定期

在一定容量的培养基中，单细胞微生物不可能总是以指数期高速度无限生长。这是因为在指数期间活跃的生长繁殖使得营养物质明显消耗、有毒有害的次级代谢产物明显积累以及其他环境条件的改变（如 pH、氧化还原电位、酶活性等），导致对细菌生长不利。所以，进入指数末期，细菌生长速度逐渐下降，死亡率提高，致使总菌数趋向于平衡，此阶段称为稳定期。大部分芽孢细菌在稳定期形成芽孢。进入稳定期的细菌，活细菌数已达到高峰，但总菌数不再增加。若要收集菌体，应在稳定期及时采收。稳定期也是发酵过程积累次级代谢产物的主要阶段，例如，抗菌素的大量形成也在这一阶段。因此，稳定期的微生物数量达到最高水平，也是产物积累的最高峰。

稳定期的长短与菌体和环境条件有关。影响稳定期长短的因素主要有：营养物尤其是生长限制因子的耗尽；营养物的比例失调，如碳氮比不合适；有害代谢废物的积累（酸、醇、毒素等）；物化条件（pH、氧化还原电势等）不合适。生产上，常采取流加补料、调节 pH、调节温度等措施以达到稳定期的延长，积累较多的代谢产物。最常用的延长稳定期的生产方式称为连续培养，见图 2-6。

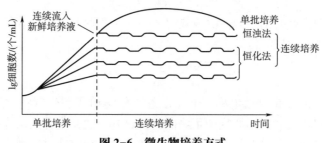

图 2-6 微生物培养方式

掌握微生物的生长规律，增大接种量可以缩短稳定期，这是因为稳定期的长短与菌种、培养条件等因素有关，增大接种量可以缩短稳定期，实际上利用了生物的一种群体效应，也就是通过种内的相互关系（如种内互助），使之更快地适应新环境，从而缩短稳定期。如引进一种动物到新环境，如果引入少数个别的动物，那么就需要更长的适应时间甚至有可能无法生存，但如果引进的是一个种群，那么就会大大缩短适应的时间。另外，生物的生命活动也会影响环境，如果生物的数量多些，对环境的影响更大些，会使环境变得更适合生物生存，从而缩短稳定期。

另外，最重要的一点是，利用微生物的生长曲线，掌握微生物的生长规律，可以实现微生物的连续培养，进而实现工厂的连续化生产，其过程及实质就是在一个流动装置中，以恒定速度不断添加新的培养基，同时以同样速度不断放出旧的培养基，以保证微生物对营养物质的需要，并排出部分有害代谢物，使微生物保持较长时间的高速生长。实质是人为延长微生物生长的稳定期，连续培养如用于生产实践上，称为连续发酵（图 2-7）。

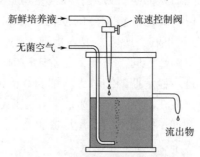

图 2-7 微生物的连续培养装置

连续发酵与单批发酵相比有许多优点。

（1）高效 简化了装料、灭菌、出料、清洗发酵罐等许多单元操作，从而减少了非生产时间和提高了设备的利用率。

（2）自控 便于利用各种仪表进行自动控制。

（3）产品质量较稳定。

（4）节约了大量动力、人力、水和水蒸气，且使水、汽、电的负荷均匀合理。

连续培养或连续发酵，菌种易于退化，易遭杂菌污染。因此，所谓"连续"是有时间限制的，一般可达数月至一、二年。此外，在连续培养中，营养物的利用率一般低于单批培养。

在生产实践上，连续培养技术已广泛应用于酵母菌体的生产，乙醇、乳酸和丙酮、丁醇等发酵，以及用假丝酵母进行石油脱蜡或污水处理中。国外还把微生物连续培养的原理扩大运用于提高浮游生物的产量，并收到了良好的效果，日产量可比原有方法提高1倍。

目前，最常用的连续培养是恒浊培养与恒化培养，见表2-8，其主要装置包括培养室、培养基容器以及自动调节流速的控制系统。必要时还可安装通气和搅拌设备。国内外有丙酮和丁醇连续发酵、酒精连续发酵等。由于连续发酵技术具有设备利用率高、操作简便、易于自动控制、发酵完全和原料利用率高等优点，所以在发酵工程中将会得到更为广泛的应用。

表2-8 恒浊培养与恒化培养的区别

装置	控制对象	培养基	培养基流速	生长速率	产物	应用范围
恒浊器	菌体密度（内控制）	无限制生长因子	不恒定	最高	大量菌体或与菌体生长相平行的某些代谢产物	生产为主
恒化器	培养基流速（外控制）	有限制生长因子	恒定	低于最高	不同生长速率的菌体	实验室为主

4. 衰亡期

稳定期后再继续培养，由于营养物质耗尽、有毒代谢产物大量积累、杂菌污染导致细菌死亡率逐渐增高，以致死亡数超过新生数，活菌总数明显下降，此阶段称为衰亡期。其中有一阶段，活菌数以几何级数下降，称为对数衰亡期。进入这阶段后，菌体常出现多形态，即各种衰亡型细胞。细胞死亡常伴有自溶现象，见表2-9。

表 2-9　微生物典型生长规律各阶段特征

比较项目 \ 生长曲线	迟缓期	对数期	稳定期	衰亡期
生长量	不分裂	繁殖速率>死亡速率	繁殖速率≈死亡速率	繁殖速率<死亡速率
活菌体数量	基本不变	呈 2^n 增长	活菌数量最多，新增殖的细胞数接近老细胞死亡数	活菌数量急降
成因	刚接到培养基，适应调整	条件适宜	营养大量消耗，代谢产物积累，pH 改变	生存条件急剧恶化
菌体及代谢特点	代谢活跃，体积增长快，大量合成初级代谢产物	个体形态、生理特征稳定	出现芽孢，生产次级代谢产物	细胞出现多种形态、细胞自溶释放代谢产物
应用	—	选育菌种	用连续培养法，延长稳定期	—

三、控制微生物生长繁殖常用技术

（一）物理因素对微生物生长的控制

加热的温度越高，微生物的抗热能力越弱，越容易死亡，加热的时间越长，热致死作用越大。在一定高温范围内，温度越高杀死微生物所需时间越短。食品加工过程中常常利用加热进行消毒和灭菌。

1. 高温灭菌

果酒类生产中常用的灭菌方法较多，大的分类为干热灭菌法和湿热灭菌法，湿热灭菌法主要是通过热蒸汽杀死微生物，由于热蒸汽的穿透力较热空气强，故无论是对有芽孢杆菌或无芽孢杆菌在同一温度下效果都比干热法好。

（1）干热灭菌法

① 火焰灭菌法：特点是灭菌快速、彻底。常用于接种工具等污染物品的灭菌，如微生物接种时使用的接种环，但使用范围有限。

② 热空气灭菌法：主要在干燥箱中利用热空气进行灭菌，通常 160℃ 处理 2h 即可达到灭菌的目的，适用于玻璃器皿、金属用具等耐热物品的灭菌。

（2）湿热灭菌法

① 煮沸消毒法：物品在 100℃ 水中煮沸 15min 以上，可杀死细菌的营养细

胞和部分芽孢，如在水中加入 1% 碳酸钠或 2% ~ 5% 苯酚，则效果更好。用这种方法适用于注射器、解剖用具等的消毒。

② 巴氏灭菌：灭菌的温度一般在 60 ~ 85℃，处理 15 ~ 30min，可以杀死微生物的营养细胞，但不能达到完全灭菌的目的，用于不适合高温灭菌的食品，如牛乳、酱腌菜类、果汁、啤酒和果酒等，其主要目的是杀死其中无芽孢的病原菌，而又不影响食品的风味。

③ 超高温瞬时灭菌法：灭菌温度在 135 ~ 137℃，时间 3 ~ 5s，可杀死微生物的营养细胞和耐热性强的细菌芽孢，但污染严重的酸乳需要在 142℃ 以上，才有较好的杀菌效果。超高温瞬时灭菌法现广泛用于各种果汁、花生乳、酱油等液态原料的杀菌。

④ 高压蒸汽灭菌法：高压蒸汽灭菌法是实验室和罐头工业中常用的灭菌方法。高压蒸汽灭菌是在高压蒸汽锅内进行的，锅有立式和卧式两种，原理相同，锅内蒸汽压力升高时，温度升高。一般采用 0.2MPa 的压力、100 ~ 121.1℃ 处理 15 ~ 30min，也有采用较低温度（115℃）下维持 30min 左右，均可达到杀菌目的。罐头工业中要根据食品的种类和杀菌的对象、罐装量的多少等决定杀菌方式。实验室常用于培养基、各种缓冲液、玻璃器皿及工作服等的灭菌。

⑤ 间歇灭菌法：间歇灭菌法是用流通蒸汽反复灭菌的方法，常常温度不超过 100℃，每日 1 次，加热时间为 30min，连续 3 次灭菌，杀死微生物的营养细胞。每次灭菌后，将灭菌的物品在 28 ~ 37℃ 培养，促使芽孢发育成为繁殖体，以便在连续灭菌中将其杀死。

2. 辐射

利用辐射进行灭菌消毒，可以避免高温灭菌或化学药剂消毒的缺点，所以应用越来越广，目前主要应用在以下几个方面。

（1）接种室、手术室和酒类包装室应用紫外线杀菌。

（2）应用 β 射线为食品表面杀菌，γ 射线用于食品内部杀菌。经辐射后的食品，因大量微生物被杀灭，再用冷冻保藏，可使保存时间得到延长。

3. 过滤

采用机械方法，设计一种滤孔比细菌还小的筛子，做成各种过滤器。通过过滤，只让液体培养基从筛子中流下，而把各种微生物菌体留在筛子上面，从而达到除菌的目的。这种灭菌方法适用于一些不稳定的体积小的液体培养基的灭菌以及气体的灭菌。它的最大优点是不破坏培养基中各种物质的化学成分，但是比细菌还小的病毒仍然能留在液体培养基内，有时会给实验带来一定的麻烦。

（二）常用控菌的化学方法

一般化学药剂无法杀死所有的微生物，而只能杀死其中的病原体微生物，所以是起消毒剂的作用，而不是灭菌剂。

消毒剂是能迅速杀灭病原微生物的药物。防腐剂能抑制或阻止微生物生长繁殖。一种化学药物是杀菌剂还是抑菌剂，常不易严格区分。消毒剂在低浓度时也能杀菌（如1:1000硫柳汞）。由于消毒防腐剂没有选择性，因此对一切活细胞都有毒性，不仅能杀死或抑制病原微生物，而且对人体组织细胞也有损伤作用，所以只能用于体表、器械、排泄物和周围环境的消毒。常用的化学消毒剂有苯酚、来苏水（甲醛溶液）、氯化汞、碘酒、酒精等。

技能训练九　恒温培养箱的使用

一、实验目的

掌握电热恒温培养箱的使用。

二、实验原理

电热恒温培养箱是医疗卫生、医药工业、生物化学和农业科学等科研和工业生产部门用于培养细菌、发酵及恒温试验的一种恒温培养箱。下面以 HH-B11 型电热恒温培养箱进行介绍（图1）。

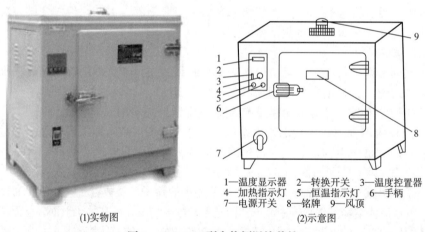

1—温度显示器　2—转换开关　3—温度控置器
4—加热指示灯　5—恒温指示灯　6—手柄
7—电源开关　8—铭牌　9—风顶
(1)实物图　　　　　(2)示意图

图1　HH-B11 型电热恒温培养箱

三、操作方法

1. 当试验物品放入培养箱后，将玻璃门与外门关上，并将箱顶上封顶活门适当旋开。

2. 将温度调节器旋钮旋至所需温度。

3. 接通电源，开启电源开关，白色指示灯亮，表示电源已接通，加热器工作；

红色指示灯亮，表示已达到控制温度，加热器断电。将调节器反复调整至红白灯自动断熄点，即能自动控制所需温度。箱内温度应按照温度计所指示为准。

4. 旋开箱顶排气阀，一般约10，若需较大换气量，可调大。

5. 合上空气开关，将"电源"开关接通，此时电机旋转，数显仪表应显示数字，接着进行温度设定。其方法如下：按下TS数显仪表"下限"键（绿色），此时数字显示为控制温度设定，然后旋动"下限"设定电位器（顺时针方向为增大，逆时针方向为减小），当设定值达到需要的温度便停止旋动，随即松开按键，再按下"上限"（红色）按键，此时数字显示为："超保"温度设定值，旋动"上限"。设定电位器达到"超保"（一般比控制温度高3~5℃为宜），即松开按键，到此温度设定结束。接着按标志为"通"的绿色按键开关，干燥箱开始加热，并进行自动控制。使用中，若工作温度较高，将"功率选择"开关置于Ⅱ挡位置，较低置Ⅰ挡即可。箱内温度达到恒温后，"功率选择"一般置于Ⅰ挡，此时"恒温指示灯交替明亮"。

6. 欲观察工作室情况，可开启箱门，从箱内玻璃门观察，但箱门以不常开为宜，以免影响恒温。当温度接近300℃时，突然开启箱门，可能会使玻璃门急骤冷却而碎裂，故此时需小心，应缓缓开启箱门。

四、注意事项和维修护理

1. 此箱工作电压为220V、50Hz，使用前必须注意所用电源电压是否相符，必须将电源插座接地极按规定进行有效接地。

2. 在通电使用时，切记用手触及箱左侧空间的电器部分或用湿布揩抹及用水冲洗。

3. 电源线不可缠绕在金属物上，不可放置在高温或潮湿的地方，防止橡胶老化以致漏电。

4. 试验物进行试验时应将风顶活门适当旋开，以利于调节箱内温度。

5. 应定期检查温度调节电器的银触头是否"发毛"或不平，如有，可用细砂布将触头砂平后再使用，并应经常用清洁布擦净，使之接触良好（注意必须切断电源）。

6. 每次使用完毕后，应将电源全部切断，经常保持箱内外清洁。

技能训练十　酵母菌的培养

一、实验目的

1. 学会选择酵母菌土壤中的采样点并合理取样。

2. 掌握 PDA 培养基的配制方法。

3. 学习分离纯化酵母菌的基本操作技术，掌握微生物培养方法以及接种技术。

4. 学会使用高压蒸汽灭菌锅、显微成像系统等实验仪器。

5. 培养并学习微生物实验的一般思维及方法。

6. 了解酵母菌的生长特性、种类。

7. 观察并对比土壤、水果及酒曲中酵母菌的形态及种类。

二、实验原理

酵母菌是单细胞真核微生物。酵母菌细胞的形态通常有球形、卵圆形、腊肠形、椭圆形、柠檬形或藕节形等。比细菌的单细胞个体要大得多，一般为 $1\sim5\mu m$、$5\sim30\mu m$。酵母菌无鞭毛，不能游动。

酵母菌在自然界分布广泛，目前已知有 1000 多种酵母，根据酵母菌产生孢子（子囊孢子和担孢子）的能力，可将酵母分成 3 类：形成孢子的株系属于子囊菌和担子菌；不形成孢子但主要通过芽殖来繁殖的称为不完全真菌，或者称为"假酵母"。目前已知大部分酵母被分类到子囊菌门。

大多数酵母菌为腐生，其最适 pH 为 4.5~6，常见于含糖分较高的环境，如果园土、菜地土及果皮等植物表面。酵母菌生长迅速，易于分离培养，在液体培养基中，酵母菌比霉菌生长快。

利用酵母菌喜欢酸性环境的特点，常用酸性液体培养基获得酵母菌的培养液（可抑制细菌生长），然后在固体培养基上划线分离。

三、实验器材

1. 培养基配方

PDA 培养基：马铃薯（去皮）100g，蔗糖与葡萄糖分别 10g，水 500g，琼脂 10g。

PDA 乳酸液态培养基：马铃薯（去皮）40g，蔗糖与葡萄糖分别 4g，水 200g，乳酸 1mL。

2. 仪器及其他用品

小铲，500mL 三角锥形瓶，500mL 及 300mL 烧杯，药勺，无菌培养皿，盛有 9mL 无菌水试管 8 支，无菌玻璃珠，接种环，酒精灯，称量纸，高压蒸汽灭菌器，超净工作台，移液器，分析天平，恒温培养箱，微波炉显微成像系统。

四、培养基制作方法

1. PDA 培养基的制作

马铃薯去皮，切成小块状，称量 100g，放入 500mL 的水中用电热炉加热，玻璃棒搅拌，以免糊底，煮沸至马铃薯成糊状便停止加热。再用双层纱布放在大烧杯上，左手握住，右手戴上手套把马铃薯慢慢倾倒在纱布上，倒完便把纱布与滤渣拿起来，把剩余的汁挤压出来。用水补充至500mL，加10g葡萄糖及10g琼脂，搅匀后用报纸折成小方块放在瓶口上，用手沿瓶口形状往下按并用橡皮绳扎紧，放于高压蒸汽灭菌炉中，用121℃灭菌15min。待其冷却至45℃左右便在无菌条件下倒在灭菌的培养皿上，待其冷却凝结后便倒置放进培养箱中备用。

2. 乳酸PDA培养液

制法同上，但不加琼脂而加1mL乳酸。

五、实验操作

整体流程见图1。

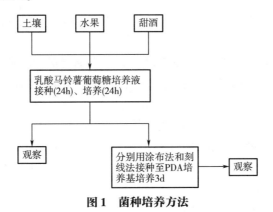

图1 菌种培养方法

1. 样品收集

（1）土壤样本 在花圃里找开花较多的花丛，离地面5~10cm取一小块土壤。

（2）水果样本 一小块腐烂水果，一小块新鲜水果。

（3）酒样本 甜酒带酒糟。

2. 制作乳酸PDA培养液

制备培养液200mL，并分装到8支试管（4支，25mL/支，标记为A；4支，24mL/支，标记为B）。

3. 培养纯化

（1）接种（第1天） 分别取适量样品直接加入乳酸马铃薯葡萄糖培养液管（A）中，分别标记为土、坏果、好果、酒，置30℃恒温培养箱，培养24h。

（2）富集（第2天） 用无菌吸管吸取上述培养后培养液1mL，注入另一管（B）乳酸马铃薯葡萄糖培养液中，做好标记，置30℃恒温培养箱再培养24h。

（3）培养（第3天）

① 稀释样本：用1mL无菌吸管分别吸取1mL样品液（B）注入盛有9mL无菌水的试管中，吹吸3次，使充分混匀，然后再用一支1mL无菌吸管从此试管中吸取1mL注入另一盛有9mL无菌水的试管中，制成10^{-1}、10^{-2}稀释度的样品溶液。

② 制作PDA培养基500mL，并分装28个，每项样品占7个培养基，标记B管样品液为1，各稀释度分别为10^{-1}、10^{-2}。各稀释度标记两个培养基（①②），共用24个，如：土10^{-1}①，土10^{-1}②。剩下4个培养基分别标记为土、坏果、好果、酒。

③ 取样培养

a. 用干净的棉签取各稀释度液（包括B管样品），直接划线于对应稀释度的平板（标记为①的平板）。

b. 用1mL移液器分别由各稀释液（包括B管样品）中吸取0.2mL对号放入已写好稀释度的平板（标记为②的平板）中，各加入几个已灭菌的玻璃珠，轻轻晃动，涂布均匀，然后将玻璃珠取出。

c. 用同上方法取A管中样品液（接种液，已培养2d）分别涂布于标记为土、坏果、好果、酒的培养基中。

d. 将所有平板（共28个）倒置于30℃恒温培养箱中培养3d。

4. 观察（第6天）

（1）观察菌落的形态，颜色。

（2）在干净的载玻片上滴加一小滴无菌水，用灼烧过的接种环挑取菌种涂匀在载玻片上，盖上盖玻片，置于显微镜下观察。

技能训练十一　细菌的培养

一、实验目的

掌握在各种培养基上的接种方法并观察生长现象。

二、实验材料

菌种，普通琼脂平板，肉汤培养基，半固体培养基，斜面培养基，接种环，接种针，酒精灯。

三、实验内容

1. 平板划线接种法（分离培养法）

（1）原理　通过在平板上划线，将混杂的细菌在琼脂平板表面充分分散开，使单个细菌能固定在一点上生长繁殖，形成单个菌落，以达到分离获得纯种的目的。若需从平板上获取纯种，则挑取单个菌落做纯培养。

（2）用途　分离出纯种细菌，做纯培养。

（3）操作方法（三区划线法）

① 右手拿接种环，烧灼冷却后，取菌液一环。

② 左手抓握琼脂平板，在酒精灯火焰左前上方，使平板面向火焰，以免空中杂菌落入，右手将已沾菌的接种环在琼脂表面密集而不重叠地来回划线，面积占整个平板的 1/6~1/5，此为第一区。划线时接种环与琼脂呈 30°~40°，轻轻接触，利用腕力滑动，切忌划破琼脂（图1，图2）。

图1　划线接种手法

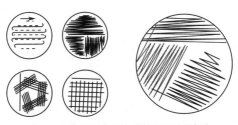

图2　固体平板培养基的各种划线法

③ 接种环上多余的细菌可烧灼（每划完一个区域是否需要烧灼灭菌，视标本中含菌量多少而定），待冷后，在划线末端重复 2~3 根线后，再划下一区域（约占 1/4 面积），此为第二区。

④ 第二区划完后可不烧灼接种环，用同样方法划第三区，划满整个平皿（图3）。

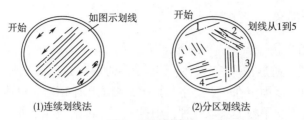

(1)连续划线法　　　　　　　　(2)分区划线法

图3　不同划线法

⑤ 划线完毕，将平板扣入皿盖并做好标记，置37℃温箱孵育18~24h，观察琼脂表面菌落分布情况，注意是否分离出单个菌落，并记录菌落特征（如大小、形状、透明度、色素等）。

2. 斜面培养基接种法

（1）用途　常用于扩大纯种细菌及实验室保存菌种。

（2）操作

① 以无菌操作法用接种环挑取单个菌落，自斜面底向上划一直线，然后再从底向上轻轻来蜿蜒划线。

② 左手平托两支试管，拇指压住两支试管。外侧是菌种试管，内侧是待接种的空白斜面（两支试管的斜面同时向上）。右手将棉塞旋松，以便在接种时容易拔出。

③ 右手拿接种环，在火焰上先将环端烧红灭菌，然后将有可能伸入试管的其余部位也过火灭菌。

④ 将两支试管的上端并齐，靠近火焰，用右手小指、无名指和手掌将两支试管的棉塞一并夹住拔出，棉塞仍夹在手中，然后让试管口缓缓过火焰（图4）。

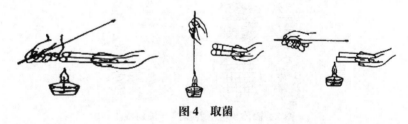

图4　取菌

⑤ 将已灼烧过的接种环伸入菌种试管内，先冷却，而后再用环挑取少许菌种，将接种环抽出并迅速伸入待接种试管底部，在斜面上由底部向上划线。抽出接种环，塞上棉塞将试管插在试管架上，最后再次烧红接种环，则接种完毕（图5）。

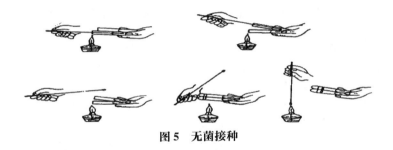

图5　无菌接种

⑥ 置37℃温箱孵育18~24h，取出观察斜面上菌落生长情况。

3. 液体培养基接种法

（1）用途　凡肉汤、蛋白胨水、各种单糖为培养物时发酵均用此法接种，可以观察细菌不同的生长性状、生化特性以供鉴别之用。

（2）操作方法

① 右手执笔式握住接种环，灭菌冷却后取单个菌落。

② 左手拇指、食指、中指托住液体培养基的下端，右手小指和无名指（或手掌）拔取试管塞，将管口移至火焰上旋转烧灼。

③ 将沾菌的接种环移入培养基管中，在液体偏少侧接近液面的管壁上轻轻研磨，沾取少许液体与之调和，使菌液混合于培养基中。

④ 管口通过火焰，塞好试管塞，将接种环灭菌后放下，试管经37℃温箱孵育18~24h，取出观察生长情况。

4. 半固体穿刺接种法

（1）用途　观察细菌动力，保存菌种。

（2）操作

① 以无菌操作用接种针挑取单个菌落，接种针经火焰灭菌后，挑取少量菌种，垂直地穿入试管固体培养基中心至底部，然后沿穿刺线缓慢将针抽出，塞上棉塞。

② 管口通过火焰，塞上棉塞，接种针灭菌后放下。试管置37℃温箱孵育18~24h，取出后对光观察穿刺线上细菌生长情况，包括细菌有无向周围扩散生长，穿刺线是否清晰等。

技能训练十二　霉菌的培养

一、实验目的

1. 学习并掌握观察霉菌形态的基本方法。

2. 了解 4 类霉菌（根霉、毛霉、黑曲霉、青霉）的基本形态。

二、实验原理

霉菌菌丝体由基内菌丝、气生菌丝和繁殖菌丝组成，其菌丝比细菌及放线菌粗几倍到几十倍。可以采取直接制片和透明胶带法观察，也可以采取载玻片培养观察法，通过无菌操作将薄层培养基琼脂置于载玻片上，接种后盖上盖玻片培养，使菌丝体在盖玻片和载玻片之间的培养基中生长，将培养物直接置于显微镜下可观察到霉菌自然生长状态并可连续观察不同发育期的菌体结构特征变化。对霉菌可利用乳酸苯酚棉蓝染液进行染色，盖上盖玻片后制成霉菌制片镜检。苯酚可以杀死菌体及孢子并可防腐，乳酸可保持菌体不变形，棉蓝使菌体着色。同时，这种霉菌制片不易干燥，能防止孢子飞散，用树胶封固后可制成永久标本长期保存。

三、实验器材

1. 菌种

根霉（*Rhizopus*），毛霉（*Mucor*），黑曲霉（*Aspergillus niger*），青霉（*Penicillium*）。

2. 试剂

马铃薯 20g，葡萄糖 2g，琼脂 2g，水 100mL，20% 甘油（可选）等。

3. 仪器

分析天平、玻璃棒、三角瓶、小烧杯、加热器、漏斗、纱布、培养皿、载玻片、盖玻片、U 形玻璃棒、解剖刀、镊子、接种环、移液管、酒精灯、显微镜等。

四、实验内容

1. 配制马铃薯葡萄糖培养基

配制 200mL 马铃薯葡萄糖培养基（PDA），其成分配比及配制方法见附录一。灭菌后无菌操作，取培养基分别倒少量于灭菌培养皿中，使之凝固成薄层，再将这一层培养基用解剖刀切割为若干 1cm² 左右的琼脂块。

2. 制作小室及接种培养

（1）制作　在平皿底部铺一张略小于皿底的圆滤纸片，在其上放一 U 形玻璃棒，在玻璃棒上放上一块载玻片。取方形琼脂块，将其移至载玻片上，载玻片两端各放置一块，见图 1。

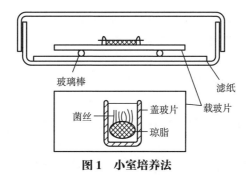

图1　小室培养法

（2）接种　用接种环挑取很少量的菌落接种于琼脂块的边缘，用无菌镊子将盖玻片覆盖在琼脂块上（同一块载玻片上的两块培养基上接种不同菌种）。

（3）培养　无菌操作，在培养小室中滤纸片上滴加 2～3mL 灭菌甘油，盖上皿盖，于 27℃ 恒温箱中正置培养一个星期。

3. 镜检观察

从培养箱中取出载玻片在低倍镜下观察并记录4种霉菌菌丝体及孢子的形态特征，必要时可换高倍镜观察。

4. 注意事项

（1）盖玻片最好分开包，载玻片、盖玻片不要和平皿接触，防止粘在一起。

（2）倒薄片时培养基倒入平皿底部一薄层即可，然后摇动平皿即可使培养基铺满底部。

（3）接种时尽可能将菌种接在琼脂块边缘，避免培养后菌丝过于密集影响观察。

（4）接种时确认有菌接上即可，接菌量不宜过多，会导致菌丝过密难以观察。

思考练习

1. 发酵工程的第一个重要工作是选择优良的单一纯种。消灭杂菌，获得纯种的方法包括（　　）。

A. 根据微生物对碳源需要的差别，使用含不同碳源的培养基

B. 根据微生物缺乏生长因子的种类，在培养基中增减不同的生长因子

C. 根据微生物遗传组成的差异，在培养基中加入不同比例的核酸

D. 根据微生物对抗菌素敏感性的差异，在培养基中加入不同的抗菌素

2. 通过选择培养基可以从混杂的微生物群体中分离出所需的微生物。在缺乏氮源的培养基上大部分微生物无法生长；在培养基中加入青霉素可以抑制

细菌和放线菌；在培养基中加入 10% 酚类物质可以抑制细菌和霉菌。利用上述方法能从混杂的微生物群体中分离出（　　　）。

　　A. 大肠杆菌　　　　　B. 霉菌　　　　　C. 放线菌　　　　　D. 固氮细菌

　　3. 将少量的某种细菌接种到恒定容积的液体培养基中，并置于适宜的条件下培养，定期取样统计细菌的数目。如果以时间为横坐标，以细菌数目的对数为纵坐标作图，可以得到细菌的生长曲线。曲线中，细菌数量变化较大的时期为（　　　）。

　　A. 衰亡期和调整期　　　　　　　　　B. 调整期和稳定期

　　C. 对数期和衰亡期　　　　　　　　　D. 稳定期和对数期

　　4. 自养型微生物所需的碳源和能源为不同的物质，而异养型微生物作为碳源和能源的是（　　　）。

　　A. 含碳有机物　　　　　B. NaHCO$_3$　　　　C. 碳酸盐　　　　　D. CO$_2$

　　5. 噬菌体外壳的合成场所是（　　　）。

　　A. 细菌的核糖体　　　　　　　　　　B. 噬菌体的核糖体

　　C. 噬菌体基质　　　　　　　　　　　D. 细菌的核区

　　6. 对细菌群体生长规律测定正确表述是（　　　）。

　　A. 至少接种一种细菌　　　　　　　　B. 在液体培养基上进行

　　C. 接种一个细菌　　　　　　　　　　D. 及时补充消耗的营养物质

　　7. 控制细菌合成抗生素的基因、控制放线菌主要遗传性状的基因、控制病毒抗原特异性的基因依次位于（　　　）。

　　① 拟核大型环状 DNA 上　　　　　　② 质粒上

　　③ 细胞核染色体上　　　　　　　　　④ 衣壳内核酸上

　　A.①③④　　　　　B.①②④　　　　　C.②①③　　　　　D.②①④

　　8. 谷氨酸是制作味精的主要成分，工业上常利用谷氨酸棒状杆菌等菌种通过发酵法来生产谷氨酸棒状杆菌，合成谷氨酸的途径如图 1 所示。

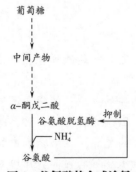

图 1　谷氨酸的合成途径

- - - - - ▶ ——包括多个反应步骤

9. 下列关于谷氨酸生产的说法中，不正确的是（　　）。

A. 生产上可采取一定的手段改变细胞膜的通透性，将谷氨酸迅速排放到细胞外，能提高谷氨酸产量

B. 接种时所采用的菌种是处于稳定期的谷氨酸棒状杆菌

C. 发酵过程中，碳源与氮源的比例控制在 3：1 时有利于谷氨酸的合成

D. 发酵过程中采用的是天然培养基，它的材料来源广泛、成本低，其中生长因子是生物素

10. 豆科植物与根瘤菌的互利共生关系主要体现在（　　）。

A. 豆科植物从根瘤菌获得 NH_3，根瘤菌从豆科植物获得有机物

B. 豆科植物从根瘤菌获得含氮有机物，根瘤菌从豆科植物获得 NH_3

C. 豆科植物从根瘤菌获得 N_2，根瘤菌从豆科植物获得有机物

D. 豆科植物从根瘤菌获得 N_2，根瘤菌从豆科植物获得 NH_3

11. 可作为硝化细菌的碳源、氮源、能量来源的物质是（　　）。

A. 含碳有机物、氨、光　　　　　　　B. 含碳无机物、氨、氮

C. 含碳无机物、氨、氨　　　　　　　D. 含碳有机物、氨、氨

12. 关于微生物酶的叙述中，正确的是（　　）。

A. 组成酶和诱导酶的合成都受微生物细胞内基因的控制

B. 大肠杆菌分解乳糖和葡萄糖的酶都是诱导酶

C. 组成酶的合成会受环境中物质的影响

D. 诱导酶合成后，其活性将保持不变

13. 某同学在做微生物实验时，不小心把圆褐固氮菌与酵母菌混合在一起，请分离得到纯度较高的圆褐固氮菌和酵母菌并设计实验步骤，回答有关问题。

（1）实验材料　无氮培养基、完全培养基、高浓度的食盐水、青霉素等。

（2）实验器材　接种工具、恒温箱等必要器材。

（3）主要步骤

① 准备两种培养基：一种是_____培养基，另一种是_____培养基。每种分别分成两份，依次标上 A、A′和 B、B′，然后灭菌，备用。

② _____。

③ 接种后，放在恒温箱中培养 3~4d。

④ 分别在 A、B 培养基的菌落中挑选生长良好的菌种，接种到 A′、B′培养基中。

⑤ 接种后，把 A′、B′培养基放在恒温箱中培养 3~4d。

（4）回答问题

① 在步骤① 中，灭菌的主要措施是_____。

② 第④ ⑤ 两步骤的目的是_____。

14. 下列所述环境条件下的微生物，能正常生长繁殖的是（　　）。

A. 在缺少生长素的无氮培养基中的圆褐固氮菌

B. 在人体表皮擦伤部位的破伤风杆菌

C. 新配制的植物矿物质营养液中的酵母菌

D. 在灭菌后的动物细胞培养液中的禽流感病毒

15. 化合物 A、磷酸盐、镁盐以及微量元素配制的培养基，成功地筛选到能高效降解化合物 A 的细菌（目的菌）。实验的主要步骤如图 2 所示。请分析回答问题。

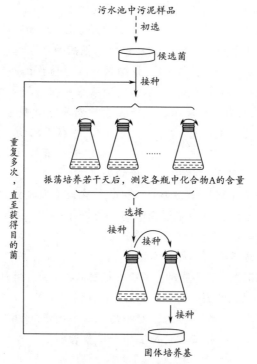

图 2 细菌筛选主要步骤

（1）培养基中加入化合物的目的是筛选＿＿＿＿＿＿＿，这种培养基属于＿＿＿＿＿＿培养基。

（2）"目的菌"生长所需的氮源和碳源是来自培养基中的＿＿＿＿＿，实验需要振荡培养，由此推测"目的菌"的代谢类型是＿＿＿＿＿。

（3）培养若干天后，应选择培养瓶中化合物 A 含量＿＿＿＿＿的培养液，接入新的培养液中连续培养，使"目的菌"的数量＿＿＿＿＿。

（4）转为固体培养时，常采用＿＿＿＿＿的方法接种，获得单菌落后继续筛选。

（5）若研究"目的菌"的生长规律，将单个菌落进行液体培养，可采用

_____的方法进行计数，以时间为横坐标，以_____为纵坐标，绘制生长曲线。

（6）实验结束后，使用过的培养基应该进行_____处理后，才能倒掉。

16. 将酵母分为 a、b、c、d 4 组，用不同的方式培养，其种群增长曲线如图 3 所示，请据图回答下列问题。

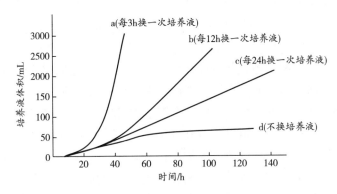

图 3　酵母种群增长曲线

（1）a 呈现_____型增长，该种群的生长在 20h 之前处于_____期，20~40h 处于_____期。

（2）d 呈现_____型增长，在 100~200h，d 的增长率趋于_____。若在现有条件下继续培养，其种群数量趋于_____。（A 增多　B 减少）

（3）随着更换培养液的时间间隔的延长，酵母种群的增长率趋于_____，其可能的限制因素是_____不足和_____的积累。

任务三　微生物的保藏

教学重难点

微生物的衰退与复壮，能对常见微生物进行合理保藏。

相关知识

了解各种菌种的保藏原理及主要菌种保藏机构，掌握菌种保藏中常用方法的操作要点。

一、微生物的衰退与复壮

在生物进化的历史长河中，遗传性的变异是绝对的，而其稳定性却是相对的。在变异中，退化性的变异是大量的，而进化性的变异却是个别的。在自然条件下，个别的适应性变异通过自然选择就可以保存和发展，最后成为进化的方向；在人为条件下，人们也可通过人工选择法去有意识地筛选出个别的正突变体，并用于生产实践中。相反，没有自觉、认真地进行人工选择，大量的自发突变株就会泛滥，最后导致菌种的衰退。在长期接触菌种的实际工作人员中，都有一个深刻的体会，即如果对菌种工作任其自然、放任自流，不搞纯化、复壮和育种，则菌种就会对你进行"惩罚"，反映到生产上就会出现持续的低产、不稳产，这说明菌种的生产性状也是不进则退的。

衰退是指某纯种微生物群体中的个别个体发生自发突变的结果，而使该原有系列生物学性状发生衰退性的量变和质变的现象。具体表现有：① 原有性状变得不典型，例如，苏云金杆菌的芽孢和伴孢晶体变小甚至丧失等。② 生长速度变慢，产生的孢子变少，如细黄链霉菌"5406"在平板培养基上菌苔变薄、生长缓慢，不再产生典型而丰富的橘红色分生孢子层，有时甚至只长些浅绿色的基内菌丝。③ 代谢产物生产能力下降，这种情况极其普遍，例如，藤仓赤霉产赤霉素能力的明显下降等。④ 致病菌对宿主侵染力下降，例如，白僵菌对其宿主的致病力减弱或消失等。⑤ 对外界不良条件包括低温、高温或噬菌体侵染等抵抗能力的下降。

菌种的衰退是发生在微生物细胞群中一个由量变到质变的逐步演化的过程。开始时，在一个大群体中仅有个别细胞发生自发突变（一般均为负突变）这时如不及时发现，并采取有效措施，而依旧移种、传代，则群体中这种负突变个体的比例就逐步增大，最后会发展成为优势群体，从而使整个群体表现出严重衰退。所以，开始时的"纯"菌株，实际上早已包含着一定程度的不纯因素，同样，到了后来，整个群体虽已"衰退"，但也是不纯的，其中仍有少数尚未衰退的个体。

（一）衰退的防止

1. 控制传代次数

尽量避免不必要的移种和传代，并将必要的传代次数降到最低限度，以减少细胞分裂过程中所产生的自发突变概率。为此，任何较重要的菌种，都应采用一套相应的良好菌种保藏方法。

2. 创造良好的培养条件

在实践中，有人发现如果创造适合原种的生长条件，就可在一定程度上防止衰退。例如，在赤霉素生产菌的培养基中，加入糖蜜、天冬酰胺、谷氨酰胺、5′-核苷酸或甘露醇等丰富的营养物质时，有防止衰退的效果；在培养栖土曲霉 3.942 时，发现温度从 28~30℃提高到 33~34℃时，可防止产孢子能力的衰退。

3. 利用不易衰退的细胞传代

在放线菌和霉菌中，由于其菌丝细胞常含几个细胞核，甚至是由异核体组成的，因此若用菌丝接种就易出现变异或衰退，而孢子一般是单核用于接种，就不会发生这类现象。在实践中，若用灭过菌的棉团轻巧地对放线菌进行斜面移种，就可避免菌丝接入。另外，有些霉菌如果用其分生孢子传代易于衰退，而改用其子囊孢子接种，则能避免退化。

4. 采用有效的菌种保藏方法

在用于工业生产的菌种中，重要的性状大多属于数量性状，而这类性状恰恰是最易衰退的。有些如链霉素产生菌（灰色链霉菌）的菌种保藏即使采用干燥或冷冻干燥保藏等较好的方法，还是会出现这类情况。这说明有必要研究和采用更为理想的菌种保藏方法。

（二）菌种的复壮

狭义的复壮仅是一种消极的措施，指的是在菌种已发生衰退的情况下，通过纯种分离和测定典型性状、生产性能等指标，从已衰退的群体中筛选出少数尚未退化的个体以达到恢复原有菌株固有性状的相应措施；而广义的复壮则应是积极的措施，即在菌种典型性特征或生产性状尚未衰退前就经常有意识地采取纯种分离和生产性状的测定工作，从中选择自发的正突变个体。常见复壮方法有以下几种。

1. 纯种分离法

前已述及，在菌种衰退的细胞群中，一般还存在仍保持原有典型性状的个体。通过纯种分离法，设法把这种细胞挑选出来即可达到复壮的效果。纯种分离方法极多，大体可分为两类：一类较粗放，可达到"菌落纯"水平，另一类较精细，可达到"菌株纯"的水平。

2. 在宿主体内复壮

对于因长期在人工培养基上移种传代而衰退的病原菌，可接种到相应的昆虫或动、植物宿主体中，通过这种特殊的活的"选择性培养基"一至多次选择，就可从典型病灶部位分离到恢复原始毒力的复壮菌株。例如，经人工长期培养的苏云金芽孢杆菌（*Bacillus thuringiensis*）会发生毒力减退和杀虫效率降低等现象。这时，就可将已衰退的菌株去感染菜青虫等的幼虫，然后再从最早、最严重罹病的虫体内重新分离出产毒菌株。

3. 淘汰已衰退的个体

研究发现，若对 *S. microflavus* 5406 农用抗生菌的分生孢子采用 $-30 \sim -10 \text{℃}$ 的低温处理 5~7d，使其死亡率达到 80% 左右，结果会在抗低温的存活个体中留下未退化的个体，从而达到了复壮的效果。

二、微生物菌种的保藏技术

菌种是一种极其重要和珍贵的生物资源，菌种保藏是指通过适当方法使微生物能长期存活，并保持原种的生物学性状稳定不变的一类措施。菌种保藏的基本要求是使菌种在一定时间内不死、不变、不乱；菌种保藏的目的主要体现在以下几个方面：① 存活，不丢失，不污染，不发生或少发生变异。② 防止优良性状丧失，保持菌种原有培养特性和生理活性。③ 随时为生产、科研提供优良菌种。

菌种的保藏一般通过菌种保藏机构来实施。菌种保藏机构的任务是在广泛收集实验室和生产用菌种、菌株、病毒毒株（有时还包括活的动、植物细胞株和微生物质粒等）的基础上，将它们长期保藏，使之不死、不衰、不乱，以达到便于研究、交换和使用等目的。为此，在国际上一些较发达的国家都设有若干国家级的菌种保藏机构。例如，中国微生物菌种保藏管理委员会（China Microbial Preservation Management Committee，CCCCM）、中国科学院微生物研究所微生物资源中心（IM-CAS-BRC，2009 年 7 月成立）、中国典型培养物保藏中心（CCTCC）、美国典型菌种保藏中心（ATCC）、美国北部地区研究实验室（NRRL）、荷兰的霉菌中心保藏所（CBS）、英国的国家典型菌种保藏所（NCTC）、俄罗斯科学院微生物生化、生理研究所菌种保藏中心（VKM）以及日本的大阪发酵研究所（IFO）等都是国家的代表性菌种保藏机构。

系统的菌种保藏工作是 19 世纪末和 20 世纪初才开始的，最早为捷克学者 F. Kral 系统收集的菌种；1914 年，Rogers 首创冷冻干燥保藏法；1925 年，美国成立国际著名的 ATCC，当时收藏有 2000 个不同的菌株；1960 年，ATCC 试用液氮法保藏菌种；我国已故微生物学家方心芳院士于 1952 年在北京建立了全国第一个菌种保藏机构——菌种保藏委员会。

用于长期保藏的原始菌种称为保藏菌种或原种。菌种保藏的具体方法很多，原理却大同小异。首先应挑选典型菌种或典型培养物的优良纯种，最好保藏它们的分生孢子、芽孢等休眠体；其次，还要创造一个有利于它们长期休眠的良好环境条件，诸如干燥、低温、缺氧、避光、缺乏营养以及添加保护剂或酸度中和剂等。干燥和低温是菌种保藏中的最重要的因素。据实验，微生物生长温度的低限约在 -30℃，而酶促反应低限在 -140℃。因此，低温必须与干燥结合，才具有良好的保藏效果。细胞大小和细胞壁的有无对低温的反应不同，一般体积越大越敏感，无壁者比有壁者敏感，这是因为细胞水分在低温下会形成破坏细胞结构的冰晶。速冻可减少冰晶的产生，菌种冷冻保藏前后的降温与升温对不同生物影响不同，操作前应予以注意。在实践中，发现在相当大的范围内，较低的温度更有利，诸如液氮（-196℃）比干冰（-70℃）好，-70℃比-20℃好，或0℃比4℃更好。冷冻时的介质对细胞关系极大，例如0.5mol/L左右的甘油或二甲亚砜可透入细胞，并通过强烈的脱水作用而保护细胞；海藻糖、脱脂牛奶、血清白蛋白、糊精或聚乙烯吡咯烷酮等均可通过与细胞表面结合的方式防止细胞膜冻伤。

一种良好的菌种保藏方法，首先应保持原菌种优良性状长期稳定，同时还应考虑方法的通用性、操作的简便性和设备的普及性。具体的方法很多，现把多种方法按类别排列后做一个综合性解说。

现把微生物实验室和生产实践中最常用的7种菌种保藏方法列于表2-10中。

表2-10 7种常用菌种保藏方法比较

方法	主要措施	适宜菌种	保藏期	评价
冰箱保藏法（斜面）	低温（4℃）	各大类	1~6个月	简便
冰箱保藏法（半固体）	低温（4℃），避氧	细菌，酵母菌	6~12个月	简便
石蜡油封藏法*	低温（4℃），阻氧	各大类**	1~2年	简便
甘油悬液保藏法	低温（-70℃），保护剂（15%~50%）	细菌，酵母菌	约10年	较简便
砂土保藏法	干燥，无营养	产孢子的微生物	1~10年	简便有效
冷冻干燥保藏法	干燥、低温、无氧，有保护剂	各大类	5~15年	烦琐高效
液氮超低温保藏法	超低温（-196℃），有保护剂	各大类	>15年	烦琐高效

注：*用斜面和半固体穿刺培养即可，一般置4℃以下；**对石油发酵微生物不适宜。

（一）各大菌种保藏单位普遍选用的方法

1. 冷冻干燥保藏法

冷冻干燥保藏法是一种有效的菌种保藏方法，它集中了低温、干燥、缺氧和加保护剂等多种有利菌种保藏条件于一身，可达到长期保藏菌种的效果（如20%脱脂牛奶或血清中），菌种制成浓度10^8个/mL0.1mL至灭菌安瓿管中，随后放在干冰（固态CO_2）乙醇溶液（-70℃）中速冻，然后在加有强有力干燥剂（或无水$CaCl_2$）的容器中用真空泵抽1d左右，使溶剂集中升华，最后熔封管口，置4℃左右长期保藏。本法具有适用菌种多、保藏期长和存活率高等优点；缺点是设备较贵，操作较烦琐。

2. 液氮超低温保藏法

液氮超低温保藏法是一种高效的菌种保藏方法，主要操作是把微生物细胞混悬于含保护剂（20%甘油，10%DMSO 等）的液体培养基中（也可把含菌琼脂块直接浸入含保护剂的培养液中），分装入耐低温的安瓿管中，缓慢预冷，然后移至液氮罐中的液相（−196℃）或气相（−156℃）中长期超低温保藏。本法的优点是保藏期长（15 年以上）且适合保藏各类微生物，尤其适于保存难以用冷冻干燥保藏法保藏的微生物，如支原体、衣原体、不产孢子的真菌、微藻和原生动物等；缺点是需要液氮罐等特殊设备，且管理费用高、操作较复杂、发放不便等。

在国际上最有代表性的美国 ATCC 中，近年来仅选择两种最有效的方法保藏所有菌种，这就是冷冻干燥保藏法和液氮保藏法，二者结合既可最大限度地减少不必要的传代次数，又不影响随时分发给全球用户的效果。我国 CCCCM 所属 7 个保藏中心的保藏量目前为亚洲第一，现采用 3 种保藏法（斜面传代法、冷冻干燥保藏法和液氮保藏法）进行保藏。于 2009 年成立的中国科学院微生物研究所微生物资源中心（IM-CAS-BRC），其前身为中国普通微生物菌种保藏管理中心（CMCC），目前保藏有 3900 多种菌种，总数达 3.5 万株。

（二）现有菌种保藏方法

1. 传代培养法

传代培养法使用最早，是将要保藏的菌种通过斜面、穿刺或疱肉培养基（用于厌氧细菌）培养好后，置 4℃存放，定期进行传代培养、再存放。后来发展为在斜面培养物上覆盖一层无菌的液体石蜡，一方面防止因培养基水分蒸发而引起菌种死亡，另一方面石蜡层可将微生物与空气隔离，减弱细胞的代谢作用，达到保藏菌种的目的。不过，这种方法保藏菌种的时间不长，且传代过多易使菌种的主要特性减退，甚至丢失，因此只能作为短期存放菌种使用。

2. 悬液法

悬液法是一种将微生物细胞悬浮于一定的溶液中，包括蒸馏水、蔗糖、葡萄糖等糖液，磷酸缓冲液、食盐水等，有的还使用稀琼脂。悬液法操作简便，效果较好。有些细菌、酵母菌用这种方法能保藏几年甚至近十年的时间。

3. 载体法

载体法是使生长合适的微生物吸附在一定的载体上进行干燥。这种载体来源很广，如土壤、砂土、硅胶、明胶、麸皮、磁珠或滤纸片等。该法操作通常比较简单，普通实验室均可进行。特别是以滤纸片（条）作载体，细胞干燥后，可将含细菌的滤纸片或滤纸条装入无菌的小袋封闭后放在信封中邮寄很方便。

4. 真空干燥法

真空干燥法包括冷冻真空干燥法和 L-干燥法。前者是将要保藏的微生物样品先经低温预冻，然后在低温状态下进行减压干燥，后者则不需要低温预冻样品，只是将样品维持在 10~20℃进行真空干燥。

三、常用的几种保藏方法

1. 斜面法

将菌种转移在适宜的固体斜面培养基上，待其充分生长后，用封口膜或油纸将棉塞部分包扎好（斜面试管用带帽的螺旋式试管为宜，这样培养基不易干，且螺旋帽不易长霉，如用棉塞，要求塞子比较干燥），置4℃冰箱中保藏。

斜面保藏菌种的时间依微生物的种类不同而异。霉菌、放线菌以及形成芽孢的细菌保存 3~5 个月移种一次，普通细菌最好每月移种一次，假细胞菌则需两周传代一次，酵母菌间隔 2 个月。

此法操作简单、使用方便、不需特殊设备，能随时检查所保藏的菌株是否死亡、变异与污染杂菌等。缺点是保藏时间短、应定期传代，且易被污染，菌种的主要特性容易改变。

2. 液体石蜡法

（1）将液体石蜡分装于试管或三角瓶中，塞上棉塞并用牛皮纸包扎，121℃灭菌 30min，然后放在 40℃温箱中使水分蒸发后备用。

（2）将需要保藏的菌种在最适宜的斜面培养基中培养，直到菌体健壮或孢子成熟。

（3）用无菌吸管取适量的无菌液体石蜡，加在已长好菌苔的斜面上，其用量以高出斜面顶端1cm 为准，这样使菌种与空气隔绝。

（4）将试管直立，置低温或室温下保存（有的微生物在室温下比在冰箱中保存的时间还要长）。

此法实用且效果较好。产孢子的霉菌、放线菌、芽孢菌可保藏 2 年以上，有些酵母菌可保藏 1~2 年，一般无芽孢细菌也可保藏 1 年左右，甚至用一般方法很难保藏的脑膜炎球菌，在 37℃温箱内，也可保藏 3 个月之久。此法的优点是制作简单，不用特殊设备，且不用经常移种，缺点是保存时必须直立放置，所占空间较大，同时也不便携带。

3. 穿刺法

该方法操作简便，是短期保藏菌种的一种有效方法。

（1）接种培养（培养试管选用带螺旋帽的短试管或用安瓿管、离心管等）。

（2）将培养好的穿刺管盖紧，外面用封口膜封严，置4℃存放。

（3）取用时将接种环（环的直径尽可能小些）伸入菌种生长处挑取少许细胞，接入适当的培养基中。将穿刺管封严后可保存，以后再用。

4. 砂土管法

（1）河沙处理　取河沙若干加入 10% 盐酸，加热煮沸 30min 除去有机质。倒去盐酸溶液，用自来水冲洗至中性，最后一次用蒸馏水冲洗，烘干后用 40 目筛子过筛，弃去粗颗粒，备用。

（2）土壤处理　取非耕作层不含腐殖质的瘦黄土或红土，加自来水浸泡洗涤数次，直至中性。烘干后碾碎，用 100 目筛子过筛，粗颗粒部分丢掉。

（3）砂土混合　处理妥当的沙与土壤按 3 : 1 的比例掺和（或根据需要而用其他比例，甚至可全部用沙或土）均匀后，装入 10mm×100mm 的小试管或安瓿瓶中，每管分装 1g 左右，塞上棉塞，进行灭菌，最后烘干。

（4）无菌检查　装有 10g 沙土的试管随机抽取一支，将砂土倒入肉汤培养基中，30℃培养 40h，若发现有微生物生长，所有沙土管需重新灭菌，再做无菌试验，直至证明无菌后方可使用，具体步骤如下。

① 菌悬液的制备：取生长健壮的新鲜斜面菌种，加入 2~3mL 无菌水，用接种环轻轻地将菌苔洗下，制成菌悬液。

② 样品分装：每支沙土管加入 0.5mL 菌悬液，用接种针拌匀。

③ 干燥：将装有菌悬液的沙土管放入干燥器内，用真空泵抽完水分后火焰封口（棉塞或者橡皮塞塞住试管口）。

④ 保存：置 4℃冰箱或室温干燥处，每隔一定时间进行检测。

此法多用于产芽孢的细菌、产孢子的放线菌和霉菌。

技能训练十三　菌种的实验室保藏

一、实验目的和内容

1. 目的

了解并掌握菌种保藏的常用方法及其优缺点。

2. 内容

（1）学习斜面传代保藏方法。

（2）学习液体石蜡保藏方法。

（3）学习沙土管保藏方法。

（4）学习冷冻干燥保藏方法。

二、实验材料和用具

细菌、酵母菌、放线菌和霉菌斜面菌。

牛肉膏蛋白胨斜面培养基（培养细菌），麦芽汁斜面培养基（培养酵母菌），高氏 1 号斜面培养基（培养放线菌），马铃薯蔗糖斜面培养基（培养丝状真菌）。

无菌水、液体石蜡、P_2O_5、脱脂奶粉、10% HCl、干冰、95% 乙醇、食盐、河沙、瘦黄土（有机物含量少的黄土）。

无菌试管、无菌吸管（1mL 及 5mL）、无菌滴管、接种环、40 目及 100 目筛、干燥器、安瓿管、冰箱、冷冻真空干燥装置、酒精喷灯、三角烧瓶（250mL）。

三、操作步骤

下列各方法可根据实验室具体条件与需求选做。

（一）斜面传代保藏法

1. 贴标签

取各种无菌斜面试管数支，将注有菌株名称和接种日期的标签贴上，贴在试管斜面的正上方，距试管口 2~3cm 处。

2. 斜面接种

将待保藏的菌种用接种环以无菌操作法移接至相应的试管斜面上，细菌和酵母菌宜采用对数生长期的细胞，而放线菌和丝状真菌宜采用成熟的孢子。

3. 培养

细菌 37℃ 恒温培养 18~24h，酵母菌于 28~30℃ 培养 36~60h，放线菌和丝状真菌置于 28℃ 培养 4~7d。

4. 保藏

菌种在斜面上长好后，可直接放入 4℃ 冰箱保藏。为防止棉塞受潮长杂菌，管口棉花应用牛皮纸包扎，或换上无菌胶塞，也可用熔化的固体石蜡熔封棉塞或胶塞。

保藏时间依微生物种类而不同，酵母菌、霉菌、放线菌及有芽孢的细菌可保存 2~6 个月，移种一次，不产芽孢的细菌最好每月移种一次。此法的缺点是容易变异，污染杂菌的机会较多。

（二）液体石蜡保藏法

1. 液体石蜡灭菌

在 250mL 三角烧瓶中装入 100mL 液体石蜡，塞上棉塞，并用牛皮纸包扎，121℃ 湿热灭菌 30min，然后于 40℃ 温箱中放置 14d（或置于 105~110℃ 烘箱中 1h），以除去石蜡中的水分，备用。

2. 接种培养

同斜面传代保藏法。

3. 加液体石蜡

用无菌滴管吸取液体石蜡以无菌操作加到已长好的菌种斜面上，加入量以高出斜面顶端约 1cm 为宜。

4. 保藏

棉塞外包牛皮纸，将试管直立放置于 4℃ 冰箱中保存。

利用这种保藏方法，霉菌、放线菌、有芽孢细菌可保藏 2 年左右，酵母菌可保藏 1~2 年，一般无芽孢细菌也可保藏 1 年左右。

5. 恢复培养

用接种环在液体石蜡下方挑取少量菌种，在试管壁上轻靠几下，尽量使油滴净，再接种于新鲜培养基中培养。由于菌体表面粘有液体石蜡，生长较慢且有黏性，故一般应转接 2 次才能获得良好菌种。

（三）沙土管保藏法

1. 沙土处理

（1）沙处理　取河沙经 40 目过筛，去除大颗粒，加 10% HCl 浸泡（用量以浸没沙面为宜）2~4h（或煮沸 30min），以除去有机杂质，然后倒去盐酸，用清水冲洗至中性，烘干或晒干，备用。

（2）土处理　取非耕作层瘦黄土（不含有机质），加自来水浸泡洗涤数次，直至中性，然后烘干，粉碎，用 100 目过筛，去除粗颗粒后备用。

2. 装沙土管

将沙与土按 2:1，3:1 或 4:1（质量比）混合均匀装入试管中（10mm×100mm，装置约 7cm 高，加棉塞，并外包牛皮纸），121℃ 湿热灭菌 30min，然后烘干。

3. 无菌试验

每 10 支沙土管任抽一支，取少许沙土接入牛肉膏蛋白胨或麦芽汁培养液中，在最适的温度下培养 2~4d，确定无菌生长时才可使用。若发现有杂菌，经重新灭菌后，再做无菌试验，直到合格。

4. 制备菌液

用 5mL 无菌吸管分别吸取 3mL 无菌水至待保藏的菌种斜面上，用接种环轻轻搅动，制成悬液。

5. 加样

用 1mL 吸管吸取上述菌悬液 0.1~0.5mL 加入沙土管中，用接种环拌匀。加入菌液量以湿润沙土达 2/3 为宜。

6. 干燥

将含菌的沙土管放入干燥器中，干燥器内用培养皿盛 P_2O_5 作为干燥剂，可再用真空泵连续抽气 $3\sim4h$，加速干燥。将沙土管轻轻一拍，沙土呈分散状即达到充分干燥。

7. 保藏沙土管可选择下列方法

（1）保存于干燥器中。

（2）用石蜡封住棉花塞后放入冰箱保存。

（3）将沙土管取出，管口用火焰熔封后放入冰箱保存。

（4）将沙土管装入有 $CaCl_2$ 等干燥剂的大试管中，塞上橡皮塞或木塞，再用蜡封口，放入冰箱中或室温下保存。

8. 恢复培养

使用时挑取少量混有孢子的沙土，接种于斜面培养基上或液体培养基内培养即可，原沙土管仍可继续保藏。

此法适用于保藏能产生芽孢的细菌及形成孢子的霉菌和放线菌，可保存 2 年左右，但不能用于保藏营养细胞。

（四）冷冻干燥保藏法

1. 准备安瓿管

选用内径 5mm，长 10.5cm 的硬质玻璃试管，用 10% HCl 浸泡 $8\sim10h$ 后用自来水冲洗多次，最后用去离子水洗 $1\sim2$ 次，烘干，将印有菌名和接种日期的标签放入安瓿管内，有字的一面朝向管壁。管口加棉塞，121℃灭菌 30min。

2. 制备脱脂牛奶

将脱脂奶粉配成 20% 乳液，然后分装，121℃灭菌 30min，并做无菌试验。

3. 准备菌种

选用无污染的纯菌种，培养时间细菌一般为 $24\sim48h$，酵母菌为 3d，放线菌与丝状真菌为 $7\sim10d$。

4. 制备菌液及分装

吸取 3mL 无菌牛奶直接加入斜面菌种管中，用接种环轻轻搅动菌落，再用手摇动试管，制成均匀的细胞或孢子悬液。用无菌长滴管将菌液分装于安瓿管底部，每管装 0.2mL。

5. 预冻

将安瓿管外的棉花剪去并将棉塞向里推至离管口约 15mm 处，再通过乳胶管把安瓿管连接于总管的侧管上，总管则通过厚壁橡皮管及三通短管与真空表及干燥瓶、真空泵相连接，并将所有安瓿管浸入装有干冰和95%乙醇的预冷槽中（此时槽内温度可达-50~-40℃），冷冻 1h 左右，即可使悬液冻结成固体。

6. 真空干燥

完成预冻后，升高总管使安瓿管仅底部与冰面接触（此处温度约−10℃），以保持安瓿管内的悬液仍呈固体状态。开启真空泵后，应在 5~15min 内使真空度达 66.7Pa 以下，使被冻结的悬液开始升华，当真空度达到 26.7~13.3Pa 时，冻结样品逐渐被干燥成白色片状，此时使安瓿管脱离冰浴，在室温下（25~30℃）继续干燥（管内温度不超过 30℃），升温可加速样品中残余水分的蒸发。总干燥时间应根据安瓿管的数量、悬浮液装量及保持剂性质来定，一般 3~4h 即可。

7. 封口样品

干燥后继续抽真空达 1.33Pa 时，在安瓿管棉塞的稍下部位用酒精喷灯火焰灼烧，拉成细颈并熔封，然后置 4℃冰箱内保藏。

8. 恢复培养

用 75% 乙醇消毒安瓿管外壁后，在火焰上烧热安瓿管上部，然后将无菌水滴在烧热处，使管壁出现裂缝，放置片刻，让空气从裂缝中缓慢进入管内后，将裂口端敲断，再用无菌的长颈滴管吸取菌液至合适培养基中，放置在最适温度下培养。

冷冻干燥保藏法综合利用了各种有利于菌种保藏的因素（低温、干燥和缺氧等），是目前最有效的菌种保藏方法之一，保存时间可长达 10 年以上。

四、注意事项

1. 从液体石蜡封藏的菌种管中挑菌后，接种环上带有油和菌，故接种环在火焰上灭菌时要先在火焰边烤干再直接灼烧，以免菌液四溅，引起污染。

2. 在真空干燥过程中安瓿管内样品应保持冻结状态，以防止抽真空时样品产生泡沫而外溢。

3. 熔封安瓿管时注意火焰大小要适中，封口处灼烧要均匀，若火焰过大，封口处易弯斜，冷却后易出现裂缝而造成漏气。

五、实验报告

1. 按以下项目列表记录菌种保藏方法和结果，见下表。

表　菌种保藏方法和结果记录表

接种日期	菌种名称		培养条件		保藏方法	保藏温度	操作要点
	中文名	学名	培养基	培养温度			

2. 试述各菌种保藏方法的优、缺点。

六、问题和思考

1. 如何防止菌种管棉塞受潮和杂菌污染？
2. 冷冻干燥装置包括哪几个部件？各个部件起什么作用？
3. 现有一个纤维素酶的高产霉菌菌株，选用什么方法保存？试设计一个实验方案。

∞ 知识拓展

遗传和变异

遗传和变异是一切微生物最本质的属性之一，要认识微生物遗传变异的规律，先要摸清遗传型、表型、变异和饰变这 4 个基本概念。此外，还应了解微生物一系列生物学特性，得知其在遗传学、分子生物学和其他生物学基础研究中被一再选作模式生物的原因。

遗传和变异的物质基础是核酸而不是蛋白质，在历史上是通过 3 个著名的实验而确立的，这就是转化实验、噬菌体感染实验和植物病毒的重建实验。遗传物质在细胞中以 7 个水平存在。除核基因组外，核外基因组尤其是原核生物的质粒因其在理论和实践中的重要性，备受学术界关注，其中的 F 质粒、R 质粒、Col 质粒、Ti 质粒、Ri 质粒、mega 质粒和降解性质粒尤为重要。

基因突变是微生物最基本的变异方式，种类很多，其中的营养缺陷型和抗性突变型等选择性突变株在遗传学基础理论研究和选种、育种实践中有着极其广泛的应用。基因突变有 7 个特点，历史上对其中的自发性和不对应性规律曾发生过长期尖锐的争论，最后，通过构思巧妙、设计严密、实验简便的变量试验、涂布试验和影印平板试验 3 个经典试验，才得到令人信服的证明。基因突变可自发或诱发产生，发生在核苷酸水平上的突变称为点突变，主要有碱基置换和移码突变两类，而发生在染色体水平上的突变则称为畸变，包括染色体的缺失、添加、易位（转座）和倒位等变异。转座作用对微生物的进化研究、抗药性产生和定向突变株的获得等都有重要作用，故成了当前微生物遗传学研究中的热点之一。

诱变育种是微生物育种中的一类经典和基础技术，了解其基本原理和重要环节对开展有关工作十分必要。通过高产突变株的选育以及抗药性突变株和营养缺陷突变株的选育可很好地领会诱变育种的实质和方法。

基因重组是指不同物种或同种不同菌株间的遗传物质在分子水平上的交换或组合（杂交），它可产生比基因突变层次更高的变异。微生物的基因重组形式有原核生物中的转化、转导、接合和原生质体融合等，以及真核微生物中的有性杂交、准性杂交和原生质体融合等。基因重组有许多特点，如在转化、转导和接合中，其 DNA 转移只是单向地从供体细胞至受体细胞，而在原生质体融合中，两个对等的细胞进行双向 DNA 组合；从基因转移的数量来看，转化和转导仅转移少量基因，接合既可转移少数基因也可转移多数基因，而原生质体融合则可转移多数基因；从基因转移的媒介来看，转化是 DNA 分子的直接转移，转导是借缺陷噬菌体或病毒作媒介而完成转移，接合是通过性菌毛为通道的转移，而在原生质体融合中，则是通过两个原生质体表面的直接接触并相互融合为一体后而完成的转移。

基因工程是依据分子生物学原理而发展起来的一种自觉、可操纵和高效的定向分子育种手段，其应用范围和发展前景宽广。微生物因其具有体积小、面积大的优越特性，加上易于培养和代谢类型多样性等一系列优良特性，使其在基因工程中具有不可取代的重大作用，它不仅可用于许多外源基因的优良供体、载体或受体，而且还为基因工程操作提供了多种类型的必不可少的工具酶。

对于从事微生物学研究、应用以及产品生产和市场监管等各种与菌种保藏相关的机构，都有一个保证重要菌种安全保藏的问题。只有很好地利用微生物遗传变异理论去指导菌种保藏，并不断进行菌种复壮，才可取得令人满意的结果。对任何国家来说，良好的菌种保藏工作是珍贵的微生物资源，是得以保护、开发和利用的坚强后盾。干燥、低温、避氧和避光是菌种保藏中最重要的外部条件，反映在具体方法上，就集中于当今国际上采用最多的冷冻干燥保藏法和液氮保藏法。

任务小结

本任务主要对微生物衰退、复壮及保藏方法进行了介绍，要求学生掌握菌种衰退的原因，会进行菌种保藏方法的选择和使用，以期延长菌种使用代数。

任务四　微生物在自然界中的分布

教学重难点

土壤中微生物的分布特点；微生物与微生物间的相互关系。

相关知识

了解微生物在自然界中的分布特点；掌握微生物与环境、微生物和其它生物之间的相互关系。

一、土壤中的微生物

土壤具有绝大多数微生物的生存条件，土壤的矿物质提供了矿物质养料；土壤中的有机物提供了良好的碳源、氮源和能源；土壤的酸碱度接近中性，是一般微生物最适合生长的范围；土壤的持水性、渗透压、保温性等使土壤成为了微生物生长的天然培养基，因此土壤中的微生物的数量和种类最多。对微生物来说，土壤是微生物的"大本营"；对人类来说，土壤是人类最丰富的"菌种资源库"。

尽管土壤中各种微生物含量的变动很大，但每克土壤的含菌量大体上有一个十倍系列的递减规律，如下所示。

细菌（10^8）>放线菌（10^7）>霉菌（10^6）>酵母菌（10^5）>藻类（10^4）>原生动物（10^3）。

由上可知，土壤中所含的微生物数量很大，尤以细菌为最多。据估计，每亩耕作层土壤中，细菌湿重有90~225kg；以土壤有机质含量为2%计算，则所含细菌干重约为土壤有机质的1%。通过土壤微生物的代谢活动，可改变土壤的理化性质，进行物质转化，因此，土壤微生物是构成土壤肥力的重要因素。

不同类型土壤中的各种微生物含量可见表2-11。从表中可以看出，在有机物含量丰富的黑土、草甸土、磷质石灰土和植被茂盛的暗棕壤中，微生物含量较高；在西北干旱地区的棕钙土，华中、华南地区的红壤和砖红壤，以及沿海地区的滨海盐土中，微生物的含量少。

表2-11 我国主要土壤的含菌量　　　　　　单位：万个/g干土

土类	地点	细菌	放线菌	真菌
暗棕壤	黑龙江省呼玛县	2327	612	13
棕壤	辽宁省沈阳市	1284	39	36
黄棕壤	江苏省南京市	1406	271	6
红壤	浙江省杭州市	1103	123	4
砖红壤	广东省徐闻县	507	39	11
磷质石灰土	西沙群岛	2229	1105	15
黑土	黑龙江省哈尔滨市	2111	1024	19
黑钙土	黑龙江省安达市	1074	319	2

续表

土类	地点	细菌	放线菌	真菌
棕钙土	宁夏宁武县	140	11	4
草甸土	黑龙江省亚沟街道	7863	29	23
塿土	陕西省武功县	951	1032	4
白浆土	吉林省蛟河县	1598	55	3
滨海盐土	江苏省连云港市	466	41	0.4

注：据中国科学院南京土壤研究所资料。

表2-12是水田和旱地土壤微生物区系及其在不同深度分布的比较研究资料，从表中可以看出不论是水田还是旱地，总是表层耕作层的微生物含量最高，旱地土壤中的放线菌和真菌比水田土壤中多，这是与它们的好氧生活特性直接相关。

表 2-12　水田与旱地各层土壤的含菌量　　　　单位：万个/g 干土

微生物种类	水 田			旱 地		
	耕作层	犁底层	心土层	耕作层	犁底层	心土层
好氧细菌	3 000	1310	837	2 185	628	164
放线菌	220	88	38	477	172	35
真菌	8.5	1.6	0.6	23.1	4.3	1.1
硝化细菌	1.1	—	—	7.1	5.3	0.05
厌氧细菌	232	112	22	147	57	16
反硝化细菌	29.7	16.4	12.2	4.7	2.7	—
硫酸还原细菌	7.9	1.6	0.4	0.091	0.061	0

土壤细菌的作用是土壤中生物化学变化的主要参与者。异养菌能够分解有机物质和合成腐殖质；自养菌能够转化矿物质养分；放线菌的菌丝体能缠绕土壤颗粒或有机质颗粒，这有助于土壤团粒的形成。

真菌有很强的分解枯枝落叶的能力，在林地和森林土壤中，特别是在偏酸性的环境中，真菌是参与腐解作用的主要生物。光能自养是藻类的主要特征，它能增加环境中有机碳的含量。在植被形成的过程中，藻类往往扮演先行者的角色，它首先在剥蚀、不毛之地或被侵蚀的地带定居，产生新的有机物质，为后来者提供营养，藻类对土壤结构的维持和减轻水土流失也有明显的作用，如表土的藻群可能把土壤粒子结合在一起减轻侵蚀损失；荒地表面在雨后发育的藻群，通过类似的机制能增加土表张力的强度。另外，在淹水稻田内生长的藻类通过光合作用释放氧气，有利于水稻的生长。原生动物的主要作用是吞食营养，吞食细菌和其他微生物，从而调节细菌群体的大小。

二、水体中的微生物

(一) 水体环境

自然界中没有以纯水形式存在的水，往往都含有其他物质，如氮、磷、硫等无机营养元素和以枯叶、动物尸体等形式进入水中的有机物质。一般来说，江河、湖泊和池塘这几类水体的营养较为丰富，并且靠近湖岸的区域比湖中央或离岸较远的湖水含有更多的有机质。海水和盐湖的盐分高，营养较贫乏。雨水虽然对农作物的生长很重要，但是它的营养物质很少，基本上接近蒸馏水。

由于太阳光照的差异，天然水体的温度差异比较大。即使在同一水体当中，不同深度的水温差别也很大。湖泊和河口湾的温度受季节影响大。海洋水温在5℃以下，但是有些温泉的水温可在70℃以上，世界著名的黄石公园的温泉水甚至可高达100℃左右。

对于水生环境来说，氧是最重要的限制因子之一。水体中溶解氧 (Dissolved Oxygen, DO) 的水平对该水体中的微生物的种类和数量影响很大，一般来说，静水中溶解氧浓度很低，而天然的江河水体，由于水的流动可不断带入氧气，所以溶解氧的水平要高一些。从 pH 的角度来看，大多数江河、湖泊及池塘的 pH 在 6.5~8.5，正好适合水生微生物的生长，总体来说，虽然水体中营养物质的含量不及土壤中丰富，但基本上能供给微生物以营养。尽管水体中的空气供应较差，但是某些微生物种类仍能存活。因此，水体也是微生物广泛分布的重要天然环境，但是由于不同水域中的营养物质的种类和含量、光照强度、酸碱度、渗透压、温度、含氧量等差异很大，因而使得各种水域中的微生物种类和数量呈现明显的差异，水生微生物的区系可分为以下几类。

1. 淡水型水生微生物

由于一般的淡水环境如湖泊和水库中的有机物含量低，因此微生物数量很少。淡水型微生物以化能自养和光能自养微生物为主，如硫细菌、铁细菌等，霉菌中也有一些淡水型种类，如水霉属和绵霉属的一些种。根据细菌对环境中营养物浓度限制的差异，可把它们分为3类：① 贫营养细菌 (寡营养菌) 指第一次培养时能在 1~15mg (碳源) /L 的培养基中生长的细菌。② 兼性贫营养细菌指一些在富营养培养基中经反复培养后也能适应并生长的贫营养细菌。③ 富营养细菌是指一些能生长在营养物质浓度很高 (10gC/L) 的培养基中的细菌，它们在贫营养培养基中反复培养后立即死亡。一般把某水样中贫营养细菌与总菌数的百分比，称为贫营养指数或 O.I 值 (Oligotrophic Index)。由于淡水中有机物碳的含量一般在 $1 \sim 26mgC/L$，故淡水型微生物中很多都是一些贫营养细菌。

2. 海水中的微生物

由于海水的含盐量高、渗透压大，因此海洋微生物与淡水中的微生物在耐渗透压能力方面有很大的差别。此外，在深海中的微生物还能耐很高的静水压。假单胞菌和弧菌是海洋环境中主要的细菌属，在海水中还存在螺旋菌、产碱杆菌、生丝微菌、噬纤维菌、微环菌、放线菌的有些属。某些 G^+ 细菌，例如芽孢杆菌通常存在于海洋沉积泥中，在沉积泥表层下，厌氧菌便成为主要微生物。海洋沉积泥积累有大量的有机物，从而有利于异养菌的生长。在沉积泥中的厌氧脱硫弧菌可以使硫酸盐还原成 H_2S，处于硫酸盐层以下的沉积泥中生长有产甲烷的细菌。在海洋中有许多化能自养菌，如亚硝化球菌、亚硝化单胞菌、亚硝化螺菌、硝化球菌和硝化杆菌参与了氮循环。原生动物是海洋水生动物的重要成员，它们能适应高盐环境，有时能忍受 10% 的 NaCl 浓度。

（二）水体中微生物的作用

整个地球表面，约有 71% 为水所覆盖，有水的地方基本都有微生物存在，由此可知水体中微生物的作用和影响是巨大的。在多数水生环境中，主要的光合生物是微生物，微生物在湖泊光合作用和有机物转化过程中起着关键的作用。在有氧区域以蓝细菌和藻类占优势，而在无氧区域则以光合细菌居多。这些微生物，通过光合作用，将无机物变成有机物，组成其本身，称为一级生产者。浮游动物以光合生物体为食料，合成自身有机体，这些浮游动物又被较大的无脊椎动物吞食，无脊椎动物又作为鱼类的食料，最后，任何植物或动物的尸体，都能被微生物分解，这样就形成了食物链，但这种作用随着季节的变化而有很大的不同，例如夏天时淡水中光合作用和有机物转化能力就很强，而到了冬天光合作用就下降。

在淡水环境中由于有机物浓度非常低，微生物，特别是细菌利用可溶性有机物的能力就显得很重要。在比较藻类和细菌吸收葡萄糖能力时，研究人员发现葡萄糖浓度很低时，细菌吸收的速率就比较大，葡萄糖浓度较大时，藻类吸收的速率则较大。当有机碳浓度很低时（碳<5mg/L），细菌对有机碳的代谢时间比藻类短。细菌和某些微型浮游鞭毛原生动物能利用低浓度有机物的能力在生态学方面具有重要的意义，这些低浓度的有机物被这些微生物吸收后得到了浓缩，这样低浓度的可溶性有机物便可以进入食物链，从而支持高等生物的生长。

海洋藻类通过光合作用给海洋生态系统输入必要的碳源，这对于保持海洋生态平衡是很重要的，但是在富营养化的海洋中也存在许多有害的藻类。海洋原生动物是以细菌、水生植物和形态更小的水生动物为食物，这样就在初级生产者和海洋食物链的高等生物之间建立起食物链的连接点。另外，海水中的细菌，对纤维素和蛋白质等复杂物质的分解具有很强的能力，对推动自然界生物地球化学循环起着重要的作用。

三、空气中的微生物

1. 空气环境

空气是一种混合物，其中含有尘埃和少量的水蒸气。对于大部分空气来说，由于物理和化学因素的原因，是无法支持微生物的生长和生存的。在对流层中，温度随着高度的增加而降低，逐渐低于大多数微生物的最低生长温度，大气压力也在下降，可被利用的氧气量下降，空气中营养物质浓度非常低，在空气中也缺乏可被利用的水，这些都限制了微生物的生长。在空气中微生物暴露在高强度的光辐射条件下，在空气的平流层中，存在一层高浓度的 O_3 层，O_3 可以吸收紫外线，并保护地球表面免受紫外线的辐射。O_3 是一种很强的氧化剂，通常作为一种杀菌剂，但是由于人类不合适的施肥方式和在冰箱中使用的氟利昂制冷剂的排放，使得大气中的 O_3 浓度大量下降，从而使进入地球表面紫外线的量增加，这种情况对于地球表面上的生物，包括微生物的生存都是致命的。尽管如此，但由于微生物能产生孢子或芽孢这样的休眠体以适应不良环境，于是有些微生物可以在空气中存活一段相当长的时期，所以在空气中仍然能找到一些微生物。

2. 空气中的微生物

室内空气中的微生物来源有两个方面：一是上呼吸道表面，在咳嗽和谈话过程中，上呼吸道的细菌可以通过气溶胶而被释放出来，这些气溶胶水分经蒸发后留下 $10 \sim 15 \mu m$ 大小的水滴核心，每个核心携带有一个或几个活的微生物。二是皮肤的小鳞片，家庭灰尘中有 70% ~ 90% 是皮肤小鳞片，所以室内空气中存在的细菌群落可以用来说明皮肤和呼吸道细菌群落。室内空气中主要的细菌有葡萄球菌、芽孢杆菌、产气荚膜梭菌的芽孢和引起扁桃体发炎、结核和百日咳的病原菌。

室外空气中的微生物与环境条件有一定的关系：一般情况下，在农村，每立方米空气中含有数百个细菌。在城市，每立方米可以含有数千个细菌，而在海洋上空，微生物的浓度比上述要少。这些微生物主要包括：球菌、芽孢杆菌和抗干燥、抗辐射的真菌孢子等。空气中的孢子密度每年或每天都会发生周期性的变化，每年的变化主要是由于气候的变化引起的，例如，在寒冷地区，冬天的气温比较低，不利于微生物的生长，这样空气中的孢子数目就比较小，并且很容易被雨水冲洗到地面或水面上。在热带地区，气温较高，空气比较干燥，孢子数目就下降。南极和北极的空气中孢子数目就更少，这是由于这些空气缺少孢子的来源。空气中孢子数目每日发生周期性变化与孢子的释放方式有关。担子菌孢子，特别是无色的担子菌孢子，包括掷孢酵母属的孢子释放是在夜间进行的，而疫霉属的一个种则在天亮后，在相对湿度开始下降时，释放孢子，在每天上午期间，空气中这种真菌的孢子浓度达到了高峰。枝孢霉和交链孢霉的孢子释放取决于气温的变化，在中午前后，这些真菌的孢子仅仅进入成熟阶段，在下午，通过气流的作用便开始释放孢子，上述这些孢子的释放不依赖于水分。许多子囊菌释放孢子期间，需要一个完全潮湿的环境，所以，在接近天亮时，大量的露水对于孢子的释放很有利，这样，在每天早晨的空气中含有大量的子囊孢子。

3. 空气中微生物的作用

在自然界中，微生物通过空气媒介传播，使其分布具有全球性，因为有些微生物在一些不良环境中形成孢子之后便通过空气传播，当这些孢子遇到一些合适的环境，便开始重新萌发而生长，使这些微生物得以继续生存下去。当然，室内空气可以作为传播许多人类、动物和植物疾病的介质，这给人类的健康带来了不少麻烦。

四、微生物与生物环境间的关系

生物间的相互关系是既多样又复杂的，但是甲、乙两种生物间的关系一般可以分为以下 8 种类型。

1. 中立生活

两种群在一起时彼此没有影响或仅存在无关紧要的影响。

2. 偏利作用

一种种群因另一种种群的存在或生命活动而得利，而后者没有从前者受益或受害。

3. 协同作用

相互作用的两种种群相互有利，二者之间是一种非专一性的松散联合。

4. 相互作用

两个种群相互有利，两者之间是一种专一性和紧密的结合，是协同作用的进一步延伸，联合的种群发展成一个共生体，有利于它们去占据限制单个种群存在的生存环境。

5. 寄生

一种种群对另一种群的直接侵入，寄生者从寄主生活细胞或生活组织获得营养，而对寄主产生不利影响。

6. 捕食

一种种群被另一种种群完全吞食，捕食者种群从被捕食者种群得到营养，而对被捕食者种群产生不利影响。

7. 偏害作用

一种种群阻碍另一种种群的生长，而对第一种种群无严重影响。

8. 竞争

两个种群因需要相同的生长基质或其他环境因子，致使增长率和种群密度受到限制时发生的相互作用，其结果对两种种群都是不利的。

五、微生物与微生物间的关系

1. 协同作用

协同作用在土壤微生物当中是极其普遍的。例如，当自生固氮菌与分解纤维的细菌生活在一起时，后者因分解纤维素而产生的有机酸可供前者生长和作为能源而用于固氮，而前者所固定的有机氮化物则可满足后者对氮素养料的需要。乙酸氧化脱硫单胞菌和一种绿硫细菌生活在一起时，乙酸氧化脱硫单胞菌向绿硫细菌提供氢供体，而绿硫细菌则以氢受体供应给乙酸脱硫单胞菌。在厌氧沼气发酵期间，普通脱硫弧菌能利用乙醇和 HCO_3^- 产生乙酸和甲酸，甲酸作为一种中间电子传递物在甲酸甲烷杆菌的作用下产生甲烷，并重新产生 HCO_3^-，又可以被普通脱硫弧菌利用。

2. 互惠共生

微生物与微生物间互惠共生的最典型例子是菌、藻共生而形成的地衣。地衣中的真菌一般都属于囊菌，而藻类则为绿藻或蓝细菌。藻类或蓝细菌进行光合作用，为真菌提供有机营养，而真菌则可以用其产生的有机酸去分解岩石中的某些成分，进一步为藻类或蓝细菌提供所必需的矿质养料。微生物间共生关系的另一很好例证是产氢产乙酸细菌（S 菌株）与产甲烷细菌（MOH 菌株）间的共生关系。由于其关系的紧密，以至于 1906—1967 年，学术界一直认为它们是一个种——奥氏甲烷芽孢杆菌。

3. 寄生关系

在微生物中，噬菌体寄生于细菌是常见的寄生现象。另外，病毒或类病毒颗粒引起真菌、原生动物和藻类的几个属自溶也属于寄生。细菌与细菌的寄生关系中，蛭弧菌寄生于细菌是一个最典型的例子，如蛭弧菌能在假单胞菌、大肠杆菌等细胞内寄生，该菌呈弧状，革兰阴性，在细胞一端有单生鞭毛，菌体长为 $(0.3 \sim 0.4)$ μm $\times$ $(0.8 \sim 1.2)$ μm，广泛分布于土壤、污水等处。其运动速度极快，每秒能移动的距离约为体长的 100 倍。蛭弧菌的生存周期如下：当有合适的宿主细胞存在时，它会高速冲向宿主，将细胞的一端和宿主细胞的壁接触，接着其"机械攻势"（即细胞每秒转动 100 转以上）和"化学攻势"（分泌水解酶类）双管齐下，经 5~10min 后，细胞进入宿主的周质空间"定居"，鞭毛脱落，然后分泌各种消化酶，逐渐将宿主细胞的原生质转化为自己的营养物，菌体伸长成螺旋状，最后经断裂和长出鞭毛后，破壁而出，再重新侵染新的宿主，整个周期约4h。

有些真菌寄生在另外真菌的菌丝、分生孢子、厚垣孢子、卵孢子、游动孢子、菌核和其他结构上，如木霉寄生于马铃薯的丝核菌（*Rhizoctonia* sp.）内，盘菌（*Peziza* sp.）菌丝寄生在毛霉菌丝上。

原生动物也容易遭到寄生菌的侵袭，有少数几种真菌能够侵入具有代谢活性的原生动物细胞中，细菌在寄主细胞中增殖，常杀死原生动物而使细胞溶解。

4. 偏害作用

在一般情况下，偏害作用大多数是指由于某种微生物产生某些对别种微生物生长有害的化学物质而引起的，所以其又被称为微生物间的"化学战争"。在这当中最为典型的也是和人类关系最密切的就是由抗生菌所产生的能抑制其他生物生长发育的抗生素。目前已报道的天然来源的抗生素就达上万种，其中绝大多数是由放线菌产生的，但有时因某种微生物的生长而引起其他条件的改变也会产生偏害作用，例如，某些微生物群体可以通过产生乳酸或类似的低分子质量有机酸，氧化S产生H_2SO_4、消耗O_2或产生O_2，产生NH_4^+、高浓度的CO_2等来产生偏害作用，例如，在制造泡菜、青贮饲料过程中的乳酸杆菌，就是由于其能产生大量乳酸而抑制其他腐败型微生物生长发育。

六、微生物与植物间的关系

（一）互惠共生

1. 共生固氮

大家熟知的根瘤菌与豆科植物间的互惠共生关系是微生物与植物间互惠共生的典型。共生固氮是一个十分复杂的生理生化过程，根瘤菌和植物的根经过一系列的相互作用而形成具有固氮能力的成熟根瘤。固氮酶由根瘤菌提供，根瘤菌和植物根共同创造了一个有助于固氮的生态位。根瘤菌专性好氧，固氮是耗能和对氧敏感的过程，这些几乎完全对立的特征被融合在豆科植物根瘤中，根瘤中的中心侵染组织是一个微好氧生态。根瘤周围未被侵染的植物细胞的连续层，限制和控制氧的内部扩散。内部组织维持大约百分之一的大气浓度（0.2%氧），这个氧量低到能进行固氮过程。另外，中心组织的植物细胞合成大量豆血红蛋白携带氧，有利于低氧浓度下扩散通过植物细胞质膜，提供胞内根瘤菌（类菌体）充分的氧流进行呼吸和氧化磷酸化。固氮过程产生的氨穿过类菌体膜被植物同化利用。

共生固氮的遗传机理也十分复杂，根瘤的形成需要特定的植物和细菌基因协调有序地表达。根瘤菌基因 *nif*（固氮）是编码固氮酶酶系的基因，基因组包括固氮酶的结构基因（*nifH*、*nifD* 和 *nifK*）、合成铁-钼因子的结构基因（*nifB*、*nifE*），与根瘤形成有关的基因是 *nod*、*nol*，决定后期共生固氮根瘤发展的基因是 *fix*。此外还有影响胞外表面多糖和脂多糖的基因 *exo* 和 *lps*，以及决定类菌体二羧酸吸收的基因（*dct*）。植物方面的遗传控制工作以豌豆、大豆和其他材料进行了大量的研究工作，已经发现有大约 50 个位点（*loci*）与共生固氮有关。有研究报道植物 *ENOD*$_2$ 基因的作用可以改变根瘤中央固氮组织的微生态环境，改变根瘤薄壁组织的细胞外形，因而影响氧进入根瘤通道的扩散阻力。

共生固氮把大气中不能被植物利用的氮转变成可被植物合成的氮素化合物氨，这对于增加土壤肥力和推动氮循环有重要意义。我国劳动人民早就知道种植豆科植物可使土壤肥沃并可提高间作或后作植物的产量。

有些非豆科植物例如桤木属、杨梅属和美洲茶属等植物也有能进行共生固氮的根瘤，但其根瘤内的微生物是弗兰克菌属放线菌。有些裸子植物如罗汉松属和苏铁属也具有根瘤，其中的微生物分别属于藻状菌类真菌和蓝细菌，甚至某些野生禾本科植物（看麦娘属和梯牧草属）也有根瘤存在。此外，某些热带与亚热带植物如茜草科和紫金牛科等几百个种都长有叶瘤，其中可分离到分枝杆菌属、克雷伯杆菌属、色杆菌属的一些种，它们也具有一定的固氮能力。

2. 菌根

一些真菌和植物根系以互惠关系建立起来的共生体称为菌根。菌根包括外生菌根和内生菌根两大类。外生菌根的特征是真菌菌丝体紧密包围植物幼嫩的吸收根，形成菌套，有的菌套还向周围土壤伸出一些菌丝，在这种情况下，植物一般没有根毛。外生菌根的菌丝虽能侵入根内，但只限于外皮层细胞的间隙中，而不能进入细胞内部。菌丝在外皮层细胞间隙中蔓延形成的网状菌丝体，一般称为哈氏网。内生菌根的菌丝体主要存在于根的皮层中，在根外较少。内生菌根又分为两种类型：一种是由有隔膜真菌形成的菌根，另一种是无隔膜真菌形成的菌根，后一种又称为 VA 菌根，即"泡囊-丛枝菌根"。外生菌根主要见于森林树木，内生菌根存在于草、林木和各种作物中。陆地上 97% 以上的绿色植物具有菌根，特别是真菌与兰科、杜鹃科及其他森林间所形成的菌根更为熟知。兰科植物的种子若无菌根菌的共生就无法发芽，杜鹃科植物的幼苗若无菌根菌的共生就不能存活。

菌根共生体可以促进磷、氮和其他矿物质的吸收，增强真菌和植物对环境的适应能力，使它们能占据新的环境，根为真菌的生长提供能源，菌根菌为植物提供矿物质和水，结合以后的共生体除保留原来各自的特点外，又产生了原来所没有的优点，体现了生物种间的协调性。

3. 根际微生物

根际是邻接植物根的土壤区域，其中的微生物称为根际微生物，在植物的生长过程中，死亡的根系和根的脱落物（根毛、表皮细胞和根冠等）是微生物的营养来源。同时，植物根系有很强的合成能力，能够合成氨基酸、植物碱和各种维生素等，而且在植物的整个生长期间，进行着很活跃的代谢作用，向根外分泌无机和有机物质，这些分泌物是根际微生物的重要营养来源和能量来源。另外，由于根系的穿插，使根际的通气条件和水分状况比根际外好，温度也比根际外略高一些。因此，根际形成一个对微生物生长有利的特殊生态环境。

根际微生物大量聚集在植物根系的周围，它们能将根际内的有机物转变成无机物，为植物提供有效的养料，这是植物所需无机养料的主要来源。同时，微生物的存在还可以刺激植物吸收营养物质，有微生物定植的根系所吸收的磷酸盐，一般比没有的要多。根际微生物分泌维生素和生长刺激素等，促进植物生长，例如，荧光假单胞菌每克干细胞中含有硫胺素 23.3μg、烟碱 511μg、核黄素 162μg、生物素 20.9μg，它们的作用是能增加豌豆和小麦根的生长量。藤仓赤霉的代谢产物赤霉素，是一种强烈的植物刺激素，能促进植物茎的伸长，植物提早开花，打破休眠及促进种子萌发等，而且根际微生物的分解和合成作用，能促进稳定土壤结构的形成，有利于植物发育。另外，根际微生物中有些能产生杀菌素，可以抑制菌的生长。

（二）寄生关系

微生物寄生于高等植物之中，常能引起植物病害，这些能引起植物病害的微生物称为植物病原微生物，它们对寄主有一定的选择性，一种病原微生物只能危害某一种或某些种的植物。病原微生物对植物的破坏作用有两种情况：一种直接破坏，其破坏性大，这类病原微生物在侵入前或侵入后不久就分泌一些物质（酶或毒素等），杀死细胞和组织，兼性寄生微生物大多属于这一类；另一种直接破坏性小，病原微生物侵入后并不立即引起寄主细胞和组织死亡，专性寄生微生物大多属于这一类。当植物感染病原微生物发病后，常表现出变色、组织坏死、萎蔫和畸形等症状，同时也将不同程度地影响作物产量和品质，严重时甚至影响一种作物能否在一个地区继续种植。微生物与高等植物的这种关系，早已引起人们的重视。

病原微生物可以通过多种方式与植物接触，大多数植物病原真菌的孢子是通过空气进行传播，然后与植物叶子表面接触。大多数病毒是通过昆虫作为媒介进行传播。土壤中的病原微生物具有鞭毛，在根分泌的趋化物质作用下，便被吸引到植物根上，植物病原微生物可以通过植物创伤部分或天然入口处，如气孔，进入植物体中。某些病原真菌仅能通过创伤部位进入植物体内，而另外一些病原菌则只能通过气孔进入植物。病毒通常是通过其媒介所引起的创伤部位进入植物体中，但是某些病毒也可以通过植物吸收水分时进入植物体中。还有一些病原微生物可以分泌一些酶分解植物表面结构，从而使被侵入部分附近的植物组织松软，以利于微生物侵入。

侵入的病原微生物从植物体中获得所必需的营养物质和生长条件或一些必需的酶，并进行生长繁殖。在生长繁殖过程中，病原微生物能分泌许多水解酶，如果胶酶、纤维素酶、半纤维素酶、某些毒素和生长调节物质，从而破坏植物正常的结构和功能，其中的果胶酶能分解粘接植物细胞的果胶，使植物组织崩溃，纤维素酶破坏细胞壁，使细胞分解。生长调节物质能使植物生长物质失活或降解，结果导致植物矮小。某些微生物产生的生长素吲哚乙酸能导致植物产生疾病，某些病原真菌产生的赤霉素和细胞激动素能导致植物树干疯长，某些植物病原菌产生乙烯能引起植物代谢发生变化，结果导致植物组织受到破坏。侵入植物体内的某些病原微生物能产生某些毒素，或这些微生物能诱导植物产生毒素，这些毒素均能干扰植物的正常代谢。

当然，植物对于病原微生物的侵入也不是被动的，可以通过许多方式抵抗病原微生物侵入，这种抵抗力称为植物的免疫性。植物体表面存在许多物理屏障可以阻止病原微生物侵入，如植物表皮组织的蜡质层、角质层和木栓层以及植物表面生长的正常微生物菌群和菌根的菌套等。还有许多植物可以分泌抗生素和其他抑菌物质，如有机酸等，来抑制和杀死病原微生物。一旦病原微生物进入植物体内，植物体细胞能与病原微生物发生免疫反应，从而阻止微生物的寄生。

七、微生物与动物间的关系

(一) 协同作用

在微生物与人和动物的协同作用中，人体肠道中的正常菌群就是一个典型的例子。人体肠道的正常菌群与宿主间的关系，主要是协同作用。人体的大肠中经常生活着 60~400 种不同的微生物，在一个人的肠道中，占粪便干重 1/3 的是细菌，总数约 100 万亿个，其中厌氧菌占优势。在厌氧菌中，以脆弱拟杆菌、产黑素拟杆菌和核梭形杆菌含量最高。例如，每克湿粪脆弱类杆菌的含量就达 $10^{10} \sim 10^{11}$ 个，好氧菌的数量低于粪便含菌量的 1%，主要种类是大肠杆菌和粪链球菌。

人体肠道中的正常菌群对机体的作用主要有以下几方面：① 排阻或抑制外来致病菌：数量巨大的肠道正常菌群可排阻、抑制外来肠道致病菌，例如霍乱弧菌等的感染。② 提供维生素：据研究，大肠杆菌可在肠道中合成若干种维生素供人体利用，例如维生素 B_1、B_2、B_6、B_{12}、K、烟碱酸、泛酸、生物素和叶酸等。③ 产生一些酶类：如枯草杆菌会产生淀粉酶，有些细菌还产生蛋白酶和脂肪酶。④ 一定程度的固氮作用：有研究发现，新几内亚人以甜薯作为其主粮（占食物的 80%~90%），而甜薯是含蛋白质极低的食物，但是当地人的蛋白质供应似乎并不缺少，经研究发现其肠道内生活着一种能在厌氧条件下进行固氮的肺炎克雷伯菌，它们可把固定的氮素通过肠壁进入血流，以补充人体蛋白质的不足。⑤ 产生气体和粪臭物质：肠道内的正常菌群在其代谢过程中会产生很多（400~650mL/d）气体，例如 CO_2、CH_4、H_2、H_2S 和 NH_3 等，还会产生胺类、吲哚和粪臭素等臭味物质。

某些鸟类也需要肠道中的真菌和细菌群体帮助消化纤维素物质提供营养物，以蜜蜂窝蜡质为食物的鸟类就需要分解蜡质的微球菌和白色假丝酵母在体内帮助消化食物，在得到鸟类提供的辅助因子时它们则能利用蜜蜂窝的蜡质，分解的产物则被鸟类消化。

各种鱼类和水生无脊椎动物消化道中也含有微生物群体，以帮助消化食物。微生物群体帮助动物消化食物方面最著名的例子就是微生物与反刍动物的关系，这些动物包括鹿、羚羊、长颈鹿、牛、羊，它们以富含纤维素的草、叶和嫩枝为食，因不能合成纤维素酶，所以无法利用这些物质，而必须依赖其瘤胃中的微生物群体降解纤维素，提供营养物质。瘤胃是草料暂时贮存、分解、加工的场所，瘤胃中含有大量的原生动物和细菌，可以帮助动物消化食物。瘤胃缺少 O_2，是一个厌氧发酵器，温度为 30~40℃，pH5.5~7.0，这些相当一致和稳定的条件给其中的微生物生长代谢提供一个最适的环境。

（二）互惠共生关系

微生物与动物间互惠共生的例子也很多，例如白蚁、蟑螂与其消化道中生存的某些原生动物间就是一种互惠共生关系。白蚁可吞食木材和纤维质材料，可是却不能分泌水解纤维素的消化酶。在白蚁的后肠中至少生活有 100 种原生动物和微生物（已鉴定的有 30 多种），它们的数量很多，例如原生动物为 100 万个/mL 肠液，细菌为 1000 万~1000 亿个/mL 肠液，这类生活在共栖宿主的细胞外或组织外的生物称为外共生生物。例如，披发虫就可在厌氧条件下水解纤维素供给白蚁营养，原生动物可享受到一种稳定和受保护的生活环境。另一类是内共生生物（即细胞内共生），10% 以上（种类）的昆虫经常具有细胞内微生物，尤其在直翅目、同翅目和鞘翅目中常见。若除去共生微生物，昆虫的发育就很差。

反刍动物与瘤胃微生物的共生关系也十分典型，在瘤胃中约有一百种细菌和原生动物，每克瘤胃内含物中细菌数高达 10^9~10^{13} 个（占干重 5%~10%），而原生动物数也可达到 10^6 个（占干重 6%~10%），其中的原生动物以瘤胃中特有的两腰纤虫属和内腰纤虫属为主，而细菌则以严格厌氧菌为主，偶尔可以找到少量酵母菌和其他真菌。细菌的种类如白色瘤胃球菌、生黄瘤胃球菌、产琥珀酸拟杆菌、溶纤维丁酸弧菌等，只有细菌才是纤维素的真正消化者。在瘤胃中约有90%的纤维素、淀粉、果聚糖和木聚糖可通过微生物的分解代谢而形成脂肪酸。牛、羊、鹿、骆驼和长颈鹿等动物的反刍胃构造复杂，一般有瘤胃、网胃、重瓣胃和皱胃四室组成，瘤胃和网胃由食管演化而来，只有皱胃才相当于一般哺乳动物的胃。采食时，食物经唾液拌和后未经充分咀嚼即经口腔和食道进入瘤胃，经暂时贮存和细菌发酵后，进入网胃，网胃可将食物磨碎和分成小团，再呕回口中重新咀嚼，食物也可以从瘤胃直接经食道呕回口中。经重新咀嚼再进入瘤胃的食物，就顺着网胃进入重瓣胃。重瓣胃因具有叶状纵瓣和无数角质乳突，可将食物进一步磨细。最后进入皱胃，通过皱胃所分泌的胃消化液，通过其中大量的瘤胃微生物进行消化。通过这种方式，反刍动物为瘤胃微生物提供了纤维素形式的养料、水分、无机元素、合适的温度和pH以及良好的搅拌条件和厌氧环境。瘤胃微生物则通过分解纤维素而产生大量有机酸供瘤胃吸收，大量菌体蛋白以单细胞形式向反刍动物源源不断地提供养料。由此看来，反刍动物的消化道酷似自然界"赏赐"给它们的一台生产有机酸和单细胞蛋白的多级连续培养器。

海洋无脊椎动物、鱼类和发光细菌也可建立一种互惠共生的关系，发光杆菌属和贝内克属的发光细菌常见于海生鱼类。发光细菌生活在某些鱼的特殊的囊状器官中，这些器官一般有外生的微孔，微孔允许细菌进入，同时又能和周围海水相交换。发光细菌发出的光有助于鱼类配偶的识别，在黑暗的地方看清物体。光线还可以成为一种聚集的信号，或诱惑其他生物以便于捕食。发光有助于鱼类的成群游动以抵抗捕食者。

某些无脊椎动物可以与光合微生物建立互惠共生的关系，其中，光合微生物主要有单细胞藻类和蓝细菌，动物包括海蜇、海绵和珊瑚等，例如蓝细菌可以与海绵建立共生关系。在这种关系中，蓝细菌通过光合作用给动物提供有机营养物，而动物则向这些光合微生物提供合适的生长环境。在某些情况下，光合微生物与动物形态方面相适应，使两者靠得更加接近，以便进行更有效的营养物交换。

（三）寄生关系

寄生于动物宿主上的微生物大多数是一些病原微生物，其中，研究得最深入地是寄生于人类和高等动物的各种病原微生物，如细菌、放线菌、酵母菌、霉菌和病毒。众所周知，在西欧引起恐慌的人畜共患病——疯牛病和羊瘙痒病的病原体就是朊病毒。另一类具有重要实践意义的是寄生于昆虫的各种病原微生物，例如细菌、真菌和病毒。现介绍四个典型的例子，如下所示。

1. 冬虫夏草

冬虫夏草是子囊菌寄生于鳞翅目幼虫而形成的。冬季，虫体蛰伏在土中，真菌孢子侵入虫体，并生长发育，使虫体充满菌丝，幼虫死亡。来年温暖潮湿时，幼虫的头部长出棒状子实体露出土面，形似野草，故谓"冬虫夏草"。在我国云南、青海、西藏等地均有出产。冬虫夏草是与人参、鹿茸齐名的中国三大滋补品之一，有益肺肾、补精髓、止血化痰等功效。

2. 病毒杀虫剂

病毒杀虫剂是指用昆虫病毒防治农林害虫。美国农业部的科学家们发现一种新型天然杀虫剂，是由芪类化合物和病毒组合而成，前者对后者有保护效应，并且使后者对鳞翅目昆虫幼虫的杀灭效率大大提高，为生物防治害虫开拓了新途径。

3. 细菌杀虫剂

苏云金芽孢杆菌的营养细胞呈杆状，周身鞭毛，能运动，在形成芽孢的同时，形成对昆虫有毒的菱形或近正方形的伴孢晶体。苏云金芽孢杆菌的杀虫作用，主要是晶体中存在的晶体毒素，这种晶体毒素是苏云金芽孢杆菌类所共有的。苏云金芽孢杆菌经宿主食入后，寄生于宿主的中肠内，在肠内合适的碱性环境中生长繁殖。晶体毒素经过虫体肠道内蛋白酶（主要是胰蛋白酶和胰凝乳蛋白酶）水解，形成有毒性的较小亚单位，它们作用于虫体的中肠上皮细胞，引起肠道麻痹、穿孔、虫体瘫痪、停止进食。随后苏云金芽孢杆菌进入血腔繁殖，引起感染，导致虫体死亡。目前已发现，苏云金芽孢杆菌对200种以上的农林害虫有防治效果，主要是对叶食性的鳞翅目害虫，其次是双翅目、膜翅目和鞘翅目害虫，现已广泛应用于防治松毛虫、菜青虫、苹果巢蛾、毒蛾、稻苞虫和玉米螟等害虫。

4. 真菌杀虫剂

半知菌类中的白僵菌、绿僵菌等已在防治害虫中被广泛应用。白僵菌的菌丝细弱，有隔膜。菌落为绒毛状，平坦，形成孢子后呈粉状，表面白色至淡黄色，分生孢子梗为瓶状，分生孢子梗或小梗可多次分叉，聚集成团，分生孢子一般呈球形。白僵菌是好气菌，需要足够的空气才能生长，适宜温度为16~28℃，孢子发芽时需要95%以上的相对湿度。白僵菌主要通过昆虫体壁侵入体内，也可通过呼吸道或消化道感染。白僵菌的分生孢子在虫体壁上吸收水分而萌发，并通过芽管的新梢分泌几丁质酶溶解昆虫体表的几丁质，从而侵入体内。菌丝在虫体内四处穿透，并充满在血腔内，使血液pH下降，新陈代谢紊乱，最后，使昆虫停食而死亡。白僵菌对昆虫的寄生有一定的专一性，对不同昆虫的致病性是不同的。例如，用从大豆食心虫中分离出的白僵菌去感染玉米螟、苹果食心虫及榆树金花虫，结果发现对玉米螟的感染率为100%，对苹果食心虫的感染率为80%，对榆树金花虫则不感染。由于作为杀虫剂的病原真菌对昆虫的寄生有一定的专一性，并且从侵入直到宿主死亡的整个过程，对寄生条件的依赖性较大，因此目前在田间利用真菌治虫还十分有限。

高　职　篇

项目三　酿酒微生物

知识目标：了解酿酒微生物与白酒酿造的关系，了解酿酒微生物的共性，掌握酿酒微生物的种类及酿酒作用。

能力目标：能根据白酒酿造要求进行酿酒条件的调控，为酿酒微生物创造良好适宜的生长繁殖代谢条件。

任务一　白酒酿造体系的基本特征

了解白酒酿造体系的基本特征，掌握白酒微生物代谢物及其风味特征。

白酒的生产主要采用固态发酵的方式，固态酿造基质的含水量从 30% ~ 40%（制曲）到 50% ~ 60%（酿造发酵），发酵过程由多种微生物参与，且糖化与发酵过程同步进行。白酒的酿造与西方蒸馏酒的酿造有很多不同之处（图 3-1）：在酿造方式上，西方蒸馏酒采用先糖化后发酵的方式，而白酒生产则采用边糖化边发酵的方式；从过程控制来讲，西方的发酵过程比较容易控制，而固态双边发酵的控制难度较大。其次，西方蒸馏酒一般都是纯种发酵，而白酒酿造则是多菌种的群体微生物发酵，对群体微生物在生态系统中的来源、组装及演替规律的研究——恰恰是现代微生物研究领域的国际前沿问题。三是与西方的液态发酵方式相比，白酒采用固态发酵，发酵周期长，富集得到多种多样的微生物代谢产物，加上独特的固态蒸馏提取工艺，白酒形成了不同于西方蒸馏酒的独特风味和口感。

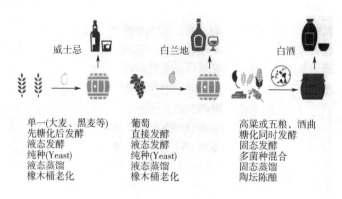

威士忌　　　　　　白兰地　　　　　　白酒

单一(大麦、黑麦等)	葡萄	高粱或五粮，酒曲
先糖化后发酵	直接发酵	糖化同时发酵
液态发酵	液态发酵	固态发酵
纯种(Yeast)	纯种(Yeast)	多菌种混合
液态蒸馏	液态蒸馏	固态蒸馏
橡木桶老化	橡木桶老化	陶坛陈酿

图 3-1　威士忌、白兰地和白酒的差异

一、白酒酿造体系特征

1. 白酒酿造微生物菌群及相互作用多样化特征

传统白酒酿造微生物来源于开放环境接种，包括种曲、生产原料、环境、空气和发酵容器（如窖池）等，酒曲、酒醅和窖泥等酿造区孕育出丰富的微生物资源。随着高通量测序技术的广泛应用，越来越多的酿造微生物被人们所认识，如使用扩增子测序技术，在清香型酒醅中共检测到 263 个细菌属，201个真菌属，远超出了传统认知。

酿造微生物遗传多样性是菌群多样性表现的另一重要方面。白酒酿造体系中具有生产性能各异的同种菌株，不同酿造体系中可能存在着代谢特征与生产性能各异的菌株类型。这可能因为，白酒生产工艺的差异对菌株进行了定向选择，遗传多样性越高或遗传变异越丰富，其对环境变化的适应能力就越强。

多菌种的酿造微生物在开放环境中形成极其复杂的菌群结构，群系之间及其内部存在着各种各样的相互作用关系，对维持白酒酿造系统的稳定性及功能提供保障，最终对白酒产量、质量产生重要影响。基于酵母的核心功能，酵母与酵母、酵母与细菌、酵母与霉菌等存在广泛的相互作用模式和机制。微生物间相互作用是群体微生物代谢的特征，不同于组成群体微生物的微生物代谢特征的简单相加，微生物间会通过彼此相互影响，改变着菌群内部成员微生物的生长及其代谢特征，继而改变微生物群体的整体结构与功能，最终影响发酵食品的品质。

2. 白酒酿造微生物菌群演替阶段化特征

虽然白酒固态酿造的微生物源于自然接种，且在发酵过程中不对微生物进行人为干预，但从代谢物（白酒风味物质）角度来看，这种发酵系统却是可以进行高度重复的。通过研究原位酿造群落的物种（甚至菌株）多样性和功能潜能，并揭示其群落形成的时序特征，能帮助我们更好地理解酿造过程中微生物时序演替的原因，利于从接种源头控制产品品质。白酒酿造过程中的微生物源于自然环境，但其丰度远高于自然环境，解析白酒固态酿造中微生物菌群演替的特征，剖析动态演变的原因，同时可以加深我们对微生物菌群组装模式和功能执行背后潜在原理的理解。

从制曲到蒸馏，白酒酿造过程可长达一年甚至更长时间。一般大曲制造一个月，贮藏三到六个月，主发酵一至两个月甚至更长。就主发酵过程而言，可分为两个阶段：好氧到微好氧的产醇阶段，以及厌氧的产酸阶段。在产醇阶段，由于氧气的存在，多种类型的酵母可以大量繁殖，该过程迅速消耗氧气，当氧气消耗完毕后酵母进行无氧呼吸，产生乙醇；当乙醇浓度累积到一定程度时乳酸菌等细菌因能耐受较高浓度的乙醇而成为群落中的优势微生物，发酵体系由"产醇"过渡到"产酸"阶段。产酸过程对白酒酿造过程的正常进行以及白酒风味化合物的形成具有重要作用，该过程中的功能微生物为各种类型的乳酸菌和其他多种类型的细菌，主要代谢产物为乳酸和其他微量风味化合物，这种由细菌驱动的产酸发酵过程是中国固态酿造区别于西方液态酿造的重要特征。白酒酿造微生物菌群演变受到微生物代谢产物的反馈作用，微生物菌群与代谢产物的相互作用推动着白酒酿造过程中微生物的阶段性演变。

3. 白酒酿造微生物菌群功能定向进化特征

酿造环境中多种微生物之间存在相互作用，这些微生物在长期自然驯化过程中借助复杂的微生物相互作用实现了功能定向进化。例如，从大曲中分离得到天然高产表面活性素的解淀粉芽孢杆菌，其高产表面活性素的性能是由复杂的相互作用驱动的功能定向进化产物。与自然环境中芽孢杆菌合成脂肽作为信号分子诱导生物膜形成的功能不同，解淀粉芽孢杆菌高效合成脂肽而不形成生物膜，脂肽的主要功能表现为抗菌，以抵抗外界不良酿造微生物入侵，维持大曲及酿造环境中微生物群体结构与功能的稳定。此外，解淀粉芽孢杆菌表现出对发酵有害微生物（桑氏链霉菌）显著的抑制作用，营养和生存空间竞争、表面活性素等多种脂肽协同抗菌作用是芽孢杆菌抑制链霉菌生长及不良风味物质土味素积累的重要作用模式。

大曲生产及白酒酿造环境中微生物菌群相互作用对微生物产生定向进化和加速作用，产生了从普通自然环境中难以获得的优质微生物资源。这种天然进化模式，为微生物菌种改造和功能提升提供了新的研究策略和思路。

4. 白酒酿造微生物代谢产物多样化特征

目前已知白酒中的风味物质组分在 1500 种以上，远高于其他任何蒸馏酒。风味化合物主要来源于微生物转化原料的代谢活动，也有来源于微生物代谢产物在整个酿造生产过程中的化学反应（图 3-2），这些物质在酒醅中累积，经蒸馏、贮存等生产环节最终进入白酒酒体中。

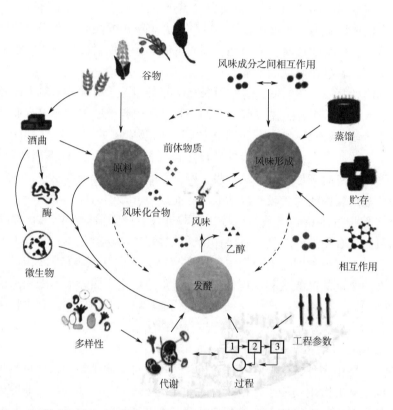

图 3-2　影响白酒风味形成的因素（微生物代谢多样化和风味物质的相互作用）

白酒酿造过程中微生物种类的多样性是白酒风味多元化的基础，图 3-2 表达了微生物代谢多样化和风味物质的相互作用。如酵母代谢产生乙醇；乳酸菌产生乳酸；醋酸菌、异型发酵乳酸菌、梭菌等多种类型的微生物产生乙酸；梭菌还产生丁酸和己酸等短中链脂肪酸；酵母菌产生酯类，且不同酵母菌的产酯能力不同。芽孢杆菌等微生物合成乙偶姻、4-甲基吡嗪等。此外，还有更多代谢产物合成及其代谢途径有待发现。

5. 白酒酿造的固态发酵特征

固态发酵是白酒酿造区别于西方蒸馏酒酿造的重要特征之一（图 3-3，图 3-4）。白酒固态发酵中粮食谷物等为微生物生长代谢提供底物，同时这些固态基质又是微生物生长的附着物。发酵基质的不同，造成微生物生理活动的差异，加之白酒发酵时间远长于西方蒸馏酒，是造成白酒风味较西方蒸馏酒更丰富的重要原因。

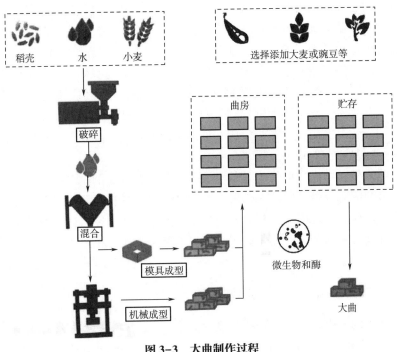

图3-3　大曲制作过程

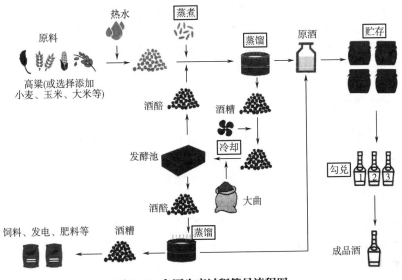

图3-4　白酒生产过程简易流程图

基于固态发酵的白酒生产酿造工艺较为复杂，以酱香型白酒为例，包括制曲、堆积及入窖发酵3个固态发酵阶段。不同的工艺条件和环境因素，影响着白酒酿造微生物的种类分布，对传统发酵过程及风味物质合成具有重要影响。研究发现固态和液态发酵中丝状真菌产生的许多酶和次级代谢产物的合成有显著差异。在白酒的固态发酵微环境中，浓香型大曲中主要丝状真菌之一如华根霉等会有孢子梗、孢子囊、孢子和假根等器官分化，且菌丝体生长旺盛迅速，而在液体培养中不会有这些分化，形成的是无分隔的丝状体，且相关酶也具有不同的表达形式。这种固态发酵中微生物的代谢独特性提供了有别于液态发酵的丰富风味物质。其他蒸馏酒发酵过程中微生物主要在液态环境中生长，不利于微生物分化及次生代谢产物生成，这种基因表达的种类及阶段的复杂性是形成白酒风味复杂性的重要原因之一。

除此之外，固态发酵生产过程较液态发酵产生更少的副产物，环境相对友好，但目前固态发酵的传热和传质控制难度较高，酿造过程中难以全面实现机械化和智能化。因此有必要深入研究多菌种发酵机制来完善固态发酵理论和应用技术开发，在酿造微生物组的工程技术的基础上实现全机械化和白酒智能化酿造。

二、白酒微生物代谢物及其风味特征

根据不同的原料、生产环境及生产工艺，白酒微生物发酵形成了不同的曲和酒醅，不同的代谢物组成，最终得到了不同风格的白酒。根据白酒感官特征的不同，可分为浓香、清香、酱香、芝麻香、米香、凤香、兼香、豉香、药香、特香、馥郁香、老白干12种香型。不同香型白酒的区别主要是微量成分的差异，包括醇类、有机酸、酯类、羰基类、芳香族、萜烯类、吡嗪类、硫化物、呋喃类、内酯类等化合物，其中部分重要风味物质的微生物代谢途径及形成机制将在以下内容进行介绍。

（一）醇类化合物

醇类是糖、氨基酸等成分在霉菌、酵母、细菌等微生物的作用下生成的。醇的含量很高，香气特征主要呈愉悦的水果香、花香、青草香，也有刺激性气味和指甲油气味等，是白酒中的重要风味物质。

1. 乙醇

在厌氧条件下葡萄糖分解为乙醇并放出 CO_2 称为酒精发酵作用，在酿酒过程中主要由酵母（毕赤酵母属、裂殖酵母属、接合酵母属等）和细菌代谢产生。

（1）酵母酒精发酵　在有氧条件下糖酵解途径（EMP）与三羧酸循环

（TCA）连接，酵母将葡萄糖经 EMP 途径降解为丙酮酸，然后在发酵乙醇的关键酶——丙酮酸脱羧酶的催化下，丙酮酸脱羧生成乙醛，乙醛接受糖酵解过程中释放的 NADH+H$^+$ 被还原成乙醇（图 3-5），这是一个低效的产能过程，大量能量仍然贮存于乙醇中。

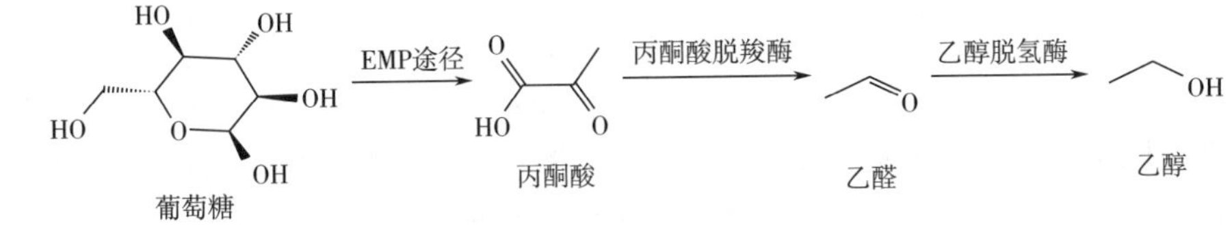

图 3-5　酵母的乙醇发酵

（2）细菌酒精发酵　一些细菌缺乏 EMP 途径中的若干重要酶——醛缩酶和异构酶，因此葡萄糖的降解完全依赖己糖磷酸途径（HMP）。HMP 途径有时也称为戊糖磷酸途径或磷酸葡萄糖酸途径，葡萄糖经转化变为 6-磷酸葡萄糖，随后形成 6-磷酸葡萄糖酸内酯，接着形成 5-磷酸核酮糖和 3-磷酸-甘油醛进入 EMP 途径，途径部分步骤见图 3-6。

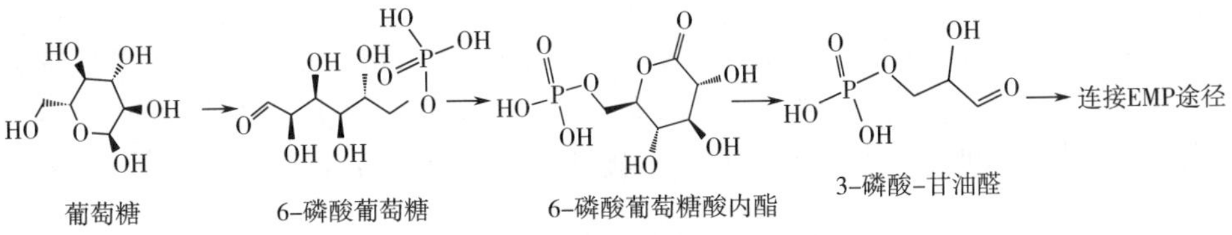

图 3-6　HMP 途径部分反应步骤

ED 途径，又称 2-酮-3-脱氧-6-磷酸葡萄糖酸（KDPG）途径（图 3-7），是少数缺乏完整 EMP 途径的微生物所具有的一种替代途径。其特点是与葡萄糖相比 EMP 途径是通过更简洁的途径获得丙酮酸进而产乙醇。ED 途径分解一分子葡萄糖只能产生一分子 ATP，产能为酵母乙醇发酵的一半，产生的乙醇仍是两分子。

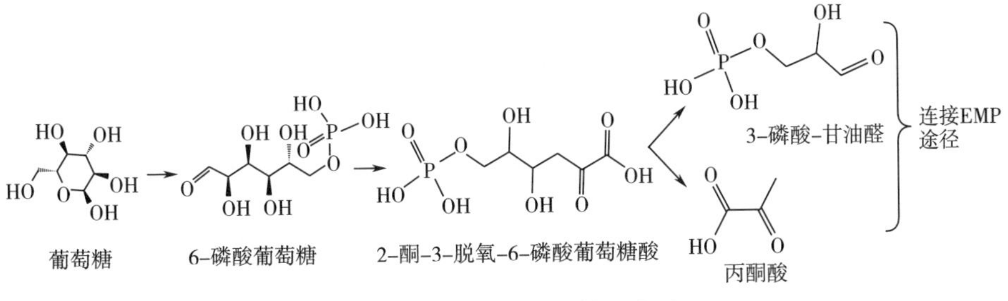

图 3-7　ED 途径部分反应步骤

2. 高级醇

高级醇是白酒风味物质中的重要组成部分，适宜的高级醇含量及比例可使酒体丰满、圆润、口感柔和协调，若超过了一定的浓度则会给白酒造成苦味和涩味。

高级醇的生成途径主要有两种：第一种是酵母以氨基酸为基质的降解代谢途径（图3-8），又名埃利希代谢途径。在此代谢途径中杂醇由氨基酸形成，其代谢过程包括：① 氨基酸被转氨成为α-酮酸。② α-酮酸脱羧成醛（失去一个碳原子）。③ 醛还原为醇。特定的氨基酸可以形成特定的高级醇，如缬氨酸生成异丁醇，亮氨酸生成异戊醇，异亮氨酸生成活性戊醇，苯丙氨酸生成苯乙醇等。

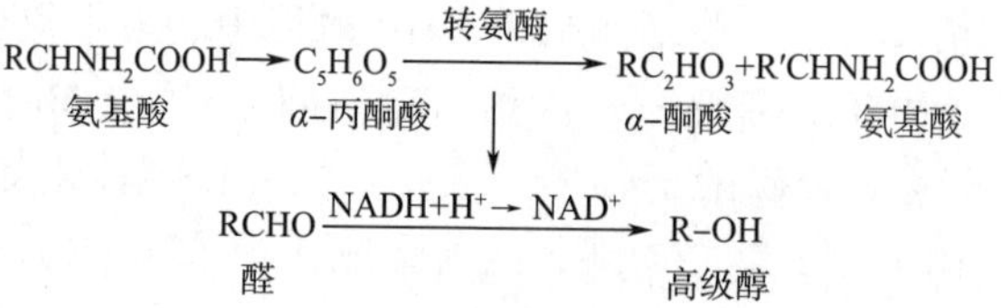
转氨酶
RCHNH2COOH
氨基酸
C5H6O5
α-丙酮酸
RC2HO3+R′CHNH2COOH
α-酮酸
氨基酸
RCHO
醛
NADH+H+ → NAD+
R-OH
高级醇

图3-8　高级醇合成的埃利希代谢途径

第二种是酵母以糖为基质的合成代谢途径，即Harris路线（图3-9）。在氨基酸缺少的情况下，由糖代谢生成氨基酸的碳骨架，在其合成中间阶段，形成了α-酮酸中间体，由此脱羧和还原就可形成相应的高级醇。

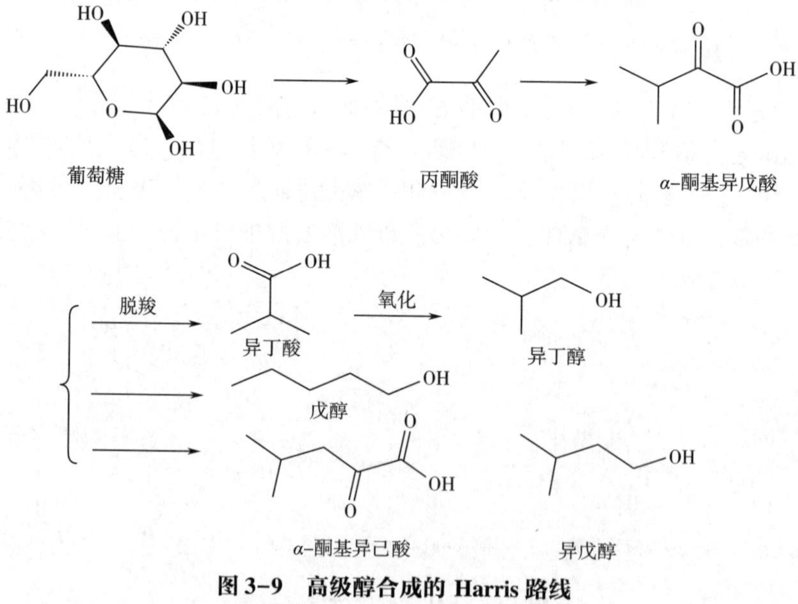
葡萄糖
丙酮酸
α-酮基异戊酸
脱羧
异丁酸
氧化
异丁醇
戊醇
α-酮基异己酸
异戊醇

图3-9　高级醇合成的Harris路线

两条途径对形成高级醇的贡献大小是不同的，受培养基中可同化氮源的组成和含量的影响，在可同化氮源缺乏时，细胞内通过生化合成途径合成氨基酸，此时会形成高浓度的高级醇，随着可同化氮源浓度的升高，高水平的氨基酸会反馈抑制氨基酸生化合成途径中酶的活性，从而降低了高级醇在合成途径中的形成，同时从分解代谢途径形成的高级醇含量增加。因此高级醇最终的生成量是两条代谢途径随着培养基中可同化氮源的增加而逐渐平衡的结果。

（二）有机酸类化合物

有机酸的种类与酸的生成途径是多种多样的，其中细菌代谢是窖内产酸的主要途径，如醋酸菌将霉菌糖化产生的葡萄糖发酵生成乙酸，还可将回酒入窖和发酵过程产生的酒精氧化生成乙酸，乳酸菌可将葡萄糖转化生成乳酸。在发酵中后期酒醅中的有机酸会大量积累，酸类是酯类物质的前体，酯类的生成会消耗一部分醇和酸而降低酒醅中醇和酸的含量。

1. 乳酸

乳酸是白酒发酵酒醅中的主要酸类，含量占绝对优势，但在蒸馏过程中乳酸很难被蒸出，大量乳酸残留在酒醅中。蒸馏过程中乳酸在白酒中的分布规律为：酒尾>酒身>酒头。白酒中适当的乳酸可使酒体醇厚、香气稳定、消除苦涩及辛辣味等。

乳酸菌是一类利用多种碳水化合物合成乳酸为主要代谢产物的兼性或专性厌氧细菌的总称。乳酸菌的发酵分为两类：一类是同型乳酸发酵，其发酵过程中只产生乳酸。进行同型乳酸发酵的菌有链杆菌、链球菌以及部分乳杆菌，如德氏乳杆菌、保加利亚乳杆菌、干酪乳杆菌等，同型乳酸发酵中乳酸是葡萄糖代谢的唯一产物，采用的是 EMP 途径，经过该途径 1mol 葡萄糖可生成 2mol 乳酸，理论转化率为 100%，但由于发酵过程中微生物有其他生理活动存在，实际转化率在 80% 以上的即认为是同型乳酸发酵。同型乳酸发酵代谢途径主要过程见图 3-10。发酵 1mol 葡萄糖生成 2mol 乳酸和 2mol 三磷酸腺苷（ATP），关键限速酶包括磷酸果糖激酶和乳酸脱氢酶，总反应式为：

$$C_6H_{12}O_6+2ADP+2Pi\rightarrow 2CH_3COCOOH+2ATP$$

另一类为异型乳酸发酵，异型乳酸发酵的微生物有肠膜状明串珠菌、短乳杆菌、番茄乳杆菌、甘露乳杆菌等。代谢过程为葡萄糖转化成 6-磷酸葡萄糖酸后，在 6-磷酸葡萄糖酸脱氢酶作用下转化为 5-磷酸核酮糖，经 5-磷酸核酮糖-3-差向异构酶的差向异构作用生成 5-磷酸木酮糖，5-磷酸木酮糖在磷酸酮解酶的催化作用下可分解为乙酰磷酸和 3-磷酸-甘油醛，前者经磷酸转乙酰酶作用转化为乙酰 CoA，再经乙醛脱氢酶和乙醇脱氢酶作用最终生成乙醇，后者经 EMP 途径生成丙酮酸，在乳酸脱氢酶的催化作用下转化为乳酸，主要过程如图 3-11 所示。总反应式为：

$$C_6H_{12}O_6 + 2ADP + 2Pi \rightarrow CH_3COCOOH + CH_3CH_2OH + CO_2 + 2ATP$$

通过传统培养方法和分子手段发现乳酸菌存在于白酒生产工艺的各个环节中，包括大曲、酒醅及窖泥中，酒醅中的乳酸菌在一定时间内随发酵时间延长其丰度逐渐增多。

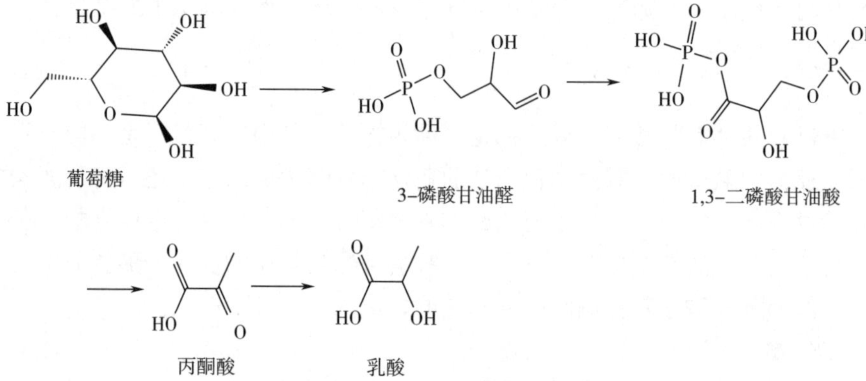

葡萄糖　　　　　　　　3-磷酸甘油醛　　　　　　1,3-二磷酸甘油酸

丙酮酸　　　　　　乳酸

图 3-10　同型乳酸发酵主要过程

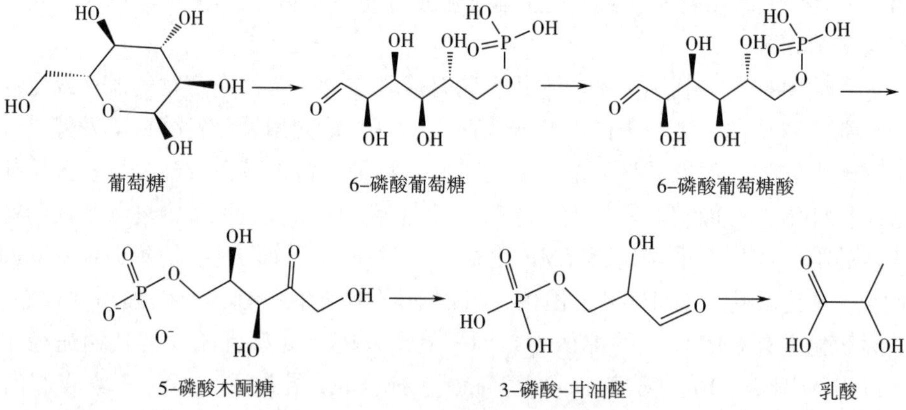

葡萄糖　　　　　　　6-磷酸葡萄糖　　　　　　6-磷酸葡萄糖酸

5-磷酸木酮糖　　　　　　3-磷酸-甘油醛　　　　　　乳酸

图 3-11　异型乳酸发酵主要过程

白酒生产中对乳酸的控制主要有以下几种方法：

① 乳酸降解菌又称为乳酸利用菌，如丙酸杆菌属、脱硫弧菌属、固氮菌属、韦荣球菌属、巨球型菌属、芽孢杆菌属和真杆菌属等多个属的一些菌种，可以利用乳酸作为碳源或者电子受体的一类微生物，能够氧化或者发酵乳酸，进而减少乳酸的含量。② 控制生产工艺从而改变微生物的生长及代谢，也可控制乳酸生成，酿酒过程中使用含水量低的陈曲，可使曲块中乳酸菌等非芽孢类细菌大量死亡而减少生产中的乳酸量。③ 乳酸降解菌的筛选与应用可降低

乳酸的生成，如对谢氏丙酸杆菌发酵特性的研究发现，在 pH 为 5.0 时，可以完全降解 20g/L 乳酸。从酒醅中分离到一株革兰阳性、有芽孢的兼性厌氧菌，可以将乳酸降解为甲酸、乙酸和甲醇。

2. 己酸

己酸是浓香型等多种香型白酒中重要的风味物质和风味物质前体，在白酒酿造体系中，尤其是在基于窖泥微生物发酵类型的白酒发酵中，目前已发现的产己酸的微生物菌株有克氏梭菌、埃氏巨球型菌、半乳糖己酸菌、瘤胃菌等（表 3-1）。

表 3-1　产己酸的菌种

菌株名称	底物类型	来源
克氏梭菌（N6）	乙醇，乙酸	窖泥（中国）
克氏梭菌（3231B）	乙醇，乙酸	牛的瘤胃（美国）
梭菌属（BS-1）	半乳糖	厌氧消化器废水（韩国）
瘤胃菌（CPB6）	乳酸	窖泥（中国）
Clostridium carboxidivorans	CO, H_2, CO_2	湖底（美国）
埃氏巨球型菌（T81）	葡萄糖，乳糖	牛的瘤胃（美国）
Eubacterium limosum	甲醇	羊的瘤胃（美国）
Eubacterium pyruvativorans	氨基酸	牛的瘤胃（日本）

目前已经发现的己酸合成途径表明，无论上述哪种合成模式，己酸均由代谢中间产物乙酰辅酶 A 到丁酰辅酶 A 再到己酰辅酶 A，通过多步酶促反应最终合成己酸（图 3-12）。

3. 乙酸

白酒发酵过程中的乙酸主要由醋酸菌、乳酸菌、梭菌、酵母等微生物产生。醋酸菌具有氧化乙醇生成乙酸的能力，乙醇在乙醇脱氢酶的作用下生成乙醛，乙醛在醛脱氢酶的作用下得到乙酸。

在一定条件下乳酸菌也可代谢产生乙酸。对于同型乳酸发酵乳酸菌，通过代谢碳源生成丙酮酸，主要合成乳酸，同时丙酮酸可分解为乙酰辅酶 A，进一步合成乙酸。对于异型乳酸发酵乳酸菌，代谢碳源合成丙酮酸并直接合成乳酸，同时可以直接代谢碳源合成乙酰磷酸，进一步合成乙酸（图 3-13）。

4. 有机酸类化合物的风味作用

有机酸类化合物是形成白酒风味的主要物质，主要呈酸味，与其他风味物质共同组成白酒所特有的风味，同时也是形成酯的前体物质。酒缺乏酸会显得不柔和、不协调、酒味寡淡、香味短，缺乏固有的风格。酸味大则酒味粗糙，

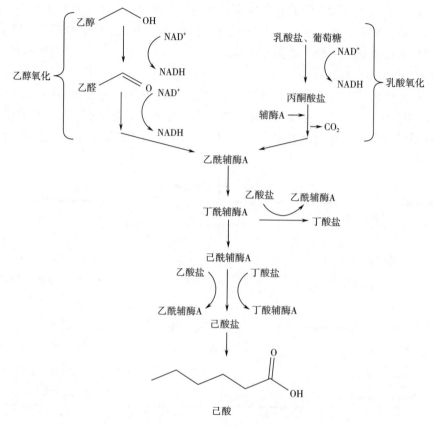

图 3-12　己酸主要代谢途径

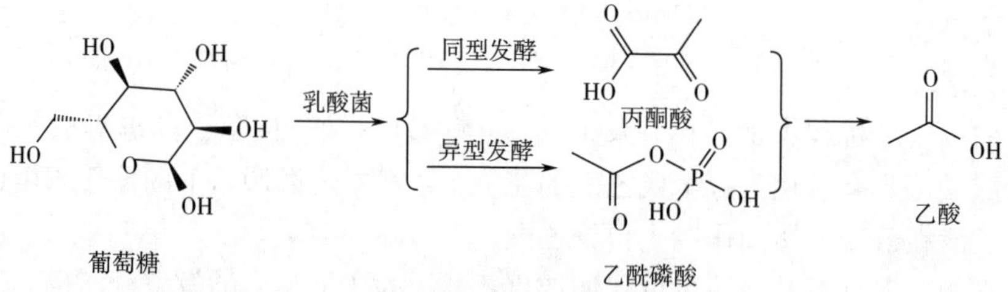

图 3-13　乳酸菌代谢产乙酸

有杂味，使白酒质量降低，影响整体的口味。适量的酸在酒中可调节饮酒后上头和口味不协调等现象。低浓度的酸能促进酒的甜味感，酸过量则甜味感减少。

　　白酒中的有机酸根据沸点分为挥发酸和不挥发酸两类，目前已检测出 100余种。挥发酸有甲酸、乙酸、丙酸、丁酸、己酸、辛酸等。甲酸刺激性强但含量少，乙酸刺激性强且含量高，浓度适当可给酒带来愉快的香气和酸味，但含量过多则使酒呈尖酸味。丁酸有窖泥香且带微甜，若浓香型白酒中含丁酸过多，则酸臭味突出，但在含量少的情况下，可与其他风味物质一起贡献香气。己酸有窖泥香且带辣味，浓香型白酒中含有一定量的己酸，过量则有脂肪臭，八个碳原子及以上的有机酸类化合物多数酸味较淡，并且有轻微的脂肪气味。不挥发酸有乳酸、苹果酸、葡萄糖酸、酒石酸、柠檬酸、琥珀酸等。适量的乳酸香气微弱并使酒质醇和浓厚，给白酒带来良好的风味。琥珀酸调和酒味，柠檬酸、酒石酸酸味长，使酒爽口，过量则使酒口感刺激，这些不挥发的有机酸在酒中含量比例得当，使人饮后感到清爽、利口、醇和，若含量过高，酸味重对酒体风味产生负面影响。

（三）酯类化合物

酿酒原料中的葡萄糖、氨基酸等物质经过微生物发酵代谢产生一系列的醇和酸，在酯酶的作用下形成了不同的酯类化合物。

1. 己酸乙酯

产己酸乙酯的微生物可分为两类：一类是胞内酯化产生己酸乙酯分泌到胞外的微生物，据现有报道包括酵母和己酸菌，另一类则是通过微生物自身产酯酶分泌到胞外，酯化己酸与乙醇形成己酸乙酯，包括酵母、霉菌及细菌。微生物合成己酸乙酯代谢途径主要有3种（图3-14）：乙酸乙酯跟乙醇在一定条件下形成的丁酸乙酯再跟乙醇反应形成己酸乙酯（途径一）；栖息在窖泥中的己酸菌所产的己酸和乙醇在酰基辅酶A的催化作用下形成己酸乙酯（途径二）；己酸与酒醅中酵母产的乙醇可酯化形成己酸乙酯（途径三），其中霉菌是产生酯化酶的重要微生物，白酒发酵中主要的霉菌包括曲霉、根霉、红曲霉等。

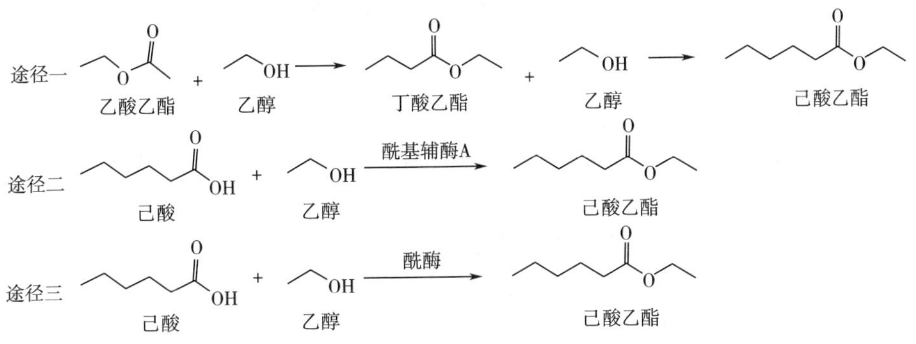

图3-14 己酸乙酯的代谢途径

2. 乙酸乙酯

乙酸和乙醇在酯化酶的作用下可合成为乙酸乙酯。酵母是乙酸乙酯产生的重要微生物，其中异常威克汉姆酵母是产乙酸乙酯能力较强的酵母，该酵母在高粱汁培养基、产酯培养基（GPYM）、酵母浸出粉胨葡萄糖培养基（YPD）中均能产乙酸乙酯，但随着发酵时间的延长，发酵液中乙酸乙酯含量都有所下降。同时，一些酵母如乳酸克鲁维酵母、异常威克汉姆酵母自身可在醇酰基转移酶条件下催化乙醇合成乙酸乙酯，该代谢过程中，葡萄糖经过一系列代谢形成的乙酰辅酶A可以将同是葡萄糖代谢产生的乙醇催化反应为乙酸乙酯（图3-15）。

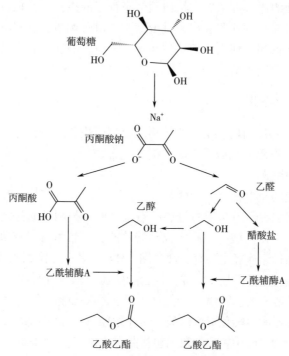

图3-15 乙酸乙酯代谢途径

3. 酯类化合物的风味作用

酯类是白酒中研究最早的一类化合物，始于20世纪60年代，特别是窖底香己酸乙酯的发现，揭开了我国白酒风味物质研究的序幕。随着研究的不断深入，白酒中检测到的酯类日益增多，最新的研究成果表明检测到的酯类化合物已有430余种，大多以乙酯形式存在，具有一定的水果芳香味。己酸乙酯、乙酸乙酯、乳酸乙酯和丁酸乙酯是白酒中的四大乙酯，为白酒中的主要香气成分，其含量占总酯的90%~95%。

己酸乙酯在浓香型白酒中浓度最高，达2.0~5.0g/L，香气活力值（浓度/阈值，OAV）上万，是浓香型白酒的关键香气。乙酸乙酯是清香型白酒的主体香气成分，在米香型、凤香型等白酒的风格中具有重要作用。丁酸乙酯主要存在于浓香型白酒中，在酱香型白酒中含量较少。乳酸乙酯在多数白酒中是四大乙酯中量最多的，可增加白酒的厚重感，但含量过高会表现出口感不爽、放香不足等现象，严重影响白酒的品质。

三、酿酒微生物来源

在酿酒生产中，制曲和酿酒，均是利用野生菌进行自然发酵。因此如何捕捉有用微生物群而排除有害微生物群，是提高大曲质量和酒产量的关键。酿造时各种微生物共同作用，先后交替，规律不定，呈现着极其复杂的关系，所以迄今为止，关于酿酒微生物许多课题仍有待深入探索。

制曲和酿酒均在室内操作，一部分微生物来源于空气中卷入的来自土壤、生物及有机物上的微生物孢子和芽孢，另一部分来源于室内地面（连续操作，长期与材料接触者）、墙壁、工具、原料（生料）以及存放的物品和出入的人员等。在持续生产的情况下，原料与地面及工具，特别是原料本身也是制曲微生物的主要来源，而空气落入则成为次要。在正常情况下，老厂微生物源种类丰富，数量多，是踩曲及酿酒野生菌的来源，主要为原材料、工具、地面的接触感染。不同酿酒环境中微生物种类也不同，除了窖泥中有丰富的微生物外，窖外环境也有大量的微生物，见图3-16。

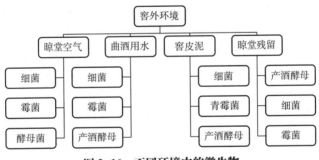

图 3-16 不同环境中的微生物

🍷**思考练习**

酿酒微生物是微生物中的一大类，请分析酿酒微生物与普通微生物的不同之处。

任务二 酿酒微生态区系

教学重难点

掌握酿酒微生物的种类、数量、分布及其变化规律。

一、酿酒微生态的概念

微生态系统是由正常微生物群与其宿主的微环境（组织、细胞、代谢产物）两部分所组成，是指在一定的结构空间内，正常微生物区系以其宿主（人类、动物、植物或其他）的组织、细胞及其代谢产物为环境，在长期进化过程中形成的，能独立进行物质、能量及基因（即信息）相互交流的统一的生物系统。一般可分为3个层次：总微生态系统、大微生态系统和小微生态系统。微生态系统中各类微生物的相互联系和相互作用，是通过三个流动来实现的，就是指微生态系统中的物质流动（物质循环）、能量流动和基因流动（基因传递）。

传统的中国固态法酿造白酒，采用间歇式、开放式生产。在其酿造过程中，环境微生物、大曲微生物、窖泥微生物多菌种共同形成了特定的酿酒微生物生态环境，并协同作用，才最终形成了丰富的香味物质和曲酒的典型性。

原产地环境微生态及制曲工艺、酿酒工艺的差异导致了各种香型白酒及其风格特征都具有原产地特征，难以在异地得以复制重现。对酿酒微生态系统而言，也可分为总、大、小微生态系统。总微生态系统涵盖整个原产地微生态系统，气候、地质、土壤、作物、水系共同造就环境微生态，如宜宾市、泸州市、茅台镇；大微生态系统就是在总微生态系统内的每一个酿酒企业，都具有相对独特的微生态区系，如宜宾的五粮液酒业、叙府酒业、红楼梦酒业、高洲酒业；小微生态系统，就是每一个酒企内部的不同酿酒车间，甚至不同窖池。尽管它们采用的酿酒原料、制曲工艺、酿酒工艺都是相同的，但仍然因为小微生态系统的区别，从而导致原酒质量有微妙差异，不同车间、不同班组、不同窖池各有特色。

二、酿酒微生态区系的构成

1. 地域环境

以产五粮液酒的宜宾为例，宜宾位于四川盆地南部，是川、滇、黔三省交会地。西接"世界屋脊"青藏高原和山高谷深的横断山脉，东依绵延陡峻的武陵山、巫山、大巴山脉等湘鄂山地，南接岩溶、盆地、峡谷错综密布、地势起伏的云贵高原，北临巍峨雄伟的秦岭山脉，四面是屏障，以中低山地和丘陵为主，岭谷相间，自然概貌为"七山一水二分田"。

独特的地理地貌环境，决定了宜宾的气候难以复制。相对封闭的盆地气候，气温高于同纬度其他地区，无霜期也较同纬度地区长，昼夜温差小、湿度大、全年降雨量高、多雾、年日照时间少、风速低；再加上北面的秦岭山脉以及东北方向的大巴山脉，冬季阻滞北方寒潮南侵，使四川盆地少受冷空气侵袭；西面及西南面，印度洋的暖湿气流被喜马拉雅山脉和冈底斯山脉两条东西向的高大山脉所阻挡，只能沿南北走向的横断山脉进入中国，给青藏高原东南地区、四川盆地带来丰沛的雨水，进而对这里的生态分布带来重大影响。这些不同气候类型汇聚在宜宾，在上万年的时光中氤氲酝酿、相互影响，最终形成了温暖湿润、冬暖夏凉、春早、秋绵雨的亚热带到暖湿带季风性湿润气候。

宜宾的土壤资源丰富，大致可分为水稻土、新积土、紫色土、黄色石灰土、黄壤、黄棕壤六大类，富含磷、钾、铁、钙、镁、锰等矿物质，肥力高，利于亚热带作物生长，对于五粮液酿酒所需的粮食作物的生长有着微妙而深刻的影响。在宜宾，还有一种普通又神奇的黄黏土，一直是浓香型酿酒生产筑窖和喷窖的专用泥土。这种泥土不仅含沙量少、细腻、黏性强、呈弱酸性，而且富含磷、铁、镍、钴、氨态氮等微量成分，尤其是镍元素和钴元素，最终对造就优质酒起到了至关重要的作用。

再看看宜宾的水系。宜宾境内水系属外流水系，发源于青海境内唐古拉山脉格拉丹东雪山北麓的金沙江，和发源于岷山南麓的岷江，在宜宾汇聚成长江。"水为酒之源"，作为万里长江的第一城，宜宾以长江为主脉，形成支流多、密度大、水量丰富的自然水系，为传统酿酒用水提供了坚实的保障。五粮液的酿酒用水，是打入地下 90 多米深，通过 400 米隧道，垂直深入岷江中心河道，抽取富含矿物质的古河道水。根据国家地矿部门的地质结构分析，此水"水龄"相当久远"赋存在侏罗纪泥岩发育的溶孔溶隙之中"，经过山石岩溶的长期自然过滤，水质清澈透明、甘美可口，含有机物、胶体物质及微生物较少，不含水生动物和植物，含有丰富的对人体有利的磷、氯、钾、钙、镁、钠、镍、锶、钡等多种微量元素，先后经 14 个国家科研机构鉴定，具有纯天然的品质。

在宜宾所处的相对封闭的自然地域环境中，温度、湿度、季节、气候、风势、pH 等客观因素相对均衡，孕育了一个综合、整体、不可复制的环境微生物群落；感恩于大自然的恩赐，这里的人民用勤劳和智慧作为回应，数千年持续不断的酿酒活动，又驯化了这些微生物，其数量、种类、组成、大小、形态、繁殖、代谢及相互关系，逐渐趋于均衡、稳定、可靠和适宜，从而构建了酿造美酒所需的环境微生物群落。这种相互配合、相互协调、相互平衡的和谐之举，既有独特地域环境的自然反映，又有人们发挥自己的感悟和灵性去迎合自然、营造生物环境的反映，最终酝酿出醉人的浓香神韵，正所谓"来源于天地、精致于人力""一方水土养一方人，一方水土出一方美酒"。联合国教科文组织与世界粮农组织把宜宾定义为"在地球同纬度上最适合酿造优质纯正蒸馏白酒的地区"，也就是基于此原因。

　　随着现代微生物技术的发展，在研究方法和技术手段上有了明显的提高。2000 年以后，进入了白酒研究的高峰期，各地学者对白酒微生物的分离鉴定、分布及变化规律进行深入研究。研究发现白酒发酵生产中微生物的主要来源是酒曲、窖泥和酒醅，而微生物在发酵过程中的代谢产物对酒的风味影响极大。因此，掌握酿酒微生物菌群种类、数量、分布及变化规律具有重要意义。

　　2. 酒曲微生物

　　酒曲是白酒发酵生产中微生物的主要来源，构成中国传统白酒发酵不可缺少的微生物体系。因此，掌握酒曲中主要风味微生物的情况，微生物菌群种类、数量、分布及种群变化规律，对提高白酒的品质具有重要意义。对酒曲微生物进行分离、鉴定研究，发现酒曲中的微生物主要由原核微生物类群和真核微生物类群组成。

　　（1）原核微生物类群　大曲中的原核微生物种属较多，能够在发酵过程中为白酒提供大量的呈香呈味物质或前体物质，大曲中的原核微生物主要由醋酸菌、乳酸菌和芽孢杆菌等菌群构成，由原料、器具、空气和水等带入。

　　① 醋酸菌属：醋酸菌属于醋酸单胞菌属，细胞从椭圆到杆状，单生、成对或成链。幼龄菌呈革兰阴性，老龄菌不稳定，这类原核微生物属于好氧微生物且与酵母菌有共生、促生长作用。对酒的品质有利有弊，要严格控制醋酸菌的量。醋酸菌在一定范围时，主要参与代谢生香，醋酸菌量过大时，会对酒的品质和风味产生负面影响。

　　② 乳酸菌属：因乳酸菌代谢产物主要为乳酸，而乳酸的含量能够直接影响白酒质量，所以将乳酸菌含量的多少作为评价大曲质量的指标。目前大部分白酒行业特别是浓香型白酒行业为了增加白酒中乙酸乙酯且降低乳酸乙酯的含量，改善白酒品质，应使其所含的乙酸乙酯、丁酸乙酸、己酸乙酯、乳酸乙酯四大酯类化合物比例协调，提出了"增己降乳"的倡议。在白酒酿造过程中乳酸菌能有效地促进发酵，同时其代谢产物可以有效减轻白酒的刺激性，增加白酒的回甜感，在白酒风味上有不可替代的作用。因此，对各类菌群在白酒发酵过程中代谢机理的研究，可以为白酒品质的提升、风味的调控打下良好基础。

　　③ 芽孢杆菌属：芽孢杆菌属为严格需氧或兼性厌氧，为有荚膜的革兰阳性杆菌。该属细菌能产生具有特殊抵抗力的芽孢，对高温、较强酸性等逆境条件有较强的抵抗力。芽孢杆菌的种类繁多，在高温大曲中最常见的是嗜热芽孢杆菌。芽孢杆菌可以通过自身的代谢作用把蛋白质、脂肪和糖等营养物质转化，故可在高温大曲中筛选优质芽孢杆菌应用于白酒生产，以增强白酒的风格特征。大曲中芽孢杆菌大多能分泌水解淀粉、蛋白质、果胶等底物的酶类，并能够利用藻酸盐等物质。因此，在白酒发酵过程中，此类菌群的存在有利于促

进发酵进程的顺利进行。

（2）真核微生物类群　大曲中的真核微生物主要是酵母菌和霉菌。酵母菌主要有酿酒酵母、产酯酵母和假丝酵母等。霉菌主要是曲霉（米曲霉、黑曲霉、红曲霉）、根霉（黑根霉、米根霉、中华根霉、无根根霉）、毛霉、犁头霉、青霉等。

①酿酒酵母：酵母在大曲中有着重要的作用，酵母菌的无性繁殖以出芽为主。大曲在白酒酒精发酵过程中不仅提供了具有发酵作用的酿酒酵母菌株，还提供了能协同促进酿酒酵母完成酒精发酵的其他功能菌系。目前，由中国生物开发中心研发的耐高温活性干酵母，通过其强大的发酵力极大地提高了出酒率。由于其耐高温特性，使得夏季制曲也有一定的保障。

②产酯酵母：产酯酵母是一类能够代谢产生酯类物质的酵母菌的总称。酯是一种有机化合物且是一类非常重要的呈香物质，产酯酵母大多属于异型汉逊酵母，具有较强的氧化特性和产酯能力。在生产白酒时，可以利用产酯酵母提高酒的主体香含量，如乙酸乙酯、己酸乙酯、乳酸乙酯等，以及乙酸甲酯、辛酸乙酯等次要香味物质。假丝酵母是一类能形成假菌丝、不产生子囊孢子的酵母。大曲中假丝酵母相对酒精酵母数量较少，也具有一定的发酵能力，但在大曲发酵以及白酒发酵过程中的作用仍然不是十分清晰，有待进一步研究。大曲中形态各异、种类繁多的酵母菌的作用是形成大曲白酒不同风格特点的主要原因之一。

③曲霉：曲霉是丛梗孢科中的一个属，是大曲中产酶能力较强的一类微生物。曲霉自身能够分泌葡萄糖氧化酶、糖化酶和蛋白酶，在当今白酒生产中，比较重要的曲霉菌有黑曲霉 3.4309、红曲霉等。黑曲霉 3.4309 是由我国科研人员成功诱变的具有强大糖化力的霉菌，每克干曲可糖化淀粉 32g；红曲霉在发酵过程中可产生酯化酶，对于白酒的口感和质量起着至关重要的作用，传统的酿酒工艺，在添加红曲霉和酵母以后，具有很好的出酒率和增己降乳作用。

④根霉：根霉是毛霉目、毛霉科真菌中的一个大属。根霉菌菌丝一般多核，菌丝没有横隔膜，单细胞。根霉属内主要的种有毛状根霉、黑根霉、米根霉、华根霉等。其中米根霉具有较强的淀粉酶产生能力，广泛用于制曲、酿酒生产中。在酒曲的发酵过程中，根霉菌能够产生一系列芳香物质，例如酯类、醛类等，而部分根霉能够产生乳酸，这对于酒曲和酒糟发酵中产生乳酸和酸度调节起着重要作用。根霉菌产生的代谢产物，具有一定的甜味，故目前根霉菌主要应用于小曲酒的酿造。

3. 窖泥微生物

窖泥中栖息着大量的微生物，窖泥微生物的种类、数量、种群间的相互作用以及代谢的多样性直接影响着白酒的质量，但窖泥中微生物的分布及微生物间的相互作用对发酵途径及最终产物的生成有着怎样重要的影响，微生物如何作用进而影响白酒的质量还不清楚，值得进一步研究。窖泥的微生物种类繁多，包括细菌、古生菌、霉菌、酵母菌和放线菌等，其中以细菌和古生菌为主。窖泥微生物中的细菌和古生菌主要包括厚壁菌门中的梭菌属、瘤胃球菌属及乳杆菌属等，拟杆菌门中的理研菌属及普氏菌属等，广古菌门中的甲烷杆菌属、甲烷短杆菌属及甲烷八叠球菌属等。窖泥中微生物的种类、数量及其群落结构多样性，以及种群间的相互作用直接影响着窖泥的质量及窖泥中的微生态系统，进而影响着浓香型白酒品质。

（1）己酸菌　形态特征为杆菌，基本的长度在 $2.1 \sim 5.1 \mu m$、宽 $0.51 \sim 0.61 \mu m$，形态有单个、成双或是链状，出芽孢子长在一端，会使杆菌的某端轻微变大像鼓起的槌状一样。兼性的厌氧菌，能使用乙酸及乙醇产出己酸和很少量丁酸，通过利用葡萄糖产出乙酸、丁酸以及很少量己酸，生长的最合适温度在 $31 \sim 36 ℃$，细胞色素的氧化酶活实验呈阴性；可以生成过氧化氢类酶，可消除半胱类氨基酸产生 H_2S；可将明胶降解，产氨的实验呈阴性，基本不能降解淀粉类；硝酸盐的还原性试验也为阴性，不能同化丙二酸类盐。己酸菌是浓香类酒窖池在产酒过程中至关重要的产酸型生物之一，己酸与大曲在发酵过程中生成的酒精相互反应形成己酸乙酯，是浓香型大曲酒香味物质的主要成分。己酸菌的培养菌液能大量应用在浓香型大曲酒窖池的灌窖、窖泥池的保护、人工窖池窖泥的运用、酯化类液体的制造等，来改变以及提升浓香型酒的品质。

（2）丁酸杆菌　丁酸杆菌是梭状芽孢杆菌属，和己酸菌属十分接近的菌属，利用糖类物质产生的主要生成物是丁酸的一类菌。丁酸杆菌形态为直的或者略微弯曲的杆状，大小在 $(0.5 \sim 1.3) \mu m \times (3.2 \sim 7.1) \mu m$，某端圆状、单独、成双，也有长丝型菌态。用胞壁上的纤毛运动，孳生孢子呈椭圆形，位置偏离中心至次生一端，其孢子没有壁以及附带的丝状物。革兰阳性菌株，在老的培养物中变成阴性。

（3）丙酸杆菌　丙酸杆菌为小杆状，形态各异的细菌，$(0.52 \sim 0.83) \mu m \times (1.2 \sim 5.1) \mu m$，一般是一端为圆或者尖的小杆状，一些菌形态类似球体，有分叉或者有枝桠，没有丝状体。细胞存在方式有单独、成双或短链状，大体为 V 和 Y 的形态，有的呈正方形式罗列。革兰镜检紫色，几乎不动，没有芽孢生成。半好氧半厌氧状态，耐氧能力各不相同。大部分菌体能在氧气极缺的环境里面繁殖，在血色琼脂平板上的形态一般为凸出状，局部不透明，表面光滑，颜色由乳白至红色。能进行化能异养作用，需要多种养分，可进行发酵，通过利用葡萄糖及别的营养成分可生成足量丙酸和乙酸，伴有极少气体产生，在 $31 \sim 37 ℃$ 下生长良好，一般接触酶呈阳性。

（4）古细菌　古细菌也可称为古生细菌、古菌等，是一种非常特别的菌，大都存在于极端环境之中。该菌株带有原核生物的一些特性，如没有核表膜和核内膜，同时具备某些真核生物的特性，比如遗传物质有内含子而且与组蛋白结合。另外也具有其他跟原核细胞、真核细胞都不同的特性，细胞壁没有肽聚糖类，含杂聚多糖类，但都不含 D-氨基酸。古细菌的纤毛运动与细菌的纤毛类似，但是古细菌的纤毛在结构以及生长方面有显著的差别。

（5）甲烷菌　甲烷菌是一类极为特殊的生物种群，它是在不存在接受外来电子的受体的情况下将 CO_2 还原为 CH_4 的生物。甲烷菌只能利用简单的物质合成有机物及无机物，而且生长相当缓慢，甲烷菌主要有 4 种形态：八叠球状、杆状、球状和螺旋状。甲烷八叠球菌繁殖成有规则的大小一致的细胞，好像沙粒堆积起来的堆积物，与真正的八叠球菌不像，大小也有差异。窖泥里面的己酸细菌与甲烷细菌为互利共生关系。

（6）放线菌　放线菌是一类呈丝状生长和孢子繁殖的陆生性较强的原核生物，作为一类生活史和生理生化特征相对独特的微生物类型，其种类繁多、代谢功能各异，广泛分布于含水量较低、有机物丰富、呈弱碱性的土壤中。放线菌作为窖泥微生物之一，对酒体风味和风格具有一定影响。已有研究表明放线菌中的链霉菌属可产生挥发性产物如丁酸、己酸、丁酸乙酯、己酸乙酯、乳酸乙酯及糠醛等，它们是对浓香型白酒风味有重要影响的醇溶性和水溶性挥发性产物。还有研究表明放线菌可以作为一种判断窖泥老熟与老化的指示菌。因此，关于放线菌对发酵过程中功能性微生物群落的整体性生物学调控和风味调控机理有待深入研究。

4. 酒醅微生物

酒醅中的微生物主要来自酒曲、窖泥以及现场生产环境，酒醅中微生物的数量和种类易受白酒生产的工艺和地域环境等因素影响。酒醅中优势微生物包括乳杆菌属、芽孢杆菌属、魏斯菌属及片球菌属等，尤其是乳杆菌属，但不同层次酒醅的物料配比、与黄水和窖泥接触程度及发酵后期理化性质的差异造成了酒醅微生物群落存在空间异质性。研究发现上层酒醅细菌数量最多，下层酵母菌数量最多，且上述微生物数量均在发酵前期明显增加，后期急剧下降。李家民等通过 PCR-DGGE 及克隆文库技术研究发现底层酒醅的微生物种类最丰富，其次是中层，中层糟和面糟的细菌群落结构较为相似。肖辰等通过高通量测序技术研究发现泸型酒醅中的微生物有 30 个菌门，涵盖 397 个属的细菌，且随着发酵时间延长，乳酸菌显著上升（$P<0.05$）并成为绝对优势菌（>70%），而其他优势属（如杆菌属和瘤胃球菌属）呈先上升后显著下降的趋势。研究发现在同一生产现场和相对稳定的生产工艺下，窖池环境对微生物不同种类的长期驯化和微生物缓慢变异发展，使窖泥、酒曲和生产环境微生物区系的构成基本趋于稳定。说明在正常发酵状态下，窖池酒醅微生物的种类及消长规律应该基本趋于一致。王文晶等分别对浓、酱、清等不同香型白酒酒醅微生物进行了研究，发现从总体趋势上看，微生物数目是酒醅上层>中层>下层。随发酵时间延长，菌类总数变化规律是细菌>酵母菌>霉菌。上述研究极大丰富了对酒醅微生物群落多样性、演替规律的认识。

5. 研究范围

对酿酒微生态区系的研究，行业内都习惯于分别从环境微生物、大曲微生物、窖泥微生物入手开展。已经研究或应用的霉菌，包括黑曲霉、米曲霉、红曲霉等曲霉，以及犁头霉、根霉、毛霉、白地霉等；细菌有乙酸菌、乳酸菌、丙酸菌、丁酸菌、己酸菌、甲烷菌、甲烷氧化菌、硫酸盐还原菌、硝酸盐还原菌等；酵母菌有酒精酵母、产酯酵母、汉逊酵母、拟内孢霉、假丝酵母、柠檬酵母、芽裂酵母等；也分离到若干株对白酒风味有益的链霉菌属、诺卡菌属、小单孢菌属及小多孢菌属。由此可见，白酒生产中所研究和应用的微生物种类，不仅是酒类工业中最多的，即使与其他发酵食品相比，也是最多的。

但实际上，对这些微生物种类和生理性能的研究，以及当前正在逐步开展的对微生态系统中各类微生物相互联系和相互作用的深入研究，最终还是将落实到物质流动、能量流动和基因流动这三个环节。

（1）物质流动　微生态系统中的正常微生物群，为了生存和繁衍，不仅需要能量，也需要各种物质。因为物质是化学能的运载工具，又是微生物维持生命活动所进行的生物化学过程的结构基础。如果没有物质作为能量载体，能量就会自由散失；如果没有物质满足微生物有机体生长发育的需要，微生物生命就会停止。酿酒微生态系统中，包括了宿主（窖泥、糟醅）、正常微生物群（大曲微生物、窖泥微生物）、微环境（环境微生物、环境物化状态）3个方面，物质流动就在这三方面进行。目前微生态系统物质流动的研究主要体现在有益或有害于宿主两方面。

（2）能量流动　能量是微生态系统中的动力，是各种微生物赖以生存的一个基本要素，是一切生命活动的基础。正常微生物群内部与其宿主之间都保持着能量交换和运转的关系。在微生态系统中，正常微生物群与其宿主，微生物群与微生物群之间，就是通过能量的转化、传递紧密联系起来的。微生态系统中的最初能量来自宿主中的营养物质，植物、动物及人类与正常微生物之间或正常微生物之间都存在着能量的交换。微生物群落的能量消耗是宿主从外环境以食物形式摄入的，消耗的大小直接与宿主的营养效益有关。对酿酒微生态区系而言，酿酒发酵过程中，窖池内参与酿酒作用的微生物，都是依靠每一个发酵周期中来源于糟醅、窖泥中的营养物质以及中间物质，进行生长、繁殖、代谢，相互消长、协调作用而完成最终的发酵过程。

（3）基因流动　基因流动是指在微生态系统中质粒、温和噬菌体和潜伏病毒等的传递过程。如耐药因子（R 因子），1959 年日本学者秋叶等最先报道耐药性可以从大肠杆菌传递给痢疾杆菌；通过性菌毛接合传递给另一菌株可以控制细菌产生细菌素的质粒（Col 因子）。温和噬菌体侵袭细菌后噬菌体的核酸被整合到细菌的染色体中，随着细菌的基因复制而复制，但并不增殖，也不引起细菌裂解，而是细菌分裂时，噬菌体的基因组也随着细菌的基因组分布至子代细菌的基因组中。还有研究认为，正常病毒与人的胚胎发育、智力和寿命有密切的关系，这也可能是正常病毒群与宿主之间的基因流动所引起的。

目前，在酿酒产业的微生态研究方面还不成熟，采用的仍然是一些基础方法。加强引进生物工程领域中的先进生物学方法在酿酒微生物研究中的应用，如探索荧光技术、PCR 技术、PLFA 谱图分析、微生物宏基因组及微生物 DNA 提取技术在制曲、窖泥和酒醅微生物研究中的应用；探索微生物气溶胶技术在酿酒微生态研究、修复和建设中的应用；应用浓度梯度法探索功能微生物菌株的代谢途径和代谢终产物对白酒香味品质的贡献等，从而期望在更深层次上剖析酿酒微生态区系的生命特征。

三、酿酒微生物研究现状及发展趋势

20 世纪 60 年代以来，随着行业内对传统固态发酵白酒的深入探索，对酿酒微生态的研究也逐渐进入高峰，为揭示酿酒微生态区系特征奠定了基础。近年来，针对传统固态白酒在微生物生态研究上存在的不足，行业正日趋将分子生物学技术与传统微生物培养技术等研究方法有效结合起来，用于认识传统白酒原产地环境微生物生态的构成及演变规律，了解微生物菌群（包括可培养或不能培养）的分布特征及代谢规律，探讨原产地微生态环境物质循环代谢特征，这也是酿酒微生态学研究的技术发展趋势之一。

1. 充分了解白酒传统工艺的菌系

目前，一些大曲酒及小曲酒的生产，大多是采取天然制曲和自然发酵的方式，其菌系很复杂，可以说每厂、每地、每季、每批都不尽相同，甚至存在很大的差异。为了进一步完善和改进传统工艺，就必须将原来菌的情况搞清楚。在这方面，几十年来都已经取得了较好的成绩，但仍需努力，应从宏观方面向微观方面深入研究。例如放线菌在大曲酒生产中起良好作用的是哪些种？未知的耐热芽孢杆菌有哪些？等等。

2. 提高纯种的选育水平

在基本了解传统工艺菌系的基础上，有目的地进行优良菌种的选育。在这方面应注意两个问题：一是选种的范围不要太狭窄；二是不要只选而不育。因为从自然界和生产中分离到的一些菌，基本上可称为野生菌，它们各自具有某种优势，但如果再加以育种，例如采取遗传工程等手段，则可事半功倍。

3. 处理好纯种与天然菌的关系

微生物纯种应用于强化传统制曲、窖泥老熟，在促进发酵、提高酒质等环节，均已取得了较好的效果。在这方面，也应注意两个问题：一是某种酒使用纯种菌株的数量，是只能用1株还是多多益善？这不能一概而论，应该因酒而异。纯种应用于大曲酒，可由原来的天然菌"混战一场"、优胜劣汰转变为有些主要功能菌始终占绝对优势。二是纯种如何加入，何时加，加多少？这要与其他条件相配套。是否一些名酒就绝对不能使用一些纯菌种？这可由实践结果来回答。是否能从天然菌与人工菌株相结合，逐步走向基本完全使用纯种？同样要通过实践来做出应有的结论。

4. 应用纯种不是一项孤立的工作

酿酒微生物纯种及代谢酶的作用，与气候、原料、工艺、设备是密切相关的。有时其中一项改变，其余各项不变；有时某项改变，则要牵动其他一项或多项。在使用纯种时，尤其是工艺条件，例如制曲和发酵的温度变化、pH、需氧状况、酒醅含水量以及发酵时间等，很可能不能按传统的天然制曲和发酵的要求和变化规律加以控制。当然，某些产品的老工艺可与不断改进的工艺在一定时期内长期并存，但绝对不变的事物是没有的，也未必有利于传统产品的生命力。

5. 基因工程技术的应用

通过典型环境微生物资源菌种（基因）库的建立以及其菌种代谢功能、特性、途径的研究，通过揭示环境微生物与制曲、酿酒过程微生物区系构成的相互关系，有利于正确认识白酒发酵过程中微生物区系的形成、种类和演变规律，以及白酒产品中主体香味成分的构成及形成规律，为优质白酒产品质量控制标准的建立、典型风格白酒香味成分指纹图谱的形成，提供必要的数据基础支撑，也可以进一步构建、完善中国各类传统白酒酿酒微生态区系的生物学特征。

技能训练十四　绘制酿酒微生物分布

操作步骤1：查阅相关资料。

标准与要求：1. 查阅近期文献报道，了解酿酒微生物的种类。

　　　　　　2. 总结酿酒微生物的特点，分出类别。

操作步骤2：绘制酿酒微生物分布图。

标准与要求：1. 根据微生物的生活特点，绘出微生物的大致分布。

　　　　　　2. 调整酿酒微生物的分布图。

操作步骤3：检验分布图。

标准与要求：1. 检查分布图上的酿酒微生物是否符合要求。

2. 精心修正。

知识拓展

传统酱香白酒微生态区系研究

一、特殊的微生态及微生物

茅台镇酿酒环境的微生态中主要存在极端的嗜热菌和嗜酸菌，如枯草芽孢杆菌（*Bacillus Subtilis*）、地衣芽孢杆菌（*Bacillus Licheniformis*）、嗜热脂肪芽孢杆菌（*Bacillus Stearthermophilus*）、解淀粉芽孢杆菌（*Bacillus Amyloliquefacieus*）等，可以产生酿酒所需的各种酶类。与其他酿酒微生态的差异明显是茅台长期的高温生态环境、高温制曲和高温堆积发酵环境，驯化了一些极端微生物，不但增加了微生物的热稳定性，而且加快了微生物的代谢速度。同时，嗜热菌的酶和蛋白质比中低温菌的酶和蛋白质具有较高的热稳定性，有利于细胞的热稳定。另外，嗜热菌的核糖体比中低温菌的核糖体抗热性高。

二、同一微生态系统微生物的稳定性差异

1. 细菌的种类和数量变化

大曲曲坯入库发酵时，以 G^- 菌为主，芽孢杆菌在数量和种类上都较少。到大曲的升温阶段，细菌开始大量繁殖，数量达到高峰期。在 58~65℃ 的高温发酵环境中，不耐热的 G^- 菌因细胞耐热差而使其生理生化活性失活而死亡，所以在高温制曲环境中主要以 G^+ 菌为主，到第一次翻仓时数量达 10^7~10^8 个/（g 曲）。在高温生香阶段，主要以产芽孢的 G^+ 为主，微生物的数量级维持在 10^5~10^6 个/（g 曲）。在大曲干燥阶段，微生物在种类上仍以 G^+ 为主，如产芽孢的芽孢菌（*Bactillus*）属、球菌（*Coccus*）属以及普通高温放线菌（*Thermoactinomyces*）属的部分种。

在高温堆积发酵环境中，由于温度相对制曲高温阶段低，不利于细菌特别是耐高温细菌的生长繁殖，所以，细菌的数量不断下降。

2. 酵母菌的演替变化

在制曲的前期和在高温堆积发酵的前期主要存在不耐受高温的酵母菌。在制曲前期，一般占 2%~5%，中后期由于发酵温度高，酵母菌逐渐死亡。整个制曲发酵过程中检测到的酵母菌种类主要有：接合酵母（*Zygosaccaromyces cidrci*）、东方伊萨酵母（*Issatchonkia orientalis*）、*Issatchonkia scutulata varaxingae*、

异常汉逊酵母（*Hansenula anaomala*）等。

酿酒酵母数量随着高温堆积过程明显增加。堆积过程中，酵母菌数量上升而细菌数量下降，在酒醅入窖发酵前仍然以酵母占绝对优势。一般堆积酒醅中的酵母菌总数是不堆积酒醅中的14倍，不经堆积的酒醅中主要以细菌为主。堆积过程中酒醅的微生物包括：假丝酵母（*Candida*）、酵母菌属（*Saccharomyces*）、*Schizosa-clmromyces*等属的许多种。酵母菌种类主要有：*Zygosaccharomyces cidrci*、东方伊萨酵母菌属（*Issatchonkia orientalis*）、底纹值片伊萨酵母菌属（*Issatchonkia scutulata varaxingae*）、*Hyphichia burtoniiai*等。

3. 霉菌的演替

因霉菌有其特殊的细胞结构及其特性，如耐热孢子，因此适宜在潮湿、多氧的环境中生长繁殖。因而在整个高温制曲顶火温度前和堆积发酵过程前期，霉菌的种类和数量都较多。

在高温堆积过程后期，部分霉菌逐渐消失。制曲和堆积发酵过程检测到的霉菌有：曲霉（*Aspergillus*）、根霉（*Rhizopus*）、毛霉（*Mucor*）、青霉（*Penicillium*）及红曲霉等属种，特别是红曲霉属的种类最多，其作用也很大。

4. 放线菌的演替变化

在发酵过程中，放线菌会不断发生种类和数量上的演替，同时代谢产生许多抗生素，抑制其他微生物生长、代谢，起到调节多菌种混合发酵途径和代谢产物的积累，同时也实现了自身的演替过程。

三、不同微生态环境中微生物的差异

有研究结果表明，茅台酿酒发酵过程中，酒醅中的微生物与大曲中的微生物比较，相似度为：细菌24.39%、酵母25%、霉菌50%；制曲发酵过程的微生物与地域环境中的微生物比较，相似度为：细菌58.49%、酵母21.43%、霉菌16.33%；酿酒发酵过程的微生物与地域环境中的微生物比较，相似度为：细菌58.49%、酵母52.38%、霉菌16.33%；地域环境中的微生物与酿酒发酵、制曲发酵过程中的微生物比较，相似度为：细菌33.96%、酵母54.55%、霉菌44.89%。

知识拓展

功能菌剂的开发进展

一、曲霉菌的筛选、诱变及应用工作不断创新

最早用于白酒酿造的是黄曲霉和米曲霉，它们的缺点是糖化力低、耐酸性

差，所以后来选用了耐酸性强的黑曲霉。随后在黑曲霉性能提高上又做了大量工作，最后选用的 AS3.4309 菌种，其糖化能力提高 10 倍，用曲量减少 50%，提高出酒率 2%以上，是一株接近国际化水平的优良糖化菌。

二、酵母菌保持稳定性及适应性强的特色

经过多年生产实践得知，目前常用的适应淀粉质原料的南阳酵母和适应糖质原料的古巴 2 号酵母，有性能稳定、适应性强、发酵力强、不易变异等优点。

三、产酯酵母得到广泛应用

1963 年凌川酒厂试点将"球拟""汉逊""1312"等优良产酯酵母用于优质白酒生产，达到了提高酒的酯含量、增加香味的目的。1965 年祁县试点又将汾酒试点分离出的几株酵母菌和曲霉菌用于新型白酒及麸曲清香型白酒生产，均收到良好效果，之后在全国推广。1981 年，廊坊轻工研究所对产酯酵母的产酯机理、培养条件以及在酿酒工业上的应用等做了卓有成效的研究。这个时期，四川省食品发酵设计院又选育出产酯量为 800mg/100mL 的高产酯酵母。

四、分离培养细菌用于酿酒取得了新突破

1964 年茅台酒厂试点确认了窖底香的主体成分是己酸乙酯。随后内蒙古轻化工科学研究所、辽宁大学生物系等单位，从老窖泥中分离出了己酸菌。紧接着用分离得到的己酸菌，以及含有己酸菌的老窖泥为种子，扩大培养后用于"人工老窖"以及参与发酵，增加酒的主体香气等新技术，在全国范围内普遍推广。"人工老窖"揭开了我国白酒行业应用细菌培养来提高酒质技术工作的序幕。以后又有四川省的一些单位将甲烷菌用于窖泥培养的研究，以及进行低乳酸产量的菌株在浓香型制酒工艺上的应用实验。贵州省从高温大曲中分离出嗜热芽孢杆菌，经人工培养后用于麸曲酱香型酒的生产等，都收到了明显的成效。

五、根霉、毛霉曲用于小曲酒生产，提高了出酒率

中国科学院微生物研究所从小曲中选出了 5 株念珠菌，适用于各种原料的小曲酒生产；厦门白曲由工人培养的根霉及酵母纯种曲制作获得成功；贵州研制成功根霉麸曲，可在市场上销售。这些成就对改善小曲培养方法，提高小曲酒产率均有很大推动作用。

六、酯化酶增香技术的应用

在浓香型白酒酿造中，酯化酶增香技术常用来合成己酸乙酯主体香气及其

他酯类物质，用于调整生产工艺和生产调味酒。酯化酶产生菌主要表现为真菌类，也有部分细菌类，但目前我国对酿酒酯化菌的研究及应用大多集中在真菌类群方面。

霉菌是浓香型白酒酿造重要的产酯菌之一，其中研究和应用最多的是红曲霉菌，糟醅中的红曲霉主要来源于大曲。不少研究者对红曲霉的产酶特性、培养应用条件及酯酶特性进行了细致研究，如吴根福等通过对窖泥、大曲、米曲、黑曲及红曲中微生物的分离、筛选，获得 2 株己酸乙酯合成能力较强的曲霉菌，两菌株均在 30℃、pH5 的麸皮培养基中培养 60h 后产酶最高，酯化酶在适宜条件下（以 2% vol 乙醇和 0.25% 己酸作底物，pH4.0、30℃），酶活力可达 20U/g。泸州市酿酒科研所任道群等对红曲霉、根霉菌等酯化菌对单一酸和混合酸的酯化效果进行研究，发现红曲霉能促进己酸、丁酸及混合酸与乙醇的酯化作用，生成的酯类物质均为己酸乙酯，而且酯化能力极强。根霉能促进己酸和混合酸与乙醇的酯化作用，生成少量的己酸乙酯和乳酸乙酯。红曲菌的应用还可降低乳酸乙酯含量，改善浓香型白酒口感较差的缺点，并能有效抑制杂菌的孳生，防止夏季掉排的现象。黄丹等从浓香型大曲中分离到 1 株产己酸乙酯酯化酶的黄曲霉菌，以摇瓶培养条件为 36℃、150r/min 恒温振荡，培养 72h，发酵液酯化酶活可达 6.75U/mL，当该菌株以黄豆粉为氮源、淀粉为碳源，初始 pH6.0、36℃下培养 72h，酯化酶活可达 9.16 U/mL。

酯化酵母、酯化红曲霉、根霉菌及曲霉菌等产酯菌的产香特性为浓香型白酒的生产工艺及技术改进提供了方向，在很多浓香型白酒生产企业中都得到了不同程度的应用。

七、酿酒微生物培养方法的改进

（1）多种曲霉菌混合制麸曲，提高酒的质量，如六曲香酒被评为国家优质酒。

（2）将酵母菌、曲霉菌、细菌人工培养后参与大曲培养，制成各方面较好的强化大曲。

（3）以根霉与其他开放式多菌种配合，用于生料制曲的研究工作取得进展。

（4）固定化己酸菌及固定化酵母的研制与推广也有新的进步。

（5）专业化生产糖化酶、耐高温及产酯活性干酵母用于白酒酿造获得成功。由于它们具有活力高、工艺操作简单、质量稳定、保存期长等特点，已被广泛应用于各类型白酒的酿造，均起到提高出酒率、降低成本、改善工艺条件等良好作用。

知识拓展

窖池养护

一、窖池养护的重要性

窖池是浓香型白酒生产企业最重要的设备，是发酵的主要场所，不仅影响酒的产量，更影响酒的质量，窖池在酿造使用过程中，通过长期的驯化，会形成特定的微生物环境，而这个特定的微生物环境是酿造发酵和产优质酒的生化反应基础。这种特殊的、专为酿酒所形成的微生物环境，需要长期、不间断地培养，加之特殊的地质、土壤、气候条件等，才能形成真正意义的"老窖"，"老窖"形成不易，体现了窖池养护的重要性。尽管现在人工老窖技术已相当成熟，但从出酒的口感以及酒的内在质量上分析，与自然老窖仍然有较大的差距。同时，老窖形成后，保持并延续其使用年龄即窖龄，也是值得白酒生产者探讨的课题。通常情况下有百年以上窖龄的窖池，一旦空置3~5个月，便只能废弃。因此，窖池，尤其是"老窖"，可以说是浓香型白酒生产历史的见证。因此，窖池不仅是浓香型酒生产企业最重要的设备，也是最重要的资源。正因如此，窖池养护对于浓香型酒的长期、稳定、连续生产尤为重要。科学合理的窖池养护不仅能够保证窖池中窖泥微生物的活性和数量，还能加速窖泥的自然"老熟"，防止窖池老化，进而稳定和提高酒的内在质量。因此窖池养护是稳定窖池功能、加快窖池成熟、延长窖池寿命中最重要、最有效的措施之一。

二、窖池养护的必要性

窖池养护是浓香型白酒生产者必须采取和重视的一项工序。一方面，窖泥老化是浓香型白酒生产过程中常遇到的问题之一，是窖池作为酿造发酵的设备运作的必然。在窖池发酵条件下，窖泥中存在大量的亚铁离子，当含有乳酸等有机酸的糟醅淋浆向窖泥渗透时，就生成了具有一定溶解度的乳酸亚铁盐，这些乳酸亚铁盐可随淋浆的溶解作用而被带走，但在窖泥水分缺乏的情况下，乳酸亚铁的生成速度大于溶解速度，便出现了乳酸亚铁的积累和结晶，并对窖泥微生物产生毒害作用，此时的窖泥失去了活性而成为老化窖泥。另一方面，窖池是浓香型大曲酒的基础，是浓香型白酒功能菌生长繁殖的载体，浓香型白酒的主体香味物质是己酸乙酯，而己酸乙酯是由栖息在窖泥中的梭状芽孢杆菌在生长代谢过程中先产生己酸，然后与乙醇酯化而生成的。同时，梭状芽孢杆菌等功能菌在其代谢过程中必须向周围环境吸收包括水分等营养物质。因此，我们必须进行窖池养护，既防止窖池老化，也提供充足的营养，保证窖池中微生物的活性和窖池正常发酵的需要。

三、窖池养护的生物学基础

窖池对酿酒生产而言，不仅是重要的反应容器，同时还是"有生命的"设备。窖泥内含有许多微生物，在长期的酿造驯化过程中积累了许多特征性的代谢产物，它们与母糟一起成为了特殊的具有个性特征的酿造微生态系统，这是进行窖池养护的生物学基础。窖池微生物在地区之间，厂际之间，不同窖之间，甚至是同一窖池的不同部位之间都存在着差异。一般而言，从数量看，老窖窖泥细菌数量是新窖的3倍多，其中厌氧细菌数量更是新窖的4倍，芽孢菌是新窖的2倍多；从类群看，厌氧细菌数量多于好氧细菌，厌氧芽孢菌也明显多于好氧芽孢菌，并且窖龄越长趋势越明显。浓香型曲酒的老窖，更是厌氧细菌，特别是厌氧芽孢菌的主要栖息地。对于同一个窖池，窖壁的细菌数多于窖底，黑色内层的细菌多于黄色内层，而产生己酸的梭状芽孢杆菌主要栖息于黑色内层窖泥中。总之新窖和老窖，其微生物的种类和数量不同。因此我们在进行窖池养护时，一定要对其生态系统加以保护。

总之，对于浓香型白酒企业而言，窖池是非常重要的设备，也是一种特殊的有生命的设备，对窖池的养护是值得长期坚持的工作。因此，在认识窖池养护重要性的同时，更要明确窖池养护的必要性，要从窖池养护的生物学角度出发，充分理解"以糟养窖，以窖养糟"的辩证关系和"以防为主，防重于治"的原则，强化科学配料，合理控制入窖条件，精细操作、规范管理，将窖池养护纳入浓香型酒生产的工艺工序，进一步开展养窖液的制备研究和养窖措施的规范工作，让窖池这一特殊的"生命设备"永葆其神秘的魅力。

思考练习

1. 窖泥中微生物不同种类的含量对酒质的影响是什么？
2. 窖泥中微生物分布情况对酒质的影响是什么？
3. 怎样通过微生物技术加速人工窖泥的老熟？
4. 查阅书籍，思考筛选小曲微生物的原理及过程。
5. 如何优化小曲微生物培养工艺？
6. 查找相关书籍及文献，思考除了通过传统方法育种外，还可以通过什么方式改良麸曲微生物的性状，以便提高出酒率？
7. 结合理论知识，设计实验方案筛选出河内白曲霉。
8. 思考大曲在酿酒微生态区系中的特征及作用。
9. 思考窖泥在酿酒微生态区系中的特征及作用。

10. 思考新的微生物技术在传统酿酒中潜在的应用方式。

11. 如何提高大曲中有益微生物的含量？

12. 什么是生态平衡？如何稳定酿酒的微生态，提高浓香型白酒产量和质量？

13. 想一想如何用所学微生物技术研究酿酒微生物的生态环境？

任务三　大曲微生物

教学重难点

重点：大曲中酿酒微生物霉菌、酵母菌、细菌的典型形态特征及生物学特性。

难点：各类酿酒微生物在大曲中的生长代谢情况和微生物在大曲中的分布情况。

俗话说："美酒必备佳曲""曲为酒骨""曲定酒型"，在曲与酒的关系上，曲占先导地位，曲为曲类微生物的载体，曲类微生物作用于糖类或淀粉类物质而生成酒。在明代后出现大曲，所谓大曲是酿酒用的一种糖化发酵剂，以小麦为主要原料，制成的形状较大，多为砖块状，是含有多种微生物和酶类物质的曲块，它为酿酒提供菌源进行糖化发酵，并有投粮和生香作用。

大曲中的微生物主要有霉菌、细菌、酵母菌和放线菌，但放线菌相对较少，在大曲中的作用目前不是特别明显。

一、大曲中的霉菌

大曲中的霉菌一般有根霉、毛霉、黄曲霉、红曲霉、青霉和黑曲霉等（图3-17），各种霉菌在大曲中起着不同的作用，也各有特点。

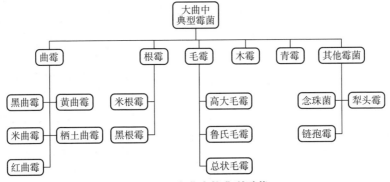

图3-17　大曲中的典型霉菌

（一）根霉

根霉因其着生孢子囊柄的营养菌丝如根系一样而得名，它的菌丝较粗、无隔膜，一般是单细胞。酿酒中根霉种类不同，其淀粉糖化力、酒精发酵力和蛋白质分解力各不同，如米根霉能产生乳酸，黑根霉能产生延胡索酸和琥珀酸。

大多数根霉的最适生长温度为30~37℃，最适产酶温度为33~36℃。霉菌有糖化和液化能力，糖化的最佳 pH 为 4.0~4.5，温度传统上是 58~62℃；液化条件 pH6.0~6.5，温度传统上是 65~90℃。大曲中的根霉以米根霉为主，它的匍匐菌丝无色、爬行生长，假根为褐色、较发达，呈指状分枝或根状。菌落疏松，最初为白色，后逐渐成灰褐色，最后成黑褐色。米根霉有淀粉糖化性能、蔗糖转化性能，能产生乳酸、反丁烯二酸及微量的乙醇。根霉在生产传代过程中容易衰退，使用一段时间要筛选、复壮。

酒曲制作中常见的根霉有河内根霉、米根霉、爪哇根霉、白曲根霉、中国根霉和黑根霉、红曲霉等，它们的一般特征见表3-2。

表 3-2　不同根霉特征比较表

菌名	生长温度/℃	最适作用温度/℃	最适 pH	一般特征
河内根霉	25~40	45~50	5.0~5.5	菌丛白色，孢子囊较少，糖化力较强，具有液化力，产酸能力较强，特别生成乳酸等有机酸
白曲根霉	30~40	45~50	4.5~5.0	菌丛白色，呈絮状，有较少的黑色孢子囊孢子，糖化力强，有微弱的发酵力，产酸能力强，适应能力差
米根霉	30~40	50~55	4.5~5.5	菌丝灰白色至黑褐色，孢子灰白色，长球形，糖化力强，能产乳酸，使小曲酒中含有乳酸乙酯
中国根霉	37~40	45~50	5.0~5.5	菌丝白色至灰黑色，孢子囊细小，孢子鲜灰色，卵圆形，糖化力强，产乳酸等有机酸能力强
黑根霉	30~37	45~50	5.0~5.5	菌丝疏松、粗壮，孢子囊大，黑色，能产生反丁烯二酸
爪哇根霉	37	50~55	4.5~5.5	菌丝黑色，孢子囊较多，糖化力强
红曲霉（红曲酯化菌）	35~37	40~45	3.5~4.0	菌丝为絮状，呈淡黄色，酯化能力极强

根霉中含有丰富的淀粉酶和酒化酶，具有糖化和发酵的双重作用，这一特

性也是其他霉菌所没有的。在制曲过程中，曲块表面用肉眼可以观察到其初为白色，随着品温的升高和水分的挥发变为灰褐色或黑褐色，形状如同网状的菌丝体就是根霉。

根霉种曲的感官鉴别：特有的浓烈甜香味；根霉培养后有产黑孢子和不产黑孢子两种，并呈现其固有的色泽，色泽一致；用肉眼或放大镜观察，白色菌丝由接种点向外伸展，布满整个平面，匍匐菌丝爬行生长，生长严密，粗壮发达，气生菌丝少，无毛绒状现象，菌膜较厚，如有杂色斑点或菌丝向外延伸不一致，说明已经感染。

（二）曲霉

曲霉是酿酒工业所用的糖化菌种，是与酿酒关系最密切的一类菌。曲霉菌丝具有横隔，是多细胞菌丝。当生长到一定阶段后，部分菌丝细胞的壁变厚，成为足细胞，并由此向上生出直立的分生孢子梗和球状顶囊。在顶囊表面以辐射方式生出一列或两列小梗，在小梗上生出一串串的分生孢子，类似高粱或半个向日葵。

大曲中常见的曲霉主要有黑曲霉、米曲霉和黄曲霉等，其中，黑曲霉是糖化力较强的，黄曲霉因其糖化力相对较低，也不耐酸，所以出酒率不高，但其蛋白酶活力强，所以用于酱油等行业中。

1. 黑曲霉

制曲时水分过多，温度高，黑曲霉生长多。黑曲霉在自然界中能引起水分多的粮食霉变，其菌丛呈黑褐色，顶囊成大球形，小梗有多层，自顶囊全面着生，分生孢子为球形（图3-18）。黑曲霉酶系活性强大，含有淀粉酶、耐酸性蛋白酶、果胶酶等，其中淀粉酶用于淀粉的液化、糖化，用于生产酒精、白酒或制造葡萄糖等。同时黑曲霉还能产生多种有机酸，如抗坏血酸、柠檬酸、葡萄糖酸等。制曲时如曲的水分过多，未及时蒸发，温度高时，黑曲霉生长较多。

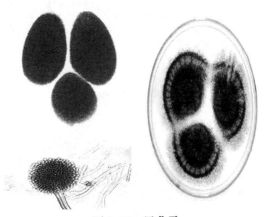

图3-18　黑曲霉

2. 黄曲霉

黄曲霉是大曲中的主要曲霉，它产生的 α-淀粉酶比黑曲霉活性强，蛋白质分解力比米曲霉弱。菌落生长快，初为黄色，后变成黄绿色，老熟后变成褐绿色（图 3-19），某些菌系能产生黄曲霉毒素。

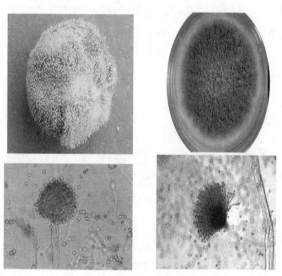

图 3-19　黄曲霉

3. 米曲霉

米曲霉含有较强的 β-淀粉酶和蛋白质分解酶，主要用于酿酒的糖化曲和酱油生产中。米曲霉菌丛一般为黄绿色，后变成黄褐色，分生孢子头为放射形，顶囊为球形或瓶形（图 3-20）。

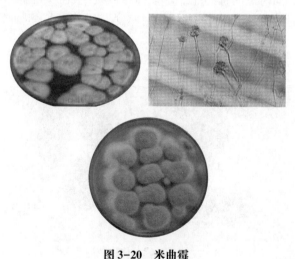

图 3-20　米曲霉

4. 栖土曲霉

栖土曲霉含有丰富的蛋白酶, 菌丛为棕褐色或棕色 (图 3-21)。

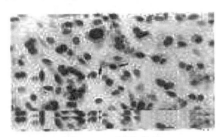

图 3-21 栖土曲霉

5. 红曲霉

红曲霉能产生淀粉酶、麦芽糖酶、蛋白酶、酯化酶, 有较强的糖化力、酯化力, 还能产生柠檬酸、琥珀酸、乙醇等, 红曲霉在大曲生产中主要是用于提高浓香型酒中酯的含量, 主要分布在曲坯的曲心部位。

红曲霉菌落特征: 初期为白色, 老熟后变成粉红色、紫红色或灰黑色, 有些能产生鲜艳的红曲霉红素和红曲霉素。在宋朝就利用它培制红曲, 用于酿酒、制醋, 做豆腐乳的着色剂、食品染色剂等。气生菌丝无色, 分隔 4 ~ 10μm; 罕见分生孢子, 单生, 梨形, 7.5μm×10.5μm; 子囊孢子无色, 卵形, (4.5~5) μm× (6.5~7) μm。红曲霉是腐生菌, 嗜酸喜醇, 好氧, 特别喜欢乳酸与乙醇, 其一般适应温度为 15 ~ 42℃, 最适温度为 25 ~ 37℃, 能耐 55℃高温, 最适 pH 为 3.5 ~ 6, 能耐 pH2.0, 最适乙醇浓度为 5% ~ 10%, 可耐乙醇浓度达 11.5%。

图 3-22 红曲霉

在制曲生产环节、酿酒发酵的生香期添加红曲霉以及酿酒发酵过程中的副产物进行综合利用等，可以增加接种和酒体的总酯含量。现有的酒厂已将红曲霉用于大曲酒生产中，以提高浓香型酒中酯的含量，但是否影响基础酒的典型风格有待进一步验证，一般形态特征比较见表3-3。

表3-3 米曲霉、黄曲霉、黑曲霉一般形态特征比较

项目＼菌别	米曲霉	黄曲霉	黑曲霉
菌落	培养10d后，菌落直径为5~6cm，变得疏松、突起。初为白色，后变为黄色、黄褐色至淡绿褐色	生长较快，培养10~14d后，直径为6~7cm。菌丝浅黄色变为浅黄绿色，最后色泽发暗。菌落平坦且呈放射状皱纹，背面无色或略带褐色	菌落较小，培养10~14d后直径为2.5~3cm。菌丝开始为白色，常呈现鲜黄色，厚绒状黑色，背面无色或中部略带黄褐色
分生孢子头	呈放射状，直径150~300μm，少见疏松柱状	呈疏松放射状，后为疏松柱状	幼时呈球形，逐渐变为放射形或分裂成若干放射的柱状，为褐黑色
分生孢子梗	长约2mm，壁粗糙且较薄	大多直接自基质长出，直径为10~20μm，长度通常不足1mm，较粗糙	自基质直接长出，长短不一，为1~3mm，直径为15~30μm
分生孢子囊	顶囊似球形或烧瓶形，直径为40~50μm。小梗为单层、偶有双层，也有单、双层共存于一个顶囊的状况	硬囊呈球形或烧瓶形，直径为25~45μm。小梗单层、双层或单双层共存于一个顶囊。在小型顶囊上仅有一层小梗	顶囊球形，直径为46~76μm，小梗双层，全面着生于顶囊，呈褐色

（三）毛霉

毛霉俗称"水毛"，是一种低等真菌，气生菌丝整齐，菌丝无隔膜，无假根和匍匐菌丝，呈头发状，菌丛短，淡黄至黄褐色（图3-23）。毛霉糖化力较弱，能够糖化淀粉及生成少量乙醇，但蛋白质分解力较强，能产生草酸、琥珀酸、甘油、3-羟基丁酮、脂肪酸、果胶酶等。毛霉对环境的适应性很强，生长迅速，在阴暗潮湿、低温处常见，它是制曲生产中的污染（有害）菌，主要在大曲培菌中的"低温培菌期"，特别是入室的前期，曲坯间隙较小，靠得太近时容易产生大量的毛霉。

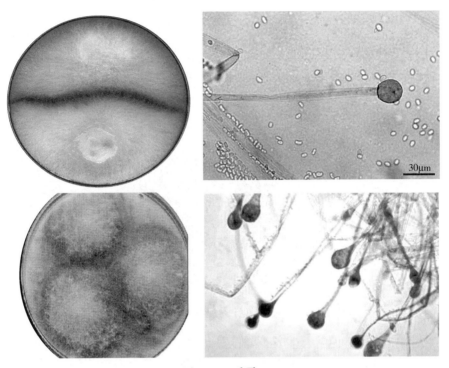

图 3-23 毛霉

（四）木霉

木霉菌丝初期为白色，有横隔，在培养基表面蔓延形成平坦菌落，分生孢子无色或淡绿色，常丛生。菌丝分枝与孢子梗成直角，菌丛无色或浅色（图 3-24）。木霉能产纤维素酶，能强烈分解纤维素和木质素等复杂物质，可代替淀粉质原料。所以常用于纤维素制糖或淀粉加工，但它也使粮食发生霉烂，若合理使用可提高出酒率。当木霉：B11 号曲霉＝20∶80 时对提高淀粉出酒率有一定的效果。

（五）青霉

青霉属为制曲有害菌，一般为青绿色、灰绿色、蓝绿色，其中青绿色最多。分生孢子柄多数有横隔，为多细胞真菌，有分生枝，呈扫帚状或画笔状，呈蓝绿色或灰绿色、青绿色，少数有灰白色、黄褐色，因而有"笔状霉"之称（图 3-25）。青霉菌孢子为好氧菌，耐热性强，一般生长发育适温为 20～25℃，喜好在低温潮湿的环境中生长，当曲块发生裂缝，极易孳生青霉。青霉主要用于生产青霉素，还能产生有机酸、纤维素酶、磷酸二酯酶等。如果曲块

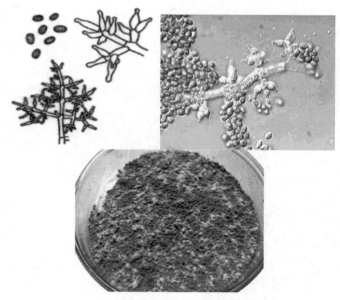

图 3-24 木霉

在贮存中受潮，表面就会生长青霉；车间和工具清洁卫生搞不好，也会长青霉，会给成品酒带来霉味和苦味，是制曲大敌。

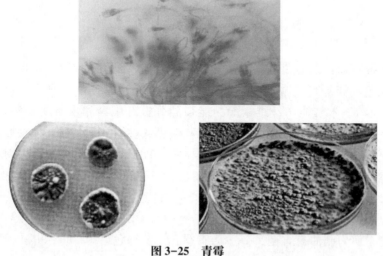

图 3-25 青霉

（六）其他霉菌

1. 念珠菌

念珠菌是踩大曲"穿衣"的主要菌种，也是小曲挂白粉的主要菌种。它的淀粉酶类型主要是 α-淀粉酶和糖化酶，作用于淀粉，最终产物是纯度较高的葡萄糖，也可产生多元醇、阿拉伯糖醇等，使白酒有甜味感，并能改进后味，见图 3-26。

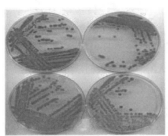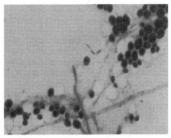

图 3-26 念珠菌

2. 犁头霉

犁头霉孢子囊顶生，多呈洋梨型，有匍匐枝和假根，但孢子囊散生在匍匐枝中间不与假根对生（图 3-27）。踩制大曲时犁头霉较多，其糖化力较低。

图 3-27 犁头霉

3. 链孢霉

链孢霉孢子呈鲜艳的橘红色（图 3-28），是制造胡萝卜素的重要菌种，是一种顽强的野生菌，生长于鲜玉米芯和酒糟上，一旦侵入曲房造成的危害不易去除。

(1)链孢霉示意图

(2)链孢霉实物图

图 3-28 链孢霉

二、大曲中的酵母菌

酵母菌为单细胞微生物，主要分布在含糖量较高的偏酸性环境中，主要形态有球形、椭圆形、卵圆形、柠檬形、腊肠形、胡瓜形、假菌丝状等。酵母菌含有丰富的蛋白质、维生素和多种酶类，能分泌淀粉酶、蛋白酶、酒化酶等。既有分解的酶，又有合成的酶，所以在发酵工业中有着重要的作用。

大曲中的酵母一般有酒精酵母、汉逊酵母、假丝酵母、毕赤酵母和球拟酵母、产香酵母和耐高温酵母等。

酵母菌一般在入室 2d 左右开始大量繁殖，随着曲坯温度的升高逐渐休眠或者死亡，在曲坯后期降温过程中又开始一定的回升。酵母菌生长繁殖最适温度为 28~32℃，一般情况下，培养温度越高，酵母繁殖越快，但死亡也会加速。

根据不同顶温的控制要求，培菌温度越低的，其酵母量增加，相反则减少。如酱香型白酒生产所用大曲酵母含量最低，而清香型白酒生产所用大曲酵母含量最高。酵母在白酒生产中起发酵、产香、产酯的作用。

（一）酒精酵母

酒精酵母具有较强的发酵力，产酒精能力强，细胞形态为椭圆形、卵圆形、球形最多，特殊的有腊肠形、胡瓜形、柠檬形、锥柱形及丝状，一般大小为（7~8）μm×（5~6）μm，但因培养时间及酵母世代不同大小各异。酒精酵母出芽方式为单端芽殖，适宜酸度 3.6~3.8，淀粉浓度为 16%，耐酒精能力较高，当酒精度达 14%vol 的情况下仍能生长，耐死最高温度可达 56℃。

（二）啤酒酵母

啤酒酵母细胞为圆形、卵圆形或椭圆形（图 3-29），细胞的长宽比为1~2。啤酒酵母在酿酒时能发酵葡萄糖、蔗糖、麦芽糖及半乳糖，但不能发酵乳糖及蜜二糖，对棉籽糖只能发酵 1/3 左右。在氮源中能利用硫酸铵，不能利用硝酸钾。

图 3-29　啤酒酵母

（三）产酯酵母

产酯酵母也称生香酵母，大部属于产膜酵母、假丝酵母，主要包括汉逊酵母属及少数小圆形酵母属、假丝酵母和拟内孢霉等。在液体培养时呈卵形、圆形、腊肠形。当接触空气时，表面形成有皱纹的皮膜或环，菌体形状与液体内相比有些改变。在白酒酿造中它能使酒醅中含酯量增加，并呈独特香气，是生香菌种，但却是啤酒、葡萄酒或酱油生产中的大敌，会使产品产生恶臭味。

1. 异常汉逊酵母异常变种

异常汉逊酵母异常变种属汉逊酵母属中的一个种，能产生乙酸乙酯，麦芽汁25℃培养3d，细胞为圆形，直径4~7cm，也有椭圆形及腊肠形，多边芽殖（图3-30）。

(1)细胞　　　　　　(2)子囊孢子
图3-30　异常汉逊酵母异常变种

异常汉逊酵母异常变种在麦芽汁琼脂斜面上菌落平坦、乳白色、无光泽、边缘呈丝状（图3-31）。在麦芽汁培养时液面有白色菌醭，培养液变浑浊，管底有菌体沉淀。异常汉逊酵母异常变种能发酵葡萄糖、蔗糖、麦芽糖、半乳糖和棉籽糖，其发酵力仅次于酒精酵母，多数能产生香味，曲心居多，能利用硫酸铵及钾但不能发酵乳糖和蜜二糖。

图3-31　异常汉逊酵母异常变种菌落

2. 假丝酵母

假丝酵母主要出现在培菌前期，经过高温后逐渐减少，具有一定好氧性，曲皮多于曲心，能够进行酒精发酵，含有蛋白质酶、脂肪酶等。假丝酵母存在于大曲的表面层，通常呈黄色的小斑点，在低温培菌时存活繁殖，随品温的上升而死亡或休眠。

假丝酵母细胞为圆形、卵形或长形，多边芽殖，可生成厚垣孢子（图 3-32），有的种可利用农副产品或碳氢化合物生成蛋白质，也有的种能产脂肪酶，用于绢纺脱脂。

图 3-32　假丝酵母

3. 球拟酵母属

球拟酵母属细胞为球形、卵圆形或略长形，多边芽殖，在液体培养基内有沉渣及环，有时生菌醭。这个属中有几种有发酵性，能产生不同比例的甘油、赤藓糖、D-阿拉伯糖醇、甘露醇，在适宜条件下，还会将葡萄糖转化成多元醇，是大曲酒中醇甜物质的来源之一。

三、大曲中的细菌

细菌按形态可分为球菌、杆菌、螺旋菌 3 大类。细菌主要以无性二分裂方式繁殖（裂殖），细菌繁殖速度快，一般细菌 20~30min 分裂一次，即为一代。各种细菌在一定的培养基上形成一定特征的菌落，细菌的菌落比酵母菌的小且薄，一般直径为 1~2cm，常表现为湿润、黏稠、光滑、较透明、易挑取、质地均匀以及菌落正反面或边缘与中央部位颜色一致等。细菌的菌落特征因种而异，是鉴别细菌种类的重要标志。

菌落的形状和大小不仅决定于菌落中细胞的特性，而且也受到周围菌落的影响，菌落靠得太近，由于营养物质有限，有害代谢物的分泌和积累，因而生长受到抑制。在平板培养基上形成的菌落往往有 3 种情况：表面菌落、深层菌落和底层菌落，上面所介绍的菌落特征都是指表面菌落。某些细菌在明胶培养基中生长繁殖时，能产生明胶酶水解明胶。如果将这些菌种穿刺接种在盛有明胶培养基的试管中，则明胶被水解形成不同形状的溶解区。由于一定的细菌形成一定形状的溶解区,所以其是细菌分类的项目之一,见图3-33。

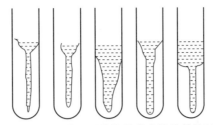

图3-33 细菌在明胶培养基中的培养特征

白酒工业中常用和常见的是杆菌和球菌,大曲中生长的细菌主要是杆状细菌,分为芽孢和非芽孢杆菌,如乳酸菌、醋酸菌为非芽孢杆菌,酱香型高温大曲中含有较多的嗜热芽孢杆菌,能够产生一定的酱香味。细菌主要是醋酸菌、丁酸菌和乳酸菌、己酸菌、芽孢杆菌等。

这些细菌能产生蛋白酶,白酒生产中的芽孢杆菌,能产生纤维素酶、半纤维素酶、葡萄糖异构酶及蛋白酶。细菌发酵产生己酸、乳酸、乙酸、丁酸以及对应酯类,各种代谢产物对白酒的香型、风格具有特殊且重要的作用。

1. 醋酸菌

在显微镜下呈球形、链球形、长杆、短杆或像蛔虫一样的条形,液体培养时能使液体浑浊,有的附着在器壁上呈环状,也有的生成皱纹和皮膜,但它们都是好氧的(图3-34),醋酸菌最适培养温度为20~30℃,最适生酸温度为28~30℃,最适 pH3.5~6,耐酒精度达8% vol,最高产酸可达7%~9%。固态法生产白酒,是开放式的,醋酸菌的来源主要为操作时感染的醋酸菌,也成为酒中醋酸的主要来源。醋酸是白酒的主要香味成分,也是酯的受体,是丁酸、己酸及其酯类的前体物质,但醋酸过多,会使白酒呈刺激性酸味,在酒精发酵期间,葡萄糖杆菌属和醋酸杆菌的繁殖能延缓酒精的发酵,当醋酸杆菌的数量达到 10^6 个/g 时,足以使酿酒酵母死亡。

图3-34 醋酸菌

醋酸菌一般是在大曲发酵前期、中期生长繁殖，特别是在新曲中含量最多。醋酸菌芽孢会失去发芽能力，促使醋酸菌在大曲中大量减少，所以在使用大曲时，要求新曲必须贮存 3 个月或半年以上，是为了使醋酸菌以最少数量进入窖内发酵。

2. 乳酸菌

凡是能从葡萄糖或乳糖的发酵过程中产生乳酸的细菌都统称为乳酸菌。在发酵工程中乳酸菌是能够发酵糖类且主要产物为乳酸的一类无芽孢、革兰染色阳性细菌的总称。

乳酸菌是一群相当庞杂的细菌，目前至少可分为 18 个属，共有 200 多种。从形态上分类主要有球状和杆状两大类；按照生化分类法，乳酸菌可分为乳杆菌属、链球菌属、明串珠菌属、双歧杆菌属和片球菌属 5 个属，每个属又有很多菌种，某些菌种还包括数个亚种，乳杆菌属一般呈细长的杆状（图 3-35）。在发酵工业中应用的主要有：同型发酵乳杆菌，如德氏乳杆菌、保加利亚乳杆菌、瑞士乳杆菌、嗜酸乳杆菌和干酪乳杆菌；异型发酵乳杆菌，如短乳杆菌和发酵乳杆菌。链球菌属一般呈短链或长链状排列，生产中常用的有乳酸链球菌、丁二酮乳酸链球菌、乳酪链球菌、嗜热乳链球菌等。明串珠菌属大多呈圆形或卵圆形的链状排列，常存在于水果和蔬菜中，能在高浓度的含糖食品中生长。

乳酸菌一般属于非芽孢杆菌，生产适温为 30~40℃，所需温度偏低，高温处理可将其杀灭，它的生长最适 pH 为 5.5~5.8。乳酸菌一般生长、繁殖于厌氧或微有氧的环境，所以兼有好氧或厌氧的双重性。其中，好氧的多为乳球菌，厌氧的多为乳杆菌。乳酸菌是利用糖类经糖发酵解途径生成丙酮酸，再在乳酸脱氢酶催化下还原生成乳酸，可用"糖类→丙酮酸→乳酸"表示。

能利用碳水化合物为原料产生乳酸和乳酸酯的一类厌氧细菌，属 G$^+$ 菌，多数不运动。乳酸呈"青草味"，少量对酒有衬托作用，另外乳酸与酒精酯化后生成乳酸乙酯，使酒体柔和、丰满、协调，具有独特的香味，但过量会使酒呈现馊、涩味。乳酸过量生成，使曲生化能力下降，曲坯酸败。在制作大曲时，需要注意搞好生产卫生，防止大量乳酸菌侵入。

白酒醅和曲块中多是异型乳酸菌（乳球菌），是偏嫌气性或好气性，有产乳酸酯的能力，并能将己糖转化成乳酸、酒精和 CO_2，有的乳酸菌能将果糖发酵生成甘露醇，但乳酸如果分解为丁酸，会使酒呈臭味，导致新酒臭，若乳酸菌将甘油变成丙烯醛而呈刺眼的辣味（图 3-35）。

大曲中的乳酸菌既有同型又有异型的，具有厌氧和好氧双重性，其中70% 为球菌，一般生长温度为 28~32℃，大曲中的乳酸主要是在制曲高温转化时由乳酸菌作用于己糖同化而成，其量的大小取决于大曲中乳酸菌的数量和大曲生产发酵时对品温的控制，特别是顶点品温不足，热曲时间短，更会使乳酸菌大量生成。如若大曲中乳酸菌的含量过多，发酵时就会生成过量乳酸。

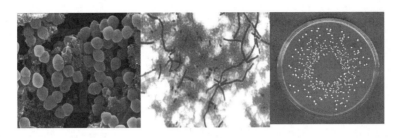

图 3-35　乳酸菌

3. 芽孢杆菌

大曲中的芽孢杆菌主要有枯草芽孢杆菌和梭状芽孢杆菌（图 3-36），其中以枯草芽孢杆菌最多，它有厌氧和好氧两种，一般适宜生长温度为 30~37℃，最适生长温度为 37℃，但在 50~60℃ 尚能生存，最适 pH 为 6.7~7.2，其芽孢在 121℃下灭菌 15min 才能杀死。在固体培养基上菌落为圆形、较薄、呈乳白色、表面干燥、不透明、边缘整齐。营养细胞为杆状，大小一般为 (0.7~0.8) μm×(2~3) μm，杆端半圆形，单个或成短链。在细胞中央部位形成芽孢，细胞有鞭毛，能运动。培曲刚开始时芽孢杆菌不多，在大曲的高温、高水分、曲块软的区域繁殖较快，此时枯草芽孢杆菌大量生长。枯草芽孢杆菌具有分解蛋白质和水解淀粉的能力，它是生成酒体的芳香类物质如双乙酰等的菌源，是大曲和酿酒不可缺少的微生物。

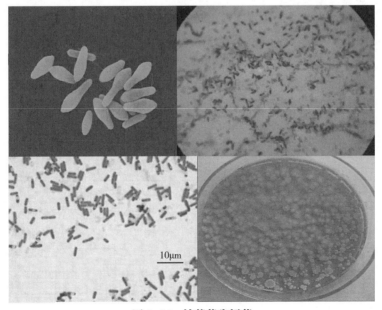

10μm

图 3-36　枯草芽孢杆菌

技能训练十五　绘制大曲中微生物的分布图

一、训练目的

通过观察大曲，绘制大曲中微生物的分布图，学会鉴别正常大曲和异常大曲。

二、实验原理

识别正常和异常的大曲中微生物种类和数量。

三、实验器材

正常大曲曲块，异常大曲曲块若干，进行编号。
A4 纸，2B 铅笔，橡皮擦。

四、实验方法及步骤

观察大曲样品，通过大曲样品的颜色、气味、菌落形态特征等判断大曲质量的优劣，绘制大曲微生物分布图。

五、实验结果与讨论

1. 思考正常和异常的大曲中微生物种类和数量的差别。
2. 大曲中微生物分布差异对酿酒的影响有哪些？

六、实验评价方法

1. 结果评价

绘出大曲中微生物的分布图并填表 1。

表 1　大曲各部分颜色及微生物种类

编号	大曲颜色			气味	微生物种类			结果评价
	曲皮	曲中	曲心		曲皮	曲中	曲心	
1#大曲								
2#大曲								
3#大曲								

2. 过程评价

过程评价见表2。

表 2 过程评价

评价项目	观察（1分）	制图（5分）	整理桌面（2分）	学习态度（2分）
得分				

技能训练十六　酒曲中霉菌的形态观察和种类鉴别

一、训练目的

（1）掌握用染色法或水浸法观察霉菌形态的基本方法。

（2）根据观察其典型形态特征对霉菌的种类进行初步鉴别。

（3）巩固显微镜操作技术及无菌操作技术。

二、基本原理

制作霉菌标本时常用乳酸苯酚棉蓝染色液，因为霉菌菌丝粗大，细胞易收缩变形，孢子很容易飞散。通过染色液制成的霉菌标本片具备以下特点：① 细胞不变形。② 具有杀菌防腐作用，且不易干燥，能保持较长时间。③ 溶液本身呈蓝色，有一定染色效果。

如若观察霉菌自然生长状态下的形态，常用载玻片观察，就是将霉菌孢子接种于载玻片上的适宜培养基上，培养后用显微镜观察。如果想要得到清晰、完整、保持自然状态的霉菌形态也可利用玻璃纸透析培养法进行观察。此法是利用玻璃纸的半透膜特性及透光性，使霉菌生长于覆盖在琼脂培养基表面的玻璃纸上，然后将长菌的玻璃纸剪取一小片，贴放在载玻片上用显微镜观察。

三、材料及器材

1. 曲霉，青霉，根霉，毛霉。

2. 乳酸苯酚棉蓝染色液，察氏培养基平板，生理盐水、马铃薯培养基；载玻片，盖玻片，解剖针等。

本实验为什么选用上述菌株？

曲霉、青霉、根霉和毛霉是 4 大类典型霉菌，有最典型的形态性，见图 1，在大曲中曲霉和根霉为有益霉菌，青霉和毛霉是有害霉菌，可以通过观察其形态，包括菌落特征初步识别大曲中的有益和有害霉菌。

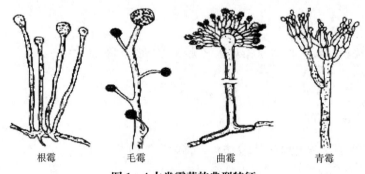

根霉　　　毛霉　　　曲霉　　　青霉

图 1　4 大类霉菌的典型特征

四、方法与步骤

1. 滴一滴乳酸苯酚棉蓝染色液或生理盐水于洁净载玻片上。

2. 用接种钩从霉菌菌落的边缘处取少量带有孢子的菌丝置于染色液或盐水中，再用解剖针细心地将菌丝挑散。

3. 盖上盖玻片，注意不要产生气泡。

4. 将盖上盖玻片的标本置于显微镜下，先用低倍镜观察，再换高倍镜进行霉菌形态观察。

5. 当看到清晰图像时，移动视野找寻霉菌典型形态特征，并根据这些典型特征进行霉菌种类鉴别，并绘示意图。

🚫 **安全警示**

（1）拿取载玻片时要用夹子，以免烫伤，同时不要将载玻片在火焰上灼烧太久，以免载玻片破裂。

（2）使用染色液时注意避免沾到衣物上。

（3）进行霉菌制片时减少空气流动，避免吸入孢子。

（4）实验完毕后洗手，防止感染。

五、实验结果与讨论

1. 绘制示意图展示所观察到的霉菌形态特征。

2. 根据示意图说明所观察到的霉菌种类。

本实验获得成功的关键

（1）在直接制片观察时，取菌要小心，尽量减少菌丝断裂及形态被破坏。

（2）用接种环将菌体与染液混合时不要剧烈涂抹，以免破坏细胞。

（3）滴加染液要适中，否则盖玻片覆盖时，染液会溢出同时产生大量气泡。

（4）盖盖玻片时要缓慢倾斜覆盖，以免产生气泡。

六、实验评价方法

1. 结果评价

实验报告书写质量。

2. 过程评价

过程评价见下表。

表　过程评价

评价项目	显微镜的使用（20分）	制片（10分）	观察（20分）	种类鉴别（30分）	学习态度（20分）
评分					

技能训练十七　大曲中酵母菌的鉴别

一、目的要求

1. 观察酵母菌的细胞形态及出芽生殖方式。

2. 学习掌握区分酵母菌死、活细胞的染色方法。

二、基本原理

酵母菌是形态多样且不运动的单细胞微生物，细胞核与细胞质已有明显的分化，菌体比细菌大。无性繁殖主要是出芽生殖，只有裂殖酵母属才是以分裂方式繁殖；有性繁殖是通过接合产生子囊孢子。本实验通过用美蓝染色液或水-碘制成水浸片，来观察活的酵母形态和出芽生殖方式。美蓝是一种无毒性染料，它的氧化型是蓝色的，而还原型是无色的，用它来对酵母的活细胞进行染色，由于细胞中新陈代谢的作用，使细胞内具有较强的还原能力，能使美蓝从蓝色的氧化型变为无色的还原型，所以酵母的活细胞无色，而对于死细胞或代谢缓慢的老细胞，则因它们无此还原能力或还原能力极弱，而被美蓝染成蓝色或淡蓝色。因此，用美蓝水浸片不仅可观察酵母的形态，还可以区分死、活细胞，但美蓝的浓度、作用时间等均有影响，应加以注意。

三、材料及器材

1. 酿酒酵母或卡尔酵母。
2. 0.05%、0.1%吕氏碱性美蓝染液，革兰染色用的碘液。
3. 显微镜、载玻片、盖玻片等。

四、方法与步骤

1. 加一滴0.1%吕氏碱性美蓝染液在载玻片中央，注意用量不能过多也不能过少，以免盖上盖玻片时，溢出或留有气泡，然后按无菌操作法取在豆芽汁琼脂斜面上培养48h的酿酒酵母少许，放在吕氏碱性美蓝染液中，涂布使菌体与染液均匀混合。

2. 用镊子夹盖玻片一块，小心地盖在液滴上。盖片时应注意，不能将盖玻片平放下去，应先将盖玻片的一边与液滴接触，然后将整个盖玻片慢慢放下，这样可以避免产生气泡。

3. 将制好的水浸片放置3min后镜检，先用低倍镜观察，然后换用高倍镜观察酿酒酵母的形态和出芽情况，同时可以根据是否染上颜色来区别死、活细胞。

4. 染色半小时后，再观察一下死细胞数是否增加。

5. 用0.05%吕氏碱性美蓝染液重复上述操作。

五、实验结果与讨论

1. 绘图说明你所观察到的酵母菌的形态特征。

2. 说明观察到的吕氏碱性美蓝染液浓度和作用时间对死活细胞数的影响。

六、实验评价方法

1. 结果评价

酵母菌死活菌鉴别结果记录于表 1 中。

表 1 酵母菌死活菌鉴别结果记录表

吕氏碱性美蓝浓度	0.1%		0.05%	
作用时间	3min	30min	3min	30min
每视野活细胞数/个				
每视野死细胞数/个				

2. 过程评价

过程评价见表 2。

表 2 过程评价

考核项目	显微镜的使用	酵母菌制片	无菌操作	实验态度
评分	5	2	5	8

技能训练十八 大曲中细菌的鉴别

一、目的要求

1. 学习并掌握大曲中常见细菌类型及其形态特征，复习细菌单染色法和革兰染色法。

2. 巩固显微镜观察细菌形态的方法。

二、基本原理

大曲中生长的细菌类型很多，有醋酸菌、丁酸菌、乳酸菌、己酸菌、芽孢杆菌等，主要为杆状细菌，分为芽孢和非芽孢杆菌，如乳酸菌、醋酸菌为非芽孢杆菌。酱香型高温大曲中含有较多的嗜热芽孢杆菌，能够产生一定的酱香味。白酒生产中的芽孢杆菌，能产生纤维素酶、半纤维素酶、葡萄糖异构酶及蛋白酶。细菌发酵产生己酸、乳酸、乙酸、丁酸以及其酯类，各种代谢产物对白酒的香型、风格具有特殊且重要的作用。

革兰染色法不仅能观察到细菌的形态而且还可将所有细菌分为 G^+ 和 G^- 两

大类。染色反应呈蓝紫色的称为革兰阳性细菌，用 G^+ 表示；染色反应呈红色（复染颜色）的称为革兰阴性细菌，用 G^- 表示。通过革兰染色可对大曲中的细菌进行形态观察和鉴别。

三、材料及器材

1. 大曲中分离得到的乳酸菌、醋酸菌、芽孢杆菌斜面培养物。
2. 革兰染色液，载玻片，显微镜等。

🚫 **安全警示**

（1）加热时使用载玻片夹子及试管夹，以免烫伤。
（2）使用染料时注意避免沾到衣物上。
（3）使用乙醇脱色时忽靠近火焰。
（4）实验后洗手。

四、方法与步骤

1. 用培养物涂片（注意涂片切得不可过于浓厚），干燥、固定。固定时通过火焰 1~2 次即可，不可过热，以载玻片不烫手为宜。

2. 初染
加草酸铵结晶紫 1 滴，覆盖住菌体染色 1~2min，再进行水洗。

3. 媒染
用碘液冲去残留的水液，再滴加碘液并覆盖菌斑 1~2min，再进行水洗。

4. 脱色
在衬以白背景的情况下，用 95% 乙醇漫洗至流出乙醇无色时为止，20~30s，不能超过 30s，并立即用水冲净乙醇。

5. 复染
用番红液洗去残留水，再滴加番红覆盖菌斑染 2~3min，水洗。

6. 镜检
用吸水纸吸去残留水，等干燥后，置油镜下观察。

7. 革兰阴性菌呈现以红色调为主的颜色或红色，革兰阳性菌呈现以紫色调为主的颜色或紫色。但要注意以分散开的细菌的革兰染色反应为准，过于密集的细菌，常常呈假阳性。

五、实验结果与讨论

1. 大曲中的各细菌形态有什么差异？

2. 通过革兰染色实验结果，思考芽孢与革兰染色结果有什么关系。

六、评价标准

1. 结果评价

绘出油镜下观察的菌体图像并标识出革兰染色结果，将记录数据填入表1。

表1 观察结果记录表

菌名	菌体颜色	细菌形态	结果（G⁺/G⁻）

2. 过程评价

过程评价见表2。

表2 过程评价

评价项目	制片 （10分）	无菌操作 （20分）	染色操作 （40分）	油镜使用 （20分）	学习态度 （10分）
得分					

☞ 知识拓展

大曲的微生物分布情况

1. 大曲中微生物

（1）不同的环境气候条件下，微生物的种类和数量不同　大曲中微生物群主要受季节、生产控制技术参数的影响，在春秋两季，自然界的微生物中酵母的比例较大，这时的气温、空气湿度、春天的花草和秋天的果实等都给酵母的生长繁殖创造了良好的自然环境条件；夏季空气微生物数量最多，其次是春秋季节，冬季最少，这是因为夏季气温高，空气湿润，较有利于各种微生物繁殖活动，冬季气温低，空气干燥，微生物活性降低。

因季节的不同，自然界的微生物数量不同，自然一年四季生产的大曲中微生物也不同，从而大曲的质量也不同，这种差异性只能通过调节搭配才能实现酿酒的均衡生产和质量控制。

（2）不同的点位，同一块曲坯中的微生物的种类和数量不同　在一块大曲中，微生物的分布一般受到各种微生物生活习性的影响，无论在哪一种培养基上，曲皮部位的菌数都明显高于曲心部分。曲皮部位是好气性菌及少量的兼性厌氧菌，霉菌含量较高，如犁头霉、黄曲霉、根霉等；曲心部位是兼性厌氧菌，细菌含量最高，细菌以杆菌居多，也有一定数量的红曲霉；曲皮和曲心之间的部位是兼性厌氧菌，以酵母含量较多，假丝酵母最多。一块大曲不同部位微生物数量有差异，不同香型白酒的大曲中微生物差距更大。

（3）在不同培菌温度阶段，微生物的种类和数量不同　在大曲的生产过程中，微生物菌群在入发酵室后的前、中期受温度的影响比较大，在后期则受曲坯含水量的影响比较大。

随着大曲培菌的开始，各种微生物首先从曲坯的表面开始繁殖，在30~35℃期间微生物的数量达到最高峰，这时霉菌、酵母菌比例比较大；随着温度逐步上升，曲坯的水分蒸发，曲坯中含氧量（发酵室内空气含氧量）减少，耐温微生物的比例显著上升；当达到55~60℃时，大部分微生物菌类被高温淘汰，微生物菌数大幅减少，这时曲坯中霉菌、细菌类中的少数耐温菌株成为优势菌，酵母菌衰亡幅度很大；当达到63℃以上时，只有耐高温的芽孢类霉菌和细菌能生长，特别是高温期间，酵母几乎为零。

（4）在培菌过程中曲坯的含水量、氧气含量的变化，微生物的种类和数量不同　随着曲坯内水分的逐步蒸发，微生物的繁殖由表及里向水分较高的曲心前进，曲心相对含氧量较少，导致一些好气性微生物被淘汰；顶温期过后，一些兼性厌氧菌如酵母和细菌，在曲坯内部又开始繁殖；到培菌管理的后期，曲坯水分大量蒸发，曲心部位的透气性增加，但曲心部位的水分蒸发相对要少些，为适宜的好氧性菌、兼性厌氧菌创造了生长条件。

通气情况下只影响大曲的微生物群的变化，主要是氧气的进入，二氧化碳的排出。大曲通气的主要手段是靠翻曲来实现调节的，增加氧气的同时，也排出二氧化碳和发酵室内空气中的水分。

2. 制曲生产周边环境微生物的分布状况

（1）曲房中的微生物分布　曲房是制曲的重要场地，又是菌类的栖息场所，曲房也是菌种的贮存库。曲坯上生长出来的菌类主要来自附着于制曲原料上的菌种，一部分是靠接入的母曲（老曲）菌种；一部分是由地面及工具上接触而感染上的。当菌种从曲房和空气中散落下来，就相当于接种于曲坯原料上而萌发生长。所以说老曲房积累的菌种多，新曲房积累的菌种少，所以老曲房制曲比新曲房制曲好，就是这个道理。

曲房中的微生物种群及数量，在不同高度和不同部位中，并不是均一分布的，而是存在差异，在大曲的不同培养期间，曲房上、中、下层空气中微生物种群与数量不同，大曲质量也存在差异，见表1。

表1　空曲房和制曲前期、后期的上、中、下层微生物的比较

（单位：10^4 个/皿）

制曲阶段	来源	微生物			
		细菌	酵母菌	霉菌	放线菌
空曲房	上	1.5979	2.2348	2.2526	0.8483
	中	1.6062	2.2578	2.2649	1.5798
	下	1.5800	2.2200	2.1497	1.0807
制曲前期	上	1.4650	1.2690	1.5116	—
	中	1.7381	1.8289	2.6100	—
	下	2.0182	2.0510	1.7040	—
制曲后期	上	1.0197	1.5039	1.4466	—
	中	1.2411	1.2291	1.3694	—
	下	1.3785	1.3960	1.2859	—

　　曲坯入房前，空曲房下层的霉菌数量低于上层，放线菌上层显著低于中下层。曲坯发酵前期，下层酵母菌及细菌数量明显高于中层，而中层又高于上层。霉菌数量在各层之间的差别不大，若酸度大则下层最高，中层与下层之间不甚明显。

　　（2）不同季节室外及新老曲房内的微生物变化情况　见表2。

表2　不同季节室外及新老曲房内的微生物变化　（单位：个/皿）

菌别	季节	室外	新曲房	老曲房
细菌	春	12	20	47
	夏	10	20	87
	秋	8	49	50
	冬	3	37	39
酵母菌	春	5	9	15
	夏	9	21	30
	秋	3	13	17
	冬	1	7	9
霉菌	春	27	37	51
	夏	30	101	117
	秋	13	52	57
	冬	3	47	40

　　表2说明了四季中微生物的数量变化，室外因受阳光、干燥的影响，其变化尤为明显。春夏秋菌数较多，冬季大为下降。所以制曲要充分利用季节变化。古人非常注意踩曲的季节。例如《齐民要术》记载"大凡作曲七月（阴历）最良……"夏季气温高，湿度大，空气中微生物数量多，是制曲的最佳季节。

　　3. 曲坯各层次间微生物的分布状况

　　曲坯各层次间微生物的分布状况见表3。

表3　曲坯各层次间微生物的分布状况

项目	曲侧表层	曲包表层	曲底表层	曲包包心	曲心
细菌/（10^4 个/g）	72	90	125	110	168
霉菌/（10^4 个/g）	487	314	40	28	32
酵母/（10^4 个/g）	4	2.4	2.4	1.6	1.7

　　曲侧表层和曲包表层以霉菌为主，曲底表层、包包曲的曲心以细菌为主，酵母菌在曲表层略高于曲心，但各层中酵母菌在3大类微生物中数量最少。

🖊 思考练习

　　1. 大曲微生物有哪些种类？它们在酿酒当中分别起到什么作用？

　　2. 从微生物形态、大小、细胞结构、繁殖方式、培养特征等方面总结大曲中微生物的基本特征。

　　3. 思考大曲中微生物种类和数量对白酒酿造的影响。

任务四　窖泥微生物

教学重难点

掌握窖泥微生物的主要种类及酿酒作用。

一、窖泥概述

　　窖泥（图3-37），是一种自然或人工培养的土壤，附着于窖池四壁和窖底，参与醅料的发酵过程。在长期的发酵过程中，窖泥成为了窖泥微生物的栖息场所和活动场所，也是营养物质、香味成分的传输介质，具备了特殊的物理结构、化学成分和生化性能，形成了一个独特的微生物生态系统，是生产浓香型大曲酒的基础。窖泥中的微生物、酶和养分，决定了窖泥质量的优劣。

图 3-37　窖泥

　　窖泥常年处于低 pH、高水分、高静压、兼性厌氧的窖池中，加之酿酒发酵过程的周期性开窖和闭窖，以及酒醅中营养成分、菌群与窖泥中营养成分、菌群的相互作用和相互交换等，给窖泥微生物的生长、优化提供了特殊的栖息环境和作用环境。随着窖池使用年份的延长，窖泥逐渐趋于老熟或老化，从而决定了传统白酒生产质量和风格的稳定性。

　　中国国家博物馆收藏了一件灰黑色、黏稠状的物品。不看注释，没有人知道这个不起眼的物品到底是什么，凭什么有资格在如此高雅器重的场所占据一席之地。事实上，这是 2005 年国家博物馆永久收藏的五粮液明代老窖泥。与其他珍贵的国宝级文物相比，它有一个最大的特征就是"活的"。这块古窖泥是世界酿酒领域现存最古老的一块泥池酒窖窖泥，自明朝开国以来至今未曾间断使用，生长着数以亿万计的有益微生物活体，是异常罕见的"活文物"，也是国家博物馆收藏的唯一一件"活文物"，其蕴含的文物、文化、生物学价值，是金钱无法衡量的。

二、窖泥微生物的类别及作用

　　窖泥微生物是指栖息在窖泥里面的微生物区系，是赋予浓香型白酒香味的主要微生物。其种群繁多，随发酵过程的进行而不停演替、消长、变化、驯化，相互作用错综复杂，具有明显的多态性，可谓微生物"大观园"，在微生物学上都不多见。同时，微生物种群的多态性又必然引起微生物种群作用特征的多态性、发酵代谢产物的多态性，也必然引起产酒质量的多态性。所以，不同地区、不同企业、不同车间、不同窖龄、不同窖池，窖泥微生物都存在着差异甚至明显差异。

（一）己酸菌

1. 己酸菌的生物学特性

浓香型白酒老窖泥中的己酸菌，不同于微生物学上所称的己酸菌。窖泥中所称的己酸菌，可以看作是工业名称或习惯名称，是白酒行业广泛而通俗的名称。窖泥中的己酸菌，一般是指梭状芽孢杆菌，更多的实际上是梭状芽孢杆菌与甲烷菌的共栖种，而不是单一纯种。两者共栖提高己酸生成量，单一种反而产酸率低。微生物学的己酸菌，是一种梭状芽孢杆菌，包括一大群厌氧或微需氧的粗大芽孢杆菌，为 G^+，芽孢呈圆形或卵圆形，直径大于菌体，位于菌体中央、极端或次极端，使菌体膨大呈梭状，由此而得名。该菌属细菌在自然界分布广泛，常存在于土壤、人和动物肠道以及腐败物中。多为腐物寄生菌，少数为致病菌，能分泌外毒素和侵袭性酶类，引起人和动物致病，如破伤风梭菌、产气荚膜梭菌、肉毒梭菌和艰难梭菌等，分别引起破伤风、气性坏疽、食物中毒和伪膜性结肠炎等人类疾病。

窖泥中的己酸菌，菌体呈梭状、两端钝圆（图 3-38）。一般（50~60）$\mu m \times$（0.8~1.0）μm；细胞成对或单个，通常不形成链，个别也有成串长链。生荚膜，周生鞭毛，健壮者游动活泼。芽孢端生，在末端有圆形或椭圆形孢子，孢子（1.1~1.3）μm；孢子引起杆菌末端膨胀而形成鼓槌状。故此，亦有鼓槌状菌之称。

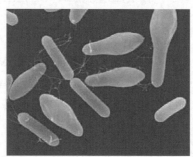

图 3-38　己酸菌

2. 己酸菌的功能

浓香型白酒以己酸乙酯为主体香气，主要由窖泥中己酸菌生成，所以浓香型白酒质量与窖泥及其中栖息的己酸菌密切相关。自 20 世纪 60 年代以来，各研究院以及酒企对己酸菌研究得很深入，己酸菌代谢应用在传统发酵白酒生产中也取得很好的成效。到目前为止，已应用到工业生产的菌株也有多种，如内蒙 30#、四川 W_1、四川 L_1、黑轻 80 号、辽宁 L_2+L_5 等，这些菌株应用在浓香型白酒生产上都能大幅度地提高白酒中己酸乙酯的含量，进而提高白酒的质量，见表 3-4。

表3-4 几株产己酸细菌的特征比较

菌株		菌株 K_{21}（克氏梭菌）	菌株 W_1（吴衍庸）	菌株 M_2（梁家骥）
来源		淡水与污泥	五粮液酒厂窖泥	厌氧消化器中的颗粒污泥
菌落形态		圆形，边缘整齐或呈绒毛状，灰白色，光滑，微凸，直径1~3mm	圆形，边缘有绒毛，乳脂色，不透明，直径1.5~3mm	圆形，边缘整齐，灰白色，光滑，微凸，直径1~3mm
细菌形态		杆状，(0.9~1.1) μm × (3~11) μm	杆状，(0.6~0.7) μm × (3.5~4.6) μm	杆状，(0.9~1.0) μm × (4~9) μm
革兰染色		阳性	阴性	阳性，易变阴性
底物	乙醇+乙酸	利用	利用	利用
	葡萄糖	不利用	利用	不利用
生长条件	pH 范围	6.0~7.5	—	5.4~7.9
	最适 pH	6.8	6.5~7.5	6.5~7.0
	温度范围	19~37℃	20~45℃	20~46℃
	最适温度	34℃	34℃	35~36℃
厌氧情况		严格厌氧	耐氧	严格厌氧
对二氧化碳的需求		需要	不需要	需要

当环境不适宜时，己酸菌为了保持生命的延续而生成可抵抗恶劣环境的器官——孢子，如在茅台试点时在沙土管中保存的己酸菌种（孢子）经历了 14 年之久仍然能够存活。己酸菌不耐高温，但其孢子能耐高温。人们经常利用己酸菌孢子的耐热性进行菌种纯化、传代培养。一般多用 1g 老窖泥加 10g 水在 80℃ 处理 10min 或 100℃ 处理 3min，借以杀死其他菌类而只存活己酸菌孢子；同时，热处理使己酸菌得到复壮，能够增加己酸菌的活力和产酸能力。当然，热处理次数也不宜过多，否则产酸量也会直线下降。

一般认为，窖泥中的己酸菌代谢合成己酸的途径可能有 3 种。

（1）乙醇与乙酸合成己酸。

$$2CH_3CH_2OH + CH_3COOH \rightarrow CH_3 (CH_2)_4COOH + 2H_2O$$

（2）乙醇与乙酸先合成丁酸，丁酸和乙醇再合成己酸。

$$CH_3CH_2OH + CH_3COOH \rightarrow CH_3 (CH_2)_2COOH + H_2O$$

$$CH_3 (CH_2)_2COOH + CH_3CH_2OH \rightarrow CH_3 (CH_2)_4COOH + H_2O$$

（3）淀粉糖化后先生成丙酮酸，丙酮酸再生成丁酸，丁酸再与乙醇合成己酸。

$$C_6H_{12}O_6 \rightarrow 2CH_3COCOOH+2H_2\uparrow$$

$$2CH_3COCOOH+2H_2O \rightarrow CH_3(CH_2)_2COOH+CH_3COOH+2O_2\uparrow$$

$$CH_3(CH_2)_2COOH+2CH_3COOH+2H_2 \rightarrow CH_3(CH_2)_4COOH+CH_3COOH+2H_2O$$

固态发酵过程中，上述反应均有可能发生，但并不像上述反应式那么简单，而应该是相当复杂的合成过程。己酸菌代谢缓慢，不能形成爆发式发酵，从开始到生成丁酸阶段较快些，由丁酸到己酸阶段尤为缓慢，所以这也是浓香型白酒生产周期长的原因。

大量的研究表明，己酸菌的生长和产酸能力，与营养成分、温度、酒精度、pH、厌氧条件、接种量等因素有关。乙醇和乙酸是己酸菌重要的营养成分，没有这两种成分，就不能产己酸；对氨基苯甲酸和生物素是己酸菌的生长因子，缺了它们就会严重影响其产酸能力，但可以用酵母膏或酵母自溶液、酒糟浸出液代替；适量的铵盐、磷酸盐、镁盐能促进己酸菌的生长和产酸；淀粉类碳源对产己酸不利，而向产丁酸方向转移；最适培养温度为30~34℃；己酸菌能耐受一定程度的酒精度，以2%~3%vol为宜，1%vol时己酸量减少，大于4%vol时菌体短小，有芽孢出现，己酸量也明显减少；在pH5~7内，均能产己酸，pH4以下时，不能产己酸；厌氧或微氧情况下，能很好地生长和产酸；接种量小于5%时，发酵缓慢，一般产酸到最高峰需要8~10d甚至更长时间；当接种量提高到10%，7d左右就达到产酸最高峰。所以己酸菌发酵技术，可广泛应用于浓香型大曲酒的灌窖、窖池保养、人工窖泥培养、酯化液的制作等，能够有效改善和提高浓香型大曲酒的质量。

目前，常用的从浓香型白酒老窖泥中分离、培养己酸菌所使用的培养基如下：乙酸钠0.5%、硫酸铵0.05%、硫酸镁0.02%、磷酸氢二钾0.04%、酵母膏0.1%、无水乙醇2%（杀菌后，接种前加入）、碳酸钙1%（杀菌后，接种前加入）、水100%，装液量95%左右。根据白酒厂的实际情况，可用酒糟浸出液替代合成培养基，即将酒糟加4倍水浸泡24h后过滤得到的滤液，用石灰乳调pH6.5~7.0，加工业级乙酸钠1.0%~1.5%，煮沸，加1%碳酸钙、2%无水乙醇，接种培养。生长良好的己酸菌，产生细小的气泡（H_2），培养液浑浊，表面不形成菌膜，并有己酸特有的气味。

（二）丁酸菌

1. 丁酸菌的生物学特性

丁酸菌在细菌学分类中归属于梭菌属，又称酪酸梭状芽孢杆菌、酪酸杆菌、酪酸菌、丁酸梭状芽孢杆菌、丁酸梭菌、丁酸杆菌。依据《伯杰氏系统细菌学手册》，从菌落形态及个体形态以及严格厌氧型能鉴定到属；对所得到的菌株进行明胶液化试验及芽孢位置染色试验，可以鉴定到属；在属内只要进行蜜二糖、松三糖、淀粉利用试验，即可鉴定到种。

　　显微镜下，丁酸菌呈微弯的杆状，（0.6~1.2）μm×（3.0~7.0）μm；菌体中常有圆形或椭圆形芽孢（图3-39），使菌体中部膨大呈梭形，端圆；单个或成对，短链，偶见长丝状菌体；偏心到次端生，无孢子外壁和附属丝，以周生鞭毛运动；厌氧，革兰阳性菌，在培养后期能变为阴性菌。

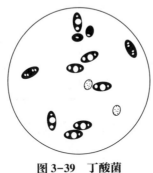

图3-39　丁酸菌

　　丁酸菌主要代谢产物为丁酸、乙酸，最适生长发育条件为37℃、pH7。一般丁酸菌主要存在于奶酪、天然酸奶、人与动物粪便、某些树叶、土壤等自然环境中。该类菌能利用多种糖类，如葡萄糖、乳糖、麦芽糖、蔗糖和果糖等，并能利用淀粉。

　　丁酸菌一般利用其能够生成耐热芽孢的特点采用热处理法进行纯化、分离。需要注意热处理次数过多，纯化效果虽好，但发酵能力却会大幅下降。此外，窖泥土壤中丁酸菌存在共栖菌，用热处理法较难分开；使用pH梯度效果较好。在装有培养基试管中加入菌样后，在80℃水浴锅中热处理3~10 min，然后置于玻璃干燥器或厌氧培养箱中，在真空减压下，35℃培养3d。选择发酵活泼、丁酸臭味大的，再移入下一试管。经1~2次热处理后，厌氧状态下斜面培养，再经发酵后进行鉴定。

　　丁酸菌的发酵糖浓度6%~10%，主要碳源以甘薯、玉米、菊芋、淀粉渣、糖蜜等为原料；添加10%左右的豆饼作为有机氮；无机氮源用硫酸铵或其他铵盐；麦芽、米糠等作为生长因子加入，用碳酸钙作中和剂，用量为糖的50%。在厌氧状态下发酵，温度30~37℃，4~5d发酵终了。丁酸得率为糖的35%左右，同时生成乙酸及大量H_2与CO_2。

　　2. 丁酸菌的功能

　　窖泥微生物分离上，证实了老窖泥中除有一定量己酸菌外，还有数量更多的丁酸菌。这些丁酸菌不但产丁酸，而且大部分菌株在以糖为碳源的情况下，还能产少量己酸。同时，多地试验结果还发现，作为浓香型白酒中己酸的产生，并不是己酸菌直接代谢乙醇而生成的，而是利用了丁酸作为中间产物来合成的；窖泥中丁酸、己酸的产生并不是同步关系，而是此起彼伏；先产丁酸，再产己酸，且随着己酸量的上升丁酸量下降。这说明，己酸的生成过程中，丁酸是一个重要的过渡阶段，见表3-5。

表3-5　几株丁酸菌的产酸结果

	己酸/%	丁酸%	乙酸%
内蒙古轻工所丁酸菌24A	0.075	1.260	0.170
内蒙古轻工所丁酸菌24B	0.053	0.950	0.167
内蒙古轻工所丁酸菌35A	0	0.466	—
广州饮料厂丁酸菌	0.130	1.000	0.210

因此，在人工窖泥制备过程中，纯种丁酸菌的培养、共酵也是不可或缺的。

（三）乳酸菌

1. 乳酸菌的生物学特性

在大曲微生物中已经介绍，不再赘述。

2. 乳酸菌的功能

乳酸菌（图3-40）是白酒微生物家族中的一员，是酿造白酒时的一种重要菌类。乳酸菌贯穿于浓香型白酒生产的全过程中，来源于原辅料、粮粉、润粮、空气、水、场地、泥袋、工器具、封窖泥、窖池、设备、黄水、醅料（入窖）、酒醅（出窖），以及操作人员的手、鞋等多种渠道。据有关测试乳酸菌含量的数据，每克大曲（干）约有720万；每毫升黄水约有22万；每克窖泥（干）中分别为：新窖池有37万，中龄窖池有410万，老窖池有570万。

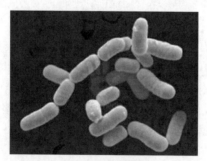

图3-40　乳酸菌

当乳酸菌混入入窖的料醅后，会争夺葡萄糖等糖类为发酵原料而生成乳酸，属同型（或纯型、正常型）乳酸发酵，该菌可称为真正乳酸菌。有的乳酸菌还同时生成少量的乙酸、乙醇、丙酸、丁酸、丙酮酸、CO_2、H_2等物质，属异型（或混合型、异常型）乳酸发酵，可称为假性或亚性乳酸菌。大曲中的乳酸菌多数为乳球菌，进行异型发酵，但产乳酸的能力较强。窖泥中多为乳杆菌属，一般进行异型乳酸发酵。

已有研究表明，100~200年窖龄的老窖泥中乳酸菌数量最多，分别属于乳杆菌属、片球菌属、魏斯菌属、杆菌属、肠球菌属、微小杆菌属、*Rummeliibacillus* 属以及 *Cohnella* 属等8个属，其中以乳杆菌属占大多数，耐酸乳杆菌为优势菌，表现出了明显的种群多样性。也有结果指出，乳酸菌数量呈无规律性分布。

乳酸菌中的片球菌，为革兰阳性球菌，可发酵碳水化合物产生乳酸，不产气，不能分解蛋白质和还原硝酸盐。片球菌可能会产生一些发酵食品的风味物质，也是啤酒酿造中的有害细菌，但关于我国窖池窖泥中的片球菌的研究报道很少。大量的片球菌存在于窖池中，其代谢产物在发酵过程中应该会起到重要作用。已报道的片球菌不仅可进行乳酸菌的高浓度培养，而且有些种可以降低发酵产物中的含胺量，对风味的形成有较大影响。

（四）丙酸菌

1. 丙酸菌的生物学特性和功能

产丙酸菌属（*Propionigenium* Schink and Pfennig）又名嗜乳酸菌，属于耗能异养菌。丙酸菌一般呈短杆状，$(0.5~0.6)$ μm×$(0.5~2.0)$ μm，端圆；单生、成对或短链；不产芽孢，不运动。适宜生长温度15~40℃，在30~32℃环境下生长和发酵良好，pH4.5~7.0，为兼性厌氧杆菌。在厌氧条件下，它可利用乳酸、葡萄糖等基质生成丙酸、乙酸和CO_2。在乳酸和糖类共存的酿酒过程中，丙酸菌将优先选择乳酸作为碳源，而对糖的利用率较低，因此对其他微生物的正常代谢影响不大。总的反应式如下。

$$3CH_3CHOHCOOH \rightarrow 2CH_3CH_2COOH + CH_3COOH + CO_2 + H_2O$$
乳酸　　　　　　丙酸　　　　乙酸

$$3C_6H_{12}O_6 \rightarrow 4CH_3CH_2COOH + 2CH_3COOH + 2CO_2 + 2H_2O$$
葡萄糖　　　　丙酸　　　　乙酸

2. 丙酸菌的功能

以前丙酸菌的用途是在干酪中起生香作用，所产生的丙酸现在是一种防腐添加剂；工业生产中应用的丙酸菌，主要是生产丙酸。浓香型白酒生产中，常栖息在大曲、窖泥、黄水、酒醅或出窖糟醅之中。丙酸菌以乳酸或乳酸盐作为碳源，发酵生成丙酸，同时伴随乙酸、琥珀酸、CO_2等副产物产生，所以丙酸菌能够消耗乳酸，体现出浓香型白酒酿造中"降乳"的效果；而生成的丙酸，在某种条件下又可以被生物酶转化为戊酸、庚酸，再进一步合成丙酸乙酯、戊酸乙酯、庚酸乙酯，这样不仅降低了乳酸以及可能产生的乳酸乙酯的含量，还增加了奇数碳原子的乙酯类物质，可能会对浓香型白酒中微量风味物质的比例均衡具有效果。

（五）甲烷菌的生物学特性和功能

1. 甲烷菌的生物学特性

甲烷菌（*Methanogenus*）又称产甲烷菌，属于古菌域，广域古菌界，宽广古生菌门。甲烷菌都是原核生物，目前尚未发现真核生物能形成甲烷。

甲烷菌在自然界中分布极为广泛，在与氧气隔绝的环境、海底沉积物、河湖淤泥、沼泽地、水稻田以及人和动物的肠道、反刍动物瘤胃，甚至在植物体内都有甲烷菌存在。甲烷菌呈长杆状、短杆状或弯杆状、丝状、球状、螺旋状或集合成假八叠球状，不生芽孢，不运动或以端生鞭毛运动。平板培养的菌落相当小，特别是甲烷八叠球菌菌落更小，如果不仔细观察，很容易遗漏。菌落一般呈圆形，透明、边缘整齐，在荧光显微镜下发出强的荧光（图3-41）。

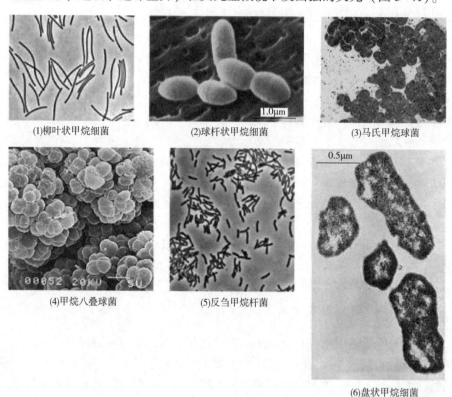

(1)柳叶状甲烷细菌　　(2)球杆状甲烷细菌　　(3)马氏甲烷球菌

(4)甲烷八叠球菌　　(5)反刍甲烷杆菌　　(6)盘状甲烷细菌

图3-41　甲烷菌

甲烷菌只能利用很简单的物质，如 CO_2、H_2、甲酸、乙酸和甲基胺等。这些简单物质必须由其他发酵性细菌，把复杂有机物分解后提供给甲烷菌，所以甲烷细菌一定要等到其他细菌都大量生长后才能生长，所以甲烷菌世代时间也长，甲烷细菌需几天乃至几十天才能繁殖一代。

甲烷菌都是专性严格厌氧菌，革兰染色阳性至阴性，最适生长温度为30~45℃；pH 中性或偏碱性；对氧非常敏感，遇氧后会立即受到抑制，不能生长、繁殖，有的还会死亡。因此，甲烷菌的分离和培养、操作都需要特殊的环境和特殊的技术。一般要求不高的，可用在液面加石蜡或液体石蜡的液体深层培养、抽真空培养，在封闭培养管中放入焦性没食子酸和碳酸钾脱氧的培养方法（Berker）、亨盖特厌氧滚管法、亨盖特厌氧液体培养法、Balch 厌氧液体培养增压法等。

2. 甲烷菌的功能

甲烷菌在酿酒生产中，与己酸菌、丁酸菌等共栖在一起，可促进己酸等有机酸及酯类的形成，在己酸发酵液中及窖内通甲烷气，可促进己酸的生成；另外利用乙酸的甲烷菌（索氏甲烷杆菌、马氏甲烷球菌、巴氏甲烷八叠球菌等）会对乙酸及乙酸乙酯的生成量造成影响。甲烷菌利用氢气还原二氧化碳产生甲烷，使平衡向促进有机酸、酒精生成的方向转化，既促进了酒醅中酸酯含量的增加，又提高了出酒率。

（六）甲烷氧化菌的生物学特性和功能

1. 甲烷氧化菌的生物学特性

甲烷氧化菌不同于甲烷菌，是以甲烷作为唯一碳源和能源进行同化和异化代谢的微生物，均为革兰阴性菌。甲烷氧化菌主要有甲烷氧化菌I型和II型，分别属于 α - 变形菌纲和 β - 变形菌纲，I型有甲基单胞菌、甲基球菌属、*Methylocaldum*、甲基杆菌属、甲基微菌和甲基热菌属等；II型有甲基弯曲菌属（*Methylosinus*）、*Methylocella*、*Methylocapsa* 和甲基孢囊菌属（*Methylocystis*）等。

2. 甲烷氧化菌的功能

甲烷氧化菌的关键酶之一是甲烷单加氧酶（MMOS），它能利用甲烷产生二氧化碳，其氧化途径如下：$CH_4 \rightarrow CH_3OH \rightarrow HCHO \rightarrow HCOOH \rightarrow CO_2$。环境中的甲烷在厌氧环境中由产甲烷细菌形成后，经土壤和水层，逸散入大气，在途经土壤和水层时可被栖息于其间的甲烷氧化菌所氧化。

（七）硫酸盐还原菌

1. 硫酸盐还原菌的生物学特性

硫酸盐还原菌（Sulfate-reducing Bacteria），简称 SRB，目前已有12个属40多个种，种类繁多。从生理学上分为两大亚类：Ⅰ类，如脱硫弧菌属、脱硫单胞菌属、脱硫叶菌属和脱硫肠状菌属，其特点是可利用乳酸、丙酮酸、乙醇或某些脂肪酸为碳源及能源，将硫酸盐还原为硫化氢；Ⅱ类，如脱硫菌属、脱硫球菌属、脱硫八叠球菌属和脱硫线菌属，它们的特别之处是可以氧化脂肪酸，并将硫酸盐还原为硫。Ⅰ类不产生孢子，一般呈中温或低温性，超过43℃时致死；Ⅱ类产生孢子，呈中温或高温性。

2. 硫酸盐还原菌的功能

浓香型白酒窖泥中的硫酸盐还原菌，在代谢过程中能够消耗乳酸，从而能够适度减少窖泥中微生物产生的乳酸以及黄浆水中的乳酸，防止窖泥中乳酸积累，减缓乳酸亚铁及乳酸钙白色晶体物质的产生，减缓窖泥老化过程。因此，窖泥中硫酸盐还原菌的种类及数量，也是衡量窖泥是否老化的重要指标。

（八）硝酸盐还原菌的生物学特性和功能

1. 硝酸盐还原菌的生物学特性

硝酸盐还原菌是指能够利用硝酸盐及亚硝酸盐的一类厌氧微生物，存在于厌氧环境中，与硫酸盐还原菌共生共栖。硝酸盐还原菌从硝酸盐中获得氧而形成亚硝酸盐和其他还原性产物。

2. 硝酸盐还原菌的功能

硝酸盐还原菌将有机物氧化时产生的 NADH（还原型辅酶Ⅱ）和 $FADH_2$（还原型黄素腺嘌呤二核苷酸）中的氢电子传递给硝酸根、亚硝酸根、一氧化氮和氮，使相应的化学物质还原，最后都还原为氮，这就是窖池中氮气的来源。同时，硝酸盐还原菌在窖泥中还具有解除产酸菌的氢抑制现象，可能会对乳酸菌产生的乳酸、硫酸盐还原菌产生的 H_2S 形成抑制作用，从而缓解窖泥酸性环境程度，促进相对不耐酸的己酸菌等窖泥微生物的生长代谢。

三、窖泥中微生物的分布特点

（一）细菌在窖泥微生物中占据绝对优势

尽管因为区域环境和检测手段的差异，很多研究结果不尽相同，但普遍认同的是，窖泥微生物中三大类菌的种群数量分布趋势是：细菌>真菌>放线菌。其中细菌大约占微生物总数的93%以上，数量级一般为 $10^5 \sim 10^9$ 个／（g 干窖泥）。

细菌数量在窖泥微生物总数中占据绝对优势地位，且非常活跃，能够分解利用窖泥中的有机质，释放有效养分，繁殖、代谢旺盛，促进生香物质和前体物质的积累；真菌数量虽少，但真菌菌体或生物量很大，因此其对窖泥土壤环境质量的改善具有不可忽视的作用；放线菌可以产生抗生素、维生素、酶等，可能对白酒的香气物质形成和窖泥脱臭产生影响。

泸州老窖不同窖龄窖泥微生物的分析结果，如表 3-6 所示。

表 3-6 窖泥土壤微生物　　　　单位：×10⁵个/g 干土

窖龄	细菌总数			放线菌			真菌			微生物总数		
	窖底	窖壁	下：上	窖底	窖壁	下：上	窖底	窖壁	下：上	窖底	窖壁	下：上
400 余年	14.25	10.07	1.42	0.76	0.63	1.33	0.82	0.57	1.43	15.89	11.35	1.40
100 余年	12.72	9.14	1.39	0.8	0.59	1.35	0.80	0.6	1.35	14.39	10.39	1.39
40 余年	11.00	7.89	1.39	0.67	0.46	1.47	0.81	0.55	1.47	12.55	8.86	1.40
20 余年	10.03	7.30	1.38	0.6	0.44	1.38	0.72	0.52	1.38	11.31	8.48	1.32
平均	12.00	8.60	1.40	0.71	0.53	1.38	0.79	0.56	1.41	13.53	9.77	1.38

（二）窖泥中以厌氧菌或兼性厌氧菌为主

窖泥中以厌氧菌或兼性厌氧菌为主，芽孢梭菌属和丁酸杆菌属为优势菌群，且随窖龄增加而呈现明显增加的趋势。

成都生物所等单位对泸州酒厂窖泥微生物的生态与分布进行了研究，如表 3-7 所示。结果表明，窖泥中嫌气性细菌为好气性细菌 4.0 倍，嫌气性芽孢杆菌为好气性芽孢杆菌的 3.6 倍；老窖为新窖细菌 3 倍，嫌气性芽孢杆菌为 2.6 倍。同一窖中的细菌，窖壁有时也多于窖底，黑色内层多于黄色外层。在不同窖中，窖底层多于窖壁。窖池窖龄越长，嫌气性芽孢杆菌（主要是丁酸菌和己酸菌）越多，其他微生物也多，其代谢产物累计也多，这样酒的质量越好。

表 3-7 不同窖泥中细菌分布

细菌数/（×10⁴ 个/g 干土）	老窖	中龄窖	新窖	老窖：新窖
细菌总数	104.1	39.3	33.7	3.1
好气性细菌数	17.3	11.0	12.1	1.4
嫌气性细菌数	86.3	28.3	21.6	4.0
嫌气性菌：好气性菌	5.0	2.6	1.8	—
芽孢细菌总数	46.1	21.6	20.5	2.3
好气性芽孢菌数	9.9	5.2	6.5	1.5
嫌气性芽孢菌数	36.2	16.4	14.0	2.6
嫌气性芽孢菌：好气性芽孢菌	3.6	3.1	2.1	—

从入窖至出窖过程中窖泥微生物区系的分析结果表明，窖泥中的好氧细菌和厌氧细菌均随发酵时间的延长而有规律地变化。好氧细菌的分布是上层最多，中层次之，下层最少；而厌氧细菌的分布正好相反。其数量变化是，好氧细菌随发酵时间的延长而减少，厌氧细菌则相反。此外，由于兼性厌氧菌的增殖和甲烷菌与梭状芽孢杆菌的伴生，所以好氧细菌和厌氧细菌的数量变化受到一定程度的干扰。

所有窖泥样品平均生物多样性指数（H 值）都在 1.93～2.82，且随着窖龄的增加，相同位置样品的多样性指数总体上呈递增趋势，也说明在窖泥老熟过程中细菌种群结构变化较大。

（三）窖泥中以己酸菌为主要功能菌

因为浓香型白酒的主体香是己酸乙酯，这只能来源于窖泥中以己酸发酵的己酸菌，因此，尽管绝对数量不是窖泥微生物中最多的，但己酸菌仍然被定义为窖泥中的主要功能菌。分析显示：产大曲酒质量佳的优质老窖，其窖泥中所含的己酸菌数量就多；反之，产大曲酒质量低的窖池，其己酸菌数量就少，所以，窖池中己酸菌数量的相对多少和占比大小，能够说明窖池中窖泥质量优劣，并且决定着窖池产酒质量的优劣。

但己酸菌也仅仅只是窖泥微生物群体中的一员。就目前所知，浓香型大曲酒的主体香味成分与己酸菌有着密切关系，但浓香型大曲酒中的微量芳香成分多达 170 余种，其中绝大部分为微生物的代谢产物所产生。可见窖泥中其他微生物的作用也是不容忽视的。

技能训练十九　丁酸菌的培养

一、训练目的

1. 掌握丁酸菌培养的步骤和方法。
2. 观察发酵现象对丁酸菌培养液发酵状态进行初步鉴别。
3. 巩固无菌操作技术。

二、基本原理

丁酸菌为厌氧菌，在牛肉膏蛋白胨培养基和基本培养基上不生长，但在较低的氧化还原电位下生长良好，运用封石蜡凡士林法和焦性没食子酸法厌氧培养长势都很好，在改良牛肉膏蛋白胨培养基、完全培养基和磷酸盐缓冲液培养基上均能生长，其中磷酸盐缓冲液培养基为最佳培养基。

三、材料及器材

1. 材料

葡萄糖、蛋白胨、氯化钠、硫酸镁、牛肉汁、氯化铁、碳酸钙、磷酸氢二钾、玉米面、麸皮、磷酸钙、硫酸铵等。

2. 菌种

丁酸菌。

3. 器材

灭菌锅、三角瓶、卡氏罐等。

四、方法与步骤

1. 试管培养

（1）液体培养基　葡萄糖 30g，蛋白胨 0.15g，氯化钠 5g，硫酸镁 0.1g，牛肉汁 15g（或牛肉膏 8g），氯化铁 0.5g，碳酸钙 5g（单独灭菌，接种前加入），磷酸氯二钾 1g，水 1000mL。

（2）培养步骤　砂土管菌种→活化→35～37℃的温度下，接入液体试管 24～36h→液面出现一层菌膜，但无大量气泡产生→移入另一只液体试管→同样培养活化 1～2 次→转入三角瓶。

2. 三角瓶培养

（1）培养基　同试管液体培养基。

（2）培养步骤　300mL 三角瓶装培养基 250mL，灭菌→冷却后接种 10%→在嫌气条件下培养，温度为 35～37℃，培养 24～36h（为保证嫌气条件，三角瓶可塞一个带玻璃管的橡皮塞，玻璃管的另一端通入另一个装水的三角瓶中，进行水封）。

3. 卡氏罐培养

玉米面加麸皮 10%，加水 7～10 倍，常压糊化 1h→冷至 50～60℃时，加麸曲 10%，保温糖化 3～4h→糖化后加 1% 磷酸钙，0.25% 硫酸铵，糖度 7～8°Bx，装入卡氏罐→0.12MPa，灭菌 30min→冷至 35～37℃，接种 10%，配上水封装置→35～37℃培养 24～36h。

4. 种子罐培养

方法同卡氏罐。

5. 发酵

开放式或密闭式都可以。

发酵前将罐洗净，0.12～0.15MPa 蒸汽灭菌 25～30min→装入经煮沸灭菌的 7~8°Bx 玉米糖化液→冷至 35~37℃时，加 1% 碳酸钙，接种，进行发酵→在发酵过程中，再分次加入碳酸钙，总量不超过 6%→每 4h 搅拌一次，发酵 13~14d。

发酵的丁酸菌培养液，液面应有白色浮膜，但不得有大量鼓泡现象，更不得有发黑变质及恶臭。

五、实验结果与讨论

发酵的丁酸菌培养液，液面是否有白色浮膜，有无大量鼓泡现象，有无发黑变质及恶臭。

六、实验评价方法

1. 结果评价

实验报告书写质量。

2. 过程评价

过程评价见下表。

表   过程评价

评价项目	试管培养 （2分）	三角瓶培养 （2分）	卡氏罐培养 （2分）	种子罐培养 （2分）	发酵结果 （2分）
评分					

技能训练二十   硫酸盐还原菌的培养方法

一、训练目的

1. 掌握硫酸盐还原菌的培养方法。
2. 掌握不同培养方法的优缺点。
3. 巩固无菌操作技术。

二、基本原理

硫酸盐还原菌（SRB）是厌氧菌，对氧极其敏感，因此对其培养与分离的关键要采用严格的厌氧技术培养 SRB。不仅要求周围生长的环境是无氧的，还要求培养基中氧化还原电位必须在-100mV 以下。

所以通常在培养基中加入一些强还原剂，如巯基乙醇、抗坏血酸、L-半胱氨酸盐酸盐，这些物质受热容易分解，所以要采用过滤除菌的方法单独灭菌。

三、材料及器材

氮气、营养琼脂、石蜡、酒精灯、镊子、培养皿。

四、方法与步骤

1. 液体培养法

液体培养 SRB，首先排除培养基内的空气，可以采用高纯氮气吹脱培养基内的空气或者加热培养基，然后接入适量菌液，在适宜的温度下静置培养。若在培养基上方覆盖一层灭过菌的液体石蜡，则效果更佳。

2. 固体培养法

（1）稀释摇管法　稀释摇管法是稀释倒平板法的一种变通形式。先将一系列盛有无菌琼脂培养基的试管加热使琼脂熔化并保持在 50℃ 左右，将已稀释成不同梯度的菌液加入这些已熔化好的琼脂试管中，迅速充分混匀。待凝固后，在琼脂柱表面倒一层预先灭菌的液体石蜡和固体石蜡的混合物，使培养基尽量隔绝空气。培养后，菌落形成在琼脂柱的中间。

该法困难之处在于培养完成后菌落的挑取。首先需用一只灭菌针将覆盖的石蜡盖取出，然后再用一只毛细管插入琼脂和管壁之间，吹入无菌无氧气体，将琼脂柱吸出，放在培养皿中，最后用无菌刀将琼脂柱切成薄片进行观察并转移菌落。

该法的不足之处是观察与挑取菌落比较困难，但在缺乏专业设备的条件下，此法仍然是一种方便有效地进行厌氧微生物分离、纯化和培养的低成本方法。

（2）叠皿夹层法　叠皿夹层法实质是将菌夹在上下两层培养基之间，使其造成一个相对无氧的环境，从而使 SRB 能在夹缝中生长。该方法的优点是培养物均采用涂布或划线生长于营养琼脂夹层中，取菌落时可很方便地做到定点取菌，同时该方法不需要另外创建一个无氧环境，故省时、省力，具备了所有好氧、厌氧分离方法的优点。

具体做法是将已经富集好的菌液无菌稀释成不同浓度。将制作好的无菌固体培养基（含 2% 琼脂）保持 50℃ 左右，在无菌条件下，趁热倒入培养皿约 1/3 高度，待其刚刚冷凝后，将不同浓度的稀释液吸取适量，快速涂布平板上，使稀释液渗透约 30s 后，在培养皿的中间位置倒入同种培养基，直到将溢未溢的突起状态，随后迅速盖上皿盖并往下压，最终皿内不能有气泡。然后去掉培养皿内外两层侧壁间多余的琼脂，并在其中灌入适量熔化的石蜡，使培养皿侧壁缝隙被石蜡密封，尽量不要留有气泡。培养一周后，在加有二价铁离子的平板中会长出黑色的 SRB 菌落，在酒精灯旁加热使固体石蜡熔化，由于上下两层培养基凝固时间不同，所以当移去内皿后，用镊子很容易将上层培养基揭起，从而露出下层培养基的菌落。当需要进行菌落挑取时，可以对其进行切块转移，放入液体培养基中捣碎即可。

（3）亨盖特滚管技术　是美国微生物学家亨盖特于 1950 年首次提出并应用于瘤胃厌氧微生物研究的一种厌氧培养技术，是培养厌氧菌最佳的方法，目前已成为研究厌氧微生物的一套完整技术。

亨盖特滚管技术是指在无菌无氧条件下，将适当稀释度的菌液接入含有琼脂培养基的厌氧试管中，放入滚管机或冰盘上均匀滚动，使含菌培养基均匀地凝固在试管内壁上。当琼脂绕管壁完全凝固后，琼脂试管即可垂直放置贮存，并可使少量的水分集中在底部，经过几天的培养后，就可见到厌氧管内固体培养基内部和表面有菌落出现。这种培养方式挑取菌落时也很方便，可以在酒精灯旁用自制的玻璃细管接种针挑取生长状态良好的菌落，快速接到液体培养基中富集培养。

亨盖特滚管技术的优点在于，培养基可以在厌氧管内壁上形成一层均匀透明的薄层，同时菌落可以埋藏在培养基内部或生长在表面。同平板涂布法相比，与氧气接触的机会大大减少。

3. 判断生成标志

在加有二价铁盐的培养基中，液体培养基表现为全部变黑；而固体培养基在有二价铁盐的存在下，则有黑色的菌落生成。

五、实验结果与讨论

在加有二价铁盐的培养基中，液体培养基是否表现为全部变黑；而固体培养基在有二价铁盐的存在下，是否有黑色的菌落生成。

六、实验评价方法

1. 结果评价
实验报告书写质量。
2. 过程评价
过程评价见表 1。

表 1　过程评价

评价项目	滚管 （2分）	固体培养 （2分）	观察 （2分）	鉴别 （2分）	学习态度 （2分）
得分					

技能训练二十一　硝酸盐还原菌的鉴定方法

一、训练目的

1. 掌握硝酸盐还原菌的鉴定方法。

2. 根据测定还原过程中所产生的亚硝酸盐对硝酸盐还原菌的种类进行初步鉴别。

二、基本原理

硝酸盐还原菌可以还原硝酸盐产生亚硝酸盐，称为硝酸盐还原试验阳性。本试验在细菌鉴定中广泛应用。肠杆菌科细菌均能还原硝酸盐为亚硝酸盐；铜绿假单胞菌、嗜麦芽窄食单胞菌等假单胞菌可产生氮气；有些厌氧菌如韦荣球菌等试验也为阳性。

三、材料及器材

1. 培养基

硝酸盐培养基。

2. 试剂

甲液（对氨基苯磺酸 0.8g＋5mol/L 醋酸 100mL）；乙液（α-奈胺 0.5g ＋5mol/L 醋酸 100mL）。

四、方法与步骤

在硝酸盐培养基接种被检菌种，35℃培养 1～4d。将甲、乙液等量混合后（约 0.1mL）加入培养基内，立即观察结果。

五、实验结果与讨论

当培养基出现红色为阳性。若加入试剂后无颜色反应，可能因为：① 硝酸盐没有被还原，试验阴性。② 硝酸盐被还原为氨和氮等其他产物而导致假阴性结果，这时应在试管内加入少许锌粉，如出现红色则表明试验确实为阳性。若仍不产生红色，表示试验为假阴性。

若要检查是否有氮气产生，可在培养基管内加一小倒管，如有气泡产生，表示有氮气生成。

六、实验评价方法

1. 结果评价

实验报告书写质量。

2. 过程评价

过程评价见表 1。

表 1　过程评价

评价项目	菌种培养（2 分）	观察（3 分）	种类鉴别（3 分）	学习态度（2 分）
得分				

⚙ **知识拓展**

窖泥的理化特征

一、物化特征

一般来说，优质窖泥具有代表性的物化特征，如 40%～55% 的水分，5.0～7.0 的 pH。氮含量、磷含量、金属离子含量、腐殖质等其他成分，因厂而异有所不同，但也都有大致的规律可循。从分析结果看，不同窖龄、不同等级的窖池物化成分有明显差异。而这些物化成分，是有益微生物生长、发育、繁殖所必需的营养成分。这些营养成分含量低了，就会严重影响有益微生物的正常生长。因此，窖泥中化学成分含量的高低，也决定着窖池产酒的优劣，具体见表 1～表 3。

表 1　窖泥有效成分的测定　　　　　　　　　单位:%

有效成分	全氮/%	速效磷/%	速效钾/%	pH	有机质/%	乙醚浸出物
老窖泥	0.309	0.275	0.240	5.9	4.009	1.09
五年窖泥	0.309	0.092	0.216	6.4	3.123	0.50
一般黄壤	0.044	0.0005	0.0162	8.4	0.810	0

表 2　新老窖泥化学成分分析

化学成分	总酸/（g/100g 干土）	总酯/（g/100g 干土）	有机质/（g/100g 干土）	速效磷/（g/100g 干土）	氨氮/（g/100g 干土）
100 年以上窖泥	1～1.35	0.30～1.35	7.5～15.0	880～1420	270～370

续表

化学成分	总酸/ （g/100g 干土）	总酯/ （g/100g 干土）	有机质/ （g/100g 干土）	速效磷/ （g/100g 干土）	氨氮/ （g/100g 干土）
50 年窖泥	0.41~1.00	0.29~0.45	5.5~11.0	270~550	120~270
20 年窖泥	0.60~1.10	0.35~0.88	7.5~11.5	285~880	174~275
20 年以下新窖泥	0.20~1.00	0.10~0.30	5.5~10.0	172~660	61~324

表 3　五粮液酒厂新老窖泥平均水分、有机质及营养成分分析

其他成分	水分/%	pH	有机碳/%	腐殖质/%	全氮/%	全磷/%	碱解氮/ （mg/100g）	有效磷/ （mg/100g）
老窖	32.18	5.41	7.97	2.39	1.152	2.187	250.77	240.45
新窖	24.76	6.15	4.42	0.36	0.532	0.288	99.80	65.64

从表 3 中可以看出，老窖泥含水量平均为 32.18%，新窖泥为 24.76%，一般随窖池上、中、下层顺序而递增；老窖泥 pH 平均为 5.41，新窖泥为 6.15；老窖泥有机碳平均含量为 7.97%，新窖泥为 4.42%；老窖泥腐殖质平均含量为 2.39%，新窖泥为 0.36%；老窖泥全氮平均含量为 1.152%，新窖泥为 0.532%；老窖泥全磷平均含量为 2.187%，新窖泥为 0.288%；老窖泥含碱解氮平均为 250.77mg/100g，新窖泥为 99.80mg/100g；老窖泥含有效磷平均为 240.45mg/100g，新窖泥为 65.64mg/100g。在物化成分上，老窖与新窖差异明显。五粮液酒厂不同层次老窖泥物化成分分析见表 4。

表 4　五粮液酒厂不同层次老窖泥物化成分分析

	水分/%	pH	有效磷/（mg/kg）	K^+/%	Ca^{2+}/%	Fe^{2+}/%
窖壁（中）	37.27	4.97	835.10	0.54	0.22	0.45
窖壁（下）	39.17	5.38	1026.83	0.63	0.12	0.26
窖底	43.83	4.88	1033.94	0.60	0.21	0.30

从不同层次看（表 5），窖底泥全磷含量为窖壁泥的 1.32~2.08 倍，但速效磷略低于窖壁；百年以上老窖池窖壁下层全磷含量为上层的 1.33~1.64 倍；窖壁下层的速效磷含量亦显著高于上层，下层为上层的 1.44~1.76 倍；自然老熟的 3 个窖池的窖壁泥速效磷含量呈现随窖龄的增加而增加的趋势。430 年窖龄的国宝窖池，下层窖壁的有效磷含量约比上层高 57%；下层窖泥全磷含量比同层次的 40 年窖龄窖高 1.3 倍，底层窖泥全磷含量比同层次的 40 年窖龄窖泥高 36.8%。

表 5　泸州老窖不同窖龄不同层次窖泥全磷和速效磷含量

项目	部位	430 年窖	100 年窖	40 年窖	20 年窖	封窖泥
全磷/%	窖底	2.1587	2.3882	1.5573	1.7543	—
	窖壁平均	1.4438	1.8108	1.1197	0.8432	—
	全窖平均	1.6821	2.0032	1.2656	1.1469	0.3089
	下层/上层	1.64	1.33	0.54	0.61	
	窖底/窖壁	1.50	1.32	1.39	2.08	
速效磷/(mg/kg)	窖底	3364.75	3300.42	4635.29	3274.16	—
	窖壁平均	4319.56	3982.86	3755.01	4060.18	—
	全窖平均	4001.29	3755.38	4048.44	3798.17	561.89
	下层/上层	1.57	1.61	1.76	1.44	—
	窖底/窖壁	0.84	0.88	1.14	0.86	—

　　以表 6 举例，从不同窖龄看，窖底有机质含量随窖龄的增加而增加。从不同层次看，上层的有机质含量均低于中层和下层，下层的有机质含量为上层的1.13~1.77 倍。其中，百年以上的老窖泥，从上至下有机质含量呈递增趋势，底层比下层高 2%~17%，下层比上层高 13%~30%。

表 6　泸州老窖不同窖龄不同层次窖泥有机质含量　　　　单位:%

部位	430 年窖	100 年窖	40 年窖	20 年窖	封窖泥
窖底	23.2878	22.2660	21.0069	18.7856	—
窖壁平均	17.5561	20.5141	18.8480	22.0413	—
全窖平均	19.4667	21.0981	19.5676	20.9561	12.1011
下层/上层	1.30	1.13	1.77	1.38	—
窖底/窖壁	1.33	1.09	1.11	0.85	—

二、感官特征

　　因为微生物长期的协同作用，改变了窖泥的物理结构，从色泽、香气、手感等感官鉴别方式上，能够很容易区别出新老窖泥的特征。

　　五粮液优质窖泥的描述为：五粮液的老窖泥，眼观之，其表层色泽多呈灰白色（或灰褐色、灰黑色），厚约 5cm，多夹有淡黄色或灰黑色黏稠膏状物和黑色质粒。鼻嗅之，有独特、浓郁、突出且较持久的以己酸乙酯为主体香的协调酯类香气（也称之为"老窖泥香""底窖香"），并带有明显糟香、酯香；

窖泥内层则有较为明显的臭鸡蛋气味（硫化氢气味）。手捻之，柔软、细腻、油滑，无刺手感，具有明显的黏稠感，断面疏松，均匀无杂质。

三、生物特征

窖池，因为附着了窖泥，从而拥有了生物特征，成为了不同于一般的盛装物料的容器。就因为栖息在窖泥中数量众多、类别丰富、作用特殊的微生物，在当地特殊的地质、土壤、气候条件下，在特有的工艺条件辅助下，其长期酿酒发酵过程中产生的有机酸、醇类、二氧化碳等有效成分浸润渗入窖泥中，历经长时期良性循环和新陈代谢、优胜劣汰，逐渐驯化、富集形成特殊的生态环境。它们以糟醅为营养来源，以窖泥和糟醅为活动场所，参与了曲酒香味物质（醇、酸、酯、酮等芳香物质）的合成和窖泥物化结构的改善，经过缓慢、复杂、多样的生化作用，才产生出以己酸乙酯为主体的香气成分，并最终赋予了曲酒特有的香味和风味。

任务五 小曲及麸曲微生物

教学重难点

重点：小曲及麸曲的辨识；小曲及麸曲中有效微生物的认识。

难点：小曲及麸曲中有效微生物的认识。

一、小曲及小曲微生物

小曲（图3-42）也称酒药、白药、酒饼，是用米糠或米粉、麸皮等为原料，添加或不添加中草药，接种曲或接种纯根霉和酵母培养而成的，因其曲块体积小，所以习惯上称之为小曲。小曲外形比大曲小很多，制曲培养温度在25~30℃，制曲周期为7~15d。

图3-42 小曲

小曲是生产小曲白酒和黄酒的糖化发酵剂。小曲所含的微生物主要是经过长期自然选育而得到的优良菌株，有根霉、毛霉和酵母等，属"多微"糖化和"多微"发酵的曲种（图3-43，图3-44，图3-45）。小曲的糖化发酵力比大曲强很多，因而酿酒时，用曲量较少。以根霉、酵母等微生物为主的小曲很适合于半固态发酵酿酒，所以在我国南方各省用来酿酒时普遍得到应用。

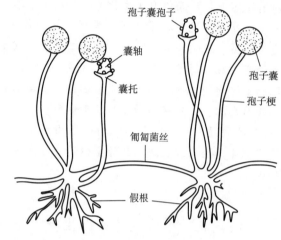

图 3-43　根霉

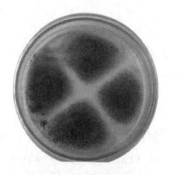

图 3-44　总状毛霉

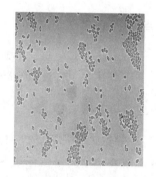

图 3-45　酿酒酵母

（一）小曲的分类

按制曲主要原料可以分为粮曲（全部为米粉）、糠曲（全部米糠或大量米糠加少量米粉）、麸皮曲（以麸皮为主要原料）；按地域分为四川邛崃米曲、汕头糠曲、桂林酒曲丸、厦门白曲等；按是否添加中草药分为药小曲和无药小曲；按形状可分为酒曲丸、酒曲饼、散曲等；按用途可分为甜酒曲和白酒曲。

（二）小曲的制作特点

小曲制作的传统方法是以累代培养的曲母为种做成米曲，并多包含数种中草药，中草药的主要作用是辅助菌种区系形成和构成小曲酒特有风味。小曲酿造的白酒具有酒味醇净、香气幽雅、风格独特等特点。由于有些中药有害以及野生中草药资源有限，加之以麸皮为原料的纯种根霉曲的发展，小曲的制作逐渐向无药小曲和纯种麸曲转变。

（三）小曲中的主要微生物

小曲的主要功能是提供活的处于休眠状态的酿酒微生物，小曲的微生物包括霉菌、酵母、细菌和少量放线菌，其中在小曲酒酿造过程中起主要作用的是根霉和酵母。

1. 霉菌

一般包括根霉、毛霉、黄曲霉、黑曲霉等，其中主要是根霉。小曲中常见的根霉有河内根霉、白曲根霉、米根霉、日本根霉、爪哇根霉、德氏根霉、华根霉、黑根霉和台湾根霉等。各菌种之间在适应性、生长特性、糖化发酵能力强弱和代谢产物方面都存在差异。例如黑根霉，由于糖化力一般，并不把它当作酿酒糖化菌使用。

在小曲生产中使用的根霉菌要求适应力和糖化力强，生长迅速，并具备一定的产酸能力（特别是产乳酸的能力）。因为乳酸乙酯是米香型白酒的主体香气之一，含量高低常影响成品小曲酒的质量，如果根霉能在米醅糖化发酵初期便生成乳酸，这对形成乳酸乙酯是极有利的；适量的有机酸对保持米醅一定的酸度，防止杂菌产酸也有一定的好处。对于根霉发酵形成酒精能力的强弱，一般认为无多大影响。最常使用的根霉菌株是河内根霉 3.866、白曲根霉、米根霉和 Q303 根霉等。其中白曲根霉糖化力强，产酸力强，并具有一定的产酒能力，适于米糠制曲，在散曲的制造中使用较多。米根霉的糖化力强，能生产较多量的乳酸，对提高成品酒中的乳酸乙酯的含量有利。Q303 菌株，生长速度快，糖化力比 3.866 更强，产酸力也强，酒化酶活力较弱，性能稳定，是一株优良的菌株。

根霉中含有丰富的淀粉酶，其中液化型淀粉酶和糖化型淀粉酶的比例约为 $1:3.3$，而米曲霉的比例约为 $1:1$，黑曲霉约为 $1:2.8$。可见小曲的根霉中糖化型淀粉酶特别丰富。尽管液化型淀粉酶由于活性低会使糖化反应速度减慢，但它能将大米淀粉结构中的 $\alpha-1,4$ 键和 $\alpha-1,6$ 键打断，使淀粉绝大部分都转化为可发酵性糖。根霉还含有酒化酶系，能边糖化边发酵，在小曲白酒酿造中能使发酵作用更加彻底，淀粉利用率得到提高。但根霉菌缺乏蛋白酶，它对氮源的要求比较严格，而且喜欢有机氮。氮源不足将严重影响根霉菌丝的生长和酶活力的提高，培养基中如缺乏氮源，必须补充蛋白胨等有机氮源，以促进菌丝的生长和淀粉酶系的形成。小曲中不少根霉具有产生乳酸等有机酸的酶系，特别是河内根霉3.866、中国根霉产生乳酸等有机酸能力较强。

2. 酵母

传统小曲中的酵母种类和数量很多，有酵母属、汉逊酵母属、假丝酵母属、拟内孢霉属、丝孢酵母属及白地霉等，其中起主要作用的是酵母属和汉逊酵母属的酵母。

酿酒工业上常用的酵母属于酵母属酵母，其细胞正常形态为圆形、卵圆形或椭圆形。散曲使用的酵母通常是 Rasse Ⅶ、1308、K 酵母和米酒酵母等。其中 1308 和 K 酵母发酵能力很强，发酵速度快，能耐 22°Bx 和 12% vol 的酒精度，还能耐较高的发酵温度，很适合于半固态发酵使用。Rasse Ⅶ 酵母和米酒酵母适应性较好，发酵力强，产酒稳定，酒质也好。

为了提高小曲的质量，可以在小曲中接入一些生香酵母，以增加成品酒的总酯含量。常用菌株有汾Ⅰ、汾Ⅱ、AS1.312、AS1.342、AS2.300 等。这些酵母的共同特点是产酯能力强（主要是乙酸乙酯），但酒精发酵能力低，如用量过大在一定程度上会使白酒产量下降。

3. 细菌

由于小曲的培养系统是开放式的，因而容易感染杂菌，给细菌的入侵创造了条件，减少杂菌的感染，是小曲生产中的一个重要问题。

在小曲生产过程中，常见的杂菌有乳酸菌、丁酸菌和醋酸菌等。一定量生酸菌的生长对小曲酒生香和生产控制有一定的好处，但是过量就会带来危害。如果感染杂菌比较严重，会使培菌糟、发酵糟生酸过大从而影响酒质和产量。

应用于小曲的微生物，以往都是通过自然选育来维持他们的优良性状，如生产纯种小曲。应该对使用的微生物进行人工选育，以防止优良性状的变异和退化。

二、麸曲及麸曲微生物

（一）麸曲

麸曲是以麸皮为主要原料，蒸熟后接入纯种霉菌，在人工控温控湿下培养的散曲。这种曲具有制作周期短、出酒率高等特点，适合于中、低档白酒的酿制。

亚洲人擅长用曲来酿酒。历史上在亚洲有两种制曲方法：一种是以中国为代表的生料制块曲，另一种是以日本为代表的熟料制散曲。麸曲制作属熟料制曲范畴。最早是 1906 年，日本开始选用人工培养的优良纯菌种来制曲，这株优良菌种就是从稻曲中经自然纯化的米曲霉，它有很强的淀粉酶和蛋白酶活力。随着时代的进步，对曲霉的研究日益深入，不断有新的菌种选育、应用成功。现代工业上应用的曲霉已不下数百种，我国使用纯种制麸曲技术，是 20 世纪 40 年代由日本传入的。开始时，使用的菌种多为米曲霉、黄曲霉，后来因这两个菌种糖化力低，耐酸性差，故逐渐被糖化力高、耐酸性强的黑曲霉所取代。中华人民共和国成立以来，我国的科学工作者，在黑曲霉菌种性能提高上，做了大量工作。中国科学院微生物研究所诱变的黑曲霉菌种 AS3.4309，1g 曲可糖化淀粉 40g 以上，是一株接近国际水平的优良糖化菌。目前，国内白酒酿造，糖化酶制剂生产，多数都采用这个菌种。从黑曲霉变异而来的河内白曲霉，因具有耐酸性强、酸性蛋白酶含量高等特点，被广泛应用于麸曲优质白酒的生产。从 20 世纪 70 年代开始，我国酶制剂工业有了很大的发展，大多数酶制剂厂都选用优良的菌种，生产出了高酶活力的产品。这些产品以其质量稳定、用量少、成本低等诸多方面的特色，被白酒厂、酒精厂广泛采用。

（二）麸曲的种类

按所用菌种不同，可分为米曲霉麸曲、黄曲霉麸曲、黑曲霉麸曲、白曲霉麸曲、根霉曲等。其中根霉曲用于酿造小曲白酒，其他则用于酿造麸曲白酒。下面介绍几种常见麸曲的特点。

1. 黑曲霉麸曲

黑曲霉麸曲最常用的菌种是中国科学院微生物研究所选育出的 UV-11（AS3.4309）和 UV-48。该菌酶系较纯，主要有糖化酶、α-淀粉酶和转苷酶，成品麸曲的糖化酶活力可达 6000U/g。该菌所产的糖化酶，适宜 pH 为 3.0 ~ 5.5，最适 pH 为 4.5，最适作用温度为 60℃，在 pH4.0，温度为 50℃ 以下时酶活比较稳定（图 3-46）。

图 3-46　以黑曲霉为菌种制作的麸曲

采用黑曲霉麸曲酿酒，具有用曲量少（4% 左右）、出酒率高、原料适应范围广等优点。但由于成品曲中的酸性蛋白酶含量很少。加之缺乏形成白酒风味的前体物质，因而一般只适合于酿制普通浓香型大曲白酒，淀粉酶生产所用的菌种也是黑曲霉，其酶学性质与黑曲霉麸曲基本相同，因而黑曲霉麸曲已逐渐被商品糖化酶所代替。

2. 白曲

生产白曲所用的菌种为河内白曲霉，它是黑曲霉的变异种。该菌分泌 α - 淀粉酶、葡萄糖淀粉酶、酸性蛋白酶和羟基肽酶等多酶系。虽然其糖化酶活力不如黑曲霉，但由于酸性蛋白酶分泌较多，有利于酿酒过程中微生物的生长与代谢，并可形成较多的白酒风味物质，因而白曲被广泛用来酿优质麸曲白酒。

河内白曲具有产酸高、耐酸性强等优点，它的最适 pH 为 2.5~6.5，曲酸度最高是 7.0。此外，该菌还可耐高温和具有一定生淀粉分解能力。实践证明，用河内白曲酿酒具有以下特点：产酸量大，对生产和酿造过程中的杂菌有抑制作用；所产酶系耐酸、耐酒精能力强；在发酵过程中，各种酶的稳定性较好，持续作用时间长；酸性蛋白酶含量高，对白酒的各种香味成分的形成和颗粒物质的溶解能起到重要作用；白曲生长旺盛，杂菌不易侵入，且操作容易，成品质量稳定，因而得到广泛应用；白曲的糖化力低于黑曲霉麸曲，因而使用量大，出酒率稍低。

3. 根霉曲

根霉曲主要用于小曲酒的酿造，它与曲霉麸曲（黄曲、白曲、黑曲等）不同，曲霉麸曲酿酒主要是利用成品曲中菌体所分泌的酶起糖化作用；而根霉曲中的菌丝体和孢子处于休眠状态，是活的、健壮的，在酿酒过程中主要起接种作用。在培菌糖化过程中，根霉菌大量繁殖，同时分泌大量的糖化酶使淀粉逐渐糖化。所以，曲霉麸曲的用曲量较大，其中黑曲为原粮的 4%，白曲、黄曲则超过 10%，而纯种根霉曲用量只需 0.3%~0.5%。

（1）根霉麸曲菌种　20 世纪 50 年代末，南方几个省份开始研制根霉麸曲，简称根霉曲。20 世纪 90 年代，根霉曲的工艺比较完善，采用了麸皮为原料，并且与酵母菌分开，单独进行培养。贵州轻工业研究所分离的 4 株根霉菌种，编号分别为 Q301、Q302、Q303、Q304。这 4 个菌种均有糖化速度快、发酵力强的特点。其中 Q303，属台湾根霉，糖化发酵率最高，而且产酸低，性能稳定，能产生类似蜂蜜的香味物质，是目前全国应用最多的菌株。

（2）采用根霉酿酒具有如下特性。

① 由于根霉具有边生长、边产酶、边糖化的特征，因而用曲量很少，为曲霉麸曲用量的 1/40~1/10。

② 根霉适宜多菌种混合培养的环境。最初根霉和酵母菌是一起培养的，后来为了控制酵母菌的细胞数，采用根霉、酵母菌单独培养后混合使用。

③ 根霉能糖化生淀粉，在生料培养基上生长旺盛，因而适合生料酿酒。

④ 根霉所产糖化酶系可深入原料颗粒内部，因此采用根霉酿酒时原料的粉碎度较低，对大米原料则不需粉碎。

（三）麸曲中的主要微生物

1. 曲霉菌属

曲霉菌占空气中真菌的 12% 左右，主要以枯死的植物、动物的排泄物及动物尸体为营养源，为寄生于土壤中的腐生菌（图 3-47）。

图 3-47　曲霉菌

曲霉是发酵工业和食品加工业中的重要菌种。2000 多年前，我国就用于制酱，也是酿酒、制醋曲的主要菌种。现代工业利用曲霉生产各种酶制剂（淀粉酶、蛋白酶、果胶酶等）、有机酸（柠檬酸、葡萄糖酸、五倍子酸等），农业上用作糖化饲料菌种。

曲霉菌丝有隔膜，为多细胞霉菌。分生孢子梗顶端膨大成为顶囊，一般呈球形。曲霉属中的大多数仅发现了无性阶段，极少数可形成子囊孢子，故在真菌学中仍归于半知菌类，见图 3-48。

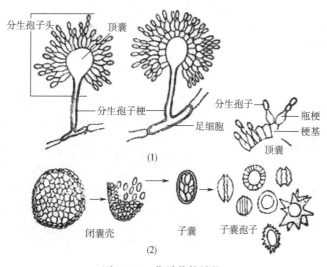

图 3-48　曲霉菌的结构

常见曲霉菌鉴定：① 菌落：菌落生长速度、表面质地、颜色、形态和气味等，其中颜色是曲霉菌分类的依据之一。② 分生孢子头：分生孢子头的形状、颜色和大小，分生孢子头由顶囊、瓶梗、梗基和分生孢子链组成，为曲霉的特征性结构。③ 分生孢子梗或分生孢子柄：注意分生孢子梗的长短、颜色、表面粗糙或光滑、是否有隔等。有性生殖的曲霉能产生闭囊壳，为封闭式的薄壁子囊果，含子囊和子囊孢子。④ 足细胞也为曲霉的特征性结构。

（1）米曲霉　米曲霉（A. oryzae）属于真菌（图 3-49），菌落生长快，10d 直径达 5~6cm，质地疏松，初为白色、黄色，后变为褐色至淡绿褐色，背面无色。分生孢子头为放射状，直径 150~300μm，也有少数为疏松柱状。分生孢子梗 2mm 左右。近顶囊处直径可达 12~25μm，壁薄，粗糙。顶囊近球形或烧瓶形，通常 40~50μm。上覆小梗，小梗一般为单层，12~15μm，偶尔有双层，也有单、双层小梗同时存在于一个顶囊上。分生孢子幼时为洋梨形或卵圆形，长大后多变为球形或近球形，一般 4.5μm，粗糙或近于光滑，分布甚广，主要在粮食、发酵食品、腐败有机物和土壤等处，是我国传统酿造食品——酱和酱油的生产菌种。也可生产淀粉酶、蛋白酶、果胶酶等，会引起粮食等工农业产品霉变。米曲霉（Aspergillus oryzae）具有丰富的蛋白酶系，能产生酸性、中性和碱性蛋白酶，其稳定性高，能耐受较高的温度，广泛地应用于食品、医药及饲料等工业中。米曲霉也是美国食品与药物管理局和美国饲料公司协会 1989 年公布的 40 余种安全微生物菌种之一。

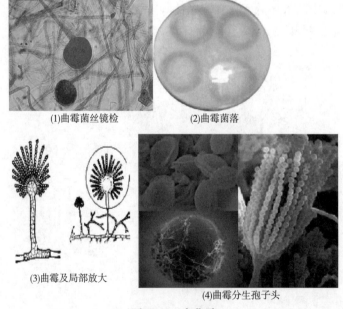

(1)曲霉菌丝镜检　(2)曲霉菌落

(3)曲霉及局部放大

(4)曲霉分生孢子头

图 3-49　米曲霉

米曲霉是一类产复合酶的菌株，除产蛋白酶外，还可产淀粉酶、糖化酶、纤维素酶、植酸酶等。在淀粉酶的作用下，将原料中的直链、支链淀粉降解为糊精及各种低分子糖类，如麦芽糖、葡萄糖等；在蛋白酶的作用下，将不易消化的大分子蛋白质降解为蛋白胨、多肽及各种氨基酸，而且可以使辅料中粗纤维、植酸等难吸收的物质降解，提高营养价值、保健功效和消化率，广泛应用于食品、饲料、曲酸生产、酿酒等发酵工业，并已被安全应用了1000多年。米曲霉是理想的生产用大肠杆菌不能表达的真核生物活性蛋白的载体。米曲霉基因组所包含的信息可以用来寻找最适合米曲霉发酵的条件，这将有助于提高食品酿造业的生产效率和产品质量。米曲霉基因组的破译，也为研究由曲霉属真菌引起的曲霉病提供了线索。米曲霉具有丰富的蛋白酶系，能产生酸性、中性和碱性蛋白酶，其稳定性高，能耐受较高的温度，广泛地应用于食品、医药及饲料等工业中。

其中影响米曲霉酶形成、作用的因素主要有以下几条。

① 曲料：曲料米曲霉的菌丝由多细胞组成，具有产酶功能，菌丝体在曲料上生长的好坏直接关系到其酶系的形成和酶活性的强弱。酱油制曲过程的实质就是要创造米曲霉生长的最适宜条件，保证米曲霉充分发育繁殖，分泌出酿造酱油所需的各种酶类。所以制曲原料的选择、处理和配比要严格把关。曲料要以蛋白质含量较高、碳水化合物适量为原则进行选择配比。曲料的处理要注意以下几点。

a. 粉碎要适度：颗粒太粗，会减少米曲霉生长繁殖的总面积，降低酶活力；颗粒太细，润水后容易结块，蒸料时会产生夹心，导致制曲通风不畅，不利于米曲霉的生长。

b. 蒸煮要适度：控制蛋白质的适度变性，蛋白质的变性过程对米曲霉生长极其重要。

② 温度：酱油发酵的过程就是各种酶促反应的过程，温度越高，酶促反应越快，发酵周期越短。然而，酶的化学本质是蛋白质，它具有蛋白质的结构和特性，一般在低温时就开始受到破坏，并随着温度的升高，酶受到的破坏程度变大。

③ pH：pH 对酶的影响主要有：影响酶的稳定性；影响酶与底物的结合以及酶催化底物转化成产物。在一定的条件下，各种酶都有其特定的最适 pH。偏离这个值，酶的活性都会降低，甚至会引起酶蛋白质的变性而失去活性。

④ 食盐：添加适量的食盐能够有效地抑制一些有害微生物的生长和繁殖，对酱醪起着防腐作用。食盐对蛋白酶活性的影响：低质量浓度的食盐对蛋白酶有激活作用，反之对蛋白酶产生抑制作用，所以采用低盐固态发酵工艺，由于酱醪内部黏性大、流动性差，保温时底部和周壁的温度较高，酶的失活加速，很不利于酶作用的发挥。

生产过程中需用到米曲霉的是制曲和发酵，制曲的目的是使米曲霉在曲料上充分生长发育，并大量产生和积蓄所需要的酶，如蛋白酶、肽酶、淀粉酶、谷氨酰胺酶、果胶酶、纤维素酶、半纤维素酶等。在发酵过程中味的形成是利用这些酶的作用。如蛋白酶及肽酶将蛋白质水解为氨基酸，产生鲜味；谷氨酰胺酶把成分中无味的谷氨酰胺变成具有鲜味的谷氨酸；淀粉酶将淀粉水解成糖，产生甜味；果胶酶、纤维素酶和半纤维素酶等能将细胞壁完全破裂，使蛋白酶和淀粉酶水解等更彻底。制成的酱曲移入发酵池或发酵罐，再加盐水发酵。发酵是一个生物转化过程，通过温度和时间，让米曲霉分泌多种酶，其中有蛋白酶和淀粉酶，蛋白酶分解蛋白质为氨基酸，淀粉酶把淀粉分解成葡萄糖。

（2）烟曲霉菌　在 SDA 培养基上菌落生长快，棉花样，开始为白色，2~3d 后转为绿色，数日后变为深绿色，呈粉末状。分生孢子头的顶囊为烧瓶状，小梗单层，排列成木栅状，布满顶囊表面 3/4，顶端有链形分生孢子，分生孢子为球形，有小棘，绿色（图 3-50）。

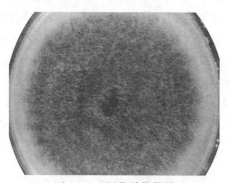

图 3-50　烟曲霉菌菌落

（3）黄曲霉菌　在 SDA 培养基上菌落生长快，黄色，表面粉末状。分生孢子头顶囊为球形或近球形，小梗双层，第一层长，布满顶囊表面，呈放射状排列，黄色，顶端有链形孢子（图 3-51，图 3-52）。

图 3-51　黄曲霉菌菌落

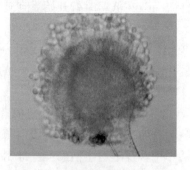

图 3-52　黄曲霉菌分生孢子头

（4）土曲霉菌 在 SDA 培养基上菌落生长快，小，圆形，淡褐色或褐色。分生孢子头的顶囊为半球形，小梗双层，第一层短，第二层长，呈放射状排列，分布顶囊表面 2/3，顶端有链形孢子（图 3-53，图 3-54）。

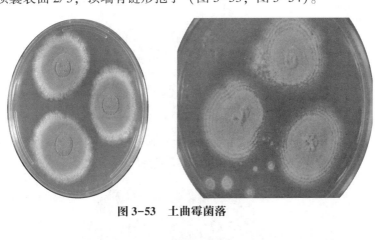

图 3-53 土曲霉菌落

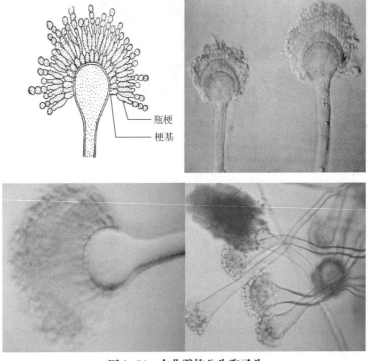

瓶梗
梗基

图 3-54 土曲霉的分生孢子头

（5）黑曲霉菌 在 SDA 培养基上菌落生长快，表面黑色，粉末状。分生孢子头的顶囊为球形或近球形，小梗双层，第一层粗大，第二层短小，呈放射状排列，布满整个顶囊，黑色，顶端有链形孢子（图 3-55，图 3-56）。

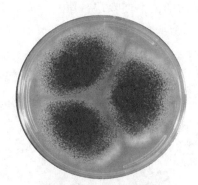

图 3-55　黑曲霉菌落

图 3-56　黑曲霉分生孢子头

2. 根霉菌

霉菌作为一种在各种酒曲中都存在的功能菌，是我国酒曲微生物的重要组成部分。霉菌具有糖化力强的优点，并能产生多种影响酒类风味的物质，在酒的发酵过程中发挥着不可替代的作用。常用于酿酒的霉菌主要包括根霉属、曲霉属、毛霉属、犁头霉属、青霉属等。其中根霉作为一种糖化力极强的霉菌，广泛用于各种酒曲中，如泸州老窖曲、小曲、茅台高温大曲。根霉比较娇嫩，生长速度缓慢，多数根霉最适生长温度为 30~33℃，酶生成的温度比生长温度略高，最适产酶温度 33~35℃，故一般制根霉曲温度以 33~36℃为宜。根霉在生产过程中能产生大量的淀粉酶、蛋白酶、脂肪酶，而且还能产生柠檬酸、葡萄糖酸、乳酸、琥珀酸等有机酸。因此，根霉在酿酒中多用作淀粉质原料的糖化菌。根霉能在生料上大量生长，在与其他菌种混合培养时，根霉表现出极好的"团结性"能与不同来源的菌类，在曲坯上以共生、拮抗等方式杂居在一起，而且不仅仅是"和平共处"，还能"一枝独秀"，这就明显区别于曲霉。相比于熟料，根霉更适合在生料上生长，主要是因为根霉缺乏酸性羧基蛋白酶，在熟料上生长时，不能分解利用加热变性蛋白，而一旦缺乏有机氮，则会影响菌丝的生长和产酶酶活，如果在熟料上补加硝酸铵或酪素水解液，根霉的生长就能够像在生料上那样旺盛。也正是因为这个原因，根霉与其他菌株混合培养时，就可以利用其他菌种的代谢产物，促进自身生长，于是造就了根霉的"团结性"，但这也使得根霉缺乏"独立"能力，在某种程度上限制了根霉利用熟料进行发酵制曲。黑根霉也称匍枝根霉，分布广泛，常出现于生霉的食品上，瓜果蔬菜等在运输和贮藏中的腐烂及甘薯的软腐都与其有关。黑根霉（ATCC6227b）是目前发酵工业上常使用的微生物菌种。并不是所有的根霉都可以用来酿酒，目前用于酿酒生产的根霉有黑根霉、米根霉、总状毛霉、鲁氏毛霉、蓝色犁头霉、黑曲霉、米曲霉、黄曲霉、产黄青霉、紫色红曲霉、绿色木霉、产黄头孢霉。根霉需要氧气才可以存活。黑根霉的最适生长温度约为28℃，超过32℃不再生长（图3-57至图3-61）。

图 3-57　黑根霉

图 3-58　黑根霉菌落

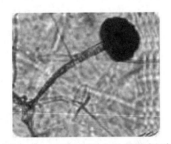

图 3-59　源于白酒大曲的华根霉

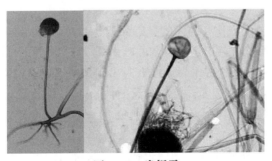

图 3-60　米根霉

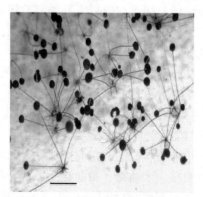

图 3-61　显微镜下的根霉

3. 麸曲的基本培养条件

采用固态培养基，经过试管、原菌、曲种、制曲 4 代培养，每代培养都要注意营养、空气、水分、酸度、温度、时间等最适宜培养条件的提供。培养的目的：前期使种子数量多、健壮、繁殖力强，后期要求成品酶活力高。

（1）营养成分的要求

① 碳源：曲霉菌在生长过程中所需热量由碳水化合物分解产生，故此培养基中必须有定量的碳源，曲霉菌对碳源的选择顺序是：淀粉、麦芽糖、糊精、葡萄糖，以淀粉为最好。麸皮中有足够的淀粉可供曲霉菌利用。

② 氮源：曲霉的菌体及所含酶类由蛋白质组成，因此制曲时需要有足够的氮源。曲霉对氮源有很强的选择性。当培养基中含有硝酸钠、硫酸铵、蛋白胨 3 种氮源时，曲霉菌首先利用蛋白胨，再消化少量硫酸铵，根本不消化硝酸钠，但只有一种硝酸钠为氮源时，曲霉却利用得很好。实践证明，氮源的种类对曲霉糖化力的影响很大。对其酶的生成有一定的支配作用，同时对其菌体的生成量也有一定的支配作用。这两个作用并非是平行关系。

③ 无机盐类：曲霉培养时，还应有少量无机盐类，主要有磷盐、镁盐、钙盐，其中磷盐最为重要，其含量多时，霉菌菌体内酶活力强，含量少时，则体外酶活力强。

（2）制曲原料的配比　制曲的最好原料是麸皮。麸皮中含有丰富的淀粉、粗蛋白、灰分等营养成分，足以供制曲时所需。

为了废物利用，降低成本，制曲有时采用加糟这项新技术。利用酒糟制曲有许多优点：① 能调节酸度，控制杂菌的生长。② 能提供蛋白质、核酸等营养成分，这些成分对菌体生长及酶的生成有一定的促进作用。③ 节约曲粮，降低成本。

（3）制曲对水分的要求　制曲过程中，曲霉菌的生长与作用均受到水分的支配。微生物与水的关系体现在水分含量、渗透压、水分活度 3 个指标上。制曲时水分的参与是通过配料加水、蘸料吸水及培养室湿度三个环节完成的。在曲霉培养的不同阶段，对水分有不同的要求，因此加水量应根据季节不同而调整；培养室覆盖度也应根据培养的不同阶段而调整，要与曲池大小、曲层厚度及通风条件相适应。总之，要为曲霉在不同时期所需水分提供最佳条件。

（4）温度对制曲的影响　曲霉从孢子发芽到菌体生长及酶的生成，每个阶段都离不开适宜的温度。为此，在整个制曲过程中，通过温度调节，保证曲的质量是最主要的工艺操作环节。其中的关键有两条：① 处理好品温与室温的关系，掌握住互相调节的时机。② 后期的培养温度要高于前期，这有利于酶的生成，提高曲的质量。

（5）pH　大多数霉菌的最适 pH 为偏酸性（5.0~6.5），但不同霉菌有不同的 pH 适宜范围，同一霉菌在不同 pH 下所生成的酶的种类和数量有所不同。实践证明，pH 稍高，曲的糖化力增高；pH 稍低，曲的液化力增高。此外，保持配料一定的酸度，有利于培养前期杂菌的控制。加糟制曲是调节酸度的办法之一。对于不加糟的情况，可在配料水中加入适量的硫酸调节酸度。具体加酸量视原料、水质、菌种、杂菌污染情况而定，一般浓硫酸的使用量为原料量的 0.05%（质量分数）左右。

（6）通气　霉菌是好氧性微生物，不仅生长繁殖需要足够的空气，而且酶的生成也与空气的供应量有关，但过量的通风，则对物料保持一定的水分和温度不利。制曲时空气的供给通过三个环节来控制：① 配料时调节稻壳、酒糟的用量，使曲料疏松适度。② 调整曲料的堆积厚度，保证散热与空气供应。③ 培养过程中培养室的通风与排潮。对于通风制曲，则可通过调节通风量的大小来控制空气的供应。

（7）培养时间　曲霉培养的最终目的是使其生成最多量的酶类，所以培养时间的确定大多是根据曲料酶活力高峰期来确定的（根霉曲除外），出曲时间一般为 40~48h。出曲过早或过迟，都会对成品曲的活力有影响。此外，做好的曲，应及时使用，不可放置时间过长，以防酶活力的损失。

技能训练二十二　米曲霉培养及蛋白酶的分析

一、实验目的及要求

通过固态三角瓶培养米曲霉，掌握固态培养微生物的原理和技术，并掌握蛋白酶活性的分析方法。

二、实验原理

固态培养方法主要有散曲法和块曲法。少部分黄酒生产所用的曲药、红曲及酱油米曲霉培养均属散曲法，而大部分黄酒用曲及白酒用曲一般采用块曲法。

固态制曲设备：实验室主要采用三角瓶或茄子瓶培养；种子扩大培养可将蒸热的物料置于竹匾中，接种后在温度和湿度都有控制的培养室进行培养；工业上目前主要是厚层通风池制曲；转式圆盘式固态培养装置正在试验推广之中。

固态培养主要用于霉菌的培养，但细菌和酵母也可采用此法。其主要优点是节能，无废水污染，单位体积的生产效率较高。

米曲霉属于曲霉菌。菌落初为白色、黄色，继而变为黄褐色至淡绿褐色，反面无色。

三、实验仪器、设备及材料

恒温培养箱或者固态培养室，负压式超净工作台，显微镜，水浴锅，分光光度计，试管，茄子瓶，平板和 500mL 三角瓶等。

四、实验过程

1. 米曲霉培养

本实验分为斜面培养和三角瓶培养两个阶段。三角瓶培养物在工厂中作为一级种子。

（1）试管斜面培养基　豆饼浸出汁：100g 豆饼，加水 500mL，浸泡 4h，煮沸 3~4h，纱布自然过滤，取液，调整至 5°Bé。100mL 豆汁加入可溶性淀粉 2g，磷酸二氢钾 0.1g，硫酸镁 0.05g，硫酸铵 0.05g，琼脂 2g，自然 pH。或采用马铃薯培养基：马铃薯 200g，葡萄糖 20g，琼脂 15~20g，加水至 1000mL，自然 pH。

（2）三角瓶培养基　① 麸皮 40g，面粉（或小麦）10g，水 40mL。② 豆粕粉 40g，麸皮 36g，水 44mL。装料厚度：1cm 左右；灭菌 120℃，30min。

（3）接种及米曲霉的培养条件　米曲霉固态培养主要控制条件：温度、湿度、装料量、基质水分含量。固态培养前，原料的蒸煮及灭菌是同时进行的，实验室一般是在高压灭菌锅中进行，但在工厂中则是原料的蒸煮和灭菌与发酵分别在不同的设备中进行，这点与液态发酵是不同的。28~30℃，培养 20h 后，菌丝应布满培养基，第一次摇瓶，使培养基松散；每隔 8h 检查一次，并摇瓶。培养时间一般为 72h。

2. 实验分析项目和方法

（1）米曲霉蛋白酶活力的测定方法　称取充分研细的成曲 5g，加入 100mL 蒸馏水，40℃水浴不间断搅拌 20min，使其充分溶解。然后用干纱布过滤。吸取滤液 1mL，用适当的缓冲液（0.02mol/L pH7.5 磷酸缓冲液）稀释一定的倍数（如 10、20 或者 30 倍）。

（2）绘制标准曲线

① 取试管 7 支，编号，按照表 1 加入试剂。

表 1　标准曲线绘制表　　　　　　　　　　　　单位：mL

试管号	0	1	2	3	4	5	6
标准酪氨酸溶液（100 μg/mL）	0	0.1	0.2	0.3	0.4	0.5	0.6
蒸馏水	1.0	0.9	0.8	0.7	0.6	0.5	0.4
碳酸钠溶液（0.4mol/L）	5	5	5	5	5	5	5
酚试剂	1	1	1	1	1	1	1

② 摇匀，置于 40℃恒温水浴中显色 20min。

③ 用分光光度计在波长为 660nm 处测定 OD 值。

④ 以光吸收值为纵坐标，以酪氨酸的浓度为横坐标，绘制标准曲线。

（3）蛋白酶活性的测定

① 取试管三支，编号，每管中加入酶样品稀释液 1mL，40℃水浴锅中预热 2min，再加入同样预热的 1.0% 酪蛋白 1mL，精确保温 10min，立即加入 0.4mol/L 的三氯乙酸 2mL，以终止反应，继续保温 20min，使残余蛋白质沉淀后过滤。

② 同时另做一对照试管：取酶样品稀释液 1mL，三氯乙酸 2mL，摇匀，然后再加入 1.0% 酪蛋白 1mL，反应 10min，保温放置 20min，过滤。

③ 然后另取三支试管：编号，每管内加入滤液 1mL，再加入 0.4mol/L 的碳酸钠 5mL，以中和剩余的三氯乙酸，已稀释的福林试剂 1mL 摇匀，40℃保温发色 20min，用分光光度计测定 OD 值（波长 660nm）。同时另取两管 0.2mol/L 的氢氧化钠做对照和以蒸馏水为空白对照。

（4）计算　在 40℃下，每分钟水解酪蛋白产生 1μg 酪氨酸，定义为一个酶活力单位。

$$样品蛋白酶活力单位（湿基） = （A×4n）/10$$

式中　A——由样品测定 OD 值，查标准曲线得对应的酪氨酸 μg 数

4——4mL 反应液取出 1mL 测定

n——稀释倍数

10——反应 10min

五、 实验数据处理及图表绘制

（1）标准曲线数据，见表 2。

表 2　标准曲线数据

试管号	0	1	2	3	4	5	6
浓度/（μg/mL）	0	10/7	20/7	30/7	40/7	50/7	60/7
OD 值	0	0.065	0.166	0.269	0.392	0.450	0.606

（2）样品数据，见表 3。

表 3　样品数据

培养基	OD 值			平均 OD 值
面粉	对照			
	样品 1			
	样品 2			
豆粕粉	对照			
	样品 1			

🔗 知识拓展

酒曲知识

　　人们都知道酿酒一定要加入酒曲，但一直不知道曲糵的本质所在。现代科学才解开其中的奥秘。酿酒加曲，是因为酒曲上生长有大量的微生物，还有微生物所分泌的酶（淀粉酶、糖化酶和蛋白酶等），酶具有生物催化作用，可以加速将谷物中的淀粉、蛋白质等转变成糖、氨基酸。糖分在酵母菌的酶的作用下，分解成乙醇，即酒精。糵也含有许多这样的酶，具有糖化作用，可以将糵本身中的淀粉转变成糖分，在酵母菌的作用下再转变成乙醇。同时，酒曲本身含有淀粉和蛋白质等，也是酿酒原料。

　　酒曲的起源已不可考，关于酒曲的最早文字可能就是周朝著作《书经·说命篇》中的"若作酒醴，尔惟曲糵"。从科学原理加以分析，酒曲实际上是从发霉的谷物演变来的。酒曲的生产技术在北魏时代的《齐民要术》中第一次得到全面总结，在宋代已达到极高的水平。主要表现在：酒曲品种齐全，工艺技术完善，酒曲尤其是南方的小曲糖化发酵力都很高。现代酒曲仍广泛用于黄酒、白酒等的酿造。在生产技术上，由于对微生物及酿酒理论知识的掌握，酒曲的发展跃上了一个新台阶。

原始的酒曲是发霉或发芽的谷物，人们加以改良，就制成了适于酿酒的酒曲。由于所采用的原料及制作方法不同，生产地区的自然条件有异，酒曲的品种丰富多彩。大致在宋代，中国酒曲的种类和制造技术基本上定型。后世在此基础上还有一些改进。

按制曲原料来分主要有小麦和稻米，故分别称为麦曲和米曲。用稻米制的曲，种类也很多，如用米粉制成的小曲，用蒸熟的米饭制成的红曲或乌衣红曲、米曲（米曲霉）。

按原料是否熟化处理可分为生麦曲和熟麦曲。

按曲中的添加物来分，又有很多种类，如加入中草药的称为药曲，加入豆类原料的称为豆曲（豌豆、绿豆等）。

按曲的形体可分为大曲（草包曲、砖曲、挂曲）和小曲（饼曲）、散曲。

按酒曲中微生物的来源，分为传统酒曲（微生物的天然接种）和纯种酒曲（如米曲霉接种的米曲，根霉菌接种的根霉曲，黑曲霉接种的酒曲）。

中国最原始的糖化发酵剂可能有几种形式：即曲、蘖或曲、蘖共存的混合物。

项目四　酿酒微生物技术

知识目标：掌握酿酒微生物分离纯化的基本方法及要求；掌握酿酒微生物的检测技术。

能力目标：能进行特定酿酒微生物的分离与纯化；能进行酿酒微生物的数量及种类检测。

任务一　酿酒微生物的分离纯化技术

微生物分离技术的基本方法和微生物接种技术的基本方法。

微生物的分离与纯化技术是指从混杂微生物群体中获得只含有某一种或某一株微生物的过程。分离、纯化工作一般可从两个方面同时着手：一方面是限制培养条件，使培养条件具有一定的选择性，有利于所需菌的生长，而不利于其他菌的生长，由此可以富集所需的微生物，减少其他微生物的干扰；另一方面，通过各种稀释方法，使微生物细胞得到高度分散，在固体培养基表面形成由单个细胞或孢子发展起来的菌落，而获得纯培养。

一、微生物的分离纯化方法

分离纯化是所有微生物学实验中最常用的技术。分离纯化方法主要有两大类：一是单细胞（或孢子）分离；二是单菌落分离。其中单菌落分离由于方法比较简便，且不需要特殊的仪器设备，所以是一种常规的分离方法。微生物在固体培养基上生长形成的单个菌落，通常是由一个细胞繁殖而成的集合体。因此可通过挑取单菌落而获得纯培养。通过形成单菌落而得到纯种菌株的方式包括平板划线分离法、平板表面涂布分离法、浇注平板稀释分离法等。从微生物群体中经分离生长在平板上的单个菌落并不一定保证是纯培养。故纯培养的确定除了要观察菌落特征，还要结合显微镜检测个体形态特征后才能确定。

（一）划线分离法

平板划线分离法是将微生物样品在固体培养基表面多次做"由点到线"的稀释而达到分离目的一种纯种分离方法，是获得纯种最直接和最常用的一种方法。

划线的形式有多种，可将一个平板分成四个不同面积的小区进行划线：第一区（A区）面积最小，作为待分离菌的菌源区；第二和第三区（B、C区）是逐级稀释的过渡区；第四区（D区），则是关键区，应使该区出现大量的单菌落以供挑选纯种用。为了得到较多的典型单菌落，平板上四区面积的分配应是D>C>B>A，如图4-1所示。

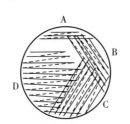

图4-1　平板划线分离区域分布

用接种环沾取少许待分离的样品，在冷凝后的琼脂培养基表面连续划线，随着接种环在培养基上的移动，菌体被分散，经保温培养后，可形成菌落。划线的开始部分，分散度小，形成的菌落往往是连在一起。由于连续划线，菌体逐渐减少，当划线到最后时菌体最少。

将已熔化的培养基倒入无菌平皿，冷却凝固后，用接种环沾取少许待分离的材料，在培养基表面进行平行划线、扇形划线或其他形式的连续划线，微生物将随着划线次数的增加而分散。在划线开始的部分菌体分散度小，形成的菌落往往连一起。由于连续划线，微生物逐渐减少，划到最后，有可能形成由一个细胞繁殖而来的单菌落，获得纯培养。

（二）稀释平板法

$$稀释平板法\begin{cases}稀释倾注分离法\\稀释涂布分离法\end{cases}$$

稀释平板法是一种将样品稀释到能在平板培养基上形成菌落，再挑取单菌落进行培养以获得纯种的方法。

1. 稀释倾注分离法

稀释倾注分离法是将待分离的材料用无菌水做一系列 10 倍数的稀释（图 4-2），分别取不同稀释液少许，与已熔化并冷却至 45℃ 左右的琼脂培养基混合，摇匀后倾入无菌培养皿中，待琼脂培养基凝固后，保温培养一定时间即可有菌落出现。如果稀释得当，在平板表面或琼脂培养基中就可出现分散的单个菌落，这个菌落可能就是由一个细菌细胞繁殖形成的。随后挑取该单个菌落，并重复以上操作数次，便可得到纯培养。

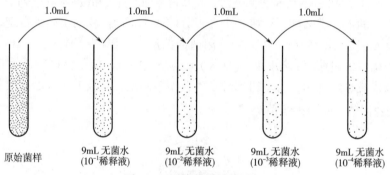

图 4-2　原始菌样稀释过程

2. 稀释涂布分离法

稀释涂布分离法是将熔化后的培养基制成平板，然后将待分离的材料用无菌水做一系列的 10 倍稀释，无菌操作吸取菌悬液 0.1~0.2mL 放入平板中，用无菌涂布棒在培养基表面轻轻涂布均匀，倒置培养，挑取单个菌落重复以上操作或划线即可得到纯培养（图 4-3）。

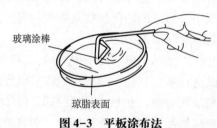

玻璃涂棒

琼脂表面

图 4-3　平板涂布法

(三) 单细胞挑取法

单细胞挑取法是从待分离的材料中挑取一个细胞来培养，从而获得纯培养。其具体操作是将显微镜挑取器装在显微镜上，把一滴待分离菌悬液置于载玻片上，在显微镜下用安装在显微镜挑取器上的极细的毛细吸管对准某一单独的细胞挑取，再接种到培养基上培养后即可得到纯培养。此法对技术有较高的要求，难度较大，多限于高度专业化的科学研究中采用（图4-4）。

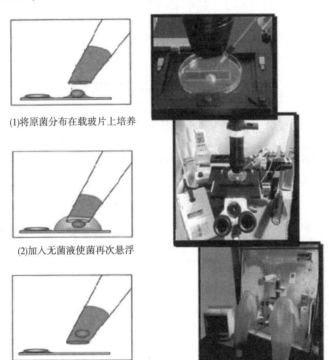

(1)将原菌分布在载玻片上培养

(2)加入无菌液使菌再次悬浮

(3)吸取悬浮细胞

图4-4 单细胞分离过程

(四) 选择培养基分离法

不同微生物生长需要不同的营养物质和环境条件，如酸碱度、碳源、氮源等。各种微生物对于化学试剂、消毒剂、染料、抗生素以及其他的物质都有不同程度的反应和抵抗能力。因此，利用微生物的这些特性可配制成只适合某种微生物生长而不合适其他微生物生长的培养基，进行纯种分离。例如从土壤中分离放线菌时，可在培养基中加入10%的酚数滴以抑制细菌和霉菌的生长；采用马丁琼脂培养基分离霉菌时另外在培养基中加入链霉菌以抑制霉菌生长。

另外，在分离某种微生物时还可以将分离的样品进行适当处理，以消除部分不需要的微生物，提高分离概率。例如在分离有芽孢的细菌时，可在分离前先将样品进行高温处理，杀死营养菌体而保留芽孢。对一些生理类型比较特殊的微生物，为了提高分离概率，可在特定的环境中先进行富集培养，帮助所需的特殊生理类型的微生物的生长，而不利于其他类型微生物的生长。

选择培养基可分为传统选择性培养基和新型显色培养基，较常见的传统选择性培养基及其适用对象见表4-1。表4-1中巧克力血平板含 V 因子及 X 因子，适于接种疑有嗜血杆菌、奈瑟菌等的标本。V 因子是一种辅酶，X 因子是血红素。新型显色培养基是利用微生物自身代谢产生的酶与相应显色底物反应而显色的原理来检测微生物。利用其进行微生物的筛选分离，其反应的灵敏度和特异性大大优于传统培养基。

表4-1　传统选择培养基及其适用对象

培养基	适用对象
营养肉汤培养基	用于各类标本及细菌的增殖
伊红美蓝培养基	抑制 G^+ 菌生长，促进 G^- 菌生长
SS 琼脂培养基	有较强抑菌力，用于志贺菌和沙门菌的分离
碱性琼脂	用于从粪便中分离霍乱弧菌及其他弧菌
巧克力血平板	含 V 因子及 X 因子，适于接种疑有嗜血杆菌、奈瑟菌等的标本
血液增菌培养基	用于从血液、骨髓中分离常见病原菌

（五）小滴分离法

将长滴管的顶端经火焰融化后拉成毛细管，然后包扎灭菌备用。将欲分离的样品制成均匀的悬浮液，并做适当稀释。用无菌毛细管吸取悬浮液，在无菌的盖玻片上以纵横成行的方式滴数个小滴。倒置盖玻片于凹载片上，用显微镜检查。当发现某一小滴内只有单个细胞或孢子时，用另一个无菌毛细管将此小滴移入新鲜培养基内，经培养后则得到由单个细胞发育的菌落。

二、微生物分离纯化过程

（一）接种

将微生物接到适于生长繁殖的人工培养基上或活的生物体内的过程称为接种。

（二）接种工具和方法

在实验室或工厂实践中，用得最多的接种工具是接种环、接种针。由于接种要求或方法的不同，接种针的针尖部位常做成不同的形状，有刀形、耙形等。有时滴管、吸管也可作为接种工具进行液体接种。在固体培养基表面要将菌液均匀涂布时，需要用到涂布棒（图4-5）。

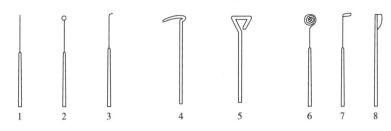

图4-5　接种和分离工具

1—接种针　2—接种环　3—接种钩　4，5—玻璃涂棒　6—接种圈　7—接种锄　8—小解剖刀

常用的接种方法如下所示。

（1）划线接种　这是最常用的接种方法。即在固体培养基表面做来回直线形的移动，就可达到接种的作用。常用的接种工具有接种环、接种针等。斜面接种和平板划线中就常用此法。

（2）三点接种　在研究霉菌形态时常用此法。即把少量的微生物接种在平板表面上，成等边三角形的三点，让它各自独立形成菌落后，来观察、研究它们的形态。除三点外，也有一点或多点进行接种的。

（3）穿刺接种　在保藏厌氧菌种或研究微生物的动力时常采用此法。做穿刺接种时，用的接种工具是接种针。用的培养基一般是半固体培养基。用接种针蘸取少量的菌种，沿半固体培养基中心向管底做直线穿刺，如某细菌具有鞭毛而能运动，则在穿刺线周围能够生长。

（4）浇混接种　该法是将待接的微生物先放入培养皿中，然后再倒入冷却至45℃的固体培养基，迅速轻轻摇匀，这样菌液就达到稀释的目的。待平板凝固之后，置合适温度下培养，就可长出单个的微生物菌落。

（5）涂布接种　与浇混接种略有不同，就是先倒好平板，让其凝固，然后再将菌液倒在平板上面，迅速用涂布棒在表面做来回左右的涂布，让菌液均匀分布，就可长出单个的微生物菌落。

（6）液体接种　从固体培养基中将菌洗下，倒入液体培养基中，或者从液体培养物中，用移液管将菌液接至液体培养基中，或从液体培养物中将菌液移至固体培养基中，都可称为液体接种。

（7）注射接种　该法是用注射的方法将待接种的微生物转接至活的生物体内，如人或其他动物中，常见的有疫苗预防接种，就是用注射接种接入人体，来预防某些疾病。

（8）活体接种　活体接种是专门用于培养病毒或其他病原微生物的一种

方法，因为病毒必须接种于活的生物体内才能生长繁殖。所用的活体可以是整个动物，也可以是某个离体活组织，例如猴肾等，也可以是发育的鸡胚。接种的方式是注射，也可以是拌料喂养。

（三）分离纯化方法

含有一种以上的微生物培养物称为混合培养物。如果在一个菌落中所有细胞均来自于一个亲代细胞，那么这个菌落称为纯培养。在进行菌种鉴定时，所用的微生物一般均要求为纯的培养物。得到纯培养的过程称为分离纯化，方法有许多种。

1. 倾注平板法

首先把微生物悬液通过一系列稀释，取一定量的稀释液与熔化好的保持在 40~50℃的营养琼脂培养基充分混合，然后把这混合液倾注到无菌的培养皿中，待凝固之后，把这平板倒置在恒温箱中培养。单一细胞经过多次增殖后形成一个菌落，取单个菌落制成悬液，重复上述步骤数次，便可得到纯培养物［图4-6（1）］。

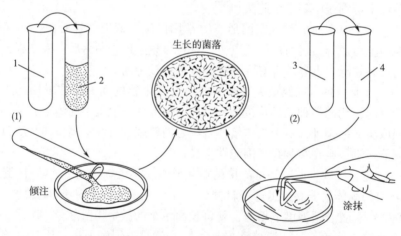

图4-6　倾注平板法（1）和涂布平板法（2）图解

1—菌悬液　2—熔化的培养基　3—培养物　4—无菌水

2. 涂布平板法

首先把微生物悬液通过适当的稀释，取一定量的稀释液放在无菌的已经凝固的营养琼脂平板上，然后用无菌的玻璃刮刀把稀释液均匀地涂布在培养基表面，经恒温培养便可以得到单个菌落［图4-6（2）］。

3. 平板划线法

最简单的分离微生物的方法是平板划线法。用无菌的接种环取培养物少许在平板上进行划线。划线的方法很多，常见的比较容易出现单个菌落的划线方法有斜线法、曲线法、方格法、放射法、四格法等。当接种环在培养基表面上往后移动时，接种环上的菌液逐渐稀释，最后在所划的线上分散着单个细胞，经培养，每一个细胞长成一个菌落（图4-7）。

4. 富集培养法

富集培养法的方法和原理非常简单。我们可以创造一些条件只让所需的微生物生长，在这些条件下，所需要的微生物能有效地与其他微生物进行竞争，在生长能力方面远远超过其他微生物。所创造的条件包括选择最适的碳源、能源、温度、光、pH、渗透压和氢受体等。在相同的培养基和培养条件下，经过多次重复移种，最后富集的菌株很容易在固体培养基上长出单菌落。如果要分离一些专性寄生菌，就必须把样品接种到相应的敏感宿主细胞群体中，使其大量生长。通过多次重复移种便可以得到纯的寄生菌。

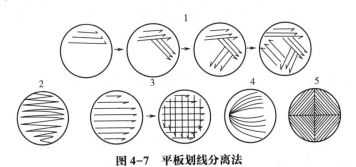

图4-7　平板划线分离法

1—斜线法　2—曲线法　3—方格法　4—放射法　5—四格法

5. 厌氧法

在实验室中，为了分离某些厌氧菌，可以利用装有原培养基的试管作为培养容器，把这支试管放在沸水浴中加热数分钟，以便逐出培养基中的溶解氧。然后快速冷却，并进行接种。接种后，加入无菌的石蜡于培养基表面，使培养基与空气隔绝。另一种方法是，在接种后，利用 N_2 或 CO_2 取代培养基中的气体，然后在火焰上把试管口密封。有时为了更有效地分离某些厌氧菌，可以把所分离的样品接种于培养基上，然后再把培养皿放在完全密封的厌氧培养装置中。

6. 培养

微生物的生长，除了受本身的遗传特性决定外，还受到许多外界因素的影响，如营养物浓度、温度、水分、氧气、pH等。微生物的种类不同，培养的方式和条件也不尽相同。

根据培养时是否需要氧气，可分为好氧培养和厌氧培养两大类。

（1）好氧培养　也称"好气培养"。就是说这种微生物在培养时，需要有氧气加入，否则就不能生长良好。在实验室中，斜面培养是通过棉花塞从外界获得无菌空气。三角烧瓶液体培养多数是通过摇床振荡，使外界的空气源源不断地进入瓶中。

（2）厌氧培养　也称"厌气培养"。这类微生物在培养时，不需要氧气参加。在厌氧微生物的培养过程中，最重要的一点就是要除去培养基中的氧气。一般可采用下列几种方法。

① 降低培养基中的氧化还原电位：常将还原剂如谷胱甘肽、巯基乙酸盐等加入培养基中，便可达到目的。有的将一些动物的死的或活的组织如牛心、羊脑加入培养基中，也可适合厌氧菌的生长。

② 化合去氧：这也有很多方法：用焦性没食子酸吸收氧气；用磷吸收氧气；用好氧菌与厌氧菌混合培养吸收氧气；用植物组织如发芽的种子吸收氧气；用产生的氢气与氧化合的方法除氧。

③ 隔绝阻氧：深层液体培养；用石蜡油封存；半固体穿刺培养。

④ 替代驱氧：用二氧化碳驱代氧气；用氮气驱代氧气；用真空驱代氧气；用氢气驱代氧气；用混合气体驱代氧气。

根据培养基的物理状态，可分为固体培养和液体培养两大类。

（1）固体培养　将菌种接至疏松而富有营养的固体培养基中，在合适的条件下进行微生物培养的方法。

（2）液体培养　在实验中，通过液体培养可以使微生物迅速繁殖，获得大量的培养物，在一定条件下，是微生物选择增菌的有效方法。

三、酿酒微生物鉴别技术

微生物的鉴定是菌体分离纯化的后续工作，它可以在分离纯化的基础上确定菌体特征、种类等。菌种鉴定工作是各类微生物学实验室都经常遇到的基础性工作。不论鉴定对象属哪一类，其工作步骤一般包括以下 3 步：① 获得该微生物的纯种培养物。② 测定一系列必要的鉴定指标。③ 查找权威性的鉴定手册，从而为纯种微生物的利用奠定基础。

获得微生物的纯培养后，首先判定是原核微生物还是真核微生物，实际上在分离过程中所使用的方法和选择性培养基已经决定了分离菌株的大类归属，从平板菌落的特征和液体培养的性状都可加以判定。不同的微生物往往有自己不同的重点鉴定指标。例如，在鉴定放线菌和酵母菌时，往往形态特征和生理特征兼用；而在鉴定形态特征较少的细菌时，则需使用较多的生理、生化和遗传等指标。不同的微生物往往使用不同的权威鉴定手册。例如，在细菌鉴定方面多使用《伯杰系列细菌学手册》；在鉴定放线菌时，可以参照中国科学院微生物研究所分类组编著的《链霉菌鉴定手册》；在鉴定真菌时，可以参照《安比菌物词典》和中国科学院微生物研究所编著的

《常见与常用真菌》。另外，荷兰罗德编著的《酵母的分类研究》，对酵母菌的分类有很大的实用性。

通常把微生物鉴定技术分成 4 个不同的水平：① 细胞的形态和习性水平。② 细胞组分水平。③ 蛋白质水平。④ 基因组水平。按其分类的方法可分为经典分类鉴定方法（主要以细胞的形态和习性为鉴定指标）和现代分类鉴定方法（化学分类、遗传学分类法和数值分类鉴定法）。

（一）微生物的经典分类鉴定方法

微生物的经典分类鉴定方法是 100 多年来进行微生物分类鉴定的传统方法，主要的分类鉴定指标是以细胞形态和习性为主，主要包括形态学特征、生理生化反应特征、生态学特征以及血清学反应、对噬菌体的敏感性等。在鉴定时，把这些依据作为鉴定项目，进行一系列的观察和鉴定工作。

1. 鉴定指标

（1）形态学特征

① 细胞形态：在显微镜下观察细胞外形大小、形状、排列等，细胞构造，革兰染色反应，能否运动、鞭毛着生部位和数目，有无芽孢和荚膜、芽孢的大小和位置，放线菌和真菌繁殖器官的形状、构造，孢子的数目、形状、大小、颜色和表面特征等。图 4-8 为细菌、酵母及霉菌菌体形态。

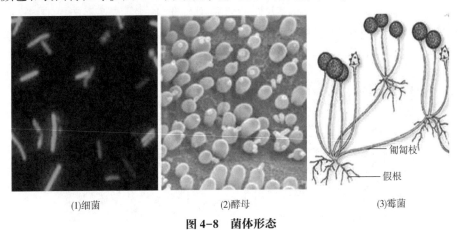

(1)细菌　　　　　　(2)酵母　　　　　　(3)霉菌

图 4-8　菌体形态

② 群体形态：群体形态通常是指在一定的固定培养基上生长的菌落特征，包括菌落的外形、大小、光泽、黏稠度、透明度、边缘、隆起情况、正反面颜色、质地、气味、是否分泌水溶性色素等；在一定的斜面培养基上生长的菌苔特征，包括生长程度、形状、边缘、隆起、颜色等；在半固体培养基上经穿刺接种后的生长情况；在液体培养基中的生长情况，包括是否产生菌膜，均匀浑浊还是发生沉淀，有无气泡，培养基上的颜色等。如果是酵母

菌，还要注意是成醭状、环状还是岛状。图 4-9 为细菌、酵母及霉菌菌落形态。

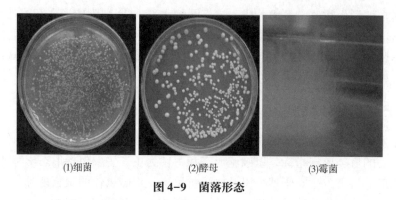

(1)细菌　　　　　(2)酵母　　　　　(3)霉菌

图 4-9　菌落形态

（2）生理生化反应特征

① 利用物质的能力：包括对各种碳源利用的能力（是否以 CO_2 为唯一碳源、各种糖类的利用情况等）、对各种氮源的利用能力（能否固氮，硝酸盐和铵盐利用情况等）、能源的要求（光能还是化能；氧化无机物还是氧化有机物等）、对生长因子的要求（是否需要生长因子以及需要什么样的生长因子）等。

② 代谢产物的特殊性：这方面的鉴定项目非常多，如是否产生 H_2S、吲哚、CO_2、醇、有机酸，能否还原硝酸盐，能否使牛奶凝固、脓化等。部分检测结果见图 4-10。

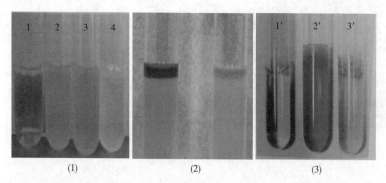

(1)　　　　　　　　(2)　　　　　　　　(3)

（1）糖类发酵实验结果（1—空白，pH7.5　2—pH7.2　3—pH6.3　4—pH5.8）

（2）吲哚实验（左边阳性，右边阴性）　（3）V.P. 实验（1′—空白对照，2′—阳性，3′—阴性）

图 4-10　代谢产生实验

③ 与温度和氧气的关系：测出适合某种微生物生长的温度范围以及它的最适生长温度、最低生长温度和最高生长温度。对氧气的关系，看它是好氧、微量好氧、兼性好氧、耐氧还是专性厌氧。

④ 生态学特征：生态学特征主要包括其与其他生物之间的关系（寄生还是共生，寄主范围以及致病的情况）、在自然界的分布情况（pH、水分程度等）、渗透压情况（是否耐高渗、是否有嗜盐性等）等。

⑤ 血清学反应：很多细菌有十分相似的外表结构（如鞭毛）或有作用相同的酶（如乳杆菌属内各种细菌都有乳酸脱氢酶）。虽然其蛋白质分子结构各异，但在普通技术（如电子显微镜或生化反应）下，仍无法分辨它们。然而利用抗原与抗体的高度敏感特异性反应，就可用来鉴别相似的菌种，或对同种微生物分型。

用已知菌种或菌株制成的抗血清与待鉴定的对象是否发生特异性的血清学反应来鉴定未知菌种、型或菌株，该法常用于肠道菌、噬菌体和病毒的分类鉴定。利用此法，已将伤寒杆菌、肺炎链球菌等菌分成数十种菌型。

⑥ 生活史：生物的个体在一生的生长繁殖过程中，经过不同的发展阶段。这种过程对特定的生物来讲是重复循环的，常称为该种生物的生活周期或生活史，各种生物都有自己的生活史。在分类鉴定中，生活史有时也是一种指标，如黏细菌就是以其生活史作为分类鉴定的依据。

⑦ 对噬菌体的敏感度：与血清学反应相似，各种噬菌体有其严格的宿主范围，利用这一特性，可以用某一已知的特异性噬菌体鉴定其相应的宿主，反之亦然。

2. 鉴定方法

微生物经典分类法的特点是人为地选择几种形态生理生化特征进行分类，并在分类中将表型特征分为主次。一般在科以上的分类单位以形态特征，而科以下以形态结合生理生化特征加以区分。其鉴定步骤是首先在微生物分离培养过程中，初步判定分离菌株大类的归属，然后用经典分类鉴定指标进行鉴定，最后采用双歧法整理实验结果，排列一个个的分类单元，形成双歧法检索表，见表4-2。

表4-2 双歧法检索表样例

A. 细胞直径>1.3μm 或更大	1. 巨球型菌属
AA. 细胞直径<1.3μm	
B. 紫外线（360nm）下菌落产生红色荧光，只产生二碳的脂肪酸	2. 互营球菌属
BB. 紫外线（360nm）下菌落不产生红色荧光，也产生其他的脂肪酸	
C. 氨基酸是主要能源，不能发酵乳酸	3. 氨基酸球菌属
CC. 氨基酸不能作为主要能源，能发酵乳酸	4. 韦荣球菌属

（二）微生物的现代分类鉴定方法

1. 遗传学分类法

（1）DNA中（G+C）含量的分析 DNA中（G+C）含量分析主要用于区分细菌的属和种，DNA碱基比例主要是指（G+C）含量［通常用（G+C）mol%表示］，即为鸟嘌呤（G）和胞嘧啶（C）在整个DNA中（G+C）含量的数值是恒定的，不会随着环境条件、培养条件等的变化而变化。在同一个属不同种之间，DNA中（G+C）含量的数值不会差异太大，可从某个数值为中心成簇分布，显示同属微生物不同种的（G+C）含量范围。一般情况下，细菌DNA中（G+C）含量的变化一般在25%~75%；而放线菌DNA中的（G+C）含量非常窄（37%~51%）。一般认为任何两种微生物在（G+C）含量上的差别超过了10%，这两种微生物就肯定不是同一种。因此可利用（G+C）含量来鉴别各种微生物种属间的亲缘关系及其远近程度。值得注意的是，亲缘相近的菌，其（G+C）含量相同或者相似，但（G+C）含量相同或相似的菌，其亲缘关系不一定相近，因为这一数据不能反映出碱基对的排列序列。要比较两对菌的DNA碱基对排列序列是否相同以及相同的程度如何，就需做核酸杂交实验。

（2）DNA-DNA杂交 DNA-DNA杂交法的基本原理是用DNA解链的可逆性和碱基配对的专一性，将不同来源的DNA在体外加热解链，并在合适的条件下，互补的碱基重新配对结合成双链DNA，然后根据生成双链的情况，检测杂合百分数。如果两条单链DNA的碱基序列只有部分相同，则它们能生成的"双链"仅含有局部单链，其杂合率小于100%。因此，杂合率越高，表示两个DNA之间碱基序列的相似性越高，它们之间的亲缘关系也就越近。

许多资料表明，DNA-DNA杂交最适合于微生物种一级水平的研究。1981年约翰逊的试验指出：DNA-DNA杂交同源性在60%以上的菌株可视为同一个种，同源性低于20%者为不同属的关系，同源性在20%~30%可视为属内紧密相关的种。

（3）DNA-rRNA杂交 在生物进化过程中，rRNA碱基序列的变化比基因组慢，它甚至保留了古老祖先的一些碱基序列，所以，当两个菌株的DNA-DNA杂交率很低或不能杂交时，用DNA-rRNA杂交仍可能出现比较高的杂交率，因而可以用来进一步比较关系更远的菌株之间的关系，进行属或属以上等级单元的分类。DNA与rRNA杂交的基本原理，实验方法同DNA杂交一样，不同的是：① DNA杂交中同位素标记的部分是DNA，而DNA与rRNA杂交的同位素标记的部分是rRNA。② DNA杂交结果用同源性百分比数表示，而DNA与rRNA杂交结果用T_m和RNA结合数表示。

（4）16S rRNA（16S rDNA）寡核苷酸的序列分析　16S rRNA 普遍存在于原核生物（真核生物中其同源分子是 18S rRNA）中。16S rRNA 分子中即含有高度保守的序列区域，又有中度保守和高度变化的序列区域，因而其适用于进化距离不同的各类生物亲缘关系的研究。16S rDNA 的相对分子质量大小适中，约 1540 个核苷酸，便于序列分析。因此，其可能作为测量各类生物进化和亲缘关系的良好工具。

应用 16S rRNA 核苷酸序列分析法进行微生物分类鉴定，首先要将微生物进行培养，然后提取并纯化 16S rRNA，进行 16S rRNA 序列测定，将所得序列通过 Blast 程序与 Genbank 中核酸数据进行对比分析（http//www. ncbi. nlm. ninh. gov/blast），根据同源性高低列出相近序列及其所属种或属，以及菌株相关信息，从而初步判断 16S rDNA 鉴定结果。另外，可利用 DNAStar 软件构建系统发育树并确定其地位。

2. 化学分类法

微生物分类中，根据微生物细胞的特征性化学分类组分对微生物进行分类的方法称为化学分类法。在近 20 多年中，采用化学和物理技术研究细菌细胞的化学组成，已获得很有价值的分类和鉴定资料。微生物化学组分分析及其在分类水平上的作用见表 4-3。

表 4-3　微生物化学组分分析及其在分类水平上的作用

细胞成分	分析内容	在分类水平上的作用
细胞壁	肽聚糖结构	种和属
	多糖	
	胞壁酸	
膜	脂肪酸	种和属
	极性类脂	
	霉菌酸	
	类异戊二烯苯醌	
蛋白质	氨基酸序列分析	属和属以上单位
	血清学比较	
	电泳图	
	酶谱	
代谢产物	脂肪酸	种和属
全细胞成分分析	热解-气液色谱分析	种和亚种
	热解-质谱分析	

　　随着分子生物学的发展，在微生物分类时用细胞化学组分进行分析日趋显示出重要性。例如，用细胞壁的氨基酸种类和数量能作为细菌"属"的水平的重要分类学标准；细胞壁成分和细胞特征性糖的分析作为在放线菌分类中区分"属"的依据；区别细菌和古菌的标准之一是它们所含有的脂质，细菌具有酰基脂（脂键），而古菌具有醚键脂，因此醚键脂的存在可用以区分古菌。此外，红外光谱分析对于细菌、放线菌中某些科、属、种的鉴定也都十分有价值。

　　3. 数值分类法

　　数值分类法又称阿德逊分类法，它的特点是根据多个均等重要的微生物特征进行分类，有时为 50~60 个，甚至可以达到 100 个以上。微生物特征通常是以形态、生理生化特征，对环境的反应和忍受性以及生态特征为依据。然后将所测菌株两两进行比较，并计算出菌株间的总相似值，列出相似值矩阵（图 4-11）。为方便观察，应将矩阵重新安排，相似度高的菌株列在一起，然后将矩阵图换成树状谱（图 4-12），再结合主观上的判断（如划分类似程度大于 85% 者为同种，大于 65% 者为同属等），排列出一个个分类群。

同源性

	1	2	3	4	5	6	
1		92.0	91.9	100.0	92.5	92.6	1
2	8.0		85.7	91.9	98.3	99.1	2
3	7.9	2.5		90.6	96.7	96.1	3
4	0.0	7.9	8.1		92.2	92.6	4
5	7.7	1.1	2.5	7.9		98.5	5
6	7.5	0.7	2.2	7.4	1.1		6
	1	2	3	4	5	6	

差异性

图 4-11　显示 6 个细菌菌株的遗传相似值矩阵

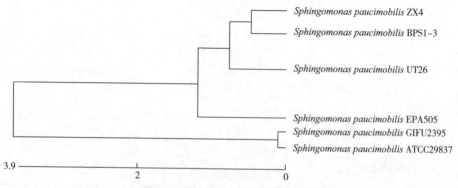

Sphingomonas paucimobilis ZX4
Sphingomonas paucimobilis BPS1-3
Sphingomonas paucimobilis UT26
Sphingomonas paucimobilis EPA505
Sphingomonas paucimobilis GIFU2395
Sphingomonas paucimobilis ATCC29837

3.9　　　　　　　　2　　　　　　0

图 4-12　相似关系树状谱（根据相似值矩阵图转换）

　　数值分类法的优越性以分析大量分类特征为依据，对于类群的划分比较客观和稳定，而且促进对微生物类型的全面考察和观察，为微生物的分类鉴定积累了大量资料。但使用数值分类法也存在弊端，在对细菌菌株分群归类定属时，为了确保分类的准确性，应做有关菌株的 DNA 碱基的（G+C）含量和 DNA 杂交，以进一步加以确证。

（三）微生物快速鉴定和自动化分析方法

　　微生物的快速鉴定技术是指在鉴定时借助电子、计算机、分子生物学、物理、化学等先进技术向微生物学的渗透和多学科交叉研究出来的快速、准确、简易和自动化的方法技术。目前在微生物鉴定中广为使用，而且在微生物学的其他方面也被采用，推动了微生物学的快速发展。

　　微量多项试验鉴定系统是根据微生物生理生化特征进行数码分类鉴定，也称为简易诊检技术，或数码分类鉴定法，一般针对微生物的生理生化特征，配制各种培养基、反应底物、试剂等，分别微量（约 0.1mL）加入各个分割室中（或用小圆片纸吸收），冷冻干燥脱水或不干燥脱水，每个分隔室在同一塑料条或板上构成检测卡，试验时加入待检测的某一菌液，培养 2~48h，观察鉴定卡上各种反应，按判定表判定试验结果，用此结果编码，查表（根据数码分类标准的原理编制成），得到鉴定结果，或将编码输入计算机，用根据数码分类鉴定原理编制的软件鉴定，打印出结果。

　　微量多项试验检定系统已广泛用于动、植物检疫、临床检验、食品卫生、药品检查、环境监测、发酵控制、生态研究等方面，此项技术的产品（或称系统）种类繁多，已标准化、系统化和商品化，主要有法国生物-梅里埃集团的 API/ATB，瑞士罗氏公园的 Micro-ID、Enterotube、Minitek，美国的 Biolog 全自动和手动细菌鉴定系统，日本的微孔滤膜块等，其中 API/ATB 包括众多的鉴定系统，共计有 750 种反应，可鉴定几乎所有常见的细菌。微量多项鉴定技术优点突出，不仅能快速、敏感、准确、重复性好地鉴别微生物，而且简易，节省人力、物力、时间和空间，缺点是各系统差异较大，有的价格贵，有的个别反应不准，难判定。国际上常用的 6 种微量多项试验鉴定系统的特点比较见表 4-4。但毫无疑问，其是微生物技术方法向快速、简易和自动化发展的重要方向之一。

表 4-4 国际常用 6 种微量多项试验鉴定系统的特点比较

特点＼系统	Enterotube	R/B	API20E	Minitek	Pato Tec	Micro-ID
鉴定的准确性	95%	90%~98%	93%~98%	91%~100%	95%	95%
鉴定反应时间/h	18~24	18~24	18~24	18~24	4	4
鉴定总时间/h	48	48	48	48	24~30	24~30
系统的复杂性	简单	简单	不简单	不简单	不简单	较简单
底物采用的载体	培养基	培养基	脱水培养基	圆纸片	纸条	圆纸片
实验项目数量	15	14	20	14（35）	12	15
选择性	良好	良好	良好	很好	一般	良好
鉴定中不稳定的项目	柠檬酸盐利用、尿素酶	葡萄糖+气、乳糖、DNase	产 H_2S、赖氨酸脱羧、鸟氨酸脱羧	产 H_2S	尿素酶、七叶灵水解实验	赖氨酸脱羧、山梨醇产酸、肌醇产酸

1. 法国生物–梅里埃集团的 API20E 系统

API20E 系统是 API/ATB 中最早和最重要的产品，也是国际上运用最多的系统，该系统的鉴定卡是一块有 20 个分隔室的塑料条，分隔室由相连通的小管和小环组成，各小管中含不同的脱水培养基、试剂或底物等，每一分隔室可进行一种生化反应，个别的分隔室可进行两种反应，主要用来鉴定肠杆菌科细菌。图 4-13 为 API20E 鉴定卡检测结果图。

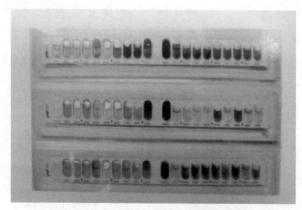

图 4-13 API20E 鉴定卡检测结果图

鉴定未知细菌的主要过程：将菌液加入每一个分隔室，培养后，有的分隔室的小杯中需要添加试剂，观察鉴定卡上 20 个分隔室中的反应变色情况，根据反应判定表，判定各项反应是阴性还是阳性；按鉴定卡上反应项目从左到右的顺序，每3个反应项目编为一组，共编为7组，每组中每个反应项目定位一个数值，依次是1、2、4，各组中试验结果判定是阳性者，记"+"，则写下其所定的数值，阴性者记"–"，则写为0，每组中的数值相加，便是该组的编码数，这样便形成了7位数字的编码；用7位数字的编码查API20E系统的检索表，或输入计算机检索，则能将检验的细菌鉴定出是什么菌种或生物型（表4-5，表4-6）。

表 4-5 API20E 反应结果判定

鉴定卡上的反应项目		反应结果	
代号	项目名称	阴性	阳性
ONPG	β-半乳糖苷酶	无色	黄
ADH	精氨酸水解	黄绿	红，橘红
LDC	赖氨酸脱羧	黄绿	红，橘红
ODC	鸟氨酸脱羧	黄绿	红，橘红
CIT	柠檬酸盐利用	黄绿	绿蓝
H2S	产 H_2S	无色	黑色沉淀
URE	尿素酶	黄	红紫
TDA	色氨酸脱氨酶	黄	红紫
IND	吲哚形成	黄绿	红
VP	V. P. 试验	无色	红
GEL	蛋白酶	黑粒	黑液
GLU	葡萄糖产酸	蓝	黄绿
MAN	甘露醇产酸	蓝	黄绿
INO	肌醇产酸	蓝	黄绿
SOR	山梨醇产酸	蓝	黄绿
RHA	鼠李糖产酸	蓝	黄绿
SAC	蔗糖产酸	蓝	黄绿
MEL	蜜二糖产酸	蓝	黄绿
AMY	淀粉产酸	蓝	黄绿
ARA	阿拉伯糖产酸	蓝	黄绿

表 4-6　API20E 举例说明

项目名称	ONPG	ADH	ALDE	LODC	LOCIT	CH2S	UURE	TTDA	IIND	VP	GGEL	GGLU	MANO	IINO	SSOR	RRHA	SSAC	MMEL	AAMY	AARA
所定数值	1	2	4	1	2	4	1	2	4	1	2	4	1	2	4	1	2	4	1	2
试验结果	+	−	+	+	+	−	−	−	−	+	−	+	+	+	+	+	+	+	+	+
记下数值	1	0	4	1	2	0	0	0	0	1	0	4	1	2	4	1	2	4	1	2
编码	5			3			0			5			7			7			3	
检索结果	5305773 产气肠杆菌（*Enterobacter aerogenes*）																			

2. Enterotube 系统

一种应用较广泛的系统，它的鉴定卡是由带有 12 个分隔室的一根塑料管组成，每个分隔室内装有不同的培养基琼脂斜面，能检验微生物的 15 种生理生化反应，一根接种丝穿过全部分隔室的各种培养基，并在塑料管的两端突出，被两个塑料帽盖着。

鉴定未知菌时，将塑料管的两端帽子移去，用接种丝一端的突出尖锐部分接触平板上待鉴定的菌落中心，然后在另一端拉出接种丝，通过全部隔离室，使所有培养基都被接种，再将一段接种丝插回到 4 个分隔室的培养基中，以保持其还原或厌氧条件，培养后，其他分隔室也出编码数，形成 5 位数的编码，因 12 个分隔中有 3 个分隔中的培养基都能观察到 2 种生化反应，此肠道管系统共 15 种反应，可分为 5 个组。根据编码查肠道管系统的索引，或用计算机检索，获得鉴定细菌的种名或生物型。

3. 微孔滤膜大肠菌测试卡

这是一种可携带的用于检测水中大肠菌数的大肠菌测试卡，即微孔滤膜菌落计数板。它是在一块拇指大小的塑料板上，装有一薄层脱水干燥的大肠菌选择鉴定培养基，其上铺盖微孔滤膜（0.45μm），整个塑料板上有一外套。检测时，脱下外套，将塑料板浸入受检水中约半分钟，滤膜仅允许 1mL 水进入有培养基的一边，干燥的培养基则吸水溶解，扩散与滤膜相连，而 1mL 水中的大肠菌则滞留在膜的另一边，再将外套套上，培养 12~24h，统计滤膜上形成的蓝或绿色菌落数。菌落的多少可以表明水中污染大肠菌群的状况。该测定卡携带培养都很方便，适于野外工作和家庭使用，可以放在人体内衣口袋中培养。置换塑料板上的培养基，可以制成检测各种样品的微孔滤膜模块。

（四）微生物自动化检测和鉴定系统

微生物自动检测盒鉴定设备分为两大类：一类是物理、化学等领域常用的仪器和设备；另一类为微生物领域专用的或者首先使用的自动化程度很高的仪器和设备，包括如下几类。

1. 通用仪器

通用仪器包括气相色谱仪及高压液相色谱仪、质谱仪等，这类仪器设备主要利用物理、化学、材料、电子信息等科学和领域中的技术手段对微生物的化学组成、结构和性能等进行精密测量，获得每种微生物的特征"指纹图"（图4-14），将未知微生物的特征"指纹图"与已知微生物的"指纹图"比较分析，就能对未知微生物做出快速鉴定。例如，幽门螺旋杆菌（HP）是已知的最广泛的慢性细菌性感染菌，全世界感染率达 50%，可能会引起胃及十二指肠疾病。世界卫生组织（WTO）将其列为第一类致癌因子，并将其明确认定为胃癌的危险因子。碳-13 尿素呼气法能快速鉴定是否感染 HP，其原理是：HP 具有人体不具有的尿素酶，受检者口服少量的 ^{13}C 标记的尿素，如有 HP 感染，则尿素被尿素酶分解生成 NH_3 和 $^{13}CO_2$，用质谱仪能快速灵敏地测出受检查者呼气中 $^{13}CO_2$ 的量，准确鉴定是否被 HP 感染，这就是"吹口气查胃病"。该方法采用的是稳定同位素，无放射性损伤，无痛苦、无创伤，准确、特异、快捷，深受临床检验的欢迎。另外，通用仪器也可用于除微生物鉴定之外的微生物学其他方面的检测。

2. 专用仪器

专用仪器包括药敏自动测定仪、生物发光测量仪、自动微生物检测仪、微生物菌落自动识别计数仪、微生物传感器等，鉴定系统的工作原理因不同的仪器和系统而异。

（1）BBL Crystal 半自动/自动细菌鉴定系统　该系统是 BD 公司产品，其

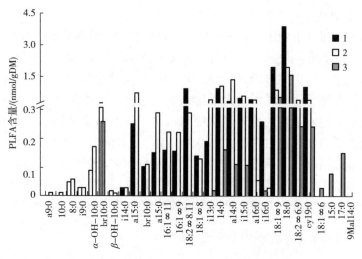

图 4-14 不同企业糟醅微生物的指纹图谱

1—剑南春 2—全兴 3—老窖

将传统的酶、底物生化呈色反应与先进的荧光增强显色技术结合以设计鉴定反应最佳组合。系统操作流程为：① 将采用比浊计配制好的细菌悬浮液直接倒入 BBL Crystal 鉴定板中。② 轻摇鉴定板使其试剂孔充满菌液，盖上盖子。③ 置入配套托盘，孵育。④ 机外孵育足够时间后取出鉴定板，鉴定孔内颜色变化和荧光强度（易于判读，可选择自动或半自动判读仪）。⑤ 将判读结果输入计算机 BBL Crystal 软件，或应用 BBL Autoreader 进行判读，立即得出准确的鉴定结果。该系统提供高度专业化 6 大类鉴定试验板，可鉴定 500 余种细菌，鉴定结果准确。

（2）VITEK AMS 全自动微生物鉴定和药敏分析系统 该系统由法国生物-梅里埃公司生产，可快速鉴定包括各种肠杆菌科细菌、非发酵细菌、厌氧菌和酵母菌等达 500 种以上，具有 20 多种药敏测试卡、97 种抗生素和测定超广 β-内酰胺酶测试卡。VITEK 系统依据容量大小可分为 VITEK32 型、60 型、120 型、240 型，可分别同时进行 32、60、120、240 张卡片的检测（表 4-7）。VITEK 系统是世界各国应用最普遍的全自动微生物鉴定和药敏分析系统之一，该系统由计算机主机、孵育箱/读取器、充填机/封口机、打印机等组成。鉴定原理是根据不同微生物的理化性质不同，采用光电比色法，测定微生物分解底物导致 pH 改变而产生的不同颜色，来判断反应的结果。在每张卡上有 30 项生化反应。有计算及控制的读数器，每隔 1h 对各反应孔底物进行扫描，并读数一次，动态观察反应变化，一旦鉴定卡内的终点指示孔到达临界值，则指示此卡已完成。系统最后一次读数后，将所得的生物数码与数据库中标准菌的生物模型相比较，得到相似系统鉴定值，并自动打印出实验报告。

系统的操作流程为：获得细菌的纯培养后，调整菌悬液浓度，根据不同的细菌选择相应的药敏试验卡片，在充液仓中对卡片进行充液，然后放置在孵育箱/读数器中孵育，自动定时测试、读取数据和判断结果。

表 4-7 VITEK 系统常用测试卡

卡名	用途	卡名	用途
GNI	革兰阴性菌鉴定卡	GPs-TA/101	链球菌药敏卡
CNI+	快速革兰阴性菌鉴定卡	ANI	厌氧菌鉴定卡
GNS	革兰阴性菌药敏卡	BACILLUS	芽孢杆菌鉴定卡
GNSrNT	ESBLS 鉴定及药敏卡	YBC	酵母菌鉴定卡
GNU	革兰阴性菌尿标本药敏卡	NFC	非发酵菌鉴定卡
GPI	革兰阳性菌鉴定卡	NHI	奈瑟菌、嗜血杆菌鉴定卡
GPS	革兰阳性菌药敏卡	UID	尿菌技术及鉴定卡
GPI-SA	葡萄球菌药敏卡	EPS	肠病原菌筛选卡

（3）PHOENINIXTM 系统 是新一代全自动快速细菌鉴定/药敏系统，由 BD 公司生产，该系统由主机、比浊仪、微生物专家系统等组成，有 PHOE-NIXTM100 和 PHOENIXTM50 两种型号。鉴定试验采用 BD 专利荧光增强技术与传统酶、底物生化呈色反应相结合的原理；药敏试验采用传统比浊法和 BD 专利荧光增强技术与传统酶、底物生化成色反应相结合的原理。药敏试验采用传统比浊法和 BD 专利呈色反应双重标准进行结果判断。PHOENIXTM100 型分别可进行 100 个鉴定试验和 100 个药敏试验，可鉴定革兰阳性菌 139 种、革兰阴性菌 158 种。90% 细菌的鉴定在 3~6h 完成，鉴定准确率大于 90%，85% 的细菌药敏试验在 4~6h 内出结果。

（4）MicroScan 系统 在美国使用普遍，其综合利用传统比色、荧光标记和光电比浊等多种检测技术，增加了反应的灵敏度、准确性，加快了反应速率。系统由主机、真空加样器、孵育箱/读取器、计算机、打印机等组成。菌种资料库丰富，可鉴定包括需氧菌、厌氧菌和酵母菌等在内的 800 多种细菌。鉴定板分普通板和快速板两种，普通板获得结果需要 16~18h，快速板测定只需 2~3.5h。药敏测试采用比浊法进行测定，90% 菌株可在 5.5h 内获得对 17~33 种抗菌药物的最小浓度值（MIC）。该系统操作简便，工作人员只需接种试验盘，其余步骤皆由仪器自动完成。

（5）Biolog 系统 是美国 Biolog 公司研制开发的新型自动化快速微生物鉴定系统。Biolog 微生物鉴定数据库容量是目前世界上最大的，可快速鉴定包括细菌、酵母和丝状真菌在内的超过 2650 种微生物。结合 16S rRNA 序列分析和（G+C）含量，可以将未知菌鉴定到种的分类水平。Biolog 系统的鉴定原理是利用微生物对不同碳源代谢率的差异，针对每一类微生物筛选 95 种不同碳源，配合四唑类显色物质（如 TTC、TV），固定于 96 孔板上（A1 孔为阴性对照），接种菌悬液后培养一定时间，通过检测的生物细胞，利用不同碳源进行比对，即可得出最终鉴定结果。Biolog 系统的鉴定板分类简单，仅 5 种鉴定板，对操作人员的专业要求水平不高。鉴定过程简单，对菌株的预分析简单，只需做一些最常规的工作即可，如细菌只需做革兰染色、氧化酶试验和三糖铁琼脂粉试验。

（五）使用自动化鉴定仪的局限性

自动化鉴定系统是根据数据库中所提供的背景资料鉴定细菌，数据库资料的不完整将直接影响鉴定的准确性。目前为止，尚无一个鉴定系统能包括所有的细菌鉴定资料。对细菌的分类是根据传统的分类方法，因此鉴定也以传统的手工鉴定方法为"金标准"。使用自动化鉴定仪的实验室，应对鉴定人员进行手工鉴定基础与操作技能的培训。

细菌的分类系统随着人们对细菌本质认识的加深而不断演变，使用自动化鉴定仪的实验室应经常与生产厂家联系，及时更新数据库。实验室技术人员应了解细菌分类的最新变化，便于在系统更新之前即可进行手工修改。通过自动化鉴定仪得出的结果，必须与其他已获得的生物性状（如标本来源、菌落特征及其他的生理生化特征）进行核对，以避免错误的鉴定。

技能训练二十三　大曲中微生物的分离纯化

一、目的要求

1. 掌握微生物分离纯化的原理。
2. 学习划线分离纯化菌种的技术，并熟练掌握该操作法。

二、基本原理

平板划线分离法是指把混杂在一起的微生物或同一微生物群体中的不同细胞用接种环在平板培养基表面通过分区划线稀释而得到较多独立分布的单个细胞，经培养后生长繁殖成单菌落，通常把这种单菌落当成待分离微生物的纯种。有时这种单菌落并非都由单个细胞繁殖而来的，故必须反复分离多次才可得到纯种。其原理是将微生物样品在固体培养基表面多次做"由点到线"稀释而达到分离的目的。

三、材料及器材

1. 培养基

马铃薯葡萄糖培养基，配制方法见附录一。

2. 白酒生产所用酒曲少许。

3. 试剂及仪器

75%酒精，带有玻璃珠的三角瓶，无菌试管，无菌培养皿，无菌水，接种环，棉塞，酒精灯。灭菌锅，生化培养箱，超净工作台，显微镜。

四、方法及步骤

1. 制备菌悬液

选取白酒生产所用酒曲25g，将其均匀研成粉末，加入无菌水225mL制成酒曲悬液。

2. 倒平板

将马铃薯葡萄糖培养基加热熔化，冷却至55~60℃时，开始倒平板。右手持盛培养基的试管或三角瓶置火焰旁边，用左手将试管塞或瓶塞轻轻地拨出，试管或瓶口保持对着火焰；然后用右手手掌边缘或小指与无名指夹住管（瓶）塞（也可将试管塞或瓶塞放在左手边缘或小指与无名指之间夹住。如果试管内或三角瓶内的培养基一次用完，管塞或瓶塞则不必夹在手中）。左手拿培养皿并将皿盖在火焰附近打开一缝，迅速倒入培养基约15mL，加盖后轻轻摇动培养皿，使培养基均匀分布在培养皿底部，然后平置于桌面上，待冷凝后即为平板。然后，将平板倒过来放置，使皿盖在下，皿底在上。

3. 划分平板区域

作分区标记，在皿底将整个平板平均分成A、B、C、D四个面积不等的区域。各区之间的交角应为120℃左右（平板转动一定角度约60℃），以便充分利用整个平板的面积，而且采用这种分区法可使D区与A区划出的线条相平行，并可避免此两区线条相接触。

4. 划线操作

（1）将接种环放在火焰上灼烧，直到接种环烧红。在近火焰处，将接种环冷却，并打开盛有酒曲菌悬液的试管棉塞。试管通过火焰，将已冷却的接种环伸入菌液中，沾取一环菌液，同时迅速将试管通过火焰，并塞上棉塞。

（2）划A区　将平板倒置于酒精灯旁，左手拿出皿底并尽量使平板垂直于桌面，有培养基一面向着酒精灯（这时皿盖朝上，仍留在酒精灯旁），右手拿接种环先在A区划3~4条连续的平行线（线条多少应依挑菌量的多少而定）。划完 A 区后应立即烧掉环上的残菌，以免因菌过多而影响后面各区的分离效果。在烧接种环时，左手持皿底并将其覆盖在皿盖上方（不要放入皿盖内），以防止杂菌的污染。

（3）划其他区　将烧去残菌后的接种环在平板培养基边缘冷却一下，并使 B 区转到上方，接种环通过 A 区（菌源区）将菌带到 B 区，随即划数条致密的平行线，再从 B 区做 C 区的划线。最后经 C 区做 D 区的划线，D 区的线条应与 A 区平行，但划 D 区时切勿重新接触 A、B 区，以免将该两区中浓密的菌液带到 D 区，影响单菌落的形成。随即将皿底放入皿盖中，接种完毕，烧去接种环上的残菌。

5. 恒温培养

将划线平板倒置，放入生化培养箱中 37℃培养，24h 后观察。

五、实验结果与讨论

1. 通过划线分离法，是否得到了单菌落？如果没有请分析原因。

2. 从酒曲中，分离得到了几类菌，描述各菌落的特征，并鉴定其为哪种微生物。

3. 培养时，为何要将平板倒置，试说明原因。

六、实验评价方法

1. 结果评价

划线效果及实验报告书写。

2. 过程评价

过程评价见表 1。

表 1　过程评价

评价项目	倒平板（1分）	无菌操作（3分）	划线操作（2分）	培养（2分）	学习态度（2分）
得分					

技能训练二十四　窖泥中微生物的分离纯化

一、训练目的

1. 掌握微生物分离纯化的原理。

2. 掌握稀释平板法分离微生物的方法。

3. 建立无菌操作的概念，掌握无菌操作的基本环节。

二、实验原理

稀释平板法是一种将样品稀释到能在平板培养基上形成菌落，再挑取单菌落进行培养以获得纯种的方法。根据具体的操作方式不同，还可将稀释平板法分为稀释倾注分离法和稀释涂布分离法。

1. 稀释倾注分离法

稀释倾注分离法是将待分离的材料用无菌水做一系列的稀释（如 10^{-1}，10^{-2}，10^{-3}，10^{-4}……），分别取不同稀释液少许，与已熔化并冷却至45℃左右的琼脂培养基混合，摇匀后倾入无菌培养皿中，待琼脂培养基凝固后，保温培养一定时间即可有菌落出现。如果稀释得当，在平板表面或琼脂培养基中就可出现分散的单个菌落，这个菌落可能就是由一个细菌细胞繁殖形成的。随后挑取该单个菌落，并重复以上操作数次，便可得到纯培养。

2. 稀释涂布分离法

稀释涂布分离法是先将培养基熔化，在火焰旁注入培养皿，制成平板，然后将待分离的材料用无菌水做一系列的稀释（如 10^{-1}，10^{-2}，10^{-3}，10^{-4}……），无菌操作吸取菌悬液0.2mL放入平板中，用无菌涂布棒在培养基表面轻轻涂布均匀，倒置培养，挑取单个菌落重复以上操作或划线即可得到纯培养。

三、实验器材

1. 培养基
PDA（马铃薯葡萄糖琼脂培养基）。

2. 白酒厂窖池窖泥少许。

3. 试剂及仪器
75%酒精、带有玻璃珠的三角瓶、无菌试管、无菌培养皿、无菌水、无菌涂布棒、无菌吸管、棉塞、酒精灯；灭菌锅、生化培养箱、超净工作台、显微镜。

四、实验方法及步骤

1. 稀释倾注分离法

（1）制备菌悬液　称取白酒生产所用窖泥10g，放入盛90mL无菌水并带有玻璃珠的三角瓶中，充分振荡均匀，使窖泥与水充分混合。用一支1mL无菌吸管从三角瓶里吸取1mL窖泥菌悬液加入盛有9mL无菌水的试管中充分混匀，然后用无菌吸管从此试管中吸取1mL加入另一盛有9mL无菌水的试管中混合均匀，依次类推制成 10^{-1}、10^{-2}、10^{-3}、10^{-4}、10^{-5}、10^{-6} 各稀释度的窖泥菌悬液稀释液（图1）。

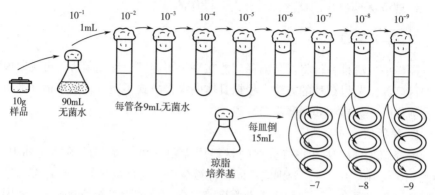

图1 样品稀释

（2）混合平板的制作　将无菌平皿底面用记号笔标记 10^{-4}、10^{-5} 和 10^{-6} 三种稀释度，然后用无菌吸管分别吸取 10^{-4}、10^{-5} 和 10^{-6} 三种窖泥菌悬液稀释液各 1mL，对号放入标记好稀释度的无菌平皿中，每个稀释度做 3 个平行。

将 PDA 琼脂培养基加热熔化，然后冷却至 45~50℃，右手持盛培养基的三角瓶置火焰旁，用左手将瓶塞轻轻拔出，瓶口保持对着火焰；左手拿加有窖泥稀释液的培养皿并将皿盖在火焰附近打开一条缝，迅速倒入培养基约 15mL，加盖后轻轻摇动培养皿，使培养基和窖泥稀释液充分混匀，然后平置于桌面上，待冷凝后即可制成平板（图2）。

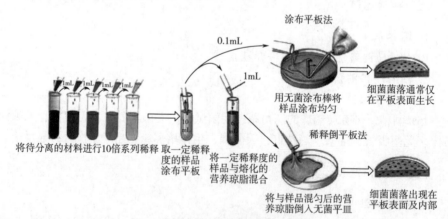

图2 平板涂布和稀释倒平板法

（3）培养　将平板倒置于 37℃ 生化培养箱中培养 24h，然后观察。

（4）挑菌落　将培养后长出的单个菌落分别挑取少许细胞接种到 PDA 培养基斜面上，置于 37℃ 恒温培养箱中培养，待菌长出后，观察其菌落特征是否一致，同时将细胞涂片染色后用显微镜检查是否为单一的微生物。若发现杂菌，需要再一次进行分离、纯化，直至获得纯培养。

2. 稀释涂布分离法

（1）制备菌悬液　同"稀释倾注分离法"中菌悬液的制备。

（2）倒平板　将已灭菌的 PDA 培养基加热熔化，待冷却至 45 ~ 50℃时，向无菌平皿中倒入适量培养基，待冷凝后制成平板。

倒平板方法：右手持盛培养基的试管或三角瓶置火焰旁边，用左手将试管塞或瓶塞轻轻拔出，试管或瓶口保持对着火焰；然后左手拿培养皿并将皿盖在火焰附近打开一条缝，迅速倒入培养基约 15mL，加盖后轻轻摇动培养皿，使培养基均匀分布在培养皿底部，然后平置于桌面上，待凝固后即可。

（3）涂布　在制作好的平板底面分别用记号笔标记 10^{-4}、10^{-5} 和 10^{-6} 三种稀释度，每个稀释度倒三个平板，共 9 个平板。然后用无菌吸管分别从 10^{-4}、10^{-5} 和 10^{-6} 三管窖泥稀释液中吸取 0.1mL，对号放入已写好稀释度的平板中，用无菌玻璃涂布器在培养基表面轻轻地涂布均匀，室温下静置 5 ~ 10min，使菌液吸附到培养基上。

平板涂布法：将 0.1mL 菌悬液小心地滴在平板培养基表面中央位置。右手拿无菌涂布器平放在平板培养基表面上，将菌悬液先沿一条直线轻轻地来回推动，使之分布均匀，然后改变方向沿另一垂直线来回推动，平板内边缘处可改变方向用涂布器再涂布几次（图 3）。

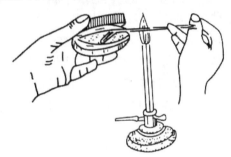

图 3　平板涂布法

（4）培养　将平板倒置于 37℃生化培养箱中培养 24h，然后观察。

（5）挑菌落　将培养后长出的单个菌落分别挑取少许细胞接种到 PDA 培养基斜面上，置于 37℃恒温培养箱中培养，待菌长出后，观察其菌落特征是否一致，同时将细胞涂片染色后用显微镜检查是否为单一的微生物。若发现杂菌，需要再一次进行分离、纯化，直至获得纯培养。

五、实验结果与讨论

（1）通过稀释平板分离法，是否得到了单菌落？如果没有请分析原因。

（2）从材料窖泥中，主要分离得到了几种微生物？并鉴定其为哪种微生物。

（3）比较稀释平板法和划线分离法的优缺点。

技能训练二十五　酿酒环境中微生物的分离纯化

一、训练目的

1. 掌握微生物分离纯化的原理。
2. 掌握选择培养基分离微生物的方法。
3. 建立无菌操作的概念，掌握无菌操作的基本环节。

二、实验原理

不同的微生物生长需要不同的营养物质和环境条件，如酸碱度、碳源、氮源等。各种微生物对于化学试剂、消毒剂、染料、抗生素以及其他的物质都有不同程度的反应和抵抗能力。因此，利用微生物的这些特性可以配制成只适合某种微生物生长而不适合其他微生物生长的培养基，进行纯种分离。

另外，在分离某种微生物时还可以将待分离的样品进行适当处理，以消除部分不需要的微生物，提高分离概率。例如在分离有芽孢的细菌时，可在分离前先将样品进行高温处理，杀死营养菌体而保留芽孢。对一些生理类型比较特殊的微生物，为了提高分离概率，可在特定的环境中先进行富集培养，帮助所需的特殊生理类型的微生物生长，而不利于其他类型微生物生长。

三、实验器材

1. 培养基

（1）细菌培养基　牛肉膏蛋白胨琼脂培养基、葡萄糖胰胨琼脂培养基、胰胨大豆胨琼脂培养基。

（2）霉菌培养基　淀粉培养基、察氏培养基、PDA 培养基、豆芽汁培养基。

（3）酵母培养基　YEPD 培养基、麦芽汁培养基、孟加拉红培养基。

（4）放线菌培养基　高氏培养基、面粉琼脂培养基、PDA 培养基。

2. 样品浸提液

白酒厂出窖泥或窖糟醅样品 10g，加无菌水 100mL，摇床上振荡浸提

15min 后离心，抽滤所得滤液备用。

3. 试剂及仪器

75%酒精、带有玻璃珠的三角瓶、无菌试管、无菌培养皿、无菌水、无菌涂布棒、无菌吸管、棉塞、酒精灯、灭菌锅、生化培养箱、超净工作台、显微镜。

四、实验方法及步骤

1. 菌落分离

采用稀释平板菌落计数法对样品进行稀释度确定和微生物的分离培养。

2. 微生物培养及观察

好氧细菌：35~37℃，培养 2~3d，观察计数。

芽孢杆菌：80℃，10min 加热处理菌悬液后，涂布平板，35~37℃，培养 2~3d，观察计数。

酵母菌：25~28℃，培养 2~3d，观察计数。

霉菌：30℃，培养 5~7d，观察计数。

放线菌：28℃，培养 3~5d，观察计数。

3. 分离效果评价

主要从菌落数量、形态类别、分离效果等指标进行判断评价。

本实验成功关键

(1) 采用划线法分离微生物时，注意避免将琼脂培养基划破。

(2) 制备菌悬液使用的无菌液为经高压灭菌的生理盐水。

(3) 接种完成后，平皿需要倒置放入恒温培养箱。

(4) 注意无菌操作，防止杂菌污染。

五、实验结果与讨论

1. 比较各培养基的分离效果，得出最佳分离效果的培养基。

2. 对浓香型白酒糟醅和窖泥中细菌、酵母菌、霉菌和放线菌进行分离培养，选择出最适合的培养基配方。

3. 选用 PDA 培养基同时培养放线菌和霉菌时，如何区分两种微生物？

六、评价标准

班上分组进行实验，过程中和实验完成后对各项目进行评分，满分为 20 分。由指导老师完成评分，见下表。

表 微生物分离纯化实验评分表

评分项目	1分	2分	3分	4分	5分
无菌操作规范度					
培养完成，皿中未染杂菌					
分离得到的纯菌特征明显					
基本鉴定出酿酒生产中的几种常见微生物					

技能训练二十六 高产乙醇酵母的筛选

一、实验目的

1. 掌握筛选高产乙醇酵母的方法，并获得高产乙醇的酵母。
2. 了解氯化三苯基氮唑盐酸盐（TTC）筛选原理。

二、实验原理

TTC 为无色化合物，它可以接受脱氢酶的氢，将其还原成红色化合物，脱氢酶的多少或有无，直接影响红色的深浅或有无。乙醇酵母在给予充足葡萄糖时，发酵比较彻底，这时它的脱氢酶多少和乙醇产率存在正比关系。产乙醇越多的菌株，脱氢酶一般越多，TTC 接受氢也就越多，红色越深，反之越浅。其次，高产乙醇酵母必须具备耐受高浓度乙醇的特性，因此通过对酵母乙醇耐受性的二次筛选和发酵力的三次筛选，从而获得高产乙醇酵母菌株。

三、实验器材

样品，杜氏管、发酵栓，各培养基等。

1. YPD 培养基

葡萄糖 20g，蛋白胨 20g，酵母提取物 10g，加蒸馏水至 1000mL，自然 pH。

2. 分离培养基

含 10% 乙醇的 YPD 培养基。

3. 初筛培养基（TTC 上层培养基）

TTC 0.5g，葡萄糖 5g，琼脂 15g，加蒸馏水至 1000mL。

4. 复筛培养基

葡萄糖 250g，$CaCl_2$ 2.8g，KCl 1.2g，$MgSO_4 \cdot 7H_2O$ 0.65g，KH_2PO_4 1.5g，

（NH$_4$）$_2$SO$_4$ 10g，加蒸馏水至 1000mL。

5. 发酵培养基

同复筛培养基。

四、实验步骤

1. 酵母的分离、纯化

取样品 10g，加入 90mL 无菌水中，30℃，200r/min，培养 1d 后，梯度稀释涂布于分离培养基中，挑取平板上菌落形态有差异的单菌落进行划线分离纯化，获得纯菌株进行编号后保存备用。

2. 高产乙醇酵母的一级筛选

将分离得到的菌株分别接到 YPD 平板，30℃培养 24h，将 TTC 上层培养基（冷却到 45℃左右）覆盖在 YPD 平板上。30℃下避光保温 2~3h。比较各菌株颜色，颜色呈深红色的即具有较高的产乙醇能力。每株菌重复 3 次。

3. 高产乙醇酵母的二级筛选

将初筛得到的酵母活化后制成菌悬液，分别接入含有杜氏管的不同乙醇浓度梯度（10%~20%，体积分数）的乙醇发酵培养基中，30℃培养 72h，分别在 24h、48h、72h 观察杜氏管中的产气情况。重复 3 次。

4. 高产乙醇酵母的三级筛选

将二级筛选得到的酵母活化后制成菌悬液接入 100mL 带有发酵栓的发酵培养基中，使培养基中酵母初始数量为 10^{6}个/mL，30℃，静置培养。每隔 12h 称失重，当失重小于 0.2g 时停止培养。重复 3 次，选择失重多和失重速率快的菌株，即产乙醇能力强的菌株。

五、注意事项

1. TTC 筛选法只能间接反映产乙醇的能力。

2. 在倾倒 TTC 上层培养基时，温度不能过高，防止将酵母菌烫死。

3. 高产乙醇酵母必须具备高耐受乙醇的性质，因此可通过酵母对乙醇的耐受性进一步筛选高产乙醇酵母。

技能训练二十七 高产酯霉菌的筛选

一、实验目的

1. 掌握筛选产酯霉菌的方法，并获得产酯能力强的霉菌。

2. 巩固学习酯酶酶活力的测定方法。

二、实验原理

初筛平板培养基中的溴甲酚紫指示剂的变色 pH 为 6.8~5.2，颜色由紫到黄。酯酶把初筛平板培养基中的三乙酸甘油酯水解得到乙酸，培养基 pH 下降，以溴甲酚紫指示剂黄色变色圈直径和菌落直径之比作为酯酶产生菌的初筛依据。复筛通过摇瓶发酵测定发酵液中酯酶酶活，选取酶活较高的菌株。

三、实验器材

样品、分光光度计、培养基等。

1. 富集培养基

$(NH_4)_2SO_4$ 2g，NaCl 0.5g，$MgSO_4$ 0.5g，K_2HPO_4 2g，乙酸乙酯 25g，琼脂 15g，加蒸馏水至 1000mL。

2. 初筛培养基

三乙酸甘油酯 30mL，溴甲酚紫 0.04g，pH7.0，琼脂 15g，加蒸馏水至 1000mL。

3. 复筛培养基

蔗糖 20g，$(NH_4)_2SO_4$ 5g，K_2HPO_4 1g，$MgSO_4 \cdot 7H_2O$ 0.5g，$FeSO_4 \cdot 7H_2O$ 0.01g，NaCl 1g，三乙酸甘油酯 50mL，琼脂 15g，加蒸馏水至 1000mL。

4. PDA 培养基

200g 已去皮的马铃薯切成块，煮沸 0.5h，用纱布过滤后滤液中加蒸馏水定容至 1000mL，自然 pH。

本实验所用的酯类和溴甲酚紫等对热不稳定的物质均经 0.22μm 微孔滤膜过滤除菌后再加入。

四、实验步骤

1. 富集方法

取样品 10g 加入装有 90mL 富集培养基的 250mL 三角瓶，在 30℃ 下，200r/min 摇瓶发酵培养。富集培养 96h，然后进行稀释涂布平板分离。

2. 快速平板显色分离方法

将富集过的培养液用无菌水稀释，涂布在霉菌初筛平板上。30℃培养，相隔 6h 定期观察结果，将具有变色圈的菌落选出，分离纯化，挑至 YPD 斜面培养基上培养，保存，备用。

3. 菌种复筛

将初筛的菌株接入装有 50mL 复筛培养基的三角瓶中，在 30℃ 下，

200r/min 培养 72h，培养后的发酵液在 4℃，12000r/min 离心 10min，上清液即为粗酶液。测定发酵上清液的酶活（酯化酶活力测定见技能训练三十五），筛选出高产酯酶菌株。

五、注意事项

1. 酯酶具有双向性，即可以催化酯的合成及酯的分解。因此，该实验利用酯酶的分解能力，来筛选高产酯类的霉菌。

2. 在复筛过程中，以孢子的形式接种到发酵培养基中，保证初始接种量相同。

技能训练二十八　产淀粉酶芽孢杆菌的筛选

一、实验目的

1. 学习掌握从环境中分离产淀粉酶菌株以及菌株初步鉴定的方法。
2. 了解芽孢杆菌的生长特性。

二、实验原理

芽孢是菌体生长到一定阶段形成的一种抗逆性很强的休眠体结构，芽孢最主要的特点就是抗逆性强，对高温、紫外线、干燥、电离辐射和很多有毒的化学物质都有很强的抗逆性。它帮助菌体度过不良环境，在适宜的条件下可以重新转变成为营养态细胞。细菌富集一段时间后，生长环境不利，会产生芽孢，再在 80~90℃ 温度下杀死菌体，可使芽孢得到富集。在含有淀粉的鉴别培养基的平板上，具有产淀粉酶能力的芽孢杆菌水解淀粉生成小分子糊精和葡萄糖，滴加碘液，未水解的淀粉呈蓝色，水解圈无色。

三、实验器材

样品，分光光度计，培养基等。

1. 淀粉培养基

可溶性淀粉 10g，蛋白胨 10g，NaCl 5g，牛肉膏 5g，琼脂 15g，加蒸馏水至 1000mL。

2. 种子培养基

牛肉膏 5g，蛋白胨 10g，NaCl 5g，可溶性淀粉 5g，pH7.0，加蒸馏水至 1000mL。

3. 发酵培养基

玉米粉 20g，黄豆饼粉 15g，$CaCl_2$ 0.2g，$MgSO_4$ 0.2g，NaCl 2.5g，K_2HPO_4 2g，柠檬酸钠 2g，硫酸铵 0.75g（溶解后加入），Na_2HPO_4 2g，pH 7.0，加蒸馏水至 1000mL。

四、实验步骤

1. 细菌的分离、纯化

取样品 10g，加入 90mL 无菌水中，在三角瓶中加入 2g 的可溶性淀粉，调节 pH 为 7.0~7.2，37℃，200r/min，培养 2d。将上述培养液于 80℃水浴 10min，杀死非芽孢菌，然后涂布于种子培养基，37℃培养。挑选不规则、菌落边缘不整齐、表面粗糙的干燥型单菌落进行纯化培养。

2. 初筛

将芽孢杆菌菌种活化，接种在种子培养基中，37℃培养 12h，芽孢杆菌液用滴种法接种在淀粉培养基平板上培养 2~4d，采用碘液染色，在菌落周围有透明圈产生证明芽孢杆菌产淀粉酶。测量菌落大小（C）和水解圈大小（H），每个菌株做 3 个重复。通过比较 H/C 初步筛选产酶能力强的菌株。

3. 复筛

（1）待测粗酶液的制备　将活化的芽孢杆菌菌液接种于发酵培养基中，37℃培养 48h，8000r/min 离心 5min，取上清液即为粗酶液。

（2）酶活测定　淀粉酶活力测试见技能训练三十六。

（3）根据所得结果筛选出酶活力最高的菌种。

五、注意事项

1. 应该将初筛酶活力较好的菌株都进行复筛，因为初筛的 H/C 只是一个相对标准，并不十分准确。

2. 在筛选过程中，可以通过革兰染色及芽孢染色，进一步确认是否是芽孢杆菌。

技能训练二十九　窖泥中厌氧丁酸菌与己酸菌的分离

一、实验目的

1. 初步认识丁酸菌和己酸菌的生长特性。
2. 掌握丁酸菌和己酸菌的分离纯化方法。
3. 了解丁酸菌和己酸菌在白酒中的作用。

二、实验原理

有机酸对白酒的品质非常重要，不但可使酒味变柔和，而且还是促进酯类形成的重要前体物质，它们主要是由相应的细菌产生的。丁酸菌和己酸菌都属于梭状芽孢杆菌，根据芽孢杆菌比非芽孢杆菌耐热性强的特点，可通过加热方式来淘汰非芽孢杆菌，快速缩小分离范围。根据各自生理特性，设计相关的选择培养基，进一步分离纯化，结合菌落形态及个体形态以及严格厌氧型能鉴定到属。

三、实验器材

样品，水浴锅、厌氧培养箱、显微镜，培养基等。

1. 增殖培养基（RCM 培养基）

酵母浸膏 3g、牛肉浸膏 10g、胰蛋白胨 10g、葡萄糖 5g、可溶性淀粉 1g、氯化钠 5g、三水合乙酸钠 3g、半胱氨酸盐酸盐 0.5g、0.5% 美蓝 0.2mL、蒸馏水 1000mL，调节 pH7.0~7.2，115℃，20min 灭菌备用。

2. 选择性培养基（TSN 培养基）

胰蛋白胨 15g、酵母浸粉 10g、亚硫酸钠 1g、柠檬酸铁 0.5g、新生霉素 0.02g、多黏菌素 0.05g，pH 7.2，115℃，20 min 灭菌备用。

3. 己酸菌分离培养基（乙醇乙酸盐培养基）

乙酸钠 8g，氯化镁 0.2g，氯化铵 0.5g，硫酸镁 2.5mg，硫酸钙 10mg，硫酸亚铁 5mg，钼酸钠 2.5mg，生物素 5μg，对氨基苯甲酸 100μg，蒸馏水 1000mL，pH7.0，121℃灭菌 20min，冷却后加入无菌乙醇 25mL。

四、实验步骤

1. 丁酸菌的分离

（1）取样品 10g，加入 90mL 无菌水中，置 80℃水浴 10min，杀死非芽孢杆菌，转入梭菌增殖液体培养基，37℃厌氧培养 48h。

（2）将上述培养液置 80℃水浴 10min，转入梭菌选择性液体培养基，37℃厌氧选择性富集培养 48h。

（3）梯度稀释培养液，涂布梭菌选择性培养基平板，置入厌氧培养箱，37℃培养 48h。

（4）好氧和厌氧培养，影印平板法除去好氧和兼性厌氧菌，得到严格厌氧菌。

（5）根据菌落形态和显微形态进一步分离。

2. 己酸菌的分离

（1）称样品 1g 加入液体培养基试管中，于 80℃水浴处理 10min，无菌条件下加 2~3 滴无水乙醇，瓶口塞紧，用防水纸包扎，置于 33℃ 恒温厌氧培养箱培养 7~10d 至产气。

（2）挑选产气正常的试管再转入新鲜的培养基，在同样条件下培养 7~10d，镜检细胞应有鼓槌形状，革兰染色阴性，用硫酸铜溶液进行己酸显色应呈蓝色，选取产己酸的富集培养试样。

（3）将上述培养液置 80℃ 水浴 10min 后梯度稀释培养液，涂布于固体培养基，置入厌氧培养箱，33℃ 培养 5d。再次镜检细胞形态，鉴定己酸菌的形体及健壮程度。

（4）己酸的鉴别 取发酵液 1mL 于小试管中，加入 2% 硫酸铜溶液 1mL，有云雾状深蓝色沉淀，再加入 0.5mL 乙醚，充分摇匀，静置 10min 后进行分层，在乙醚层呈蓝色即证明有己酸存在。颜色越深含量越高。

五、注意事项

1. 丁酸菌和己酸菌为严格厌氧菌，实验过程中注意保持厌氧环境。

2. 丁酸菌和己酸菌属芽孢杆菌，产生内生芽孢，稳定性好，能耐热、耐酸等，因此可以利用这些特性对其进行分离纯化。

3. 己酸菌孢子的耐热性与热处理过程中的 pH 有关。一般认为 pH＝7.0 时耐热性最高。

知识拓展

亨盖特滚管技术

亨盖特滚管技术由美国著名微生物学家 R. E. Hungate 于 1950 年设计，并因此而得名，也是一种微生物实验室培养法。这种方法推动了严格厌氧菌（如瘤胃微生物区系和产甲烷菌）的分离和研究。

利用氧铜柱（玻璃柱内有密集铜丝，加温至 350℃ 时，可使通过柱体的不纯氮中的 O_2 与铜反应而被除去）来制备高纯氮，再用此高纯氮去驱除培养基在配制、分装过程中各种容器和小环境中的空气，使培养基的配制、分装、灭菌和贮存，及菌种的接种、稀释、培养、观察、分离、移种和保藏等操作的全过程始终处于高度无氧条件下，从而保证了各类严格厌氧菌的存活。在进行产甲烷菌等严格厌氧菌的分离时，可先用亨盖特的这种"无氧操作"把菌液稀释，并用注射器接种到装有融化后的 PRAS 琼脂培养基试管中，该试管用密封性极好的丁基橡胶塞严密塞住后平放，置冰浴中均匀滚动，使含菌培养基布满在试管内表面上，经培养后，会长出许多单菌落。

滚管技术的优点：试管内壁上的琼脂层有很大表面积可供厌氧菌长出单菌落，但试管口的面积和试管腔体积都极小，因而特别有利于兼性厌氧与厌氧菌接触。

任务二　酿酒微生物检测技术

教学重难点

学习掌握各种酿酒主要微生物检测的原理和方法，并能够根据研究对象和研究目的不同，选用最合适的方法。

酒的酿造过程实际上是微生物富集、代谢的过程，因此，要提高酒的优质品率，必须从微生物开始进行研究，在酿造发酵过程中，为了跟踪发酵的进程，判断发酵是否正常以及各种应用，就有必要测定其中微生物的含量和种类，因而微生物检测一直是酿酒微生物研究中一个重要的基础指标。

描述微生物生长，对不同的微生物和不同的生长状态可以选取不同的指标。通常对于处于旺盛生长期的单细胞微生物，既可以选细胞数，又可以选细胞质量作为生长指标，因为此时两者是成比例的。对于多细胞微生物的生长（以丝状真菌为代表）则通常以菌丝生长长度或者菌丝质量作为生长指标。

常用的测定或估计微生物生长的方法有如下几种。

一、显微镜直接计数法

酿酒微生物细胞的数目是酿酒工作中的重要依据之一。微生物个体微小，必须借助于显微镜才能观察，要测量微生物细胞大小和数目，也必须借助于特殊的测微计在显微镜下进行测量。

显微镜直接计数法是将少量待测样品悬浮液置于计菌器上，于显微镜下直接计数的一种简便、快速、直观的方法，是微生物学实验中一个基本技术。其优点是能够实现直接快速地对微生物进行计数，然而这种方法误差较大，不适合微生物个体太小、数目较多的情况下的计数。

显微计数法适用于各种含单细胞菌体的纯培养悬浮液，如酵母、细菌、霉菌孢子等。菌体较大的酵母菌或霉菌孢子可采用血球计数板，一般细菌则采用彼得罗夫·霍泽（Petrof Hausser）细菌计数板或 Hawksley 计数板。3 种计数板的原理和部件相同，只是细菌计数板较薄，可以使用油镜观察，而血球计数板较厚，不能使用油镜，计数板下部的细菌不易看清。

血球计数板是一块特制的厚型载玻片（图4-15），载玻片上有4条槽而构成3个平台。中间较宽的平台被一短横槽分隔成两半，每个半边上面各有一个计数区。计数区的刻度有两种：一种是计数区（大方格）分为16个中方格，而每个中方格又分成25个小方格；另一种是一个计数区分成25个中方格，而每个中方格又分成16个小方格。计数区由400个小方格组成。每个大方格边长为1mm，其面积为1mm²，盖上盖玻片后，盖玻片、载玻片间的高度为0.1mm，所以每个计数区的体积为0.1mm³。使用血球计数板计数时，通常测定5个中方格的微生物数量，求其平均值，再乘以25或16，就得到一个大方格的总菌数，然后再换算成1mL菌液中微生物的数量。设5个中方格中的总菌数为A，菌液稀释倍数B，则：

$$1mL\ 菌液中的总菌数 = \frac{A}{5} \times 25 \times 10^4 \times B = 5 \times 10^4 \times A \times B\ （25个中格）$$

$$1mL\ 菌液中的总菌数 = \frac{A}{5} \times 16 \times 10^4 \times B = 3.2 \times 10^4 \times A \times B\ （16个中格）$$

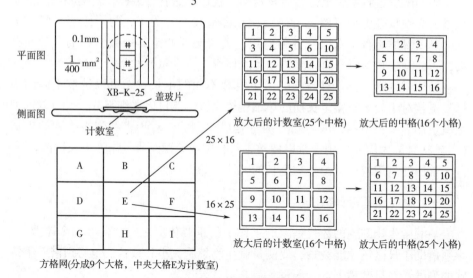

图4-15　血球计数板结构

本法测得的是菌体总数，不能区分死菌体和活菌体。若要区分死菌体和活菌体则可采用活体染色法。所谓活体染色法就是用对微生物无毒的染料（如美蓝、刚果红、中性红等染料）配成一定的浓度，再与一定量的菌液混合，一段时间后，由于染料的作用，死菌体和活菌体会呈现出相应的不同颜色，以便区分计数。

这里介绍一种常用的活体细胞染料——美蓝。处于氧化态时它呈现蓝色，处于还原态时则为无色。由于活体细胞代谢过程中的脱氢作用，用它作为活体染料时，美蓝接受氢后就由氧化态转变为还原态。因此，活细胞表现为无色，而衰老或者死亡的细胞由于代谢缓慢或停止，不能使美蓝还原，故细胞呈现蓝色或淡蓝色。一次实现对死细胞和活细胞的分别计数。

显微镜计数操作步骤

（1）血球计数板清洗。

（2）自然干燥。

（3）对菌液进行适当的梯度稀释（图4-16）。取原液1mL到试管中，用移液管移取9mL水注入试管中。再取上一次稀释的菌液1mL加到另一支试管中，加9mL水。以此类推。即可得到一系列稀释梯度的菌液。

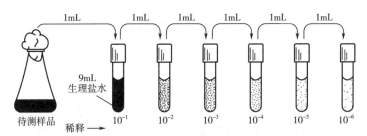

1mL　　1mL　　1mL　　1mL　　1mL　　1mL

待测样品　稀释→

9mL
生理盐水

10^{-1}　10^{-2}　10^{-3}　10^{-4}　10^{-5}　10^{-6}

图4-16　梯度稀释步骤

梯度稀释样品滴加到血球计数板上并盖上盖玻片，将菌悬液摇匀，用无菌滴管吸取少许，从计数板平台两侧的沟槽内沿盖玻片的下边缘滴入一滴，沟槽利用表面张力流出多余的菌悬液（图4-17）。加样后静置5min，使细胞或孢子自然沉降。

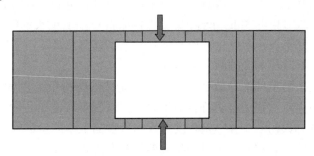

图4-17　血球计数板上加样品

图4-18所示为计数室中所选的中格计数，将加有样品的血球计数板置于显微镜载物台上，先用低倍镜找到计数室所在位置，然后换成高倍镜进行计数。若发现菌液太浓，需重新调节稀释度后再计数。一般样品稀释度要求每小格内不多于8个菌体。每个计数室选5个中格（可选4个角和中央的一个中格）中的菌体进行计数。若有菌体位于格线上，则计数原则为计上不计下，计左不计右。

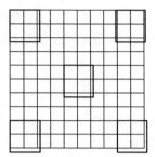

图 4-18　计数室中所选的中格

　　清洗使用完毕后，将血球计数板及盖玻片进行清洗、干燥，放回盒中，以备下次使用。

二、平板菌落计数法

　　菌落是指细菌在固体培养基表面或内部生长繁殖而形成的能被肉眼识别的生长物，它是由数以万计相同的菌体集合而成。当样品被稀释到一定程度，与培养基混合，在一定培养条件下，每个能够生长繁殖的细菌细胞都可以在平板上形成一个可见的菌落。

　　在一定条件下（如需氧情况、营养条件、pH、培养温度和时间等）每克（每毫升）检样所生长出来的细菌菌落总数就是菌落总数。按国家标准方法规定，一般厌氧或微需氧菌、有特殊营养要求的以及非嗜中温的细菌，由于现有条件不能满足其生理需求，故难以繁殖生长，所以测定的一般为需氧菌，即在需氧情况下，37℃培养48h，能在普通营养琼脂平板上生长的细菌菌落总数。因此菌落总数并不表示实际中的所有细菌总数，菌落总数并不能区分其中细菌的种类，所以有时称为杂菌数、需氧菌数等。

　　在生产上，测定菌落总数是用来判定食品被细菌污染的程度及卫生质量，它反映食品在生产过程中是否符合卫生要求，以便对被检样品做出适当的卫生学评价。菌落总数的多少在一定程度上标志着食品卫生质量的优劣。同时，在酿酒行业中，菌落总数的测定对酒品质的控制有重要意义。

　　平板菌落计数法是一种统计物品含菌数的有效方法：将待测样品经适当稀释之后，其中的微生物充分分散成单个细胞，取一定量的稀释样液涂布到平板上，经过培养，由每个单细胞生长繁殖而形成肉眼可见的菌落，即一个单菌落应代表原样品中的一个单细胞；统计菌落数，根据其稀释倍数和取样接种量即可换算出样品中的含菌数。但是，由于待测样品往往不宜完全分散成单个细胞，所以，长成的一个单菌落也可能来自样品中 2~3 个或更多个细胞。因此平板菌落计数的结果往往偏低。为了清楚地阐述平板菌落计数的结果，现在已倾向使用菌落形成单位（Colony-forming Units，cfu），而不以绝对菌落数来表示样品的活菌含量。

平板菌落计数法的检测方法：将被检样品按10倍递增稀释，然后从每个稀释液中分别取出1mL按倾注法接种培养，在一定温度下，培养一定时间后（一般为48h），记录每个平皿中形成的菌落数量，依据稀释倍数，计算出每克（或每毫升）原始样品中所含细菌菌落总数。

基本操作一般包括：样品的稀释→倾注平皿→培养48h→计数报告。

国内外菌落总数测定方法基本一致，从检样处理、稀释、倾注平皿到计数报告无明显不同，只是在某些具体要求方面稍有差别，如有的国家在样品稀释和倾注培养方面，对吸管内液体的流速、稀释液的振荡幅度、时间和次数以及放置时间等均做了比较具体的规定。

（1）平板菌落计数法的说明检验方法参见 GB 4789.2—2016《食品安全国家标准　食品微生物学检验　菌落总数测定》。

（2）样品的处理和稀释

① 操作方法：以无菌操作取检样25g（或25mL），放于225mL灭菌生理盐水或其他稀释液的灭菌玻璃瓶内（瓶内预置适当数量的玻璃珠）或灭菌乳钵内，经充分振摇或研磨制成 1∶10 的均匀稀释液。固体检样在加入稀释液后，最好置灭菌均质器中以 8000~10000r/min 的速度处理1min，制成1∶10 的均匀稀释液。用 1mL 灭菌吸管吸取 1∶10 稀释液 1mL，沿管壁缓慢注入含有 9mL 灭菌生理盐水或其他稀释液的试管内，振摇试管混合均匀，制成 1∶100 的稀释液。另取 1mL 灭菌吸管，按上述操作顺序，制 10 倍递增稀释液，如此每递增稀释一次即换用 1 支 1mL 灭菌吸管。实验操作方法见图 4-19。

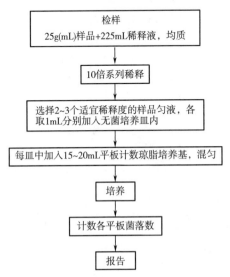

图 4-19　平板菌落计数法操作步骤

② 无菌操作：操作中必须有"无菌操作"的概念，所用玻璃器皿必须是完全灭菌的，不得残留有细菌或抑菌物质。所用剪刀、镊子等器具也必须进行消毒处理。样品如果有包装，应用 75% 乙醇在包装开口处擦拭后取样。操作应当在超净工作台或经过消毒处理的无菌室进行。琼脂平板在工作台暴露 15min，每个平板不得超过 15 个菌落。

③ 采样的代表性：如是固体样品，取样时不应集中一点，宜多采几个部位。固体样品必须经过均质或研磨，液体样品须经过振摇，以获得均匀稀释液。

④ 样品稀释误差：为减少样品稀释误差，在连续递次稀释时，每一稀释液应充分振摇，使其均匀，同时每一稀释度应更换一支吸管。在进行连续稀释时，应将吸管内液体沿管壁流入，勿使吸管尖端伸入稀释液内，以免吸管外部粘附的检液溶于其内。为减少稀释误差，SN 标准采用取 10mL 稀释液，注入 90mL 缓冲液中。

⑤ 稀释液：样品稀释液主要是灭菌生理盐水，有的采用磷酸盐缓冲液（或 0.1% 蛋白胨水溶液），后者对食品中已受损伤的细菌细胞有一定的保护作用。如对含盐量较高的食品（如酱油）进行稀释，可以采用灭菌蒸馏水。

（3）倾注培养

① 操作方法：根据标准要求或对污染情况的估计，选择 2~3 个适宜稀释度，分别在 10 倍递增稀释的同时，以吸取该稀释度的吸管移取 1mL 稀释液于灭菌平皿中，每个稀释度做两个平皿。将晾至 46℃ 的营养琼脂培养基注入平皿约 15mL，并转动平皿，混合均匀（图 4-20）。同时将营养琼脂培养基倾入加有 1mL 稀释液（不含样品）的灭菌平皿内做空白对照。待琼脂凝固后，翻转平板，置（36±1）℃温箱内培养（48±2）h，取出，计算平板内菌落数目，乘以稀释倍数，即得每克（每毫升）样品所含菌落总数。

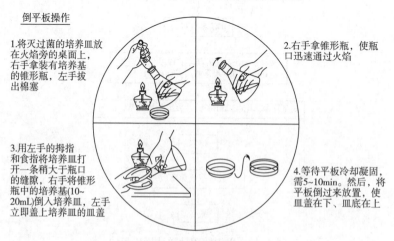

倒平板操作

1.将灭过菌的培养皿放在火焰旁的桌面上，右手拿装有培养基的锥形瓶，左手拔出棉塞

2.右手拿锥形瓶，使瓶口迅速通过火焰

3.用左手的拇指和食指将培养皿打开一条稍大于瓶口的缝隙，右手将锥形瓶中的培养基(10~20mL)倒入培养皿，左手立即盖上培养皿的皿盖

4.等待平板冷却凝固，需5~10min。然后，将平板倒过来放置，使皿盖在下、皿底在上

图 4-20　倒平板操作

② 倾注用培养基应在 46℃ 水浴内保温，温度过高会影响细菌生长，过低琼脂易于凝固，因而不能与菌液充分混匀。如无水浴，应以皮肤感受较热而不烫为宜。倾注培养基的量规定不一，12~20mL，一般以 15mL 较为适宜，平板过厚会影响观察，太薄又易于干裂。倾注时，培养基底部如有沉淀物，应将底部弃去，以免与菌落混淆而影响计数观察。

③ 为使菌落能在平板上均匀分布，检液加入平皿后，应尽快倾注培养基并旋转混匀，可正反两个方向旋转，检样从开始稀释到倾注最后一个平皿所用时间不宜超过 20min，以防止细菌有所死亡或繁殖。

④ 培养温度一般为 37℃（水产品的培养温度，由于其生活环境水温较低，故多采用 30℃）。培养时间一般为 48h，有些方法只要求 24h 的培养即可计数。培养箱应保持一定的湿度，琼脂平板培养 48h 后，培养基失重不应超过 15%。

⑤ 为了避免食品中的微小颗粒或培养基中的杂质与细菌菌落发生混淆，不易分辨，可同时做一稀释液与琼脂培养基混合的平板，不经培养，而于 4℃ 环境中放置，以便计数时做对照观察。在某些场合，为了防止食品颗粒与菌落混淆不清，可在营养琼脂中加入氯化三苯四氮唑（TTC），培养后菌落呈红色，易于分别。

（4）计数和报告

① 操作方法：培养到时后，计数每个平板上的菌落数。可用肉眼观察，必要时用放大镜检查，以防遗漏。在记下各平板的菌落总数后，求出同稀释度的各平板平均菌落数，计算出原始样品中每 1g（或每 1mL）中的菌落数，进行报告。

② 到达规定培养时间，应立即计数。如果不能立即计数，应将平板放置于 0~4℃，但不得超过 24h。

③ 取出培养平板，算出同一稀释度 3 个平板上的菌落平均数，并按下列公式进行计算：

每 1mL 中菌落形成单位（cfu）＝同一稀释度 3 次重复的平均菌落数×稀释倍数×5

一般选择每个平板上长有 30~300 个菌落的稀释度计算每毫升的含菌量较为合适。同一稀释度的 3 个重复对照的菌落数不应相差很大，否则表示试验不精确。实际工作中同一稀释度重复对照平板不能少于 3 个，这样便于数据统计，减少误差。由各个稀释度计算出的每毫升菌液中菌落形成的单位数也不应相差太大。

④ 平板菌落计数法，所选择倒平板的稀释度是很重要的。一般以 3 个连续稀释度中的第二个稀释度倒平板培养后所出现的平均菌落数在 50 个左右为好，否则要适当增加或减少稀释度加以调整。

⑤ 不同稀释度的菌落数应与稀释倍数成反比（同一稀释度的两个平板的菌落数应基本接近），即稀释倍数越高菌落数越少，稀释倍数越低菌落数越多。如出现逆反现象，则应视为检验中的差错（有的食品有时可能出现逆反现象，如酸性饮料等），不应作为检样计数报告的依据。

⑥ 当平板上有链状菌落生长时，如呈链状生长的菌落之间无任何明显界限，则应作为一个菌落计，如存在有几条不同来源的链，则每条链均应按一个菌落计算，不要把链上生长的每一个菌落分开计数。如有片状菌落生长，该平板一般不宜采用，如片状菌落不到平板一半，而另一半又分布均匀，则可以以半个平板的菌落数乘以 2 代表全平板的菌落数。

⑦ 当计数平板内的菌落数过多（即所有稀释度均大于 300 时），但分布很均匀，可取平板的一半或 1/4 计数，再乘以相应稀释倍数作为该平板的菌落数。

⑧ 菌落数的报告：按国家标准方法规定菌落数在 1～100 个时，按实有数字报告，如大于 100 个时，则报告前面两位有效数字，第三位数按四舍五入计算。固体检样以克（g）为单位报告，液体检样以毫升（mL）为单位报告，表面涂擦则以平方厘米（cm^2）为单位报告。

三、最大可能数计数法

1915 年，McCrady 首次发表了用 MPN 法（最大可能数计数法）来估算细菌浓度的方法，这是一种应用概率理论来估算细菌浓度的方法。目前，中国仍普遍将 MPN 法用于大肠菌群的检测。因此了解 MPN 法，对实验室的微生物检测及酿酒工业的微生物控制都有着重要的指导作用。

最大可能数（Most Probable Number，MPN）计数又称稀释培养计数，适用于测定在一个混杂的微生物群落中虽不占优势，但却具有特殊生理功能的类群。其特点是利用待测微生物的特殊生理功能的选择性来摆脱其他微生物类群的干扰，并通过该生理功能的表现来判断该类群微生物的存在和丰度。本法特别适合于测定土壤微生物中的特定生理群（如氨化、硝化、纤维素分解、固氮、硫化和反硫化细菌等）的数量和检测污水、牛奶及其他食品中特殊微生物类群（如大肠菌群）的数量，缺点是只适于进行特殊生理类群的测定，结果也较粗放，只有在因某种原因不能使用平板计数时才采用。

MPN 计数是将待测样品做一系列稀释，一直稀释到将少量（如 1mL）的稀释液接种到新鲜培养基中，没有或极少出现生长繁殖。根据没有生长的最低稀释度与出现生长的最高稀释度，采用"最大或然数"理论，可以计算出样品单位体积中细菌数的近似值。具体地说，菌液经多次 10 倍稀释后，一定量菌液中细菌可以极少或无菌，然后每个稀释度取 3～5 次重复接种于适宜的液体培养基中。培养后，将有菌液生长的最后 3 个稀释度（即临界级数）中出现细菌生长的管数作为数量指标，由最大或然数表上查出近似值，再乘以数量指标第一位数的稀释倍数，即为原菌液中的含菌数。

如某一细菌在稀释法中的生长情况如表 4-8 所示。

表 4-8　细菌生长情况记录表

稀释度	10^{-3}	10^{-4}	10^{-5}	10^{-6}	10^{-7}	10^{-8}
重复数	5	5	5	5	5	5
出现生长的管	5	5	5	4	1	0

根据以上结果，在接种 10^{-5} ~ 10^{-3} 稀释液的试管中 5 个重复都有生长，在接种 10^{-6} 稀释液的试管中有 4 个重复生长，在接种 10^{-7} 稀释液的试管中只有 1 个生长，而接种 10^{-8} 稀释液的试管全无生长。由此可得出其数量指标为"541"，查最大或然数表得近似值 17，然后乘以第一位数的稀释倍数（如"541"中第一位数量指标"5"的稀释倍数为 10^5）。那么，1mL 原菌液中的活菌数 = $17×100000 = 17×10^5$。即每毫升原菌液含活菌数为 1700000 个。

在确定数量指标时，不管重复次数如何，都是 3 位数字，第一位数字必须是所有试管都生长微生物的某一稀释度的培养试管数（表 4-9 中稀释度 10^{-2}，生长管数为 4），后两位数字依次为以下两个稀释度的生长管数（表 4-9 中稀释度 10^{-3}、10^{-4}，生长管数分别为 3、2），如果再往下的稀释仍有生长管数（表 4-9 中稀释度 10^{-5}，生长管数为 1），则可将此数加到前面相邻的第三位数上，即数量指标为"433"，查 MPN 表得近似值为 30，则每毫升原菌液中含活菌 $30×10^2$ 个。按照重复次数的不同，最大或然数表又分为三管最大或然数表、四管最大或然数表和五管最大或然数表。

表 4-9　微生物生理群稀释培养记录表

稀释度	10^{-1}	10^{-2}	10^{-3}	10^{-4}	10^{-5}	10^{-6}
重复数	4	4	4	4	4	4
出现生长的管数	4	4	3	2	1	0

应用 MPN 计数，应注意两点：一是菌液稀释度的选择要合适，其原则是最低稀释度的所有重复都应有菌生长，而最高稀释度的所有重复无菌生长。对土壤样品而言，分析每个生理群的微生物需 5~7 个连续稀释液分别接种，微生物类群不同，其起始稀释度不同；二是每个接种稀释度必须有重复，重复次数可根据需要和条件而定，一般 2~5 个重复，个别也有采用 2 个重复的，但重复次数越多，误差就会越小，相对而言结果就会越正确。不同的重复次数应

按其相应的最大或然数表计算结果。

MPN 计数法多用于测定土壤微生物中的特定生理群（如氨化、硝化、纤维素分解、固氮、硫化和反硫化细菌等）的数量。下面就以待测定的土壤为样品，进一步说明最大可能数计数法的计算公式和操作步骤。

若要求出土样中每克干土所含的活菌数，则要将前述两例中所得的每毫升菌数除以干土在土样中所占的质量分数（烘干后的土样质量/原始土样的质量）。

计算式：

$$活菌数/每克干土 = 菌数近似值 × 土样中干土所占的质量分数$$
$$（数量指标第一位数的稀释度）$$

以待测定的土壤为样品，最大可能计数法操作步骤为：

（1）称取 10g 土样，放入 90mL 无菌水中，振荡 20min，让菌充分分散，然后按 10 倍稀释法将供试土样制成 $10^{-1} \sim 10^{-6}$ 的土壤稀释液。

（2）将 22 支装有阿须贝氏（Ashby）无氮培养液的试管按纵 4 横 5 的方阵排列于试管架上，第一纵列的 4 支试管上标以 10^{-2}，第二纵列的 4 支试管上标以 10^{-3}……第五纵列的 4 支试管上标以 10^{-6}（即采用 5 个稀释度，4 个重复），另外 2 支试管留作对照。

（3）用 1mL 无菌吸管按无菌操作要求吸取 10^{-6} 土壤稀释液各 1mL 放入编号 10^{-6} 的 4 支试管中，再吸取 10^{-5} 稀释液各 1mL 放入编号 10^{-5} 的 4 支试管中，同法吸取 10^{-4}、10^{-3}、10^{-2} 稀释液各 1mL 放入各自对应编号的试管中。对照管不加稀释液。

（4）将所有试管置 28~30℃培养 7d 后观察结果。

（5）精确称取 3 份 10g 稀释用土，放入称量瓶中，置 105~110℃烘 2h 后放入干燥器中，至恒重后称重，然后计算干土在土样中所占的质量分数。

四、光电比浊计数法

光电比浊计数法是根据菌悬液的透光量间接地测定细菌的数量。光电比浊法是借鉴比色原理，当光线通过微生物菌悬液时，由于菌体的散射及吸收作用使光线的透过量降低。在一定的细菌悬浮液浓度范围内，微生物细胞浓度与透光度成反比，与光密度成正比，而光密度或透光度可以由光电池精确测出，用光密度（OD 值）表示样品菌液浓度。与比色法相似，用一系列同样培养条件的已知菌数的菌悬液测定光密度，作出光密度-菌数标准曲线。然后，以样品液所测得的光密度，从标准曲线中查出对应的菌数。光波的选择通常在 400~700nm，具体到某种微生物采用多少波长还需要经过最大吸收波长以及稳定性试验来确定。制作标准曲线时，菌体计数可采用血细胞计数板计数，平板菌落计数或细胞干重测定等方法。

虽然此法简便快捷，可以连续测定，适合于自动控制，但只能检测含有大量细菌的悬浮液，得出相对的细菌数目，对颜色太深的样品，不能用此法测定。

光电比浊法操作步骤如下：

（1）标准曲线制作

① 编号：分别用记号笔将 7 支无菌试管编号为 1、2、3、4、5、6、7。

② 调整菌液浓度：用血细胞计数板计数培养 24h 的酿酒酵母菌悬液，并用无菌生理盐水分别稀释调整为每毫升 1×10^6、2×10^6、4×10^6、6×10^6、8×10^6、10×10^6、12×10^6 含菌数的细胞悬液。再分别装入已编好号的 1~7 号无菌试管中。

③ 测 OD 值：将 1~7 号不同浓度的菌悬液摇匀后置于 560nm 波长、1cm 比色皿中测定 OD 值。比色测定时，用无菌生理盐水作空白对照，并将 OD 值记录下来。注意，每管菌悬液在测定 OD 值时均必须先摇匀后再倒入比色皿中测定。

④ 制标准曲线：以光密度（OD）值为纵坐标，以每毫升细胞数为横坐标，绘制标准曲线。

（2）样品测定　将待测样品用无菌生理盐水适当稀释，摇匀后，用 560nm 波长、1cm 比色皿测定光密度。测定时用无菌生理盐水作空白对照。各种操作条件必须与制作标准曲线时相同，否则，测得值所换算的含菌数就不准确。

（3）根据所测得的光密度值，从标准曲线中查得每毫升的含菌数。

五、薄膜计数法

薄膜计数法又称薄膜过滤技术法，是一种活菌计数的方法，在微生物学工作中是一种国际公认的微生物标准检验方法，广泛应用于环境监测、食品及饮料工业、化妆品、制药工业品质控制和电子工业等领域。

薄膜计数法的基本原理是将适当孔径的滤膜放入滤器，过滤样品，由于滤膜的作用而将微生物保留在膜的表面上。样品中微生物生长抑制剂可在过滤后用无菌水冲洗滤器而除去。然后，将滤膜放在培养基上培养，营养物和代谢物通过滤膜的微孔进行交换，在滤膜表面上培养出的菌落可以计数，并和样品量相关。

取相当于每张滤膜含 1g 或 1mL 供试品的供试液，加至适量的稀释剂中，混匀，过滤；若供试品所含的菌数较多时，可取适宜稀释级的供试液 1mL 进行试验。用 pH7.0 无菌氯化钠-蛋白胨缓冲液或其他适宜的冲洗液冲洗滤膜。冲洗后取出滤膜，菌面朝上贴于适宜培养基平板上培养。

　　薄膜计数法与血球计数板法相比较而言，血球计数板法是一种简便、快速的细胞计数方法，常用来计数酵母、真核单胞藻，甚至于形体更小的细菌，其直接计数基本是不可能的，而薄膜计数法是利用膜将细胞过滤到一个平面上，就不会有细胞的立体分布从而对计数造成严重影响。而利用负压进行膜过滤造成的细胞体的均匀分布，又给准确计数提供了良好的保障。

　　此外，对于薄膜计数法还有以下优点：带有菌落的滤膜，可作为检测的永久记录存档；可见的菌落和样品量直接对应，得出定量结果；浓缩效应使微生物检测的准确度提高等。

六、生长量测定技术

　　以上测定主要是计数，而要研究微生物生长的过程，需要做定量测定，否则就没有量的概念。因为没有一定的数量就等于没有微生物的存在。微生物不论其在自然条件下还是在人工条件下发挥作用，都是"以数取胜"或是"以量取胜"的。通常是测定群体生长的量，而不是只测一个细胞的生长。

　　在合适的外界环境条件下，微生物细胞不断地吸收营养物质进行新陈代谢。如果同化作用的速度超过了异化作用，则其原生质的总量（质量、体积、大小）就不断增加，于是出现了个体的生长现象。当各细胞组分按恰当比例增长时，则达到一定程度后就会发生繁殖，从而引起个体数目的增加，这时，原有的个体已经发展成一个群体。随着群体中各个个体的进一步生长，就引起了这一群体的生长，这可从其质量、体积、密度或浓度作指标来衡量。

微生物生长 = 个体繁殖 + 群体生长
群体生长 = 个体生长 + 个体繁殖

　　在微生物的研究和应用中，除了特定的目的，微生物群体的生长才有实际意义，因此，在微生物学中提到的"生长"，均指群体生长。

　　因此，微生物生长繁殖情况就可作为研究各种生理、生化和遗传等问题的重要指标，因为微生物的生长繁殖是微生物在内外各种环境因素相互作用下的综合反映，同时，微生物在生产实践上的各种应用或是对致病、霉腐微生物的防治，也都与它们的生长繁殖和抑制紧密相关。所以有必要对微生物的生长繁殖及其控制规律做较详细的介绍。

　　测定生长量的方法很多，适用于一切微生物。

　　（1）直接法

　　① 测体积：这是一种很粗放的方法，用于初步比较。例如把待测培养液放在刻度离心管中做自然沉降或进行一定时间的离心，然后观察其体积等。

　　② 称干重：将待测培养液用离心法离心，用清水离心洗涤 1~5 次后，用105℃、100℃或红外线烘干，也可在较低的温度（80℃或40℃）下进行真空干燥，然后称干重。一般干重为湿重的 10%~20%。以细菌为例，一个细胞一

般重 $10^{-13} \sim 10^{-12}$ g。

对于丝状真菌用滤纸过滤法测定，而细菌则可用醋酸纤维素膜等滤膜进行过滤。过滤后，细胞可用少量水洗涤，然后在 40℃ 下真空干燥，称干重。以大肠杆菌为例，在液体培养物中，细胞的浓度可达 2×10^9 个/mL。

（2）间接法

① 比浊法：细菌培养物在其生长过程中，由于原生质含量的增加，会引起培养物浑浊度的增高。目前多用分光光度计进行。在可见光 $450 \sim 850$ nm 波段均可测定。如果想要对某一培养物内的菌体生长做定时跟踪，一般采用侧臂三角烧瓶来进行。测定时，只要把瓶内的培养液倒入侧臂管中，然后将此管插入特制的光电比色计比色座孔中，即可随时测出生长情况，而不必取用菌液。

② 生理指标法：还可以通过测定微生物生理指标来测定生长量，主要有以下几种常用方法。

测含氮量：测定含氮量的方法很多，一般用硫酸、高氯酸、磺酸或磷酸等消化法，大多数细菌的含氮量为其干重的 12.5%，酵母菌为 7.5%，霉菌为 6.0%。根据其含氮量再乘以 6.25，即可测得其粗蛋白的含量（因其中包括了杂环氮和氧化型氮）。

测含碳量：测定含碳量时，将少量（干重为 $0.2 \sim 2.0$ mg）生物材料混入 1mL 水或无机缓冲液中，用 2mL 2% 重铬酸钾溶液在 100℃ 下加热 30min，冷却后，加水稀释至 5mL，然后在 580nm 波长下读取光密度值（用试剂做空白对照，并用标准样品作标准曲线），即可推算出生长量。

（3）计繁殖数 只适用于单细胞状态的微生物或丝状微生物所产生的孢子。

① 直接法：直接法就是指在显微镜下直接观察细胞并进行计数的方法，所得的结果是包括死细胞在内的总菌数。

比例计数法：这是一种很粗的计数方法。将已知颗粒（如霉菌孢子或红细胞等）浓度的液体与待测细胞浓度的菌液按一定比例均匀混合，在显微镜视野中数出各自的数目，然后求出未知菌液中的细胞浓度。

血球计数板法：用来测定一定容积中的细胞总数目的常规方法。

② 间接法：一种活菌计数法，是根据活细胞通过生长繁殖会使液体培养基浑浊，或在平板培养基表面形成菌落的原理而设计的方法。

液体稀释法：对未知菌样做连续的 10 倍系列稀释。根据估计数，从最适宜的 3 个连续的 10 倍稀释液体中各取 5mL 试样，接种到 3 组共 15 支装有培养液的试管中（每管接入 1mL）。经培养后，记录每个稀释度出现生长的试管数，然后查 MPN 表，再根据样品的稀释倍数就可计算出其中的活菌含量。

平板菌落计数法：一种最常用的活菌计数法。取一定体积的稀释菌液与合适的固体培养基在其凝固前均匀混合，或涂布于已凝固的固体培养基平板上。经保温培养后，从平板上（内）出现的菌落数乘上菌液的稀释度，即可计算出原菌液的含菌数。在一个9cm直径的培养皿平板上，一般以出现50~500个菌落为宜。

　　这种方法在操作时有较高的技术要求。其中最重要的是应使样品充分混匀，并让每支移液管只能接触一个稀释度的菌液。有人认为，对原菌液浓度为 10^9 个/mL 的微生物来说，如果第一次稀释即采用 10^{-4} 级（用 $10\mu L$ 毛细吸管直接吸 $10\mu L$ 菌液至无菌水中），第二次采用 10^{-2} 级（吸 1mL 上述无菌水稀释液至 100mL 无菌水中），然后再吸此菌液 0.2mL 进行表面涂布和菌落计数，则所得的结果最为精确。其主要原因是，一般的吸管壁常因存在油脂而影响计数的精确度（有时误差竟高达 15%）。

　　平板菌落计数法虽最为常用，但方法较烦琐，操作者需要有熟练的技术。为此，近年来已有多种小型的商品化产品供快速计数用，其形式有小型厚滤纸片或琼脂片等。共同原理是在滤纸或琼脂中吸有合适的培养基，其中还加有活菌指示剂 2，3，5-氯化三苯基四氮唑。

　　蘸取测试菌液后，置密封包装袋或瓶内，经短期培养，在滤纸或琼脂片上就会出现一定密度的玫瑰红色微小菌落。将它与标准纸板上的图谱比较，就可以不必数其具体菌落即可估算出该样品的含菌量。这类商品灵敏快速，未经专门微生物学操作训练的任何工作人员都可应用，尤其适合于野外的调查等工作。

　　2，3，5-氯化三苯基四氮唑可在呼吸链中接收来自 $FADH_2$ 的氢，并使自己还原成红色的 2，3，5-三苯基甲䏫（遇氧不褪色）。另外，平板菌落计数法对产甲烷菌等严格厌氧菌的计数也不适用，为此，要应用严格厌氧技术。

　　除平板菌落计数法可以对活菌进行计数外，借助于特殊染料，还可较方便地在显微镜下进行活菌计数。例如，做酵母活细胞计数可用美蓝染色液染色后在显微镜下进行观察，结果活细胞为无色，死细胞为蓝色。又如，较新的方法是用特殊滤膜过滤含菌样品，经吖啶橙染色，在紫外显微镜下观察细胞的荧光，活细胞发橙色荧光，死细胞则发绿色荧光。

　　以上介绍了若干测定微生物的生长量或计算繁殖数的主要方法，必须指出的是，不管采用什么方法，都有其优缺点和使用范围。所以，在使用前，一定要根据自己的研究对象和研究目的的不同，选用最合适的方法。

技能训练三十　菌落总数测定

一、目的要求

1. 掌握菌落计数法。

2. 建立无菌操作的概念，掌握无菌操作的基本环节。

二、检测原理

菌落总数：检样经过处理，在一定条件下（如培养基、培养温度和培养时间等）培养后，所得每 g（mL）检样中形成的微生物菌落总数。

三、设备和材料

1. 设备和材料

恒温培养箱：（36±1）℃，（30±1）℃；冰箱：2~5℃；恒温水浴箱：（46±1）℃；天平：感量为 0.1g；均质器；振荡器；无菌吸管：1mL（具 0.01mL 刻度）、10mL（具 0.1mL 刻度）或微量移液器及吸头；无菌锥形瓶：容量 250mL、500mL；无菌培养皿：直径 90mm；pH 计或 pH 比色管或精密 pH 试纸；放大镜或/和菌落计数器。

2. 培养基和试剂及检测程序

（1）平板计数琼脂培养基　胰蛋白胨 5.0g，酵母浸膏 2.5g，葡萄糖 1.0g，琼脂 15g，蒸馏水 100mL。

将上述成分加于蒸馏水中，煮沸溶解，调节 pH7.0±0.2。分装试管或锥形瓶，121℃高压灭菌 15min。

（2）磷酸盐缓冲液　磷酸二氢钾（KH_2PO_4）34.0g，蒸馏水 500mL。

贮存液：称取 34.0g 的磷酸二氢钾溶于 500mL 蒸馏水中，用大约 175mL 1mol/L 氢氧化钠溶液调节 pH 至 7.2，用蒸馏水稀释至 1000mL 贮存于冰箱。

稀释液：取贮存液 1.25mL，用蒸馏水稀释至 1000mL，分装于适宜容器中，121℃高压灭菌 15min。

（3）无菌生理盐水　氯化钠 8.5g，蒸馏水 1000mL。

8.5g 氯化钠溶于 1000mL 蒸馏水中，121℃高压灭菌 15min。

四、操作步骤

1. 样品的稀释

（1）固体和半固体样品　称取 25g 样品置盛有 225mL 磷酸盐缓冲液或生理盐水的无菌均质杯内，8000~10000r/min 均质 1~2min，或放入盛有 225mL 稀释液的无菌均质袋中，用拍击式均质器拍打 1~2min，制成 1∶10 的样品匀液。

（2）液体样品　以无菌吸管吸取 25mL 样品置盛有 225mL 磷酸盐缓冲液或生理盐水的无菌锥形瓶（瓶内预置适当数量的无菌玻璃珠）中，充分混匀，制成 1∶10 的样品匀液。

（3）用 1mL 无菌吸管或微量移液器吸取 1∶10 样品匀液 1mL，沿管壁缓慢注于盛有 9mL 稀释液的无菌试管中（注意吸管或吸头尖端不要触及稀释液面），振摇试管或换用 1 支无菌吸管反复吹打使其混合均匀，制成 1∶100 的样品匀液。

（4）制备 10 倍系列稀释样品匀液。每递增稀释一次，换用 1 次 1mL 无菌吸管或吸头。

（5）根据对样品污染状况的估计，选择 2~3 个适宜稀释度的样品匀液（液体样品可包括原液），在进行 10 倍递增稀释时，吸取 1mL 样品匀液于无菌平皿内，每个稀释度做两个平皿。同时，分别吸取 1mL 空白稀释液加入两个无菌平皿内作空白对照。

（6）及时将 15~20mL 冷却至 46℃的平板计数琼脂培养基 ［可放置于（46±1）℃恒温水浴箱中保温］ 倾注平皿，并转动平皿使其混合均匀。

2. 培养

（1）待琼脂凝固后，将平板翻转，（36±1）℃培养（48±2）h。水产品（30±1）℃培养（72±3）h。

（2）如果样品中可能含有在琼脂培养基表面弥漫生长的菌落时，可在凝固后的琼脂表面覆盖一薄层琼脂培养基（约 4mL），凝固后翻转平板，（36±1）℃培养（48±2）h。

3. 菌落计数

（1）可用肉眼观察，必要时用放大镜或菌落计数器，记录稀释倍数和相应的菌落数量。菌落计数以菌落形成单位（CFU）表示。

（2）选取菌落数在 30~300CFU、无蔓延菌落生长的平板计数菌落总数。低于 30CFU 的平板记录具体菌落数，大于 300CFU 的可记录为多不可计。每个稀释度的菌落数应采用两个平板的平均数。

（3）其中一个平板有较大片状菌落生长时，则不宜采用，而应以无片状菌落生长的平板作为该稀释度的菌落数；若片状菌落不到平板的一半，而其余一半中菌落分布又很均匀，即可计算半个平板后乘以 2，代表一个平板菌落数。

（4）当平板上出现菌落间无明显界限的链状生长时，则将每条单链作为一个菌落计数。

五、结果与报告

1. 菌落总数的计算方法

（1）若只有一个稀释度的平板上的菌落数在适宜计数范围内，计算两个平板菌落数的平均值，再将平均值乘以相应稀释倍数，作为每克（毫升）样品中菌落总数结果。

（2）若有两个连续稀释度的平板菌落数在适宜计数范围内时，按下式计算

$$N = \frac{\sum C}{(n_1 + 0.1n_2)d}$$

式中　N——样品中菌落数

　　　C——平板（含适宜范围菌落数的平板）菌落数之和

　　　n_1——第一稀释度（低稀释倍数）平板个数

　　　n_2——第二稀释度（高稀释倍数）平板个数

　　　d——稀释因子（第一稀释度）

示例见下表。

表　报告示例表

稀释度	1：100（第一稀释度）	1：100（第二稀释度）
菌落数（CFU）	232，244	33，35

$$N = \frac{\sum C}{(n_1 + 0.1n_2)d} = \frac{232 + 244 + 33 + 35}{[2 + (0.1 \times 2)] \times 10^{-2}} = \frac{544}{0.022} = 24727$$

上述数据按数字修约后，表示为 25000 或 2.5×10^4。

（3）若所有稀释度的平板上菌落数均大于 300CFU，则对稀释度最高的平板进行计数，其他平板可记录为多不可计，结果按平均菌落数乘以最高稀释倍数计算。

（4）若所有稀释度的平板菌落数均小于 30CFU，则应按稀释度最低的平均菌落数乘以稀释倍数计算。

（5）若所有稀释度（包括液体样品原液）平板均无菌落生长，则以小于 1 乘以最低稀释倍数计算。

（6）若所有稀释度的平板菌落数均不在 30～300CFU，其中一部分小于 30CFU 或大于 300CFU 时，则以最接近 30CFU 或 300CFU 的平均菌落数乘以稀释倍数计算。

2. 菌落总数的报告

（1）菌落数小于 100CFU 时，按"四舍五入"原则修约，以整数报告。

（2）菌落数大于或等于 100CFU 时，第 3 位数字采用"四舍五入"原则修约后，取前 2 位数字，后面用 0 代替位数；也可用 10 的指数形式来表示，按"四舍五入"原则修约后，采用两位有效数字。

（3）若所有平板上为蔓延菌落而无法计数，则报告菌落蔓延。

（4）若空白对照上有菌落生长，则此次检测结果无效。

（5）称重取样以 CFU/g 为单位报告，体积取样以 CFU/mL 为单位报告。

技能训练三十一 霉菌和酵母菌计数

一、训练目标

1. 掌握霉菌和酵母菌的计数方法。
2. 建立无菌操作的概念，掌握无菌操作的基本环节。

二、检测原理

稀释涂布分离法是先将培养基熔化，在火焰旁注入培养皿，制成平板，然后将待分离的材料用无菌水做一系列稀释（如 10^{-1}，10^{-2}，10^{-3}，10^{-4}……），无菌操作吸取菌悬液 0.2mL 放入平板中，用无菌涂布棒在培养基表面轻轻涂布均匀，倒置培养，挑取单个菌落重复以上操作或划线即可得到纯培养。

三、设备和材料

除微生物实验室常规灭菌及培养设备外，其他设备如下。

恒温培养箱：（36±1）℃，（30±1）℃；冰箱：2~5℃；恒温水浴箱：（46±1）℃；天平：感量为 0.1g；均质器；振荡器；无菌吸管：1mL（具 0.01mL 刻度）、10mL（具 0.1mL 刻度）或微量移液器及吸头；无菌锥形瓶：容量 250mL、500mL；无菌培养皿：直径 90mm；无菌试管：18mm×180mm；微量移液器及枪头：1.0mL；折光仪；郝氏计测玻片：具有标准计测的特制玻片；盖玻片；测微器；具有标准刻度的玻片。

四、培养基和试剂及检验程序

1. 生理盐水

氯化钠 8.5g，蒸馏水 1000mL。8.5g 氯化钠溶于 1000mL 蒸馏水中，121℃高压灭菌 15min。

2. 马铃薯葡萄糖琼脂

马铃薯（去皮切块）300g，葡萄糖 20.0g，琼脂 20.0g，氯霉素 0.1g，蒸馏水 1000mL。将马铃薯去皮切块，加 1000mL 蒸馏水，煮沸 10~20min。用纱布过滤，补加蒸馏水至 1000mL。加入葡萄糖和琼脂，加热溶解，分装后，121℃灭菌 15min。

3. 孟加拉红琼脂

蛋白胨 5.0g，葡萄糖 10.0g，磷酸二氢钾 1.0g，硫酸镁（无水）0.5g，琼脂 20.0g，孟加拉红 0.033g，氯霉素 0.1g，蒸馏水 1000mL。

上述各成分加入蒸馏水中，加热溶解，补足蒸馏水至 1000mL，分装后，121℃高压灭菌 15min，避光保存备用。

4. 磷酸缓冲液

磷酸二氢钾（KH_2PO_4）34g，蒸馏水 500mL。

贮存液：称取 34.0g 的磷酸二氢钾溶于 500mL 蒸馏水中，用大约 175mL 的 1mol/L 氢氧化钠溶液调节 pH 至 7.2，用蒸馏水稀释至 1000mL 贮存于冰箱。

稀释液：取贮存液 1.25mL，用蒸馏水稀释至 1000mL，分装于适宜容器中，121℃高压灭菌 15min。

霉菌和酵母菌平板计数法的检验程序如下所示。

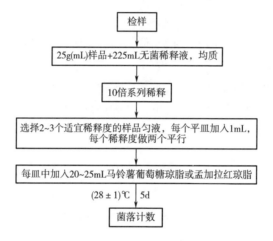

五、操作步骤

1. 样品的稀释

（1）固体和半固体样品：称取 25g 样品，加入 225mL 无菌稀释液（蒸馏水或生理盐水或磷酸缓冲液）充分振摇，或用拍击式匀质器拍打 1~2min，制成 1∶10 的样品匀液。

（2）液体样品：以无菌吸管吸取 25mL 样品至盛有 225mL 无菌稀释液的适宜容器中（可在瓶内预置适当数量的无菌玻璃珠）或无菌均质袋中，充分振摇或用拍击式匀质器拍打 1~2min，制成 1∶10 的样品匀液。

（3）取 1mL 1∶10 样品匀液注入含有 9mL 无菌稀释液的试管中，另取一支 1mL 无菌吸管反复吹吸，或在涡旋混合器上混匀，此液为 1∶100 的样品匀液。

（4）制备 10 倍递增系列稀释液样品匀液。每递增稀释一次，换用 1 支

1mL 无菌吸管。

（5）根据对样品污染状况的估计，选择 2~3 个适宜稀释度的样品匀液，在进行 10 倍递增稀释的同时，每个稀释度分别吸取 1mL 样品匀液于 2 个无菌平皿内。同时分别取 1mL 无菌稀释液加入 2 个无菌平皿作为空白对照。

（6）及时将 20~25mL 冷却至 46℃的马铃薯葡萄糖琼脂或孟加拉红琼脂（可置于 46℃恒温水浴箱中保温）倾注平皿，并转动平皿使其混合均匀。置于水平台面待培养基完全凝固。

2. 培养

培养基凝固后，正置平板，置于（28±1）℃培养箱中培养，观察并记录至第 5d 的结果。

3. 菌落计数

用肉眼观察，必要时用放大镜或低倍镜，记录稀释倍数和相应的霉菌和酵母菌落，以菌落形成单位（CFU）表示。

选取菌落数在 10~150CFU 的平板，根据菌落形态分别计数霉菌和酵母菌。霉菌蔓延生长覆盖整个平板的可记录为菌落蔓延。

六、结果

1. 计算同一稀释度的两个平板菌落数的平均值，再将平均值乘以稀释倍数。

2. 若有两个稀释平板上菌落数均在 10~150CFU，则按照 GB4789.2 的相应规定进行计算。

3. 若所有平板上菌落数均大于 150CFU，则对稀释度最高的平板进行计数，其他平板可记录为多不可计，结果按平均菌落数乘以最高稀释倍数计算。

4. 若所有平板上菌落数均小于 10CFU，则应按照最低的平均菌落数乘以稀释倍数计算。

5. 若所有稀释度（包括样品原液）平板无菌落生长，则以 1 乘以最低稀释倍数计算。

6. 若所有稀释度的平板菌落数均不在 10~150CFU，其中一部分小于 10CFU 或大于 150CFU 时，则以最接近 10CFU 或 150CFU 的平均菌落数乘以稀释倍数计算。

七、报告

1. 菌落数按照"四舍五入"原则修约。菌落数在 10 以内时，采用一位有效数字报告；菌落数在 10~100，采用两位有效数字报告。

2. 菌落数大于或等于 100 时，前第 3 位数字采用"四舍五入"原则修约后，取前 2 位数字，后面用 0 代替位数来表示结果；也可用 10 的指数形式来表示，此时也按照"四舍五入"原则修约，采用两位有效数字。

3. 若空白对照平板上有菌落出现，则此次检验结果无效。

4. 称重取样以 CFU/g 为单位报告，体积取样以 CFU/mL 为单位报告或分别报告霉菌和/或酵母数。

◦◦◦ 知识拓展

微生物生长曲线

一、微生物生长曲线的测定

生长曲线是单细胞微生物在一定环境条件下于液体培养时所表现出的群体生长规律。测定时一般将一定数量的微生物纯菌接种到一定体积的已灭菌的适宜的新鲜培养液中，在适温条件下培养，定时取样测定培养液中菌的数量，以菌数的对数为纵坐标，生长时间为横坐标，绘制得到生长曲线。不同的微生物其生长曲线不同，同一微生物在不同培养条件下其生长曲线亦不同。但单细胞微生物的生长曲线规律基本相同，生长曲线一般分为延迟期、对数期、稳定期和衰亡期 4 个时期。测定一定培养条件下的微生物的生长曲线对科研和实际生产有一定的指导意义。

体内及自然界细菌的生长繁殖受机体免疫因素和环境因素的多方面影响，不会出现培养基中的典型生长曲线。掌握细菌生长规律，可有目的地研究控制病原菌的生长，发现和培养对人类有用的细菌。

这 4 个时期的长短因菌种的遗传性、接种量和培养条件的不同而有所不同。因此根据微生物的生长曲线可以明确微生物的生长规律，对生产实践具有重大指导意义。故根据对数期的生长规律可以得到培养菌种时缩短工期的方法：接种对数期的菌种，采用最适菌龄，加大接种量，用与培养菌种相同组成的培养基。如根据稳定期的生长规律，可知稳定期是产物的最佳收获期，也是最佳测定期，通过对稳定期到来原因的研究还促进了连续培养原理的提出和工艺技术的创建。

测定生长曲线时需要对生长的单细胞微生物定时取样计数，对于酵母细胞和比较大的细菌细胞可采用血球计数板计数法计数，亦可采用比浊法计数，但对于小的细菌细胞一般采用比浊法。

比浊法是根据培养液中细菌细胞数与浑浊度成正比，与透光度成反比的关系，利用光电比色计测定菌悬液的光密度值（OD值），以OD值来代表培养液中的浊度即微生物量，然后以培养时间为横坐标，以菌悬液的OD值为纵坐标绘出生长曲线。此方法所需设备简单，操作简便、迅速。

二、酵母生长曲线的测定

1. 仪器、材料和试剂

（1）仪器　恒温培养箱、超净工作台、显微镜、血球计数板。

（2）材料　培养瓶、试管、移液枪、盖玻片、酒精灯。

（3）培养基　豆芽汁液体培养基。

2. 实验步骤

（1）将酵母菌接种到豆芽汁培养液中，28℃振荡培养18h作为种子液备用。

（2）取装有200mL灭菌豆芽汁培养液的500mL三角瓶2个。每瓶各接入种子液20mL，28℃振荡培养。

（3）于接种后的0、2、4、6、8、10、12、14、16、18、20、22、24、28、32、36、40、44和48h分别用无菌移液枪从发酵三角瓶中取样1mL，用血球计数板计数。

（4）细胞计数　取血球计数板和盖玻片，用酒精棉擦干净（酒精棉以湿但挤不出来酒精为佳），可以稍微过火烘干，将盖玻片盖于血球计数板上，摇匀细胞悬液，用移液枪吸取悬液，小心地打到计数槽上（不能有气泡），在显微镜下计数，分别计左上、左下、右上、右下各16个大格，遇压线细胞遵循数上不数下，数左不数右的原则，以免重复计数。所得细胞数总和/4＝a，则该细胞悬液浓度为a×10^4个/mL。

3. 结果与讨论

（1）细胞计数结果如表1所示。

表1　细胞计数统计表

时间/h	0	2	4	6	8	10	12	14	16	18	20	22	24	28	32	36	40	44	48
细胞数/（个/mL）																			

（2）以培养时间为横坐标，菌数的对数值为纵坐标，绘出酵母菌的生长曲线图，绘制生长曲线如图1所示。

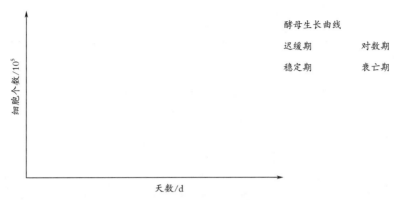

图1 生长曲线绘制图

4. 注意事项

用血球计数板计数时菌液太浓需做适当稀释后计数，稀释倍数一般不超过100倍。

三、细菌生长曲线的测定

1. 实验器材

（1）活体材料 大肠杆菌或枯草芽孢杆菌。

（2）培养基和试剂 牛肉膏蛋白胨液体培养基10支（每支试管培养基量相同）。

（3）器材 1mL无菌移液枪、恒温培养箱、冰箱、紫外分光光度计、标签等。

2. 实验方法

（1）LB液体培养基的配制 500mL。

① 称取 按LB配方依次称取酵母膏、蛋白胨、氯化钠备用。

② 混合后加去离子水（或注射用水）水400 mL，待加热充分溶解后加去离子水定容至500mL。

③ 将其分装至3个锥形瓶内，再分装至小试管内，高压灭菌。

（2）接种 取10支装有牛肉膏蛋白胨培养液的试管，贴上标签（注明菌名、培养处理方式、培养时间、组号）。按无菌操作法用吸管向每管准确加入0.2mL枯草芽孢杆菌培养液，接种后，轻轻摇荡，使菌体混匀。

（3）培养 将接种后的培养管置于摇床上，在37℃下振荡培养。其中9支培养管分别于培养的0、2、4、6、8、16、18、20和24h后取出，放冰箱中贮存，待测定。

接种时间安排表如表2所示。

表2　接种时间安排表

管号	生长时间/h	生长时间段	冷藏时间
1	0	—	14：00
2	2	18：00—20：00	14：00—20：00
3	4	18：00—22：00	14：00—22：00
4	6	14：00—20：00	20：00
5	8	14：00—22：00	22：00
6	16	22：00—次日14：00	14：00—次日14：00
7	18	20：00—次日14：00	14：00—次日14：00
8	20	18：00—次日14：00	14：00—次日14：00
9	24	14：00—次日14：00	次日14：00
10	重复试管5（8h）	14：00—22：00	22：00

（4）调节光电比色计的波长至420nm处，开机预热10～15min。

（5）以未接种的培养液校正比色计的零点（注意以后每次测定均需重新校正零点）。

（6）比浊　取装有200mL灭菌牛肉膏蛋白胨培养液的500mL三角瓶6个，分为两组，第一组三角瓶中各接种20mL的大肠杆菌种子液，于37℃振荡培养，分别于0、2、4、6、8、16、18、20和24h取样，以未接种培养液调零，选用540～560nm波长进行光电比浊测定。从最稀浓度的菌悬液开始依次进行测定，对浓度大的菌悬液用未接种的肉膏蛋白胨液体培养基适当稀释后测定，使其光密度值在0.1～0.65，记录OD值。

3. 实验结果

（1）细胞OD值结果如图2，表3所示。

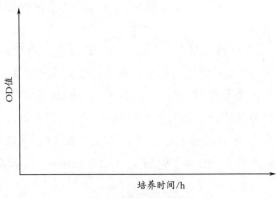

图2　细胞OD值图

表 3　OD 值列表

管号	1	2	3	4	5	9	10	11	13
培养时间/h	0	2	4	6	8	16	18	20	24
OD 值									

（2）以培养时间为横坐标，大肠杆菌菌悬液的 OD 值为纵坐标，绘出大肠杆菌在正常生长和补料培养两种条件下的生长曲线。绘制生长曲线如图 3 所示。

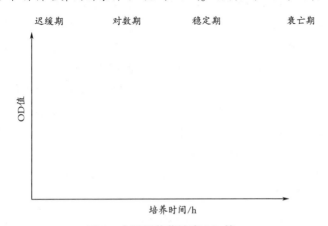

图 3　大肠杆菌菌悬液 OD 值

4. 思考题

比较大肠杆菌在正常生长和补料培养两种条件下的生长曲线图有何不同？

技能训练三十二　平板涂布法菌落计数法测大曲中微生物数量

一、训练目的

熟练掌握平板涂布法菌落计数法检测大曲中微生物的数量。

二、实验原理

菌落是指细菌在固体培养基表面或内部生长繁殖而形成的能被肉眼识别的生长物，它是由数以万计相同的菌体集合而成。当样品被稀释到一定程度，与培养基混合，在一定培养条件下，每个能够生长繁殖的细菌细胞都可以在平板上形成一个可见的菌落。

在一定条件下（如需氧情况、营养条件、pH、培养温度和时间等）每克（每毫升）检样所生长出来的细菌菌落总数就是菌落总数。按国家标准方法规定，一般厌氧或微需氧菌，有特殊营养要求的以及非嗜中温的细菌，由于现有条件不能满足其生理需求，故难以繁殖生长，所以测定的一般为需氧菌，即在需氧情况下，37℃培养48h，能在普通营养琼脂平板上生长的细菌菌落总数。因此菌落总数并不表示实际中的所有细菌总数，菌落总数并不能区分其中细菌的种类，所以有时称为杂菌数、需氧菌数等。

在生产上，测定菌落总数是用来判定食品被细菌污染的程度及卫生质量，它反映食品在生产过程中是否符合卫生要求，以便对被检样品做出适当的卫生学评价。菌落总数的多少在一定程度上标志着食品卫生质量的优劣。同时，在酿酒行业中，菌落总数的测定对酒品质的控制有重要意义。

这种计数法的优点是能测出样品中的活菌数。此法常用于某些成品检定、生物制品检定以及食品、饮料和水（包括水源水）等的含菌指数或污染程度的检定等。但平板菌落计数法的工作较麻烦，结果需要培养一段时间才能取得，而且测定结果易受各种因素的影响。

平板菌落计数法的检测方法：将被检样品按10倍的递增稀释，然后从每个稀释液中分别取出1mL按倾注法接种培养，在一定温度下，培养一定时间后（一般为48h）记录每个平皿中形成的菌落数量，依据稀释倍数，计算出每克（或每毫升）原始样品中所含细菌菌落总数。

基本操作一般包括：样品的稀释→倾注平皿→培养48h→计数报告。

国内外菌落总数测定方法基本一致，从检样处理、稀释、倾注平皿到计数报告无明显不同，只是在某些具体要求方面稍有差别，如有的国家在样品稀释和倾注培养方面，对吸管内液体的流速、稀释液的振荡幅度、时间和次数以及放置时间等均做了比较具体的规定。

三、实验器材

1. 大曲。
2. 无菌水、灭菌生理盐水、培养基。
3. 平皿、玻璃瓶、无菌吸管、酒精灯、无菌涂布棒等。

四、实验方法及步骤

检验方法参见：GB 4789.2—2016《食品安全国家标准　食品微生物学检验　菌落总数测定》。

（1）编号　取无菌平皿9套，分别用记号笔标明 10^{-4}、10^{-5}、10^{-6}（稀释度），各3套。另取6支盛有4.5mL无菌水的试管，依次标明 10^{-1}、10^{-2}、

10^{-3}、10^{-4}、10^{-5}、10^{-6}。

（2）样品的处理

① 操作方法：以无菌操作取检样 25g（或 25mL），放于 225mL 灭菌生理盐水或其他稀释液的灭菌玻璃瓶内（瓶内预置适当数量的灭菌玻璃珠）或灭菌乳钵内，经充分振摇或研磨制成 1∶10 的均匀稀释液。固体检样在加入稀释液后，最好置灭菌均质器中以 8000~10000r/min 的速度处理 1min，制成 1∶10 的均匀稀释液。

② 稀释：用 1mL 无菌吸管吸取 1mL 已充分混匀的大肠杆菌菌悬液（待测样品），精确地放 0.5mL 至 10^{-1} 的试管中，此即为 10 倍稀释。将多余的菌液放回原菌液中。将 10^{-1} 试管置试管振荡器上振荡，使菌液充分混匀。另取一支 1mL 吸管插入 10^{-1} 试管中来回吹吸菌悬液 3 次，进一步将菌体分散、混匀。吹吸菌液时不要太猛太快，吸时吸管伸入管底，吹时离开液面，以免将吸管中的过滤棉花浸湿或使试管内液体外溢。用此吸管吸取 10^{-1} 菌液 1mL，精确地放 0.5mL 至 10^{-2} 试管中，此即为 100 倍稀释，其余依次类推。放菌液时吸管尖不要碰到液面，即每一支吸管只能接触一个稀释度的菌悬液，否则稀释不精确，结果误差较大。

③ 取样：用 3 支 1mL 无菌吸管分别吸取 10^{-4}、10^{-5} 和 10^{-6} 的稀释菌悬液各 1mL，对号放入编好号的无菌平皿中，每个平皿放 0.2mL。不要用 1mL 吸管每次只靠吸管尖部吸 0.2mL 稀释菌液放入平皿内，这样容易加大同一稀释度几个重复平板间的操作误差。

④ 倒平板：尽快向上述盛有不同稀释度菌液的平皿中倒入融化后冷却至 45℃左右的 LB 培养基约 15mL/平皿，置水平位置迅速旋动平皿，使培养基与菌液混合均匀，而又不使培养基荡出平皿或溅到平皿盖上。由于细菌易吸附到玻璃器皿表面，所以菌液加入培养皿后，应尽快倒入熔化并已冷却至 45℃左右的培养基，立即摇匀，否则细菌将不易分散或长成的菌落连在一起，影响计数。待培养基凝固后，将平板倒置于 37℃恒温培养基中培养。

⑤ 涂布平板

a. 编号：待培养基凝固后对平板进行编号。

b. 取样：用 3 支 1mL 无菌吸管分别吸取 10^{-4}、10^{-5} 和 10^{-6} 稀释菌悬液各 1mL，对号放入编好号的无菌平皿中，每个平皿放 0.1mL，每个编号设 3 个重复。

c. 涂布：再用无菌涂布棒将菌液在平板上涂抹均匀，每个稀释度用一个灭菌涂布棒，更换稀释度时需将涂布棒灼烧灭菌。在由低浓度向高浓度涂抹时，也可以不更换涂布棒。将涂抹好的平板平放于桌上 20~30min，使菌液渗透入培养基内，然后将平板倒转，保温培养，至长出菌落后即可计数。

涂布平板用的菌悬液量一般以 0.1mL 较为适宜，如果过少，菌液不易涂布开；过多则在涂布完后或在培养时菌液仍会在平板表面流动，不易形成单菌落，见图 1。

图 1　涂布平板示意

⑥ 计数：培养 48h 后，取出培养平板，算出同一稀释度 3 个平板上的菌落平均数，并按下列公式进行计算。

每毫升中菌落形成单位（CFU）＝同一稀释度 3 次重复的平均菌落数×稀释倍数×5

一般选择每个平板上长有 30~300 个菌落的稀释度计算每毫升的含菌量较为合适，同一稀释度的 3 个重复对照的菌落数不应相差很大，否则表示试验不精确。实际工作中同一稀释度重复 3 个对照平板不能少于 3 个，这样便于数据统计，减少误差。由 10^{-4}、10^{-5} 和 10^{-6} 三个稀释度计算出每毫升菌液中菌落形成单位数也不应相差太大。

平板菌落计数法，所选择倒平板的稀释度是很重要的，一般三个连续稀释度中的第二个稀释度倒平板培养后，所出现的平均菌落数在 50 个左右为宜，否则要适当增加或减少稀释度加以调整。

五、实验结果与讨论

1. 当平板上长出的菌落不是均匀分散而是集中在一起时，问题出在哪里？
2. 用倒平板法和涂布法计数，其平板上长出的菌落有何不同？为什么要培养较长时间（48h）后观察结果？

六、实验评价方法

1. 结果评价
实验报告质量，将培养后菌落计数结果填入表 1。

表 1　培养后的菌落计数结果表

稀释度	10^{-4}				10^{-5}				10^{-6}			
	1	2	3	平均	1	2	3	平均	1	2	3	平均
CFU 数/平板												
1mL 的 CFU 数												

2. 过程评价
表 2 为过程评价。

表2　过程评价

考核项目	梯度稀释操作 （30分）	倒平板操作 （10分）	菌落计数与计算 （40分）	实验态度 （20分）
评分				

技能训练三十三　平板浇注菌落计数法检测窖泥中微生物数量

一、训练目的

掌握平板浇注菌落计数法检测窖泥中微生物的数量。

二、实验原理

样品中的微生物细胞充分分散开，使其均匀分布于平板中的培养基内。经培养后，单个细胞及聚在一起的细胞可以生长繁殖，形成一个肉眼可见的菌落，统计菌落数目，即可用于评价样品中微生物的数量。

三、实验器材

1. 无菌培养皿

取培养皿9套，包扎、灭菌。

2. 无菌水

取6支试管，分别装入4.5mL蒸馏水，加棉塞，灭菌。

四、实验方法及步骤

1. 样品稀释液的制备

（1）样品处理　以无菌操作取检样25g，放于225mL灭菌生理盐水或其他稀释液的灭菌玻璃瓶内（瓶内预置适当数量的玻璃珠）或灭菌乳钵内，经充分振摇或研磨制成1∶10的均匀稀释液。固体检样在加入稀释液后，最好置灭菌均质器中以8000~10000r/min的速度处理1min，制成1∶10的均匀稀释液。

（2）编号　取无菌平皿9套，分别用记号笔标明10^{-4}、10^{-5}、10^{-6}（稀释度）各3套。另取6支盛有4.5mL无菌水的试管，依次标明10^{-1}、10^{-2}、10^{-3}、10^{-4}、10^{-5}、10^{-6}。

（3）稀释　用1mL移液器吸取0.5mL已充分混匀的悬浮液（待测样品），至10^{-1}的试管中，此即为10倍稀释。将10^{-1}试管置试管振荡器上振荡，使菌液充分混匀。用 1mL 移液器在 10^{-1} 试管中来回吹吸菌悬液 3 次，进一步将菌体分散、混匀。吹吸菌液时不要太猛太快，吸时吸管伸入管底，吹时离开液面，以免将吸管中的过滤棉花浸湿或使试管内液体外溢。混匀后吸取 0.5mL 至 10^{-2} 试管中，此即为 100 倍稀释，其余依次类推。放菌液时吸管尖不要碰到液面，即每一支吸管只能接触一个稀释度的菌悬液，否则稀释不精确，结果误差较大。

2. 浇注平板接种法

（1）取样　用 3 支 1mL 无菌吸管分别吸取 10^{-4}、10^{-5}、10^{-6} 的稀释菌悬液各 1mL，对号放入编好号的无菌平皿中，每个平皿放 0.1mL。不要用 1mL 吸管每次只靠吸管尖部吸 0.1mL 稀释菌液放入平皿中，这样容易加大同一稀释度几个重复平板间的操作误差。

（2）倒平板　尽快向上述盛有不同稀释度菌液的平皿中倒入熔化后冷却至 45℃ 左右的培养基约 15mL/平皿，置水平位置迅速旋动平皿，使培养基与菌液混合均匀，而又不使培养基荡出平皿或溅到平皿盖上。待培养基凝固后，将平板倒置于 37℃ 恒温培养箱中培养。由于细菌易吸附到玻璃器皿表面，所以菌液加入培养皿后，应尽快倒入熔化并已冷却至 45℃ 左右的培养基，立即摇匀，否则细菌将不易分散或长成的菌落连在一起，影响计数。

① 操作方法：根据标准要求或对污染情况的估计，选择 2~3 个适宜稀释度，分别在制 10 倍递增稀释的同时，以吸取该稀释度的吸管移取 1mL 稀释液于灭菌平皿中，每个稀释度做两个平皿。将冷却至 46℃ 的营养琼脂培养基注入平皿约 15mL，并转动平皿，混合均匀。同时将营养琼脂培养基倾入加有 1mL 稀释液（不含样品）的灭菌平皿内作空白对照。待琼脂凝固后，翻转平板，置 (36 ± 1)℃温箱内培养 (48 ± 2) h，取出，计算平板内菌落数目，乘以稀释倍数，即得每克（每毫升）样品所含菌落总数，实验操作方法如下。

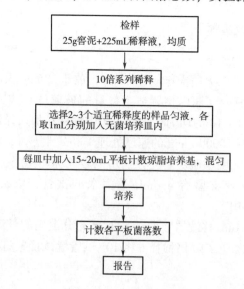

② 倾注用培养基应在 46℃水浴内保温，温度过高会影响微生物生长，过低琼脂易于凝固，因而不能与菌液充分混匀。如无水浴，应以皮肤感受较热而不烫为宜。倾注培养基的量规定不一，12~20mL，一般以 15mL 较为适宜，平板过厚会影响观察，太薄又易于干裂。倾注时，培养基底部如有沉淀物，应将底部弃去，以免与菌落混淆而影响计数观察。

③ 为使菌落能在平板上均匀分布，检液加入平皿后，应尽快倾注培养基并旋转混匀，可正反两个方向旋转，检样从开始稀释到倾注最后一个平皿所用时间不宜超过 20min，以防止微生物有所死亡或繁殖。

④ 培养温度为 37℃，培养时间一般为 48h，培养箱应保持一定的湿度，琼脂平板培养 48h 后，培养基失重不应超过 15%。

⑤ 为了避免窖泥中的微小颗粒或培养基中的杂质与细菌菌落发生混淆，不易分辨，可同时做一个稀释液与琼脂培养基混合的平板，不经培养，而于4℃环境中放置，以便计数时作对照观察，也可在营养琼脂中加入氯化三苯四氮唑（TTC），培养后菌落呈红色，易于分辨。

3. 计数和报告

（1）操作方法 培养到时间后，计数每个平板上的菌落数。可用肉眼观察，必要时用放大镜检查，以防遗漏。在记下各平板的菌落总数后，求出同稀释度的各平板平均菌落数，计算出原始样品中每克（或每毫升）中的菌落数，进行报告。

（2）到达规定培养时间，应立即计数。如果不能立即计数，应将平板放置于 0~4℃环境中，但不得超过 24h。

（3）取出培养平板，算出同一稀释度 3 个平板上的菌落平均数，并按下列公式进行计算。

每毫升中菌落形成单位（CFU）＝同一稀释度 3 次重复的平均菌落数×稀释倍数×5

一般选择每个平板上长有 30~300 个菌落的稀释度，计算每毫升的含菌量较为合适。同一稀释度的 3 个重复对照的菌落数不应相差很大，否则表示试验不精确。实际工作中同一稀释度重复对照平板不能少于 3 个，这样便于数据统计，减少误差。由各个稀释度计算出的每毫升菌液中菌落形成单位数也不应相差太大。

（4）平板菌落计数法，所选择倒平板的稀释度是很重要的。一般以 3 个连续稀释度中的第二个稀释度倒平板培养后，所出现的平均菌落数在 50 个左右为宜，否则要适当增加或减少稀释度加以调整。

（5）不同稀释度的菌落数应与稀释倍数成反比（同一稀释度的两个平板的菌落数应基本接近），即稀释倍数越高菌落数越少，稀释倍数越低菌落数越多。如出现逆反现象，则应视为检验中的差错，不应作为检样计数报告的依据。

（6）当平板上有链状菌落生长时，如呈链状生长的菌落之间无任何明显界限，则应作为一个菌落计，如存在有几条不同来源的链，则每条链均应按一个菌落计算，不要把链上生长的每一个菌落分开计数。如有片状菌落生长，该平板一般不宜采用，如片状菌落不到平板一半，而另一半又分布均匀，则可以半个平板的菌落数乘2代表全平板的菌落数。

（7）当计数平板内的菌落数过多（即所有稀释度均大于300时），但分布很均匀，可取平板的一半或1/4计数，再乘以相应稀释倍数作为该平板的菌落数。

（8）菌落数的报告，按国家标准方法规定，菌落数在1~100时，按实有数字报告，如大于100时，则报告前两位有效数字，第三位数字按四舍五入计算。固体检样以 CFU/g 为单位报告，液体检样以 CFU/mL 为单位报告，表面涂擦则以 CFU/cm^2 为单位报告。

五、实验结果与讨论

1. 平板浇注菌落计数法与平板涂布法菌落计数法的区别？
2. 平板浇注菌落计数法如何计数？

六、实验评价方法

1. 结果评价

检验结果记录见表1。

表1　检验结果记录表

稀释度	10^{-1}		10^{-2}		10^{-3}	
平板号	1	2	1	2	1	2
菌落数						
平均菌落数						
菌落总数						

2. 过程评价见表2。

表2　过程评价表

考核项目	梯度稀释操作（20分）	平板浇注操作（20分）	平板浇注菌落计数（40分）	实验态度（20分）
评分				

3. 注意事项

（1）实验开始前，应先将各稀释管、平皿做好标记，包括：稀释度、小组等。

（2）进行水样的稀释时，每支吸管吹打混匀本稀释度的水样，然后吸取1mL水样注入下一支无菌试管后（不要插入无菌水中）即弃去，再用新的吸管在下一稀释度重复上述操作。

（3）倾注平板前注意琼脂的温度，不要太烫和太凉，否则会使细菌烫伤或使琼脂凝固，预先融化的琼脂可放入45℃水浴保温。

（4）37℃培养24h后，做平板计数，可用肉眼观察，必要时可用放大镜检查，以防遗漏。

技能训练三十四 微生物蛋白酶活力测定

一、实验目的

1. 掌握测定蛋白酶活力的原理和酶活力的计算方法。
2. 学习测定酶促反应速率的方法和基本操作。

二、实验原理

酶活力是指酶催化某些化学反应的能力。酶活力的大小可以用在一定条件下其所催化的某一化学反应速率来表示。测定酶活力实际就是测定被酶所催化的化学反应的速率。酶促反应的速率可以用单位时间内反应底物的减少量或产物的增加量来表示，为了灵敏起见，通常是测定单位时间内产物的生成量。由于酶促反应速率可随时间的推移而逐渐降低，所以为了正确测得酶活力，就必须测定酶促反应的初速率。碱性蛋白酶在碱性条件下，可以催化酪蛋白水解生成酪氨酸。酪氨酸为含有酚羟基的氨基酸，可与福林试剂（磷钨酸与磷钼酸的混合物）发生福林酚反应（福林酚反应：福林试剂在碱性条件下极不稳定，容易定量地被酚类化合物还原，生成钨蓝和钼蓝的混合物，而呈现出不同深浅的蓝色），利用比色法即可测定酪氨酸的生成量，用碱性蛋白酶在单位时间内水解酪蛋白产生酪氨酸的量来表示酶活力。

三、实验试剂及器材

待测酶液，福林试剂（Folin 试剂），0.4mol/L Na_2CO_3 溶液，0.4mol/L 三

氯乙酸（TCA）溶液，pH7.2磷酸缓冲溶液（0.05mol/L），pH3.0乳酸-乳酸钠缓冲液（0.05mol/L），pH 2.5乳酸-乳酸钠缓冲液（0.05mol/L），pH10.0硼砂-氢氧化钠缓冲液，pH11.0硼砂-氢氧化钠缓冲液，100g/mL酪氨酸溶液，2%硼砂-氢氧化钠缓冲液（pH 10.0）。

储备液A：0.05mol/L硼砂（19.05g $Na_2B_4O_7 \cdot 10H_2O$ 配成1000mL）。

储备液B：0.2mol/L的氢氧化钠。

50mL储备液A添加约43mL储备液B，定容至200mL。

酪蛋白溶液：准确称取干酪素2g，加入0.1mol/L氢氧化钠1mL在水浴中加热使溶解（必要时用小火加热煮沸），然后用缓冲液定容至100mL即成（测定酸性、中性、碱性蛋白酶活时用不同的缓冲溶液溶解定容）。

分光光度计、比色皿、恒温水浴锅、试管等。

四、实验步骤

1. 标准曲线的绘制

按下表配制各种不同浓度的酪氨酸溶液。

表　标准曲线数据

编号	1	2	3	4	5	6
水/mL	10	8	6	4	2	0
100μg/mL酪氨酸溶液的体积/mL	0	2	4	6	8	10
酪氨酸最终浓度（μg/mL）	0	20	40	60	80	100
净吸光值 A_{660}						

取6支试管编号，按照上表分别吸取不同浓度的酪氨酸1mL，各加入0.4mol/L碳酸钠5mL，再各加福林试剂1mL，摇匀，置于水浴锅中。40℃保温20min，用分光光度计进行测定（波长660nm），一般测定3次，取平均值。将1~6号管所测得的吸光度（A）减去1号管（蒸馏水空白试验）所测得的吸光度为净吸光值。

以净吸光值（A_{660}）为横坐标，酪氨酸的浓度（μg/mL）为纵坐标，绘制成标准曲线。

2. 蛋白酶活力测定

取两支试管，编号1、2，每支试管内加入样品稀释液1mL，置于40℃水浴中预热2min，再各加入经过同样预热的酪蛋白1mL，精确保温10min，时间到后立即加入0.4 mol/L三氯乙酸2mL，以终止反应，继续置于40℃水浴保温20min，使残余蛋白质沉淀后离心，然后另取两支试管，编号1、2，每支试管内加入离心上清液 1mL，再加入 0.4 mol/L 碳酸钠 5 mL，福林试剂 1mL，摇匀，40℃保温发色 20 min 后，进行吸光度测定。

空白试验也取两支试管，编号（1）、（2），测定方法同上，只是在加酪蛋白之前先加 4mol/L 三氯乙酸 2mL，使酶失活，再加入酪蛋白。

3. 蛋白酶活力计算

在 40℃下，每分钟水解酪蛋白产生 1pg 酪蛋白，定义为 1 个蛋白酶活力单位。

$$样品蛋白酶活力单位 = （A/10）\times 4 \times N$$

式中　A——由样品测得 A 值，查标准曲线得对应的酪氨酸微克数，μg

$\qquad$ 4——4mL 反应液取出 1mL 测定（即 4 倍）

$\qquad$ 10——反应 10min

$\qquad$ N——酶液稀释倍数

五、注意事项

2%酪蛋白溶液配成酸性时，须先加数滴浓乳酸，使之湿润，加速其溶解。

技能训练三十五　酯化酶活力测定

一、实验目的

1. 掌握测定酯化酶活力的原理和酶活力的计算方法。
2. 学习测定酶促反应速率的方法和基本操作。

二、实验原理

酯化酶不是酶学上的术语，酶学上称之为解酯酶，是脂肪酶、酯合成酶、酯分解酶、磷酸酯酶的统称。本技能训练中，利用酯化酶在一定条件下能把甘油三酯水解，释放出脂肪酸、甘油双酯、甘油单酯及甘油，用标准的碱液滴定中和所产生的脂肪酸至滴定终点，根据消耗的氢氧化钠的摩尔量来确定生成的脂肪酸的量，进而计算酶活。滴定的反应式如下：

$$RCOOH+NaOH \rightarrow RCOONa+H_2O$$

三、实验试剂及器材

待测酶液。聚乙烯醇（PVA）橄榄油乳化液：称取 40g 聚乙烯醇（PVA），加蒸馏水 800mL，加热溶解，冷却后定容至 1000mL，过滤，备用。量取上述 PVA 溶液 3mL，加入橄榄油 10mL，旋涡混合器均匀混合 5min，得乳化液备用，用时再均匀混合 5min。

pH7.5 的 KH_2PO_4 – Na_2HPO_4 缓冲溶液（0.05mol/L）、0.05mol/L NaOH、乙醇、酚酞。恒温水浴锅、试管等。

四、实验步骤

1. 取 4mL PVA 橄榄油乳化液和 5mL 0.025mol/L pH 7.5 的 KH_2PO_4 – Na_2HPO_4 缓冲液于锥形瓶中，放入 40℃ 水浴锅中，预热 5~10min，加入 1mL 反应液，反应 15min。

2. 加入 15mL 95% 乙醇，滴入两滴酚酞，用 0.05mol/L NaOH 标准溶液滴定，到微红色并保持 30s 不褪色为其终点，记录消耗 0.05mol/L NaOH 标准溶液的体积 V_1。

3. 制备空白对照时，先加入 15mL 95% 乙醇，再加入 1mL 酶液，滴入两滴酚酞，然后用 0.05mol/L NaOH 溶液滴定，记下体积 V_2。

4. 酶活力计算公式如下：

$$样品酯化酶活力（U/mL）= (V_1-V_2) \times 0.05 \times 1000 \times N/t$$

式中　0.05——NaOH 的摩尔浓度，mol/L

1000——由 1mmol 转换为 1μmol 的系数

N——稀释倍数

t——反应时间，min

五、注意事项

该方法滴定速度较快，操作简便，可以用于初步酶活的测定，但准确性不高。

技能训练三十六　酿酒微生物淀粉酶活力测定

一、实验目的

1. 掌握测定淀粉酶活力的原理和酶活力的计算方法。
2. 学习测定酶促反应速率的方法和基本操作。

二、实验原理

淀粉酶属于水解酶的一种，是淀粉水解的生物催化剂。淀粉酶能水解淀粉中的 α-1，4-葡萄糖苷键，水解淀粉为分子质量不一的糊精，淀粉迅速被液化，使淀粉与碘呈蓝紫色的特征反应逐渐消失，以该颜色的消失速度计算酶活力的高低。

三、实验器材

待测酶液。底物溶液：0.1% 可溶性淀粉溶液，1mol/L HCl，pH5.6 的柠檬酸盐缓冲液（0.05mol/L），碘液（原碘液：称取 0.5g 碘和 5.0g 碘化钾研磨溶于少量蒸馏水中，然后定容到 100mL。稀碘液：取 1L 原碘液稀释 100 倍）。离心机、分光光度计等。

四、实验步骤

1. 取底物 0.1mL 和 0.3mL 柠檬酸盐缓冲液在 40℃ 水浴预热 5min，加入酶液 0.1mL，准确保温 10min。

2. 用 1mL 1mol/L 的 HCl 终止反应，反应液与 2mL 稀碘液显色，加水定容至 10mL，在 620nm 处测吸光值 R。

3. 以蒸馏水代替酶液重做上面的测试步骤，所得吸光值为 R_0。

4. 酶活力单位定义：在上述测定条件下（40℃，pH = 5.6），10min 内将 1g 淀粉-碘液吸光值降低 10% 所需酶量定义为 1 个酶活力单位。酶活力根据下式计算：

$$酶活力（U/mL） = （R_0-R）/R_0 \times 50 \times D \times 4$$

式中　R_0、R——对照和反应液的光密度

D——酶液的稀释倍数

技能训练三十七　酿酒微生物糖化酶活力测定

一、实验目的

1. 掌握测定糖化酶活力的原理和酶活力的计算方法。
2. 学习测定酶促反应速率的方法和基本操作。

二、实验原理

糖化酶即 α-1，4-葡聚糖水解酶，国际分类号：EC3.2.1.3，工业上主要由霉菌产生的糖化酶能从淀粉的非还原性末端开始，依次水解 α-1，4-糖苷键和 α-1，6-糖苷键，将淀粉转化成葡萄糖。本实验通过测定生成葡萄糖的量来测定糖化酶酶活。

三、实验试剂及器材

待测酶液，无水葡萄糖、DNS 试剂（酒石酸钾钠 18.2g，溶于 50mL 蒸馏水中，加热，于热溶液中依次加入 3，5-二硝基水杨酸 0.03g，NaOH 2.1g，苯酚 0.5g，搅拌至溶，冷却后用蒸馏水定容至 100mL）。具塞试管、分光光度计等。

四、实验步骤

1. 葡萄糖标准曲线制作

（1）分别在 25mL 的具塞试管中加入 0mL、0.2mL、0.4mL、0.6mL、0.8mL、1.0mL、1.2mL、1.4mL 和 1.6mL 1mg/mL 的葡萄糖标准溶液，加蒸馏水补至 2mL。

（2）分别加入 3mL 的 DNS 试剂，置沸水浴中煮沸 5min，然后取出流水中冷却，加蒸馏水 10mL 振荡摇匀，以无葡萄糖的标准液管作为空白调零点，在 540nm 波长下比色测定。以葡萄糖含量为横坐标，以吸光度值为纵坐标，绘制标准曲线。

2. 糖化酶活力的测定

取 2%淀粉悬浮液 1mL 于 25mL 试管中，55℃预热 10min，加入 0.2mL 酶液，于 55℃条件下反应 10min 后，加入 3mL DNS 终止反应，摇匀，置沸水浴中煮沸 5min，取出后流水中冷却，加蒸馏水至 15mL 振荡摇匀，以不加酶的管作为空白调零点，在 540nm 波长下比色测定。

3. 糖化酶活力的计算

糖化酶活力的定义：每 1mL 酶液在 55℃，pH6.0 的条件下，每 1min 水解可溶性淀粉产生 1μmol 葡萄糖的酶量为 1 个酶活力单位（U）。

$$酶活力单位（U/mL）= A×N×10/（10×0.2×180.2）$$

式中　A——由样品测得，标准曲线相当的葡萄糖含量，mg

　　　180.2——葡萄糖的摩尔质量

　　　N——酶液的稀释倍数

　　　10——表示酶反应时间为 10min

技能训练三十八　酵母发酵力的测定

一、实验目的

1. 掌握酵母发酵力测定原理与方法。

2. 进一步掌握还原糖测定方法。

二、实验原理

酵母在含有可发酵性糖液中进行发酵作用，糖逐渐减少，而乙醇和 CO_2 相应增加。由于 CO_2 为气体，除很少一部分溶解于液体中，其余都排到外面，因此酵母的发酵力可通过测定糖含量的变化和失重量表征。

三、实验器材

酿酒酵母、异常毕赤酵母。高粱汁培养基：高粱粉碎后称取 200g，加入高温淀粉酶 200μL，水 800mL，于 100℃蒸煮 30min，冷却后加入液化酶 1mL，在 60℃恒温水浴锅中糖化 4h，过滤、稀释到 10°Bx。

YPD 培养基：2.5mol/L 硫酸、淀粉等。

分光光度计、三角瓶等。

四、实验步骤

1. 酵母的活化

从斜面挑取一环酵母接种于 YPD 液体培养基，30℃，200r/min 培养 16h。

2. 接种培养

将活化后的酵母接种于高粱汁发酵培养基（接种后细胞数量为 10^6 个/mL），250mL 三角瓶，装液量 100mL，装发酵栓，并往发酵栓中加入 5mL 2.5mol/L 硫酸并称重，置于 30℃培养箱中恒温培养，每隔 12h 振荡并称重，记录失重量，当 12h 失重量小于 0.2g 时，停止培养。计算培养时间及失重总量。

3. 还原糖测定

利用 DNS 法测定发酵前及发酵结束后还原糖含量。

4. 数据记录

将测定的实验数据填入下表。

表 酵母发酵过程中各项指标的测定

菌株	发酵时间/h	CO_2 减少量/ (g/100mL)	初始含糖量/ (g/L)	结束时含糖量/ (g/L)
酿酒酵母				
毕赤酵母				

五、注意事项

1. 在称取 CO_2 失重时，要先将瓶中气体轻轻晃出，同时要防止发酵栓中硫酸溅出。

2. 酵母发酵过程中，要保证初始接入菌株数量一致。

技能训练三十九　微生物挥发性代谢产物的测定

一、实验目的

1. 掌握微生物挥发性代谢产物测定的前处理方法。
2. 了解 HS-SPME-GC-MS 的工作原理及适用范围。
3. 掌握利用 GC-MS 对未知物质进行定性与定量。

二、实验原理

待测物质经过气相色谱（GC）分离成为一个个单一组分并进入离子源，在离子源上样品分子被电离成离子，离子经过质量分析器之后即按 m/z 顺序排列成谱，经检测器检测后得到质谱（MS），由计算机工作站软件采取并贮存质谱，并经适当处理后得到样品的色谱图和质谱图。利用数据分析软件通过化合物数据库检索后可以初步对化合物定性。由色谱图则可进行各组分的定量分析。本实验中利用内标对物质进行半定量，即通过已知浓度物质的峰面积与未知物的峰面积之比来确定未知物的浓度。

顶空固相微萃取（Head-space Solid Phase Micro-extraction，HS-SPME）是指固相微萃取技术，即在固相萃取的基础上，结合顶空分析建立起来的一种新样品预处理方法。HS-SPME 不是直接将纤维萃取头插入溶液中，而是在液面上进行顶空萃取，达到分配平衡后即可取出进行色谱分析，从而可避免基体干扰和提高分析度。因此该方法是集快速、简便、萃取浓缩进样于一体的样品前处理技术，具有分析时间短、灵敏度高、无须有机溶剂的优点。目前，HS-SPME 结合 GC-MS 已被广泛运用于发酵食品风味物质的分析中。

三、实验器材

枯草芽孢杆菌、酿酒酵母。
4-甲基-2-戊醇、NaCl、液体发酵培养基（高粱汁培养基，10°Bx）。
GC-MS、离心机等。

四、实验步骤

1. 微生物代谢物质的获取
菌株接种到发酵培养基中，恒温培养。发酵结束后，对发酵液进行离心，

8000r/min，10min。

2. 样品的预处理

取 2.8g NaCl 至 20mL 顶空进样瓶中，再加入 8mL 上清液和内标，内标为 4-甲苯-2-戊醇（终浓度为 55.04μg/L）。

3. HS-SPME-GC-MS 分析

顶空固相微萃取的条件为：50℃ 预热 5min，萃取吸附 45min，GC 解吸 5min，用于 GC-MS 分析。

GC 条件：三相萃取头（DVB/CAR/PDMS，50/30μm）；色谱柱：DB-Wax（60m×0.325mm×0.25μm）；GC 升温程序：50℃ 保持 2min，以 4℃/min 的速率升至 230℃，保持 15min；进样口温度 250℃；载气 He；流速 2mL/min，不分流。

MS 条件：EI 电离源；离子源温度 230℃；电子能量 70eV；扫描范围 35.00~350.00amu。

4. 定性与半定量分析

待测化合物面积积分采用选择离子模式（SIM），物质定性通过与 NIST0Sa. L Database（Agilent Technologies Inc.）进行检索比对，并通过计算相应的保留指数（Retention Index，RI）进行确认。

特定物质浓度采用半定量分析方法进行。其计算公式为：

$$X = (Ai/Ay) \times Cs$$

式中　X——待测物质浓度，mg

Cs——内标物质的浓度，mg/mL

Ay——内标物质峰面积

Ai——待测物质峰面积

五、注意事项

内标物质的选择：① 应该是试样中不存在的纯物质。② 加入的量应接近于被测组分。③ 要求内标物的色谱峰位于被测组分色谱峰附近，或几个被测组分色谱峰的中间，并与这些组分完全分离。④ 应注意内标物与待测组分的物理及物理化学性质（如挥发度，化学结构，极性以及溶解度等）相近。

思考练习

一、填空题

1. 细菌总数一般多以（　　）表示；一般采用（　　）方法检测，细菌典型的生长曲线至少可分为（　　）（　　）（　　）（　　）4个生长时期。

2. 霉菌或酵母菌的计数结果以菌落形成单位（　　）表示，称重取样以（　　）为单位报告，体积取样以（　　）为单位报告。

3. 测定微生物的生长量常用的方法有（　　）（　　）（　　）。测定微生物数量变化常用的方法有（　　）（　　）和（　　）；以生物量为指标来测定微生物生长的方法有（　　）（　　）和（　　）。

二、选择题

1. 群体细胞数目达到最大的时期是（　　）。

A. 延滞期　　　　　　B. 指数期　　　　　　C. 稳定期　　　　　　D. 衰亡期

2. 下列方法中测定样品中微生物活菌数量的合适方法是（　　）。

A. 平板菌落计数法　　　　　　　　B. 比浊法

C. 血球计数板法　　　　　　　　　D. 称干重法

3. 活菌计数法不包括（　　）。

A. 比例计数法　　B. 平板计数法　　C. 液体计数法　　D. 薄膜计数法

4. 活菌计数法检测细菌总数应选择平均菌落数在（　　）的稀释度，乘以稀释倍数。

A. 10~20　　　　B. 200~500　　　　C. 30~300　　　　D. 5~10

5. 血球计数板25×16格表示（　　）。

A. 大方格内分为16中格，每一中格又分为25小格

B. 大方格内分为25中格，每一中格又分为16小格

C. 大方格的长和宽

D. 小方格的长和宽

6. 乳糖初发酵试验通常在（　　）检测中用到。

A. 乳酸菌　　　　B. 酵母菌　　　　C. 细菌总数　　　　D. 大肠杆菌

7. 在肉眼条件下，可用（　　）方法判断细菌有无鞭毛。

A. 光学高倍显微镜直接观察　　　　B. 半固体直接穿刺法

C. 斜面固体培养基　　　　　　　　D. 液体培养基

8. 下列微生物中，能通过细菌滤器的是（　　）。

A. 细菌　　　　B. 酵母菌　　　　C. 病毒　　　　D. 霉菌

9. 直接显微镜计数法用来测定下面微生物群体的数目，除（　　）。

A. 酵母菌　　　　B. 霉菌孢子　　　　C. 乳酸菌　　　　D. 病毒

10. 某细菌悬液经100倍稀释后，在血球计数板上计得平均每小格含菌数为7.5个，则每毫升原菌悬液的数量为（　　）。

A. $3.75×10^7$ 个　　B. $3.0×10^9$ 个　　C. $2.35×10^7$ 个　　D. $3.2×10^9$ 个

三、判断题

1. 微生物在液体培养基上生长的群体称为菌膜。（　　）
2. 测空气中微生物的方法通常采用稀释平板法。（　　）
3. 微生物的个体计数法无法区分活菌与死菌。（　　）
4. 一般显微镜直接计数法比稀释平板涂布法测出的菌数多。（　　）
5. 细菌总数测定一般用平板琼脂培养基测定。（　　）
6. 在肉眼条件下，可用半固体直接穿刺法判断细菌有无鞭毛。（　　）
7. CFU/mL 表示为单位体积中的细菌数量。（　　）
8. 测水中微生物数量的方法通常采用滤膜培养法。（　　）
9. 可以用浊度计的比浊法来计算微生物的活菌数。（　　）
10. 可用高倍显微镜观察细菌细胞有无鞭毛。（　　）
11. 乙醇浓度越高，杀菌效果越好。（　　）
12. 在啤酒酵母生活史中，单倍体细胞和双倍体细胞都可进行出芽繁殖。（　　）

四、简答题

1. 试述血球计数板的计数原理。为什么用两种规格（×25 或×16）不同的计数板计数同一样品，结果是一样的？写出各自的计算方法。
2. 比较显微镜直接计数法和平板菌落计数法的优缺点。
3. 采用活菌计数法测定食品中细菌总数，以无菌操作，将检样25g（或25mL）剪碎以后，放于含有225mL灭菌生理盐水或其他稀释液的灭菌玻璃瓶内（瓶内预先放置适当数量的玻璃珠）或灭菌乳钵内，经充分振摇或研磨做成1：10的均匀稀释液。（1）以后的操作步骤是什么？（2）结果如何报告？
4. 如何使用血球计数板计数酵母菌悬液的酵母菌个数？
5. 何谓细菌总数？测定细菌总数有什么意义？采用什么测定方法？
6. 试述单个细菌细胞的生长与细菌群体生长的区别。

项目五 酿酒生产环境中微生物检测

知识及能力目标

一、酿酒环境中微生物的来源和种类

白酒酿造过程采用传统的自然发酵方法，由于长期酿造过程中形成了一个特定的环境微生物区系菌群，包括老窖、生产生态环境（包括环境空气、环境气候、生产场地、生产用具和酿造用水等）中的微生物，都对酒质和产率有影响。白酒名酒的生产与当地的地理环境、气候条件和长期酿酒所形成的微生物群落有密不可分的关系，因此，名酒在异地是很难复制的。

酿酒生产环境主要包括制曲车间和酿酒车间，制曲车间环境微生物来源于特定的制曲环境，包括制曲原料、水、制曲用具、制曲房空气、操作场地等，酿酒车间环境微生物主要来源于酒曲、窖泥、晾堂地面、酿酒车间空气、水、用具和窖皮泥等。

酿酒环境微生物主要包括细菌、酵母菌、霉菌。

酿酒生产环境中微生物的种类分布见表5-1。

表5-1 酿酒生产环境（空气）中的微生物分布情况

微生物分布（夏季）		测定点					
		踩曲场	发酵房	库房	润麦房	室外	厂区外环境
霉菌	数量/（个/皿）	79	199	121	87	49	17
	种类	4	4	4	3	4	4
	优势种特征	毛霉、根霉	曲霉、毛霉、根霉	曲霉、根霉	曲霉、毛霉	毛霉、根霉	曲霉、根霉

续表

微生物分布 （夏季）		测定点					
		踩曲场	发酵房	库房	润麦房	室外	厂区外环境
酵母菌	数量/ （个/皿）	55	217	82	384	28	8
	种类	3	2	2	4	3	3
	优势种 特征	拟内孢酵母	假丝酵母	假丝酵母	汉逊酵母	汉逊酵母	汉逊酵母、 拟内孢酵母
细菌	数量/ （个/皿）	91	89	96	616	78	27
	种类	3	3	3	4	3	3
	优势种 特征	乳白色、 圆形突起	淡黄色、不 规则膜状物	无色、半透 明、圆形突起	乳白色、 圆形突起	淡黄色、不 规则膜状物	无色、 半透明、 圆形突起

从表中可以看出，酿酒环境空气中含有大量的微生物，其中细菌数量较多，其次是霉菌和酵母菌，这些微生物与大曲和酒糟中的酿酒微生物种类相近，是酿酒微生物的主要来源。当然，空气中微生物数量不是一成不变的，不同季节空气中微生物数量和种群有很大差异。微生物数量以夏季较多，其次是春、秋季节，冬季较少；微生物种群春、秋季较多，冬、夏季较少。所以，白酒酿造的生产工艺季节性较强，一般酒厂是伏天踩曲、重阳投料，使得白酒生产与自然条件有机结合。

二、酿酒环境空气中微生物的检测

根据条件的不同，可分别采用沉降平板法、平板菌落计数法、吸收管法、撞击平皿法和滤膜法对空气中的微生物进行测定，常用的是沉降平板法和平板菌落计数法。

沉降平板法，是指测定在一定时间内从空气中降落到单位面积地面上的微生物个数。操作过程如下：将融化的营养琼脂培养基倒入直径 90mm 无菌培养皿中制成平板。均匀布设在待测处地板上（一般最少设 5 个待测点），打开皿盖 5~10min，让空气中的微生物降落在平板表面，盖好皿盖，然后倒置放入培养箱中，在 37℃ 条件下培养 48h 后计菌落数。计算公式如下。

$$C = 1000 \times 50N/At$$

式中　C——空气细菌数，个/m^3

　　　N——菌落数，个

A——平皿底面积，cm^2

t——暴露时间，min

此方法一般用于测定空气中细菌总数，酿酒环境空气中其他微生物的测定也可以用此方法，酵母菌的测定采用麦芽汁培养基，霉菌的测定采用察氏培养基。在28℃条件下培养36~48h后计菌落数。可用于观察、记录微生物的种群、数量、优势菌种。

平板菌落计数法是根据微生物在固体培养基上所形成的一个菌落是由一个单细胞繁殖而成的现象进行的，也就是说一个菌落即代表一个单细胞。计数时，先将待测样品做一系列稀释，再取一定量的稀释菌液接种到培养皿中，使其均匀分布于平皿中的培养基内，经培养后，由单个细胞生长繁殖形成菌落，统计菌落数目，即可换算出样品中的含菌数。

三、酿酒用水中微生物检测

1. 细菌总数（CFU）的测定

细菌总数是将定量水样（原水样或一定稀释后水样1mL）接种在普通营养琼脂培养基内，于37℃培养24h后观察结果，计数其上长出的细菌菌落数，然后换算求出原水样每1mL中所含的细菌数。

其测定步骤和土壤中微生物的分离计数方法基本相同，但须注意：① 水样是用无菌采样瓶直接采取。② 水样接种于营养琼脂培养基中，在37℃下培养24h。

在37℃营养琼脂培养基中能生长的细菌，代表在人体温度下能繁殖的异养型细菌。细菌总数越多，说明水被有机物或粪便污染越重，被病原菌污染的可能性也越大。

在生活饮用水中所测得的细菌总数，除说明水被生活废弃物污染的程度外，还可指示该水能否饮用。可在生活饮用水进行卫生学评价时提供依据。

我国《生活饮用水卫生标准》（GB 5749—2006）规定，细菌总数不得超过100个/mL。

一般认为在天然水体中，如细菌总数10~100个/mL，为极清洁的水；100~1000个/mL，为清洁的水；1000~10000个/mL，为不太清洁的水；10000~100000个/mL，为不清洁的水；大于100000个/mL，为极不清洁的水。

2. 大肠菌群的测定

生活污水的粪便中携带有多种细菌，其中一些属于病原菌并可能引起肠道传染病，容易随生活污水排放而进入天然水体。一般病原菌在水中的分布极少，细菌种类分布相对较多，对于病原菌的研究测定需共同努力以及大量物质的支持，且容易感染研究者。大肠菌群是最常见微生物，其与病原菌都存在于动物排泄物中，依据这一原理，只要检测出大肠菌群的数量，就能预测水体的排泄物污染情况，进而推测病原菌的存在率。

大肠菌群是指能在 37℃ 下，24~48h 发酵乳糖产酸产气、好氧以及兼性厌氧的 G⁻ 无芽孢杆菌。一般是指大肠杆菌、产气杆菌和副大肠杆菌等。

大肠杆菌一般生活在人与温血动物肠道中，是常见的正常细菌，包括有兼性好氧的 G⁻、无芽孢、两头钝圆的杆菌，形态大小为（0.5~0.8）μm×（2.0~3.0）μm。生长的最适温度一般为 37℃，pH 在 7.0 左右，并能够将葡萄糖、甘露醇和乳糖等多种碳水化合物分解利用，同时能够产酸产气。大肠菌群的各类细菌的生理习性都相似，只是副大肠杆菌不分解或缓慢分解乳糖。经过伊红美蓝培养基培养，表面能够形成以下几种情况：紫红色带金属光泽、紫红或深红色、淡红色且中心色深、无色透明的菌落均可能是大肠菌群。通过观察培养结果可以鉴别大肠菌群。

检测大肠菌群的主要方法包括发酵法以及滤膜法，其中发酵法是最常用的方法，包括初发酵试验、平板分离和复发酵试验 3 个部分。

（1）初发酵试验　首先制作发酵试管：将配制好的乳糖蛋白胨溶液装入发酵试管中，加入溴甲酚紫指示剂，放入杜氏管，倒置管中不能有气体，灭菌备用。在培养液中乳糖是鉴别因子，由于多数细菌不具备发酵乳糖的能力，而大肠菌群可以，所以能将大肠菌群初步鉴别出来。培养基中事先加有溴甲酚紫，如果培养后培养基由紫色变为黄色，说明产生了酸性物质。此外，还具有抑制芽孢菌生长的作用。

接种、观察结果：采集应检查的水样接入发酵管中，经 37℃ 培养，观察结果。培养 24h 后，如在杜氏管中观察到气体产生，同时培养基出现浑浊，颜色变黄，则表示样品里含有大肠菌群，结果呈阳性。如果仅产酸，还不能说明是阴性结果，在样品含菌量少时，需在培养 48h 后继续观察，如果产气，表示是可疑的结果。上面两种情况都需再进行后面的实验，才能进一步确定是否是大肠菌群。如果不产酸、不产气，表示结果呈阴性。

（2）平板分离　平板培养基常采用伊红美蓝琼脂培养基，其中含有伊红和美蓝染料，可作为指示剂，当大肠菌群发酵乳糖时产酸，这两种染料即结合成复合物，使大肠菌群的菌落呈现出带核心的、有金属光泽的深紫色。

把初发酵的阳性管以及疑似管，划线接种到平板上。在 37℃ 下培养 24h 后，挑取典型的大肠菌群菌落，进行革兰染色，镜验后若呈阴性，则可认为有此类细菌存在。为了更进一步验证，可做下一步实验。

（3）复发酵实验　将上述染色为 G⁻、无芽孢杆菌的菌落再次接种到乳糖培养基中，原理与初发酵试验相同，经 24h 培养产酸又产气的，最后确定为大肠菌群阳性结果。

根据发酵阳性管的数量，以确定大肠菌群数。

除查表外，也可以用计算法求出大肠菌群数。根据初发酵的发酵管数、大肠菌群阳性管数及检测水样量，利用数理统计原理，计算出每升水样中大肠菌群的最近似数（MPN）。

为了区别土壤等自然环境中原本存在的大肠菌群及来源于人粪便中的大肠菌群，可以通过提高培养温度至44.5℃的方法将它们区分开。凡能在44.5℃生长并发酵乳糖产酸产气的，说明主要来自粪便，称之为"粪大肠菌群"。如果能在37℃生长并发酵乳糖产酸产气者，则称之为"总大肠菌群"。

总大肠菌群数是指每升水样中所含有的大肠菌群的数目。水中大肠菌群的多少，可以反映水体被粪便污染的程度，并间接地表明肠道致病菌存在的可能性。

许多不同用途的水都对细菌总数或大肠菌群数提出了要求。表5-2是我国不同用途的水质标准。

表5-2　各种用途的水质标准

标准名称及标准编号	项目	标准值
GB 5749—2006 《生活饮用水卫生标准》	细菌总数/（个/mL）	≤100
	总大肠菌群/（个/L）	≤3
CJ 3020—1993 《生活饮用水源水质标准》	总大肠菌群/（个/L）	一级≤1000 二级≤10000
GB 3838—2002 《地表水环境质量标准》	粪大肠菌群/（个/L）	Ⅰ≤200　Ⅱ≤2000　Ⅲ≤10000 Ⅳ≤20000　Ⅴ≤40000
GB/T 14848—2017 《地下水质量标准》	细菌总数/（个/mL）	Ⅰ～Ⅲ≤100　Ⅳ≤1000　Ⅴ＞1000
	总大肠菌群/（个/L）	Ⅰ～Ⅲ≤3　　Ⅳ≤100　Ⅴ＞100
GB 12941—1991 《景观娱乐用水水质标准》	总大肠菌群/（个/L） 粪大肠菌群/（个/L）	A类≤10000 A类≤2000
GB 5084—2005 《农业灌溉水质标准》	粪大肠菌群/（个/L）	≤10000
GB 11607—1989 《渔业水质标准》	总大肠菌群/（个/L）	≤5000 ≤500（贝类养殖水质）
GB 3097—1997 《海水水质标准》	总大肠菌群/（个/L）	≤10000 ≤700（贝类养殖水质）

注：GB为国家强制标准；CJ为城镇建设行业标准。

技能训练四十　平板菌落法测定酿酒用水中细菌总数

一、目的要求

学习平板菌落计数法的基本原理和方法。

二、基本原理

　　平板菌落计数法的原理是被分散的单个微生物在固体培养基上能形成一个菌落，即一个菌落等同于一个单细胞。当进行计数时，首先将待测样品进行10倍梯度稀释，然后取一定量的稀释菌液接种于培养皿内，使其均匀分布于平皿中的培养基内，经培养后，计数形成的菌落数，通过计算就能够知道样品中的含菌数。

　　此法的优点是能测出样品中的活菌数，常用于某些成品检定、生物制品检定和食品、水源的污染程度检定等。不足之处是步骤烦琐，培养时间较长，且测定值易受外界多种因素的影响。

三、材料及器材

菌种来源：酿酒用水（生产用水及酿酒废水）。

培养基：煌绿乳糖胆盐肉汤（BGLB）、结晶紫中性红胆盐琼脂（VRBA）。

器材：无菌磷酸盐缓冲液、无菌生理盐水、1mol/L NaOH溶液、1mol/L HCl溶液、1mL无菌吸管，无菌平皿，盛有9mL无菌水的试管，试管架和记号笔等。

四、方法与步骤

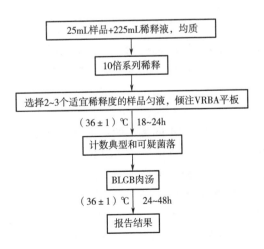

1. 编号

准备 9 套无菌平皿，标记为 10^{-4}、10^{-5}、10^{-6} 各 3 套。同时取 6 支盛有 9mL 无菌水的试管，置于试管架上，依次标明 10^{-1}、10^{-2}、10^{-3}、10^{-4}、10^{-5}、10^{-6}，标好后放置备用。

2. 稀释

以无菌吸管吸取 25mL 样品置盛有 225mL 磷酸盐缓冲液或生理盐水的无菌锥形瓶内（瓶内预置适当数量的无菌玻璃珠）或其他无菌容器中充分振摇或置于机械振荡器中振摇，充分混匀，制成 1∶10 的样品匀液。样品匀液的 pH 应在 6.5~7.5，必要时分别用 1mol/L NaOH 或 1mol/L HCl 调节。用 1mL 无菌吸管或微量移液器吸取 1∶10 样品匀液 1mL，沿管壁缓缓注入已经有 9mL 磷酸盐缓冲液或生理盐水的无菌试管中（注意吸管或吸头尖端不要触及稀释液面），振摇试管或换用 1 支 1mL 无菌吸管反复吹打，使其混合均匀，制成 1∶100 的样品匀液。根据对样品污染状况的估计，按上述操作，依次制成 10 倍递增稀释系列样品匀液。每递增稀释 1 次，换用 1 支 1mL 无菌吸管或吸头。从制备样品匀液至样品接种完毕，全过程不得超过 15min。

3. 接种

选取 2~3 个适宜的连续稀释度，每个稀释度接种 2 个无菌平皿，每皿 1mL。同时取 1mL 生理盐水加入无菌平皿作空白对照。

4. 倒平板

及时将 15~20mL 熔化并恒温至 46℃ 的结晶紫中性红胆盐琼脂（VRBA）倾注于每个平皿中。小心旋转平皿，将培养基与样液充分混匀，待琼脂凝固后，再加 3~4mL VRBA 覆盖平板表层。翻转平板，置于（36±1）℃ 培养 18~24h。

5. 平板菌落数的选择

选取菌落数在 15~150 CFU 的平板，分别计数平板上出现的典型和可疑大肠菌群菌落（如菌落直径较典型菌落小）。典型菌落为紫红色，菌落周围有红色的胆盐沉淀环，菌落直径为 0.5mm 或更大，最低稀释度平板低于 15CFU 的记录具体菌落数。

6. 证实试验

从 VRBA 平板上挑取 10 个不同类型的典型和可疑菌落，少于 10 个菌落的挑取全部典型和可疑菌落。分别移种于 BGLB 肉汤管内（36±1）℃ 培养 24~48h，观察产气情况。凡 BGLB 肉汤管产气，即可报告为大肠菌群阳性。

7. 大肠菌群平板计数报告

经最后证实为大肠菌群阳性的试管比例乘以上述"5. 平板菌落数的选择"中计数的平板菌落数，再乘以稀释倍数，即为每 1mL 样品中大肠菌群数。例：10^{-4}样品稀释液 1mL，在 VRBA 平板上有 100 个典型和可疑菌落，挑取其中 10 个接种 BGLB 肉汤管，证实有 6 个阳性管，则该样品的大肠菌群数为：$100×6/10×10^4/mL = 6.0×10^5CFU/mL$。若所有稀释度（包括液体样品原液）平板均无菌落生长，则以（<1 乘以最低稀释倍数）来报告。

五、技能训练作业

1. 结果质量考核：实验报告。
2. 技能训练过程考核。

六、思考与练习

1. 在倾倒培养基时将熔化后的培养基冷却至 45℃ 左右是什么原因？
2. 在试验过程中，很容易出现误差，为什么？怎样避免？

技能训练四十一　大肠菌群 MPN 计数法

一、实验目的

1. 学习并掌握测定水中大肠菌群数量的 MPN 计数法。
2. 通过学习，了解大肠菌群的数量在饮水中的重要性。

二、实验原理

大肠菌群是指在一定培养条件下能发酵乳糖、产酸产气的需氧和兼性厌氧革兰阴性无芽孢杆菌群。MPN 法是统计学和微生物学结合的一种定量检测法。待测样品经系列稀释并培养后，根据其未生长的最低稀释度与生长的最高稀释度，应用统计学概率论推算出待测样品中大肠菌群的最大可能数。

三、材料及器材

菌种来源：酿酒用水（生产用水及污水）。

培养基：煌绿乳糖胆盐肉汤（BGLB）、月桂基硫酸盐胰蛋白胨（LST）。

器材：无菌磷酸盐缓冲液、无菌生理盐水、1mol/L NaOH 溶液、1mol/L HCl 溶液、1mL 无菌吸管，无菌平皿，盛有 9mL 无菌水的试管，试管架和记号笔等。

四、方法与步骤

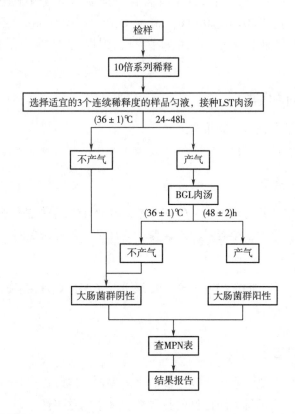

1. 样品的稀释

以无菌吸管吸取 25mL 样品置盛有 225mL 磷酸盐缓冲液或生理盐水的无菌锥形瓶（瓶内预置适当数量的无菌玻璃珠）或其他无菌容器中充分振摇或置于机械振荡器中振摇，充分混匀，制成 1∶10 的样品匀液。样品匀液的 pH 应在 6.5~7.5，必要时分别用 1mol/L NaOH 或 1mol/L HCl 调节。用 1mL 无菌吸管或微量移液器吸取 1∶10 样品匀液 1mL，沿管壁缓缓注入装有 9mL 磷酸盐缓冲液或生理盐水的无菌试管中（注意吸管或吸头尖端不要触及稀释液面），振摇试管或换用 1 支 1mL 无菌吸管反复吹打，使其混合均匀，制成 1∶100 的样品匀液。根据对样品污染状况的估计，按上述操作，依次制成 10 倍递增系列稀释样品匀液。每递增稀释 1 次，换用 1 支 1mL 无菌吸管或吸头。从制备样品匀液至样品接种完毕，全过程不得超过 15min。

2. 初发酵试验

每个样品，选择 3 个适宜的连续稀释度的样品匀液（液体样品可以选择原液），每个稀释度接种 3 管月桂基硫酸盐胰蛋白胨（LST）肉汤，每管接种 1mL

（如接种量超过 1mL，则用双料 LST 肉汤），（36±1）℃培养（24±2）h，观察倒置管内是否有气泡产生，（24±2）h 产气者进行复发酵试验（证实试验），如未产气则继续培养至（48±2）h，产气者再进行复发酵试验。未产气者为大肠菌群阴性。

3. 复发酵试验（证实试验）

用接种环从产气的 LST 肉汤管中分别取培养物 1 环，移种于煌绿乳糖胆盐肉汤（BGLB）管中，（36±1）℃培养（48±2）h，观察产气情况。产气者，计为大肠菌群阳性管。

4. 大肠菌群最可能数（MPN）的报告

确证的大肠菌群 BGLB 阳性管数，检索 MPN 表（表1），报告每 g（mL）样品中大肠菌群的 MPN 值。

五、答题

（1）大肠菌群的概念，主要包括哪些细菌属？

（2）为什么 EMB 培养基的琼脂平板能够作为检测大肠菌群的鉴别平板？

表1　大肠菌群最可能数（MPN）检索表

阳性管数			MPN	95%可信限度		阳性管数			MPN	95%可信限度	
0.1	0.01	0.001		下限	上限	0.1	0.01	0.001		下限	上限
0	0	0	<3.0	—	9.5	2	2	0	21	4.5	42
0	0	1	3.0	0.15	9.6	2	2	1	28	8.7	94
0	1	0	3.0	0.15	11	2	2	2	35	8.7	94
0	1	1	6.1	1.2	18	2	3	0	29	8.7	94
0	2	0	6.2	1.2	18	2	3	1	36	8.7	94
0	3	0	9.4	3.6	38	3	0	0	23	4.6	94
1	0	0	3.6	0.17	18	3	0	1	38	8.7	110
1	0	1	7.2	1.3	18	3	0	2	64	17	180
1	0	2	11	3.6	38	3	1	0	43	9	180
1	1	0	7.4	1.3	20	3	1	1	75	17	200
1	1	1	11	3.6	38	3	1	2	120	37	420
1	2	0	11	3.6	42	3	1	3	160	40	420
1	2	1	15	4.5	42	3	2	0	93	18	420
1	3	0	16	4.5	42	3	2	1	150	37	420
2	0	0	9.2	1.4	38	3	2	2	210	40	430
2	0	1	14	3.6	42	3	2	3	290	90	1000

续表

阳性管数			MPN	95%可信限度		阳性管数			MPN	95%可信限度	
0.1	0.01	0.001		下限	上限	0.1	0.01	0.001		下限	上限
2	0	2	20	4.5	42	3	3	0	240	42	1000
2	1	0	15	3.7	42	3	3	1	460	90	2000
2	1	1	20	4.5	42	3	3	2	1100	180	4100
2	1	2	27	8.7	94	3	3	3	>1100	420	—

注1：本表采用3个稀释度 [0.1g（mL）、0.01g（mL）、0.001g（mL）]，每个稀释度接种3管。

注2：表内所列检样量如改用1g（mL）、0.1g（mL）、0.01g（mL）时，表内数字应相应降低10倍。如0.01g（mL）、0.001g（mL）、0.0001g（mL）时，则表内数字应相应增高10倍，其余类推。

技能训练四十二　平板菌落法测定酿酒环境中微生物总数

一、目的要求

1. 加深细菌在自然界分布的定性认识。
2. 认识无菌操作的重要性。

二、基本原理

细菌广泛分布于酿酒环境中，在空气、土壤、水中等都有细菌存在。

三、材料及器材

普通琼脂平板，灭菌生理盐水，2%碘酒，75%酒精，移液管等。

四、方法与步骤

1. 空气

取无菌普通琼脂平板，将皿盖打开，置于空旷实验台上，暴露15min后，盖上皿盖，倒置于28~37℃条件下培养，18~24h后观察记录结果。

2. 皮肤表面

取无菌普通琼脂平板，在皿底平分成两部分，分别标示"消毒前"和"消毒后"，用手指头在"消毒前"的部分来回涂抹，进行接种，然后用2%碘酒和75%酒精消毒手指后，再次用同一手指头在"消毒后"的部分来回涂抹，进行接种，接种时注意不要将培养基表面划破，以便于观察，然后置于28~37℃条件下培养18~24h，观察并记录结果。

3. 钱币

取无菌普通琼脂平板，用无菌镊子夹住钱币置于培养基表面，进行接种，20min 后，将钱币取出，然后置于 28~37℃条件下培养 18~24h，观察并记录结果。

4. 水

取 1mL 无菌吸管吸取样品 1mL 放入 9mL 无菌水中，振荡使其完全混合均匀，即做好 10^{-1} 稀释液。另取 1 支 1mL 无菌吸管吸取 10^{-1} 稀释液 1mL 放入另 9mL 无菌水中，充分混匀，制成 10^{-2}，依次类推，重复操作，可制成相差 10 倍的一系列梯度溶液。取其中 3 个稀释度进行接种，分别做两个平行，然后置于 28~37℃条件下培养 18~24h，观察并记录结果。

小贴士

(1) 在对空气接种时注意人流不易过大，最好将平皿放置于不通风的角落，否则将影响实验结果。

(2) 在进行皮肤表面接种时，注意两次接种一定要使用同一根手指头，否则将引起实验误差。

(3) 对钱币等较硬的物品进行接种时，一定要注意轻拿轻放，不要将培养基表面划破。

(4) 对于液体样品，一定要混合均匀。

五、实验作业

计算样品中细菌含量。

知识拓展

极端环境微生物

在自然界中存在一些极端自然环境，这些环境具有一些特有的物理和化学条件，如高温、低温、高压、强酸、强碱、干燥、辐射、高盐、低营养等，在这些环境中生活着一些特殊的微生物类群，它们通常称为极端微生物，这些微生物在特殊的环境条件下经过一段相当长时间的自然选择，拥有了相对稳定的特殊结构、机能以及遗传因子，来适应恶劣的环境条件。在环境条件逐渐恶劣的今天，人们慢慢开始注意到极端环境的生物，并开始研究。从生命起源到系统进化都给人们带来了重要的启示，同时，人们在生命行为机理上也拓宽了视野。正是因为这些微生物拥有普通微生物不具有的特殊生理和遗传功能，因此在采矿、石油开采、污染物治理以及特殊酶制剂等领域发挥重要作用或有很大的应用前景，所以对极端微生物的研究已经成为微生物研究领域的一个热点。

（一）极端环境微生物类群

1. 嗜热菌

自然界有不少高温环境，如堆肥、煤堆、火山附近、热泉、太阳辐射的沙漠、岩石及枯枝败叶层等。这些地方均有嗜热菌生活。通常，根据嗜热菌所适应的温度可将其分成 3 大类：一是极端嗜热菌，其最适生长温度在 $65 \sim 70 ℃$，在 $35 ℃$ 以下立即停止生长。二是兼性嗜热菌，其最适生长温度在 $50 \sim 65 ℃$。三是抗热菌，其最适生长温度在 $20 \sim 50 ℃$，在室温下也能正常生长。

嗜热菌的种类较多，已发现的极端嗜热菌有 20 多个属，但大多是古细菌，其生活环境一般在深海火山喷口附近或其周围区域。如德国的 K. Stetter 研究组发现，在意大利海底的一株古细菌，能在 $110 ℃$ 以上高温中生活，最适生长温度为 $98 ℃$，降至 $84 ℃$ 即停止生长；美国的 J. Baross 发现一些从火山喷口中分离出的细菌可以生活在 $250 ℃$ 的环境中。嗜热菌的食谱很广，大部分为异养菌，通过氧化硫来获得能量。

在酸性温泉和岩浆的热土中，广泛存在一种兼性化能自养的热硫化细菌，它既嗜热又嗜酸，能利用元素硫作为能源物质，在 pH0.5、温度 $65 \sim 75 ℃$ 条件下生长，最高生长温度为 $85 \sim 90 ℃$。这种细菌还能在酸性环境中把 Fe^{2+} 氧化成 Fe^{3+}，并利用 CO_2 作为碳源。它广泛应用于细菌浸矿以及处理石油和煤中含硫化合物。在一些污泥、温泉和深海地热海水中，存在有能产甲烷的嗜热细菌。还有从水生环境中分离到的 *Thermus aquatics*（水生栖热菌"Taq"），从该菌株中得到了耐热的 DNA 聚合酶 Taq 酶，正是由于这个酶的发现，使 PCR 技术的操作变得简单，近年来，科研人员从深海火山口分离到的激烈火球菌（*Pyrococcus furiosus* Pfu，最适生长温度为 $100 ℃$），从该菌株中分离的 DNA 聚合酶 Pfu 酶，比 Taq 酶的热稳定性更高，保真性更好，把 PCR 技术向前推动了一大步。

在嗜热菌中除了细菌外，还包括嗜热真菌和藻类。嗜热真菌一般存在于堆肥、干草堆、谷仓和碎木堆中。在蘑菇栽培过程中，嗜热真菌的存在有助于堆料中各种多聚物的降解，为以后培养蘑菇提供营养物质，缩短堆料时间。在堆肥过程中，许多嗜热真菌可以降解塑料的增塑剂和聚乙烯。

对于嗜热菌的嗜热生理基础，目前了解得还非常粗浅，其耐热机制，一般是多种因子共同作用的结果。目前，主要有以下 3 种机制得到认可：一是嗜热菌细胞内膜的化学成分由于环境温度的增加而发生了改变，比如说不饱和脂肪酸随着温度的增加转变成饱和脂肪酸，致使其含量升高，增加疏水键的形成，使膜更具有稳定性。二是温度增加，使细胞内代谢速度加快，形成更多重要代谢产物，因而提高了 tRNA 的周转速率，致使 DNA 中 G、C 的含量较高，使生物体中的遗传物质更加稳定。三是长期处于高温状态下，蛋白质对高温的耐受力逐步增加，热稳定性提高，不易变性失活，其原因可能是个别氨基酸在高温作用下改变，致使蛋白质一级结构改变导致其热稳定性的改变，或二级结构中包括稍长的螺旋和折叠结构改变，易形成非常紧密而有韧性结构的酶，这些细小的变化有利于其热稳定性的形成。

2. 嗜冷菌（Psychrophiles）

嗜冷菌主要生活在地球的两极、高山、冰川以及冷库等特殊环境中，以其的生长温度不同特性可细分为两类：一是嗜冷菌，其最高生长温度不超过 20℃ 且必须生活在低温下，最适温度不超过 15℃，在 0℃ 可生长繁殖。二是耐冷菌，最高生长温度高于 20℃，最适生长温度高于 15℃，在 0~5℃ 可生长繁殖。生活在几千米深海中的极端嗜压菌一般是嗜冷菌。从南极分离到的嗜冷菌主要有节杆菌和短杆菌，从低温湖泊中分离到的种类有假单胞菌、弧菌、黄杆菌、不动杆菌和各种黏细菌。在真核生物中也生活着一些嗜冷的真菌和藻类，它们主要生长在两极冰雪和高山雪坡上。由于嗜冷微生物可以在冰箱等低温环境中生长，这给食品保存带来了许多问题，可以引起食品在低温下变质和腐烂。

嗜冷菌主要通过调整细胞膜中脂肪酸的种类来适应低温环境，一般来说，当外界温度降低时，细胞膜中不饱和脂肪酸含量增加，这样可以使细胞膜脂类处于流动状态，即使在低温下，细胞膜仍然能够发挥正常功能，维持细胞的正常生命活动。当嗜冷菌突然受到低温冲击时，它还会合成冷冲击蛋白来适应这种急剧的环境变化。

3. 嗜盐菌

地球的高盐环境种类极多，其中有自然形成的，如死海，美国的大盐湖等水环境以及盐土环境；也有人工形成的如晒盐场、盐池等；另外，还有很多的盐腌制的食品。在这些环境中生存的主要是一些耐盐的原核生物（嗜盐古菌和嗜盐细菌）。根据其生长对 NaCl 的需求和最适生长的 NaCl 浓度，可将细菌分为 4 类：① 非嗜盐菌，它的生长不需要 NaCl，低浓度的 NaCl（>1%）就会对它们的生长产生抑制作用。② 轻度嗜盐菌，它的生长需要少量 NaCl，其最适生长的 NaCl 浓度为 1%~3%。③ 中度嗜盐菌，它的生长离不开 NaCl，它们可在 0.1%~32.5% 的 NaCl 条件下生长，最适生长 NaCl 浓度为 5%~10%。④ 极端嗜盐菌，它的生长对 NaCl 的要求很高，一般在 9% 以上，可在 9%~

35%NaCl 浓度内生长，最适生长 NaCl 浓度为 13%～15%。其中中度嗜盐菌和极端嗜盐菌属于极端微生物。

中度嗜盐菌的种类较多，主要存在于真细菌、蓝细菌和微藻中，包括专性厌氧发酵细菌，如盐拟杆菌、生孢盐细菌以及盐厌氧细菌，具有降解各种有机物的能力，主要分布在死海和盐湖中。极端嗜盐菌包括盐杆菌和盐球菌，它们属于古细菌。在新疆和内蒙古的盐碱湖中也存在一些极端嗜盐菌，包括嗜盐杆菌属、嗜盐小盒菌属、嗜盐富饶菌属、嗜盐球菌属、嗜盐嗜碱杆菌属和嗜盐嗜碱球菌属等。极端嗜盐微生物中唯一的真细菌是光合微生物中的外硫红螺菌属。真核嗜盐微生物主要有藻类当中的杜氏藻和嗜盐隐杆藻。

有研究表明，嗜盐菌能耐受高盐环境的原理有很多，主要有以下几类：一是极端嗜盐古细菌细胞能够积累大量的 K^+，从而在体内形成很高的盐浓度（可高达 $4\sim6mol/L$），可以与外界的高盐浓度环境相平衡；二是古细菌肽链上的酸性氨基酸的比例很高，使胞内酶和蛋白质能适应高的离子环境，可以用来平衡 K^+ 的电荷，大量的酸性氨基酸残基在蛋白质表面形成负电屏蔽，促进蛋白质在高盐环境中的稳定。三是嗜盐菌通过改变蛋白质氨基酸组成来适应高盐环境，但是这种方式使得古细菌只能生活在高浓度盐环境中，缺乏对环境中盐浓度变化的适应能力。

真细菌主要是通过积累一些有机小分子作为调渗物质（又称相容性物质）来平衡外界的高盐浓度，如谷氨酸、脯氨酸、N,N-二甲基脯氨酸、N,N,N-三甲基甘氨酸（甜菜碱）、三甲基氨基丁酸和海藻糖、甘油、TMAO（三甲胺-N-氧化物）、四氢嘧啶等。同属的细菌往往利用相同的调渗物质，表现高度的趋同进化。

杜氏藻是盐湖和晒盐池中常见的一种真核盐藻，它的抗盐机制不同于嗜盐古细菌和真细菌，它主要是通过合成甘油来对抗外界盐浓度的变化，当外界盐浓度增加时，细胞体积变小，杜氏藻的光合作用受到抑制。这时，用于合成甘油所需的能量和合成甘油所需的原料来自于细胞贮存物质——淀粉的水解，甘油的大量合成使细胞恢复到原来的体积，甘油的大量合成还可以使细胞去除过量的 Na^+ 和 Cl^-，从而使光合作用重新开始，由 Cl^- 失活的许多酶也恢复了功能。当细胞外的盐浓度降低时，细胞体积变大，此时甘油被重新转化成淀粉，这样细胞又恢复到原来的体积。

4. 嗜酸菌

嗜酸菌一般可分为两大类群：一类是耐酸菌，其能在 pH1 以下的环境中生长，但是最适生长 pH 是在 4～9。另一类是专性嗜酸菌，其最适生长 pH 在 3～4，在中性条件下不能生长，但不管是前者还是后者，其胞内 pH 都保持在 7 左右。

在嗜酸菌中研究比较多的是氧化硫硫杆菌（*Thiobacillus thiooxidans*）和氧化亚铁硫杆菌（*Thiobacillus ferrooxidans*），它们都是极端嗜酸菌，最适生长 pH 在 2.5 左右，可以从含硫化合物中获得能量，并产生硫酸。在生物滤化（Bioleaching）中广泛应用。当然这类菌的作用也带来了很大的环境问题。例如在美国宾夕法尼亚州的黄铁矿区，由于硫杆菌的作用，每年产生 300 万吨硫酸流入俄亥俄流域，严重污染了水体环境。

在嗜酸菌中，还有一些嗜酸嗜热的芽孢杆菌，如酸热芽孢杆菌（*B. acidocaldarius*）能在 60~65℃，pH3~4 的条件下生长。在酸性温泉中，往往存在嗜酸嗜热菌，例如嗜酸热的硫化叶菌，它的最适生长温度为 70℃，最适生长 pH 在 2~3，能氧化 Fe^{2+} 和硫化物。

嗜酸菌中还有真核微生物，如嗜酸酵母。椭圆酵母、点滴酵母和酿酒酵母可分别在 pH2.5、2.0、1.9 中生长。在 pH2.0 左右的废铜矿中可以分离到红酵母。在酸性废煤堆和酸溪流中还可分离到丝孢酵母。

有关嗜酸菌维持近胞内中性 pH 的机制，目前有 3 种学说：第一种是"泵学说"，即通过呼吸链把膜内的氢质子"泵"到膜外侧，以保持膜内应有的氢离子浓度。第二种是阻断学说，即不论是氢离子还是相反的离子都不准通过细胞膜。第三种是平衡学说，即道南平衡，它是一种特殊的积累离子的现象。假设在膜内存在有一种不能通过膜的高分子电解质，就会在膜两侧造成一个电势差，游离离子就会沿着这个电势差扩散。扩散的结果是使膜两侧的离子达到了平衡，外界大量的氢离子不能进入膜内，维持了膜内中性状态。但是这些学说都是假说，还没有充分的证据支持它们。最近在这方面有一点进展，科研人员对嗜热酸古细菌跨膜 H^+ 梯度和电位差研究表明，质膜对质子的适应性由定位于膜上的脂质四聚体决定，这种跨膜四聚体能形成一层坚固的单层膜，使其在生长的 pH 范围内质子几乎不能通过。

5. 嗜碱菌

一般把最适生长 pH 在 9 以上的微生物统称为嗜碱菌，在这当中，如果在中性条件下不能生长，则称为专性嗜碱菌，如果在中性条件甚至酸性条件下也能生长的则称为耐碱菌。

嗜碱菌多数生活在盐碱湖、碱湖或碱池中，我国科研工作者从内蒙古碱湖中分离出一株嗜碱菌 No.10-1，其生长 pH 为 8~13，最适 pH 为 10~11，可生产碱性淀粉酶。芽孢杆菌的某些种也是嗜碱菌，如巴氏芽孢杆菌（*B. pasteurii*）、坚强芽孢杆菌（*B. firmus*）和嗜碱芽孢杆菌（*B. alcalophilus*），这些细菌孢子萌发的最适条件也是碱性环境。在富营养化的石灰湖水体中有些蓝细菌种类也是嗜碱菌，如念珠织线藻（*Plectonema nostocorum*）能在 pH13 条件下生长，这是到目前为止发现的、能抗 pH 最高的微生物。

光合细菌中也有嗜碱菌，例如外硫红螺菌属（*Ectothiohodospira*）和盐杆菌（*Halobacterium*）属。古细菌中也有嗜碱菌，如 *Natronococcus* 和 *Natronobacterium*。

对于嗜碱菌来说，为了保证生物大分子的活性和代谢活动的正常进行，细胞质的 pH 不能很高，当细胞呼吸时排出 H^+，细胞质变碱，为了维持 pH 平衡，需要 H^+ 重新跨膜进入细胞，这由 Na^+/H^+ 反向运输系统排出阳离子将 H^+ 交换到细胞内完成。它是嗜碱菌细胞质酸化的基本原因，为了使其发挥作用，需要胞内有足够 Na^+，Na^+ 的跨膜循环是必要的。有关嗜碱菌 Na^+/H^+ 反向运输的基因已经从嗜碱菌 *Bacillus* C-125 中得到了克隆。

6. 嗜压菌

嗜压菌大多生活在深海海底，因为海底有普通微生物不能忍耐的高压。大部分嗜压菌生长在 0.7~0.8MPa 的环境中，高的达 1.04MPa 以上，低于 0.4MPa 则不能生长。有人在 3500m 以下的油井中发现一种嗜压耐热菌，这种菌可以在 40.5MPa 气压、温度为 60~105℃ 下生长。有人在 3000~6000m 深的深海鱼类肠道内分离到了极端嗜压菌，它们大多为古细菌。人们还发现一种深海中的假单胞菌，它可以在 101MPa，3℃ 下生长，不过该菌在这种条件下的生长非常缓慢。

关于嗜压菌的耐压机理，目前人们了解得还很少，有科研人员发现，其机理可能是由于极端嗜压菌具有能够调节压力影响的基因，当这些基因在高压下表达时，致使某些蛋白质减少，在压力增加时，膜收缩，通道减少，使膜内的糖和营养成分不扩散到体外。

7. 寡营养菌

寡营养菌是指在含碳量为 1~15mg/L 的培养基上第一次培养时能生长的细菌。人们对寡营养细菌的研究较少，进展很慢，因为其生长速度较慢，生长周期长，分离、培养及鉴定都具有较大的难度。随着人们对环境、能源以及公共卫生等的逐步重视，寡营养菌逐渐引起人们的注意，研究这类细菌的工作增多。寡营养细菌种类较多，如鞘细菌、柄细菌、假单胞菌、弧菌、棒状杆菌、生丝微菌等；分布广泛，在海湾水域、寡营养湖中都有，甚至蒸馏水中也有鞘细菌。

寡营养菌之所以能够适应寡营养环境，主要由于以下几个特性：① 形态变化，其中特别是海洋细菌在缺乏营养的环境条件下多呈球形，以增加其比表面积，使物质在其表面的交换速率增加，提高其代谢能力。② 附着效应，如鞘细菌凭借其固着器或鞭毛轻易附着到物体表面，以获得营养物质。③ 能量贮存，寡营养细菌往往具有从氢气、甲烷和一氧化碳这些在任何环境中都微量存在的物质来作为能量储备，以维持正常的生长；此外，新的适应机制尚待阐明。

（二）极端环境微生物资源的利用

1. 嗜热菌

直接利用菌体：由于嗜热菌能够耐受很高的温度，它可以直接应用于一些高温反应，这不仅减少了发酵过程中的冷却费用，还使有些操作过程简化，因为在高温条件下液体的黏度下降，易于搅拌，有公司用极端嗜热菌生产乙醇；在堆肥的过程中也可以利用嗜热菌在高温条件下所起的作用从而缩短肥料熟化的时间；极端耐酸嗜热菌在浸出和回收矿物中的有用金属和去除煤中的有机和无机化合物中应用广泛。

利用菌体产生的酶：如前面已经提到的用于 PCR 技术的 Taq 和 Pfu DNA 聚合酶，都是从嗜热菌中分离出来的。嗜热蛋白酶可用于固定化生产阿斯巴甜，这种方式在日本应用广泛，嗜热酶（如纤维素酶等）可应用于钻探，帮助石油或天然气流入油井孔。

由嗜热菌产生的工业酶制剂种类越来越多，如淀粉酶、蛋白酶、纤维素酶、半纤维素酶、果胶酶、氨肽酶、脂肪酶和葡萄糖异构酶等，它们能够耐受一定高温，在酶解反应中速率较快，在室温下容易保存。

嗜热菌还可运用在基因工程中，为特异性的基因提供来源，有研究发现，通过基因工程的手段表达嗜热古细菌的一个基因，其表达产物的催化活性与稳定性同野生型菌株一样。

2. 嗜冷菌

关于嗜冷菌应用方面的报道很少，主要表现在低温条件下其即可对污染物质进行降解和转化，低温发酵可生产许多风味食品且可节约能源及减少中温菌的污染，嗜冷菌产生的蛋白酶、脂酶和 β-半乳糖苷酶可广泛运用在食品、药品和洗涤剂中，具有很大的发展潜力。海洋中的嗜冷菌产生的生物活性物质在医药和食品等方面也有广泛运用。但是从微生物多样性考虑，它也是重要的微生物和基因资源。

3. 嗜盐菌

Halobacterium 的视紫红质紫膜已被德国某公司用于商业化生产光敏开关、数据储存器和光传感器；一种基于紫膜的原理开发出来的全息胶片，表现出非常有趣的特性，在使用过程中，它不需要显影而且可以使用多次，这种胶片可以用来制造计算机的贮存部件；它还可以用于遗传学、免疫学和化学方面的研究。科学家预测，如果对细菌视紫红质传感器进行进一步改进，甚至可以用它来装备机器人，使机器人能够有视觉功能。

Haloferax mediterranei 能产生高度硫酸化的酸性异质多糖，这种多糖既能

改变液体在流体力学方面的特性又可以很好地抗高盐、高温和高 pH，它主要作为稳定剂、黏度剂、凝固剂和乳化剂应用于制药、油漆、石油开采、造纸、纺织和食品等行业，它的特性比来源于 *Xanthomonas campestris* 的黄原胶更好。

Halobacterium GRB-1 菌株含有一个质粒 pGRB-1，该质粒可以用于发现新的对真核生物 II 型 DNA 拓扑异构酶有作用的抗生素和抗肿瘤药物以及对某些作用于 DNA 旋转酶的喹啉类药物进行初筛。

在分子生物学领域也有一些来源于嗜盐菌的稀有酶类，如从 *Halococcus acetoinfaciens* 中分离的限制性核酸内切酶（*Hac* I），它的分离方法已经申报专利。还有 *Halob. cutirubrum*（*Hcu* I）、*Halob. halobium*（*Hhi* I）和 *Halob. salinarium*（*Hsa* I）等。

中度嗜盐菌产生的相容性物质（又称调渗物质），如多糖、氨基酸、甜菜碱和 ectoine（四氢嘧啶类物质）等，它们可以作为酶和细胞的稳定剂，使它们抗高温、高盐和干燥。在环境保护领域，中度嗜盐菌可以用来处理一些含有高浓度盐的废水，降解其中的有毒有害物质。

4. 嗜酸菌

嗜酸菌在细菌冶金上的应用相当广泛，它的原理就是通过氧化硫硫杆菌和硫化叶菌以及氧化亚铁硫杆菌的作用，氧化 Fe^{2+} 和 S^0 然后产生酸性的 Fe^{3+} 溶液，这种溶液可以使矿石中的金属离子呈可溶性状态，然后通过电解使这些重金属沉淀下来，在此基础上进行回收。

污泥的脱毒，在废水的生物处理中会产生大量的污泥，有许多科研人员在尝试把污泥用作肥料，但是污泥中的重金属一直是难以解决的问题，目前已经有科研人员在利用细菌冶金的原理，对污泥进行前处理，以达到去除重金属的目的。

嗜酸嗜热的酸热硫化叶菌，能分解无机硫和有机硫化物，利用它可以去除煤和石油中的有机和无机硫化物以减少煤和石油燃烧过程中产生的 SO_2，减轻空气污染。

5. 嗜碱菌

嗜碱菌能够产生很多种碱性酶类，其应用相当广泛，例如耐碱蛋白酶和碱性纤维素酶可添加到洗涤剂中，提高去污能力，其产生的碱性淀粉酶，在皮革脱毛工艺和纺织品退浆中用以提高产品的质量，利用嗜碱菌也可以进行苎麻脱胶。另外，将嗜碱菌中的基因片段插入其他细菌的基因中，可用于调控相应产物的表达和分泌。

在污水处理和环境保护中用嗜碱菌处理碱性废水，如造纸工业废水和纺织工业废水，不仅经济、简便而且可变废为宝，如利用能分泌纤维素酶的嗜碱细菌可将碱性纸浆废液转化成单细胞蛋白。

在基因工程领域，嗜碱芽孢杆菌 No. 170 的青霉素酶基因已经重组到质粒 pMB9 上并在大肠杆菌中表达，分析碱性青霉素酶的过程中发现克隆到 *E.coli* 的嗜碱芽孢杆菌的大部分青霉素酶释放到了培养基中，这大大方便了对该酶的应用。另外，嗜碱菌的纤维素酶、木聚糖酶、淀粉酶、环状糊精葡萄糖基转移酶以及 β-甘露聚糖酶等已在中性细菌中得到克隆和表达。

6. 嗜压菌

关于嗜压菌应用方面的报道很少，如在日本发现的深海鱼类肠道内的嗜压古细菌当中，80% 以上的菌株可以生产 EPA 和 DHA，最高产量可达 36% 和 24%，这两种物质属于人们常说的脑黄金，有很好的健脑作用，已经有人通过基因重组，使这些菌高效生产 DHA。另外，嗜压菌还可以用于高压生物反应器，某些抗高压微生物可以用于石油开采。

7. 寡营养菌

寡营养细菌主要用于监测环境污染，当湖泊被富营养化，微生物数量急剧增加，但是寡营养细菌的数量相对较少，质量较差，便于检测质和量，其参数可用于评价环境污染。

寡营养细菌也可用于对饮用水进行可同化有机碳（Assimilable Organic Carbon，AOC）的生物分析。自来水 AOC 浓度非常低，一般细菌无法在其中生长，但是某些低营养型微生物却有可能在自来水管道中生长，结果导致管道中出现细菌黏性物质，并且出现大量的原生动物，所以有必要测定自来水中的 AOC 量。经典的方法是测定自来水中的有机物，如 DOC 或总有机碳，但是这种方法测定的结果无法区别不能被细菌利用的碳和 AOC。

有研究发现，细菌在活的且非可培养状态时仍然可以保持一定活力，这也说明病原菌株处于这种状态下仍然具有致病毒力，如霍乱弧菌、大肠杆菌、肠炎沙门菌等。通常采用培养法测定抗生素效价和化学杀菌剂的杀菌效果，根据细菌能否存活来判断对该种处理是否敏感，然而对细菌活的非可培养状态的研究表明这种测定方法是不可靠的，因而要求对现有的测定方法予以重新评价，寡营养细菌的研究进展无疑为解决这一问题提供了新的思路和方法。

项目六　酿酒微生物技术综合应用

知识及能力目标

了解现代酿酒微生物在白酒生产上的应用情况，熟悉小曲、强化大曲、老窖泥的制作方法。

传统白酒生产基本依靠工人的经验操作，有劳动强度大且过程控制困难、生产稳定性差等问题，如何从经验走向科学，从自然发酵的不可控制到可以定向控制过程转化是产业技术进步的发展方向和必然趋势。目前白酒正在从手工走向机械化、智能化生产，出现部分操作工序的机械化替代生产。面对新的生产方式变革，酿酒微生物学研究配合生产技术改造以及产业升级，体现出越来越多的应用价值。本项目通过小曲、强化大曲及老窖泥的制作案例进行应用介绍。

技能训练四十三　小曲的制作

一、教学目标

1. 熟悉小曲中的微生物种类。
2. 学习并掌握小曲的制作原理和方法。

二、知识要点

以生米粉为原料，添加中草药粉和种曲母制成。它是酿制小曲白酒的糖化发酵剂，因其曲块体积较小，故习惯上称为小曲。小曲具有糖化和发酵的双重作用，其叫法不一，如称为药酒、酒饼、白曲、米曲等。

三、 实验材料

大米、180 目筛、小曲等。

四、 技能要点

小曲制作工艺参数控制，小曲品质鉴别。

五、 技能训练

1. 工艺流程

$$\boxed{原料预处理} \rightarrow \boxed{浸米} \rightarrow \boxed{粉碎} \rightarrow \boxed{配料接种} \rightarrow \boxed{制坯} \rightarrow \boxed{裹粉} \rightarrow \boxed{培曲}$$

2. 操作步骤

（1）浸米　把大米加水浸泡 3~6h 备用。

（2）粉碎　浸泡后的大米粉碎成米粉，并用 180 目的细筛进行过筛。

（3）配料接种　以 3/4 的米粉用于做坯，余下 1/4 的米粉用作裹粉，香药草粉用量为酒坯粉量的 3%，陈曲粉为 2%，水为 60%，相混拌匀。

（4）制坯　拌匀后制成酒饼，切成 2cm 大小的粒状，并用竹筛筛圆成酒药坯，也可手捏成鸭蛋大小的球丸。

（5）裹粉　在曲坯外面滚上一层细米粉，并控制曲坯含水量为 46%。

（6）培曲　室温控制在 28~31℃，把曲坯送入曲室，培养 20h 后，霉菌菌丝生长旺盛，品温控制在 33~34℃，最高不超过 37℃，24h 后，为了促使曲坯中酵母繁殖，室温应控制在 28~30℃，品温在 35℃以下，保持 24h。入房共 48h 后，品温下降，曲子成熟。待其自然冷却后取出摊晒，干燥即为成品。

注意：发酵是决定酒曲好坏的关键环节，必须严格控制温度。发酵良好的酒曲球丸上遍生一层白色细绒毛；如果温度过高，没有及时通风降温，酒曲上的白色细绒毛就会变黑，有霉样斑块，严重影响质量。

技能训练四十四　强化大曲的制作

一、 教学目标要求

1. 熟悉大曲中的微生物种类。
2. 学习并掌握大曲的制作原理和方法，见图 1。

图1　大曲

二、知识要点

对现有大曲的生产特性进行检测，分析大曲生产特性优劣，针对性地制订出调整方案，添加纯种微生物进行培养，以完善大曲品质。

三、实验材料

小麦、20目筛、曲盒等。

四、技能要点

大曲品质检测，强化菌种选择，强化大曲品质鉴别。

五、技能训练

1. 工艺流程

原料预处理 → 润麦 → 粉碎 → 拌和 → 成型 → 入室置曲 → 第1次翻曲 → 第2次翻曲 → 打拢 → 出曲 → 入库贮存

2. 操作步骤

（1）润料　加入3%~5%的热水（50℃左右，夏季用冷水）润料，边加水边翻拌，拌和均匀后，收拢堆积润料2~4h，使麦皮吸收一部分水分。润料标准为：麦料表面柔润收汗，内心带硬，口咬不粘牙，尚有干的响声即为适合。

（2）原料粉碎　使用粉碎机对原料进行粉碎，要求粉碎后无整粒，粗细一致，粉碎度为通过20目筛孔百分比为30%~35%，粉碎后小麦呈"心烂皮不烂"的梅花瓣状。

（3）加水拌和　将麦粉投入锅中，加入占原料质量26%~31%的40~60℃的热水（夏季用冷水），用手拌和，同时可加入3%的老曲粉一起拌和。要求拌和均匀，无疙瘩，无灰包，以用手捏成团而又不沾手为标准，最终鲜曲含水量为35%~38%。

（4）曲坯成型　先将曲盒润湿，将拌和好的鲜曲装入曲盒，压紧，先用脚掌从两头往中间踩，踩出包包，再用脚跟沿四周踩两遍，要求四角踩紧，中间微松，不得缺角掉边，表面光滑无裂口，表面提浆均匀。踩好后的曲坯排列在一边，等待收汗后放入曲房。

（5）入室置曲　曲室温度预先调节在 15~20℃，地面铺上糠壳，厚约5cm，把曲坯运入房中按一字形排列，间隔3~4cm，曲坯安放之后，应铺盖草帘、稻草之类的覆盖物，适时洒水。最后，关闭门窗，进入培菌阶段。

（6）培菌管理　培菌阶段决定大曲质量的好坏，必须注意观察，掌握翻曲时间，适时调节温度、湿度和通风，为微生物生长繁殖和代谢提供良好的条件。不同大曲的制作工艺不同，培菌管理也不尽相同，大致可分为以下 4 个阶段。

① 低温培菌：一般 3~5d，温度控制在 30~40℃。相对湿度控制在 90%。此时期目的是让霉菌、酵母菌等大量繁殖，为其发酵体系的形成打好基础。控制方法有翻曲、取下覆盖物、关启门窗等。

② 高温转化：一般需要 5~7d，此期间根据大曲的不同，则温度控制不同（45~65℃），相对湿度大于90%。在转化期，菌体生长逐渐停止，曲坯中微生物所产酶系因温度升高开始活跃，利用原料形成酒体香味的前体物质。由于不同酶系最适作用温度不同，因此在此阶段控制不同的温度将形成不同的香味和香味前体物质，为大曲酒的香型打下基础。控制方法，开启门窗排潮。

③ 后火生香：一般 9~12d，温度一般控制在低于 45℃，相对湿度小于80%。此时期的主要作用是促进曲心多余水分挥发出来和香味物质的呈现。主要操作方法有保温、垒堆等。

④ 打拢：即将曲块转过来集中且不留间隙，并保持常温。经15~30d存放后，曲块即可入库贮存。

（7）贮曲　曲块入库前，应清扫库房，铺上糠壳和草席，保证库房阴凉且通风效果好，以免污染青霉菌等有害微生物，使成曲质量下降。

技能训练四十五　人工窖泥的制作和窖池养护

一、教学目标

1. 熟悉窖泥质量判定方法和窖泥中的微生物检测方法。
2. 学习并掌握人工窖泥的制作原理和具体培养方法。
3. 掌握窖池的养护措施，会进行窖池养护。

二、 知识要点

窖泥是浓香型白酒的"命根子"，此话并不夸张。窖泥质量的好坏，直接影响到产品的质量。因为窖泥是产香菌栖息繁衍的温床，应为其生活提供良好的环境。窖泥的质量取决于泥中功能菌的种类及数量，以及营养成分的合理比例。人工窖泥是利用培养微生物的方法，加速窖泥老熟过程，以缩短窖泥成熟所需时间。

三、 实验材料

老窖泥、黄黏土、玉米酒精糟、豆粕、酒精（95%）、底糟（未取酒）、窖皮泥、曲粉、黄水等，7.5%酒尾等。

四、 技能要点

老窖泥的选择，新窖泥的培养，窖池的养护。

五、 技能训练

1. 窖泥功能菌液的制作

总体思路是选取优质底窖泥分离出菌种，然后通过逐级扩培，以满足窖泥制作的大量需求。

（1）一级制作

① 第一级培养基成分比例及操作步骤：菌种来源为老窖泥中分离种。分离培养基用巴氏合成培养基，乙醇、碳酸钙灭菌后加入。液体培养液按接种量接入新鲜培养基，35℃深层静置培养。

富集培养基：乙酸钠 8g，氯化镁 200mg，硫酸锰 2.5mg，硫酸钙 10mg，硫酸亚铁 5mg，钼酸钠 2.5mg，对氨基苯甲酸 100μg，蒸馏水 1000mL，pH 为 7 的磷酸二氢钾、磷酸二氢钠 25mL，含 1% 硫化钠、0.05% 碳酸钠 20mL。

以上药品配制完成，调节 pH 至 7.0，加入一级容器中（500mL 医用高温瓶），用棉塞塞住瓶口，牛皮纸外封。另称量出 0.5% 碳酸钙（$CaCO_3$）用牛皮纸包装，数量对应一级培养基的数量，每瓶一包。把一级培养基和碳酸钙放入灭菌锅内 121℃灭菌，时长为 30min。

② 菌种的提取与分离：取 50g 优质老窖泥加水 100mL 搅拌均匀，在 80℃水浴中 10min 以减少乳酸及其他杂菌，调节 pH 至 7.0，处理后迅速冷却至 40℃以内，此过程需在无菌环境中完成。

③ 接种过程：待培养基灭菌完成后冷却至 40℃以下，此时按"菌种的提取与分离"步骤制出的菌液按 10% 的比例加入一级培养基中，另加入灭菌后

的碳酸钙和2%的无水乙醇。此过程需在无菌室内完成,整个操作应避免杂菌感染。待接种完成后,用石蜡封好,进入恒温培养箱后用水封。

特别要注意的是,今后再次制作一级菌种时,不需要再从窖泥中提取分离原始菌种,可直接使用上次制作的一级菌种,用量仍然为10%。

④ 培养期:培养箱的温度应恒定在37℃,时间为8~10d,培养过程中应注意水封处水的多少,注意补水。

⑤ 出箱鉴定:菌液应色泽均匀,无异味,无臭味。对于有问题的菌液应取出,不予采用。

(2)二级制作 二级培养基成分比例仍然按一级的标准,只是量扩大而已。二级培养的容器采用25L的塑料桶,在使用前需用酒精清洗内部。二级培养基所采用的水需烧开,待冷却至50℃,再加入容器中。在温度冷却至40℃以内再进行接种,接种时采用一级已经培养完成的菌种,仍然是10%比例接种。蜡封和水封的步骤一样。放入保温室后温度应控制在35~37℃,时间为8~10d,在培养期内应每天定时观察温度,并注意观察是否有杂菌感染。

(3)三级培养基制作

① 原料:玉米酒精糟2%,豆粕0.5%,酒精(95%)2%,底糟3%(未取酒,粉碎至糨糊状)。

② 操作:三级容器采用的是500L陶坛,在使用之前应清洗干净,并用消毒酒精喷洒内部。待配料称量完毕后加入开水,密封状态下自然冷却至40℃以内。接入二级已经培养完成的菌种,比例5%。此时每坛还应加入25g的酵母和20g磷酸氢二钾。封口处喷洒酒精灭菌,密封。保持温度在30~35℃,时间10d。

2. 窖泥的制作流程

(1)黄黏土的选择及检测 要求土质黏性强、细腻,无夹砂、无异味、无污染,pH约为7。

① 水分的检查:将选定的土壤捣碎后烘干,测定其水分含量。

② 酸碱度的鉴定:选定的土壤捣细碎加入沸水(其体积比例1:2),搅拌,密闭5min后闻其散发出的气味,是否有过量的碱性或偏酸的气味感觉,如果有土壤泥香更好,待冷却后再用pH笔测试其酸碱度。

(2)窖泥制作 以黄黏土为基础,其他组分的用量:窖皮泥30%,曲粉5%,黄水22.5%,酒尾7.5%,豆粕0.5%,三级菌液5%,酒糟0.5%,营养土5%(碳素土、花肥),酒糟2.5%(未取酒,粉碎至糨糊状)。

① 先铺好黏土,要求厚薄均匀,成块状的应敲碎,发现异物应及时剔除,高度控制在25cm以内。再加入窖皮泥,窖皮泥应过筛,去掉多余的糠壳。再依次均匀铺上酒糟、曲粉、豆粕、玉米酒精糟、营养土,用耙锄翻、钩均匀。

② 在加入液体材料前，其外围应刨一条沟出来，夯实，防止液体材料外漏。先均匀地加上黄水及酒尾，再加入菌液。最后用耙锄再次翻、钩均匀，待一切配制完成后再用塑料薄膜覆盖至少 24h，彻底润料。

③ 搅拌时应从搅拌机的前部加料，待其自然搅拌至出料口。搅拌过程中如发现石头等异物，应及时剔除。

（3）成品的养护　搅拌好的窖泥按标准堆放后（高 1.5m×宽 6m×长 13.5m），用黄水密封，再用塑料薄膜覆盖。定期用黄水、酒尾保养，尽量避免出现霉变，如发现霉变，应及时用酒尾、黄水将其抹掉。若待用时间过长，可视实际情况注入部分所需营养材料，如曲粉、玉米酒精糟等，用量根据实际情况而定。

（4）成品的检查　取制作完成满 30d 的窖泥，按 1∶1 的比例加无水酒精。用硫酸调节 pH 至 2，在 25℃下培养 48h，蒸馏出液体再分析其色谱，主要看乙酸乙酯、丁酸乙酯、己酸乙酯浓度是否符合自然增长曲线，以及乳酸乙酯的含量是否过高，丁酸乙酯应是己酸乙酯的两倍，乳酸乙酯应是丁酸乙酯的一半。

本工艺为故宫酒业制作五粮浓香型窖泥的工艺过程，目的主要是为了培养窖泥中的主要生酸菌，己酸菌和甲烷菌为共生菌，酵母菌为主要产酒菌。在以上的工艺培养下，可以将上述三种功能菌（己酸菌、甲烷菌、酵母菌）充分强化，以达到适应生产出标准五粮浓香型白酒的工艺。

附录一　几种常见培养基的配制

一、麦芽汁培养基的配制

1. 培养基成分

新鲜麦芽汁一般为 10~15°Bé。

2. 配制方法

（1）用水将大麦或小麦洗净，浸泡 6~12h，置于 15℃阴凉处发芽，上盖纱布，每日早、中、晚淋水一次，待麦芽伸长至麦粒的两倍时，让其停止发芽，晒干或烘干，研磨成麦芽粉，贮存备用。

（2）取一份麦芽粉加四份水，在 65℃水浴锅中保温 3~4h，使其自行糖化，直至糖化完全（检查方法是取 0.5mL 的糖化液，加 2 滴碘液，如无蓝色出现，即表示糖化完全）。

（3）糖化液用 4~6 层纱布过滤，滤液如仍浑浊，可用鸡蛋清澄清（用一个鸡蛋清，加水 20mL，调匀至生泡沫，倒入糖化液中，搅拌煮沸，再过滤）。

（4）用波美比重计检测糖化液中糖浓度，将滤液用水稀释到 10~15°Bé，调 pH 至 6.4。如当地有啤酒厂，可用未经发酵，未加酒花的新鲜麦芽汁，加水稀释到 10~15°Bé 后使用。

（5）配制固体麦芽汁培养基时，加入 2% 琼脂，加热熔化，补充失水。

（6）分装、加塞、包扎。

（7）高压蒸汽灭菌　0.11MPa 灭菌 20min。

二、马铃薯葡萄糖培养基的配制

1. 培养基成分

马铃薯 20g，葡萄糖 2g，琼脂 1.5~2g，水，100mL，自然 pH。

2. 配制方法

（1）配制 20% 马铃薯浸汁　取去皮马铃薯 200g，切成小块，加水 1000mL。80℃浸泡 1h，用纱布过滤，然后补足失水至所需体积。0.11MPa 灭菌 20min，即成 20% 马铃薯浸汁，贮存备用。

（2）配制时，按每 100mL 马铃薯浸汁加入 2g 葡萄糖，加热煮沸后加入 2g 琼脂，继续加热熔化并补足失水。

（3）分装、加塞、包扎。

（4）高压蒸汽灭菌　0.11MPa 灭菌 20min。

三、豆芽汁葡萄糖培养基的配制

1. 培养基成分

黄豆芽 10g，葡萄糖 5g，琼脂 1.5~2g，水 100mL，自然 pH。

2. 配制方法

（1）称新鲜黄豆芽 10g，置于烧杯中，再加入 100mL 水，小火煮沸 30min，用纱布过滤，补足失水，即制成10%豆芽汁。

（2）配制时，按每 100mL 10%豆芽汁加入 5g 葡萄糖，煮沸后加入 2g 琼脂，继续加热熔化，补足失水。

（3）分装、加塞、包扎。

（4）高压蒸汽灭菌　0.11MPa 灭菌 20min。

四、察氏培养基的配制

1. 培养基成分

蔗糖 3g，$NaNO_3$ 0.3g，K_2HPO_4 0.1g，KCl 0.05g，$MgSO_4 \cdot 7H_2O$ 0.05g，$FeSO_4$ 0.001g，琼脂 1.5~2g，蒸馏水 100mL，自然 pH。

2. 配制方法

（1）称量及溶解　量取所需水量约 2/3 加入烧杯中，分别称取蔗糖、$NaNO_3$、K_2HPO_4、KCl、$MgSO_4$ 依次加入水中溶解。按每 100mL 培养基加入 1mL 0.1% 的 $FeSO_4$ 溶液。

（2）定容　待药品全部溶解后，将溶液倒入量筒中，加水至所需体积。

（3）加琼脂　加入所需量琼脂，加热熔化，补足失水。

（4）分装、加塞、包扎。

（5）高压蒸汽灭菌 0.11MPa 灭菌 20min。

附录二 其他培养基的配制

1. 牛肉膏蛋白胨培养基

牛肉膏 3g，蛋白胨 10g，NaCl 5g，琼脂 20g，蒸馏水 1000mL，pH7.0～7.2，121℃灭菌 20min。

2. 葡萄糖胰胨琼脂培养基

胰酪蛋白胨 10g，葡萄糖 5g，琼脂 15g，1.6% 溴甲酚紫 1mL，pH6.6～6.8。

除指示剂溴甲酚紫外，其余成分加热溶解于 1000mL 蒸馏水中，121℃高压灭菌 20min。

3. 胰胨大豆胨琼脂培养基（TSA）

胰酪蛋白胨 15g，植物蛋白胨 5g，NaCl 5g，琼脂 15g，pH7.1～7.5。

上述成分加热搅拌溶解于 1000mL 蒸馏水中，分装三角瓶，121℃高压灭菌 20min。

4. 淀粉琼脂培养基

蛋白胨 10g，牛肉膏 5g，NaCl 5g，淀粉 2g，琼脂 15～20g，蒸馏水 1000mL，pH7.2。

5. YEPD 培养基

葡萄糖 20g，蛋白胨 20g，酵母膏 10g，琼脂 20g，蒸馏水 1000mL，自然 pH，113℃灭菌 30min。

6. 麦芽汁培养基

（1）取大麦若干，洗净，用水浸渍 6～12h，15℃阴暗处发芽，上面盖纱布一块，每日早、中、晚淋水一次，麦根伸长至麦粒的两倍时，即停止发芽，摊开晒干或烘干，贮存备用。

（2）将干麦芽磨碎，加入麦芽 4 倍量的水，在 65℃水浴中糖化 3～4h，每隔一定时间用碘液测定蓝色反应，如显蓝色，说明糖化还不够彻底，直到加碘液无蓝色反应为止。

（3）加水约 20mL，调匀至生出泡沫时为止，煮沸后用纱布过滤调节 pH 至 6.0，121℃灭菌 30min。

7. 孟加拉红培养基

蛋白胨 5g，葡萄糖 10g，磷酸二氢钾 1g，硫酸镁（$MgSO_4 \cdot 7H_2O$）0.5g，琼脂 20g，1/3000 孟加拉红溶液 100mL，蒸馏水 1000mL，氯霉素 0.1g。

以上成分加入蒸馏水中溶解后，再加孟加拉红溶液。另用少量乙醇溶解氯霉素，加入培养基中，分装后，121℃灭菌 20min。

8. 高氏培养基

可溶性淀粉 20g，KNO_3 1g，NaCl 0.5g，K_2HPO_4 0.5g，$MgSO_4$ 0.5g，$FeSO_4$ 0.01g，琼脂 20g，蒸馏水 1000mL，pH7.2～7.4，121℃灭菌 20min（配制时，先用少量冷水，将淀粉调成糊状，倒入煮沸的水中，在火上加热，边搅拌边加入其他成分，熔化后，补足水分至 1000mL）。

9. 面粉琼脂培养基

面粉 60g，琼脂 20g，蒸馏水 1000mL，pH7.4。

把面粉用水调成糊状，加水到 500mL，放在文火上煮 30min。另取 500mL 水，放入琼脂，加热煮沸到溶解后，把两液调匀，补充水分，调整、分装、灭菌、备用。

10. 明胶培养基

牛肉蛋白胨液 100mL，明胶 12～18g，pH7.2～7.4。

在水浴锅中将以上成分熔化，并不断搅拌，熔化后调节 pH7.2～7.4，于灭菌锅内 121℃灭菌 30min。

11. 油脂琼脂培养基

蛋白胨 10g，牛肉膏 5g，NaCl 5g，香油或花生油 10g，1.6%中性红水溶液 1mL，琼脂 15～20g，蒸馏水 1000mL，pH 7.2。

配制好的培养基于 121℃灭菌 30min。注意不能使用变质油，油和琼脂及水先加热，调好 pH 后再加入中性红，分装时不断搅拌使油均匀分布于培养基中。

12. 石蕊牛奶培养基

牛奶粉 100g，石蕊 0.075g，蒸馏水 1000mL，pH 6.8。

13. 蛋白胨水培养基

蛋白胨 10g，NaCl 5g，蒸馏水 1000 mL，pH 7.4～7.6。

14. 糖发酵培养基

蛋白胨水培养基 1000mL，1.6%溴甲酚紫乙醇溶液 1～2mL，pH7.6，另配 20%糖溶液（葡萄糖、乳糖、蔗糖、麦芽糖）各 10mL。

制法：① 将上述含指示剂的蛋白胨水培养基（pH7.6）分装于试管中，在每个试管内放一个倒置的小玻璃管，使其充满液体。② 将分装好的蛋白胨水培养基和 20%糖溶液分别灭菌，蛋白胨水培养基 121℃灭菌 20min，糖溶液 112℃灭菌 30min。③ 灭菌后，每管以无菌操作分别加入 20%无菌糖溶液 0.5mL（按照每 10mL 培养基加入 20%无菌糖溶液 0.5mL，制成 1%的糖浓度的培养基）。

15. 葡萄糖蛋白胨水培养基

葡萄糖 5g，蛋白胨 5g，K_2HPO_4 5g，蒸馏水 1000mL，pH 7.2～7.4，112℃

灭菌 30min。

16. 明胶培养基

牛肉蛋白胨液 100mL，明胶 12~18g，pH7.2~7.4。

在水浴锅中将以上成分熔化，并不断搅拌，熔化后调节 pH 7.2~7.4 后，于灭菌锅内 121℃灭菌 30min。

17. 甲基红（M.R.）试剂

甲基红 0.04g，95% 乙醇 60mL，蒸馏水 40mL（先将甲基红溶于 95% 乙醇，然后加入蒸馏水即可）。

18. V.P. 试剂

$CuSO_4$ 1.0g，蒸馏水 10mL，浓氨水 40mL，10% KOH 950mL。先将 $CuSO_4$ 溶于蒸馏水中（微加热可加速溶解），然后加浓氨水，最后加入 10% KOH，混合后使用。

附录三　染色液的配制

1. 吕氏（Loeffler）碱性美蓝染液

A 液：美蓝（Methylene Blue）0.6g，95% 酒精 30mL。

B 液：KOH 0.01g，蒸馏水 100mL。

分别配制 A 液和 B 液，配好后混合即可。

2. 齐氏（Ziehl）石炭酸复红染色液

A 液：碱性复红（Basic Fuchsin）0.3g，95% 酒精 10mL。

B 液：石炭酸 5.0g，蒸馏水 95mL。

将碱性复红在研钵中研磨后，逐渐加入 95% 乙醇，继续研磨使其溶解，配成 A 液。

将石炭酸溶解于水中，配成 B 液。

混合 A 液和 B 液即成。通常可将此混合液稀释 5~10 倍使用，稀释液易变质失效，一次不宜多配。

3. 革兰（Gram）染色液

（1）草酸铵结晶紫染液　A 液：结晶紫（Crystal Violet）2g，95% 酒精 20mL。

B 液：草酸铵（Ammonium Oxalate）0.8g，蒸馏水 80mL。

混合 A、B 液，静置 48h 后使用。

（2）卢戈（Lugol）碘液　碘片 1.0g，碘化钾 2.0g，蒸馏水 300mL，先将碘化钾溶解在少量水中，再将碘片溶解在碘化钾溶液中，待碘全溶后，加足水分。

（3）95%的酒精溶液。

（4）番红复染液　番红（Safranine O）2.5g，95%酒精100mL，取上述配好的番红酒精溶液10mL与80mL蒸馏水混匀即成。

4. 芽孢染色液

（1）孔雀绿染液　孔雀绿（Malachite Green）5g，蒸馏水100mL。

（2）番红水溶液　番红0.5g，蒸馏水100mL。

（3）苯酚品红溶液　碱性品红11g，无水酒精100mL。

取上述溶液10mL与100mL 5%的苯酚溶液混合，过滤备用。

（4）黑色素（Nigrosin）溶液　水溶性黑色素10g，蒸馏水100mL。

称取10g黑色素溶于100mL蒸馏水中，置沸水浴中30min后，滤纸过滤两次，补加水到100mL，加0.5mL甲醛，备用。

5. 荚膜染色液

（1）黑色素水溶液　黑色素5g，蒸馏水100mL，福尔马林（40%甲醛）0.5mL。

将黑色素在蒸馏水中煮沸5min，然后加入福尔马林作防腐剂。

（2）番红染液　与革兰染液中番红复染液相同。

6. 鞭毛染色液

A液：单宁酸5g，$FeCl_3$ 1.5g，蒸馏水100mL，福尔马林（15%）2.0mL，NaOH（1%）1.0mL。

配好后，当日使用，次日效果差，第三日则不宜使用。

B液：$AgNO_3$ 2g，蒸馏水100mL。

待$AgNO_3$溶解后，取出10mL备用，向其余的90mL $AgNO_3$中滴入浓NH_4OH，使之成为很浓厚的悬浮液，再继续滴加NH_4OH，直到新形成的沉淀又重新刚刚溶解为止。再将备用的10mL $AgNO_3$慢慢滴入，则出现薄雾状沉淀，但轻轻摇动后，薄雾状沉淀又消失，再滴入$AgNO_3$，直到摇动后仍呈现轻微而稳定的薄雾状沉淀为止。如所呈雾状沉淀不重，此染剂可使用1周，如雾状沉淀重，则银盐沉淀出来，不宜使用。

7. 富尔根核染色液

（1）席夫（Schiff）试剂　将1g碱性复红加入200mL煮沸的蒸馏水中，振荡5min，冷至50℃左右过滤，再加入1mol/L HCl 20mL，摇匀。待冷至25℃时，加$Na_2S_2O_5$（偏重亚硫酸钠）3g，摇匀后装在棕色瓶中，用黑纸包好，放置暗处过夜，此时试剂应为淡黄色（如为粉红色则不能用），再加中性活性炭过滤，滤液振荡1min后，再过滤，将此滤液置冷暗处备用（注意：过滤需在避光条件下进行）。

在整个操作过程中所用的一切器皿都需十分洁净、干燥，以消除还原性物质。

（2）Schandium 固定液　A 液（饱和升汞水溶液）：50mL 升汞水溶液加 95% 乙醇 25mL 混合即得。

B 液：冰醋酸。

取 A 液 9mL+B 液 1mL，混匀后加热至 60℃。

（3）偏重亚硫酸钠水溶液　10% 偏重亚硫酸钠水溶液 5mL，1mol/L HCl 5mL，加蒸馏水 100mL 混合即得。

8. Bouin 固定液

苦味酸饱和水溶液 75mL，福尔马林（40% 甲醛）25mL，冰醋酸 5mL。

1g 苦味酸可制成 75mL 饱和水溶液。

先将苦味酸溶解成水溶液，然后再加入福尔马林和冰醋酸摇匀即成。

9. 乳酸苯酚棉蓝染色液

苯酚 10g，乳酸（相对密度 1.21）10mL，甘油 20mL，蒸馏水 10mL，棉蓝 0.02g。

将苯酚加在蒸馏水中加热溶解，然后加入乳酸和甘油，最后加入棉蓝，使其溶解即成。

10. 瑞氏（Wright）染色液

瑞氏染料粉末 0.3g，甘油 3mL，甲醇 97mL。

将染料粉末置于干燥的乳钵内研磨，先加甘油，后加甲醇，放玻璃瓶中过夜，过滤即可。

11. 美蓝（Levowitz-weber）染液

在 52mL 95% 酒精和 44mL 四氯乙烷的三角烧瓶中，慢慢加入 0.6g 氯化美蓝，旋摇三角烧瓶，使其溶解。放 5~10℃ 下，12~24h，然后加入 4mL 冰醋酸，用质量好的滤纸过滤，贮存于清洁的密闭容器内。

附录四　试剂和溶液的配制

1. 3% 酸性酒精溶液

浓盐酸 3mL，95% 酒精 97mL。

2. 中性红指示剂

中性红 0.04g，95% 乙醇 28mL，蒸馏水 72mL。

中性红 pH6.8~8，颜色由红变黄，常用浓度为 0.04%。

3. 淀粉水解试验用碘液（卢戈碘液）

碘片 1g，碘化钾 2g，蒸馏水 300mL。

先将碘化钾溶解在少量水中，再将碘片溶解在碘化钾溶液中，待碘全溶后，加足水分即成。

4. 溴甲酚紫指示剂

溴甲酚紫 0.04g，0.01mol/L NaOH 7.4mL，蒸馏水 92.6mL。

溴甲酚紫 pH5.2~6.8，颜色由黄变紫，常用浓度为 0.04%。

5. 溴麝香草酚蓝指示剂

溴麝香草酚蓝 0.04g，0.01mol/L NaOH 6.4mL，蒸馏水 93.6mL。

溴麝香草酚蓝 pH6.0~7.6，颜色由黄变蓝，常用浓度为 0.04%。

6. 甲基红试剂

甲基红（Methyl Red）0.04g，95% 酒精 60mL，蒸馏水 40mL。

先将甲基红溶于 95% 酒精中，然后加入蒸馏水即可。

7. V.P. 试剂（1.5%α-萘酚无水酒精溶液）

α-萘酚 5g，无水乙醇 100mL。

8. 40%KOH 溶液

KOH 40g，蒸馏水 100mL。

9. 吲哚试剂

对二甲基氨基苯甲醛 2g，95% 乙醇 190mL，浓盐酸 40mL。

10. 格里斯（Griess）试剂

A 液：对氨基苯磺酸 0.5g，10% 稀醋酸 150mL。

B 液：α-萘胺 0.1g，蒸馏水 20mL，10% 稀醋酸 150mL。

11. 二苯胺试剂

二苯胺 0.5g 溶于 100mL 浓硫酸中，用 20mL 蒸馏水稀释。

12. 阿氏（Alsever）血液保存液

柠檬酸三钠·$2H_2O$ 8g，柠檬酸 0.5g，无水葡萄糖 18.7g，NaCl 4.2g，蒸馏水 1000mL。

将各成分溶解于蒸馏水后，用滤纸过滤，分装，5.49~6.86Pa，灭菌 20min。冰箱保存备用。

13. 肝素溶液

取一支含 12500 单位的注射用肝素溶液，用生理盐水稀释 500 倍，即成为每毫升含 25 单位的肝素溶液，为白细胞吞噬试验用。大约 12.5 单位肝素可凝 1mL 全血。

14. pH8.6 0.075mol/L 巴比妥缓冲液

巴比妥 2.76g，巴比妥钠 15.45g，蒸馏水 1000mL。

15. 1% 离子琼脂

琼脂粉 1g，巴比妥缓冲液 50mL，蒸馏水 50mL，1% 硫柳汞 1 滴。

称取琼脂粉 1g 先加至 50mL 蒸馏水中，于沸水浴中加热溶解，然后加入 50mL 巴比妥缓冲液，再滴加 1 滴 1% 硫柳汞溶液防腐，分装试管内，放冰箱中备用。

16. 其他细胞悬液的配制

（1）1% 鸡红细胞悬液　取鸡翼下静脉血或心脏血，注入含灭菌阿氏液的玻璃瓶内，使血与阿氏液的比例为 1∶5，放冰箱中保存 2~4 周。临用前取出适量鸡血，用无菌生理盐水洗涤，离心，倾去生理盐水，如此反复洗涤 3 次，最后一次离心使红细胞积压，然后用生理盐水配成 1% 溶液，供吞噬试验用。

（2）白色葡萄球菌液　白色葡萄球菌接种于肉汤培养基中，37℃ 温箱培养 12h 左右，置水浴中加热 100℃，10min 杀死细菌，用无菌生理盐水配制成每毫升含 6 亿个细胞，分装于小瓶内，置冰箱保存备用。

参考文献

[1] 徐岩等. 现代白酒酿造微生物学 [M]. 北京：科学出版社，2019.

[2] 陈玮，董秀芹，等. 微生物学及实验实训技术 [M]. 北京：化学工业出版社，2007.

[3] 潘春梅，张晓静，等. 微生物技术 [M]. 北京：化学工业出版社，2010.

[4] 游剑，陈茂彬，方尚玲，等. 浓香型白酒窖池微生物分离培养基的选择研究 [J]. 酿酒，2009
（36），62-64.

[5] 齐慧，邓依，张磊等. 窖泥和黄泥微生物分离分析的培养基选择及评价 [J]. 酿酒科技，2009，
58-61.

[6] 万萍. 食品微生物基础与实验技术 [M]. 北京：科学出版社，2010.

[7] 牛天贵. 食品微生物学实验技术 [M]. 北京：中国农业大学出版社，2002.

[8] 赖登燡，王久明，余乾伟，等. 白酒生产实用技术 [M]. 北京：化学工业出版社，2000.

[9] 章克昌. 酒精与蒸馏酒工艺学 [M]. 北京：中国轻工业出版社，2010.

[10] 罗惠波，辜义洪，黄治国. 白酒酿造技术 [M]. 成都：西南交通大学出版社，2012.

[11] 肖冬光. 白酒生产技术 [M]. 北京：化学工业出版社，2009.

[12] 武汉大学、复旦大学生物系微生物教研室. 微生物学（第二版）[M]. 北京：高等教育出版
社，1987.

[13] H. G. 施莱杰. 陆卫平，周德庆，郭杰炎，等译. 普通微生物学 [M]. 上海：复旦大学出版
社，1990.

[14] 周德庆. 微生物学教程 [M]. 北京：高等教育出版社，1995.

[15] 沈萍. 微生物学 [M]. 北京：高等教育出版社，2000.

[16] 池振明. 微生物生态学 [M]. 山东：山东大学出版社，1996.

[17] 陈文新. 土壤和环境微生物学 [M]. 北京：中国农业大学出版社，1990.

[18] 傅金泉. 中国酿酒微生物研究与应用 [M]. 北京：中国轻工业出版社，2008.

[19] 李大和. 白酒酿造培训教程 [M]. 北京：中国轻工业出版社，2013.

[20] 李大和. 白酒增优降耗实用技术问答 [M]. 北京：中国轻工业出版社，2008.

[21] 沈怡方. 白酒生产技术全书 [M]. 北京：中国轻工业出版社，2009.

[22] 李大和. 白酒酿造工（上、中、下）[M]. 北京：中国轻工业出版社，2014.

[23] 黄平. 中国酒曲 [M]. 北京：中国轻工业出版社，2000.

[24] Chai LJ, Lu ZM, Zhang XJ, et al. Zooming in on butyrate-producing *Clostridial consortia* in the fermented
grains of Baijiu via gene sequence-guided microbial isolation [J]. Journal of the Institute of Brewing,
2019, 10: 1-12.

[25] 周庆伍，曹润洁，何宏魁，等. 现代分子生物学技术对白酒酿造微生物的研究进展 [J]. 酿酒科
技，2017（6）：95-102.

[26] Wang MY, Zhang Q, Yang JG, et al. Volatile compounds of Chinese Luzhou flavoured liquor distilled
from grains fermented in 100 to 300 year-old cellars [J]. Frontiers in Microbiology, 2020, 126（1）：
116-130.

[27] 王涛，田时平，赵东，等. 浓香型白酒窖泥、出窖糟酷细菌区系的相似性分析 [J]. 食品科学，

2012, 33（7）：193-197.

［28］胡晓龙，王康丽，余苗，等．浓香型酒醅微生物菌群演替规律及其空间异质性［J］．食品与发酵工业，2020. DOI：10. 13995/j. cnki. 11-1802/ts. 023321.

［29］Liang HP，Luo QC，Zhang A，et al. Comparison of bacterial community in matured and degenerated pit mud from Chinese Luzhou flavor liquor distillery in different regions［J］. Journal of the Institute of Brewing，2016，122（1）：48-54.

［30］刘博，杜海，王雪山，等．基于高通量测序技术解析浓香型白酒中窖泥臭味物质4-甲基苯酚的来源［J］．微生物学通报，2017，44（1）：108-117.

［31］Liang HP，Li WF，Luo QC，et al. Analysis of the bacterial community in aged and aging pit mud of Chinese Luzhou-flavour liquor by combined PCR-DGGE and quantitative PCR assay［J］. Journal of the Science of Food and Agriculture，2015，95（13）：2729-2735.

［32］王明跃，张文学．浓香型白酒两个产区窖泥微生物群落结构分析［J］．微生物学通报，2014，41（8）：1498-1506.

［33］郭壮，赵慧君，雷敏，等．白酒窖泥微生物多样性研究方法及进展［J］．食品研究与开发，2018，39（22）：200-207.

［34］Xu YQ，Sun BG，Fan GS，et al. The brewing process and microbial diversity of strong flavour Chinese spirits：a review［J］. Journal of the Institute of Brewing，2017，123（1）：5-12.

［35］Zou W，Zhao CQ，Luo HB. Diversity and function of microbial community in Chinese strong-flavor Baijiu ecosystem：a review［J］. Frontiers in Microbiology，2018，9：1-15. Doi：10. 3389/fmicb. 2018. 00671.

［36］Tan GX，Hu YL，Huang YN，et al. Analysis of bacterial communities in pit mud from Zhijiang Baijiu distillery using denaturing gradient gel electrophoresis and high-throughput sequencing［J］. Journal of Applied Microbiology，2020，126（1）：90-97.

［37］Guo MY，Hou CJ，Bian MH，et al. Characterization of microbial community profiles associated with quality of Chinese strong-aromatic liquor through metagenomics［J］. Journal of the Institute of Brewing，2020，127（3）：750-762.

［38］袁玉菊，张倩颖，曾丽云，等．不同性状窖泥的细菌群落结构与酸酯含量分析［J］．食品与发酵工业，2017，43（1）：44-48.

［39］于春涛，刘超．不同产区浓香型白酒窖泥中细菌多样性分析［J］．食品研究与开发，2016，37（24）：148-151.

［40］李永博，邓波，刘燕梅，等．基于PLFA分析不同窖龄窖泥微生物群落结构［J］．中国酿造，2017，36（9）：74-77.

［41］赵东，郑佳，彭志云，等．高通量测序技术解析五粮液窖泥原核微生物群落结构［J］．食品与发酵工业，2017，43（9）：1-8.

［42］Liang HP，Luo QC，Zhang A，et al. Comparison of bacterial community in matured and degenerated pit mud from Chinese Luzhou flavor liquor distillery in different regions［J］. Journal of the Institute of Brewing，2016，122（1）：48-54.

［43］郭壮，葛东颖，尚雪娇，等．退化和正常窖泥微生物多样性的比较分析［J］．食品工业科技，2018，39（22）：93-98，106.

［44］江鹏，何朝玖，刘燕梅，等．浓香型大曲白酒窖泥微生物研究进展［J］．中国酿造，2020，39（4）：19-22.

［45］郭燕，钟迟迪，董晓山，等．中高温大曲中酵母菌的分离及其在小曲酒中发酵性能初探［J］．食品与发酵工业，2020，46（8）：78-84.

［46］翟磊，于学健，冯慧军，等．宜宾产区浓香型白酒酿造生境中细菌的群落结构［J］．食品与发酵工业，2020，46（2）：18-24.

［47］蒋英丽，邓皖玉，王亚军，等．酱香高温大曲微生物菌群演化规律研究［J］．酿酒科技，2018（12）：33-38，44.

［48］刘茂柯，唐玉明，赵珂，等．浓香型白酒窖泥微生物群落结构及其选育应用研究进展［J］．微生物学通报，2017，44（5）：1222-1229.

［49］王文晶，朱会霞，李泽霞等．白酒固态发酵酒醅中微生物研究概况［J］．酿酒，2016，43（2）：27-32.